Lindner · Physikalische Aufgaben

Physikalische Aufgaben

von Studiendirektor Helmut Lindner (†)

neu bearbeitet von

Univ.-Prof. Dr. Harald Lindner und Prof. Dr. Hartmut Lindner

33., verbesserte Auflage

1201 Aufgaben mit Lösungen aus allen Gebieten der Physik

mit 352 Bildern

Bibliografische Information Der Deutschen Bibliothek

Die Deutsche Bibliothek verzeichnet diese Publikation in der Deutschen Nationalbibliografie; detaillierte bibliografische Daten sind im Internet über http://dnb.ddb.de abrufbar.

ISBN 3-446-22426-2

Fachbuchverlag Leipzig im Carl Hanser Verlag

http://www.fachbuch-leipzig.hanser.de
Projektleitung: Dipl.-Phys. Jochen Horn
Herstellung: Renate Roßbach
Satz: Dr. Steffen Naake, Chemnitz
Druck und Binden: Druckhaus „Thomas Müntzer“ GmbH, Bad Langensalza
Printed in Germany

Vorwort

Zielstellung und Form physikalischer Aufgaben können recht unterschiedlich sein. Vergleicht man ältere mit neueren Aufgabensammlungen, so wird vor allem die stürmische Entwicklung von Physik und Technik deutlich. Während früher vielfach Aufgaben mit abstraktem Inhalt überwogen, werden heute praktische Erfordernisse von Wissenschaft und Technik betont. Dies gilt vornehmlich für Berufsschulen, Berufsfachschulen und Fachschulen sowie für Technische Gymnasien, Berufsoberschulen und Fachhochschulen.

Dies sollte aber nicht zur Einengung des physikalischen Denkens auf schon bekannte Anwendungen und technologische Prozesse führen. In unserer nach Neuentwicklungen und Ideenfindung drängenden Zeit muss das physikalische Denken dynamisch sowie fachübergreifend sein und sich somit auch Problemen zuwenden, welche derzeit noch nicht volle Praxisrelevanz besitzen, diese aber überraschend schnell gewinnen können. Stellvertretend dafür sei nur an künftige Aufgaben bei der Verbesserung der Sicherheit der Kernkraftwerke, der Endlagerung von Brennelementen, der Energiegewinnung aus alternativen Quellen oder an den rasanten Fortschritt der Mikroelektronik erinnert.

Aus diesen Gründen erscheinen in der vorliegenden Aufgabensammlung nicht nur unmittelbar anwendungsbezogene, sondern auch im Laufe der Zeit klassisch gewordene, das formale Denken fördernde Aufgaben. Triviale Fragestellungen wurden daher weitgehend vermieden.

Zur Wahrung des Charakters eines reinen Aufgabenbuches wurden die jeweils zur Anwendung kommenden Gesetze oder Hinweise zur Lösung nicht gegeben. Diese sind vom Leser eigenständig den einschlägigen Lehrbüchern zu entnehmen.

Die Lösungen sind grundsätzlich als Größengleichungen gegeben und im Ansatz nur soweit ausgeführt, dass der Grundgedanke erkennbar und nachvollziehbar ist. Um die Aufgaben einem möglichst großen Leserkreis zugänglich zu machen, wurden sie so gefasst, dass sie weitgehend mit den Mitteln der elementaren Mathematik und nur vereinzelt mit denen der Infinitesimalrechnung zu erschließen sind.

Damit entspricht der Schwierigkeitsgrad der Aufgaben weitgehend dem Niveau der Leser an Berufsschulen, Berufsfachschulen, Fachschulen, Technischen Gymnasien sowie der Studenten des Grundstudiums an Fachhochschulen.

Gegenüber vergangenen Auflagen wurden veraltete Fragestellungen zugunsten zahlreicher neuerer Aufgaben ersetzt. Dies betrifft insbesondere die Gebiete der Akustik, der Wellenoptik, des elektrischen Feldes und der elektromagnetischen Schwingungen und Wellen. Damit wurde eine bessere Proportionierung der in den einzelnen Abschnitten enthaltenen Aufgaben angestrebt.

Zur Verbesserung der Übersicht wurden in der neuen Auflage die Nummerierung der Aufgaben und Lösungen kapitelgebunden angebracht. Jedem Kapitel ist ein Symbolverzeichnis mit Einheiten vorangestellt. Es wurden ausschließlich SI-Einheiten mit ihren dezimalen Vorsätzen verwendet. Dabei wurde die DIN 1304 beachtet.

Für förderliche Hinweise und konkrete Vorschläge zur Neufassung der Aufgabensammlung sind wir Herrn Prof. Dr. Siebke, Eitelborn, zu Dank verpflichtet. Herrn Dipl.-Phys. K. Vogelsang, Leipzig, verdanken wir eine kritische Durchsicht des Manuskriptes mit wichtigen Vorschlägen zu seiner Verbesserung.

Für weiterführende Ideen und kritische Bemerkungen, die der Verbesserung des Buches entgegenkommen, sind Bearbeiter und Verlag dankbar.

Bearbeiter und Verlag

Inhaltsverzeichnis

1 Mechanik fester Körper

Größen und Einheiten Mechanik der Flüssigkeiten und Gase

Formelzeichen	Größe	Einheit	Beziehung zu den Basiseinheiten
a	Beschleunigung	$\mathrm{m/s^2}$	
A	Fläche	$\mathrm{m^2}$	
c	Ausbreitungsgeschwindigkeit einer Welle	$\mathrm{m/s}$	
E	Energie	J	$1\,\mathrm{J} = 1\,\mathrm{N \cdot m} = 1\,\mathrm{kg \cdot m^2/s^2}$
f	Frequenz	Hz	$1\,\mathrm{Hz} = 1\,\mathrm{s^{-1}}$
F	Kraft	N	$1\,\mathrm{N} = 1\,\mathrm{kg \cdot m/s^2}$
g	Fallbeschleunigung	$\mathrm{m/s^2}$	
G	Gewichtskraft	N	$1\,\mathrm{N} = 1\,\mathrm{kg \cdot m/s^2}$
J	Trägheitsmoment	$\mathrm{kg \cdot m^2}$	
l	Länge	m	
L	Drehimpuls	$\mathrm{kg \cdot m^2/s}$	
m	Masse	kg	
M	Kraftmoment (Moment)	$\mathrm{N \cdot m}$	$1\,\mathrm{N \cdot m} = 1\,\mathrm{kg \cdot m^2/s^2}$
n	Drehzahl	$\mathrm{s^{-1}}$	
p	Impuls	$\mathrm{kg \cdot m/s}$	
p	Druck	Pa	$1\,\mathrm{Pa} = 1\,\mathrm{N/m^2} = 1\,\mathrm{kg/(m \cdot s^2)}$
P	Leistung	W	$1\,\mathrm{W} = 1\,\mathrm{J/s} = 1\,\mathrm{kg \cdot m^2/s^3}$
t	Zeit	s	
T	Periodendauer	s	
	Zeitkonstante	s	
v	Geschwindigkeit	$\mathrm{m/s}$	
V	Volumen	$\mathrm{m^3}$	
W	Arbeit	J	$1\,\mathrm{J} = 1\,\mathrm{N \cdot m} = 1\,\mathrm{kg \cdot m^2/s^2}$

Formelzeichen	Größe	Einheit	Beziehung zu den Basiseinheiten
α	Winkelbeschleunigung	rad/s^2	$1\ \text{rad}/\text{s}^2 = 1\ \text{s}^{-2}$
α	Dämpfungskoeffizient	m^{-1}	
$\alpha, \beta, \ldots$	ebener Winkel	rad	$1\ \text{rad} = 1\ \text{m}/\text{m}$ (Bogen/Radius)
λ	Wellenlänge	m	
ϱ	Dichte	kg/m^3	
σ	mech. Spannung	N/m^2	$1\ \text{N}/\text{m}^2 = 1\ \text{Pa} = 1\ \text{kg}/(\text{m} \cdot \text{s}^2)$
τ	Zeitkonstante	s	
ω	Winkelgeschwindigkeit	rad/s	$1\ \text{rad}/\text{s} = 1\ \text{s}^{-1}$
	Kreisfrequenz	s^{-1}	
Ω	Raumwinkel	sr	$1\ \text{sr} = 1\ \text{m}^2/\text{m}^2$ (Kugeloberfläche/Kugelradius^2)

1.1 Statik

1.1.1 Volumen und Dichte

1. Welche beiderseitige Schichtdicke ergibt sich, wenn man zum Beschichten einer $2{,}5\ \text{m} \times 8{,}2\ \text{m}$ großen Blechtafel $1{,}23\ \ell$ Lack benötigt?

2. Folie von $b = 0{,}8$ m Breite und $h = 0{,}15$ mm Dicke wird auf einen Kern von $d_1 = 0{,}05$ m Durchmesser aufgewickelt und ergibt eine Rolle von $d_2 = 0{,}4$ m Dicke. Wie viel Quadratmeter Folie befinden sich auf der Rolle?

3. Ein $l_1 = 50$ m langer und $d_1 = 1$ mm dicker Kupferdraht wird auf die Länge $l_2 = 1\,800$ m ausgezogen. Wie groß ist der neue Drahtdurchmesser d_2?

4. Eine $l = 0{,}12$ m lange Kapillare ist mit Flüssigkeit gefüllt. Beim Hineinblasen bildet die vollständig ausgetriebene Flüssigkeit einen kugelförmigen Tropfen von $2r = 1$ mm Durchmesser. Welchen inneren Durchmesser d hat die Kapillare?

5. In einen zylindrischen Behälter, der bis zur Höhe $h = 1{,}2$ m mit Wasser gefüllt ist, wird nach Bild 1.1.1 ein zylindrischer Körper von $d_2 = 0{,}3$ m bis zum Grund gesenkt, wodurch der Wasserstand um $\Delta h = 0{,}04$ m steigt. Wie viel Wasser befindet sich im Behälter?

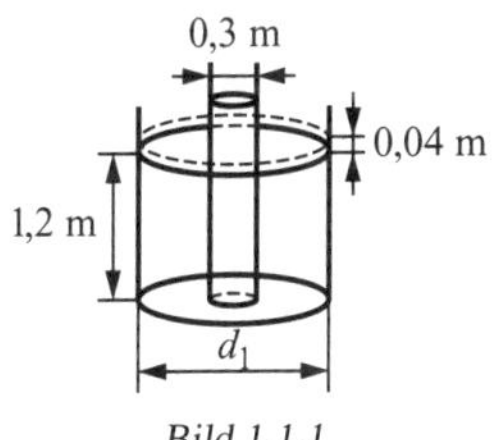

Bild 1.1.1

6. Ein zylindrisches Gießgefäß der Höhe $h = 0{,}8$ m und mit einem Durchmesser $d = 0{,}90$ m ist $0{,}70$ m hoch mit flüssigem Stahl gefüllt. Um wie viel Grad muss es geneigt werden, bis der Inhalt auszufließen beginnt?

7. Welche Masse haben 100 m Kupferdraht mit einem Durchmesser von $d = 2$ mm ($\varrho = 8\,930\ \text{kg/m}^3$)?

8. Welche Dichte ϱ hat Bleilot, das die Massenanteile 33 % Zinn ($\varrho_1 = 7\,280\ \text{kg/m}^3$) und 67 % Blei ($\varrho_2 = 11\,340\ \text{kg/m}^3$) enthält?

9. 4 kg Blei ($\varrho = 11\,340\ \text{kg/m}^3$) werden in ein Überlaufgefäß gelegt. Wie viel Flüssigkeit fließt heraus?

10. 1 000 Blatt Blattgold von je $55\ \text{mm}^2$ Oberfläche wiegen $4{,}4$ g. Wie dick ist ein Blatt ($\varrho = 19\,300\ \text{kg/m}^3$)?

11. Welchen Durchmesser d hat eine 6 cm lange Kapillare, deren Masse bei der Füllung mit Quecksilber ($\varrho = 13\,546$ kg/m^3) um 75 mg größer wird?

12. Zur Dichtebestimmung einer Stoffprobe von 30 g wird diese an einem Bleistück der Masse $m = 0,4$ kg ($\varrho = 11\,340$ kg/m^3) befestigt und in ein Überlaufgefäß versenkt. Es fließen 75 mℓ Wasser aus. Woraus könnte die Stoffprobe bestehen?

13. Ein Pyknometer hat die Leermasse $m_1 = 28,50$ g. Es wird mit Benzin ($\varrho_1 = 720$ kg/m^3) gefüllt und hat dann die Masse $m_2 = 64,86$ g. Nach Einbringen einer Stoffprobe der Masse $m_3 = 2,65$ g und Abtrocknen des übergeflossenen Benzins wird eine Masse $m_4 = 67,42$ g ermittelt. Welche Dichte ϱ_2 hat die Stoffprobe?

14. Stahlblech wird beiderseits mit einer Zinkschicht von 12,5 µm feuerverzinkt. Wie viel kg Zink befinden sich auf 1 m^2 des Bleches ($\varrho_{\text{Zink}} = 7,133 \cdot 10^3$ kg/m^3)?

15. Durch dreimaliges Wägen eines Glasballons soll die Dichte ϱ_G eines Gases bestimmt werden. Es ergibt sich bei der Füllung mit Luft die Masse x, bei Füllung mit Gas die Masse y und bei Füllung mit Wasser die Masse z. Die Dichte des Wassers sei ϱ_W und die der Luft ϱ_L. Welcher Ausdruck ergibt sich für ϱ_G?

1.1.2 Zusammensetzung und Zerlegung von Kräften

16. Der Magdeburger Bürgermeister Otto v. Guericke ließ zu beiden Seiten einer evakuierten Kugel je 8 Pferde einspannen, um die Kraft des Luftdrucks zu demonstrieren. Hätte er dieselbe Kraftwirkung auch mit weniger Pferden demonstrieren können?

17. Wie schwer ist die Last G, wenn a) das Seil a mit der Kraft 120 N und b) das Seil b mit der Kraft von 85 N gespannt ist (Bild 1.1.2)?

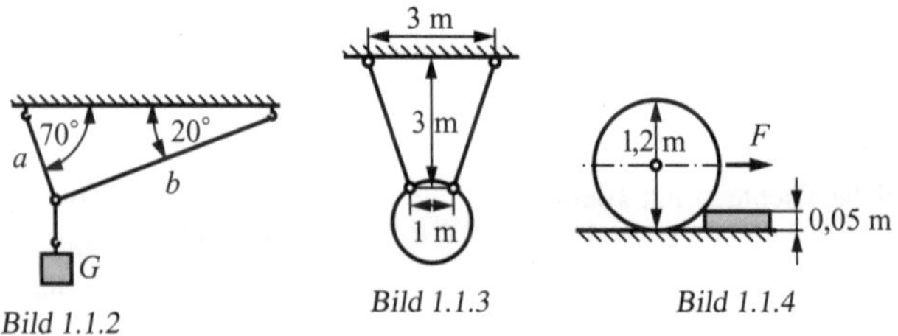

Bild 1.1.2 Bild 1.1.3 Bild 1.1.4

18. Ein 850 N schweres Rad hängt in der auf Bild 1.1.3 angegebenen Lage an zwei Seilen. Welche Kräfte F_1 und F_2 wirken an den Seilen?

19. Beim Transport eines 30 kN schweren Kessels von 1,2 m Durchmesser stößt dieser gegen eine 0,05 m hohe Kante (Bild 1.1.4). Wie groß ist die waagerechte Zugkraft F, die den Kessel vom Boden abhebt?

20. Die beiden Oberleitungen eines elektrisch betriebenen Triebwagens hängen nach Bild 1.1.5 mit den Gewichtskraftanteilen von je $G = 150$ N an einem quer über den Schienenstrang gespannten Seil. Durch welche Kräfte F_1, F_2 und F_3 wird es gespannt?

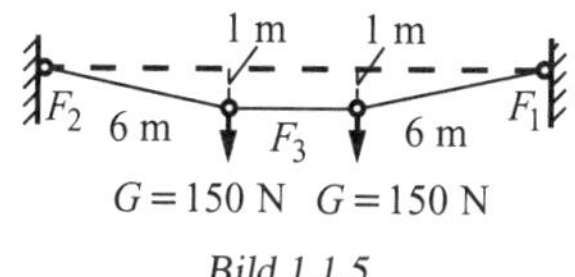

Bild 1.1.5

21. Eine Wandkonsole trägt eine Rolle, an der eine Last von 2000 N vertikal bewegt werden soll. Es sind die an den Stäben AB und AC wirkenden Kräfte F_1 und F_2 zu berechnen (Bild 1.1.6).

22. Welche Kräfte wirken in den beiden Streben S_1 und S_2, wenn über die feste Rolle eine Last $G = 1200$ N gehängt wird (Bild 1.1.7)?

23. Um welche Höhe h kann die an einem 6 m langen Stahlseil hängende Last $G = 18$ kN durch waagerechten Zug gehoben werden, wenn das Zugseil mit höchstens 10 kN belastet werden kann (Bild 1.1.8)?

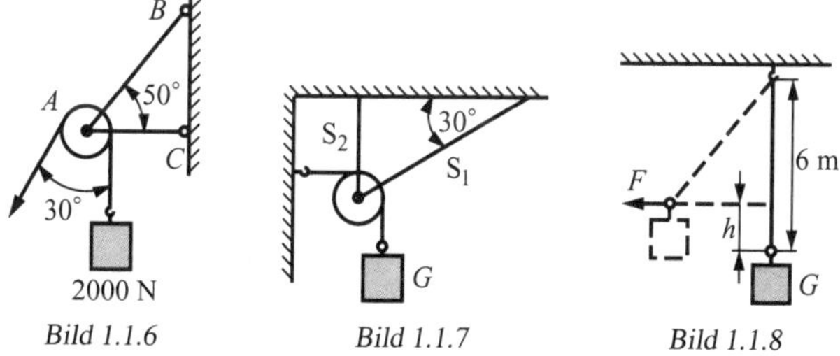

Bild 1.1.6 *Bild 1.1.7* *Bild 1.1.8*

24. Welche Kraft F wirkt in dem Abspannseil, das nach Bild 1.1.9 über die Stangen *1* und *2* geführt wird und die der nach links wirkenden horizontalen Kraft $F_H = 1000$ N das Gleichgewicht hält? Welche Kräfte F_1 und F_2 wirken auf die beiden Stangen?

25. Wie groß sind die Kräfte F in den drei schräg gestellten Stützpfeilern eines 600 kN schweren Hochbehälters, wenn je zwei Stützen den Winkel 30° einschließen (Bild 1.1.10)?

26. Ein $G = 2400$ N schweres Vordach ist nach Bild 1.1.11 durch zwei parallele, in seiner Mittellinie angebrachte Zugseile befestigt und stützt sich in Punkt A gegen eine Wand. Mit welcher Kraft $F_1/2$ ist jedes Seil gespannt und mit welcher horizontalen Kraft F_3 stützt sich das Dach gegen die Wand?

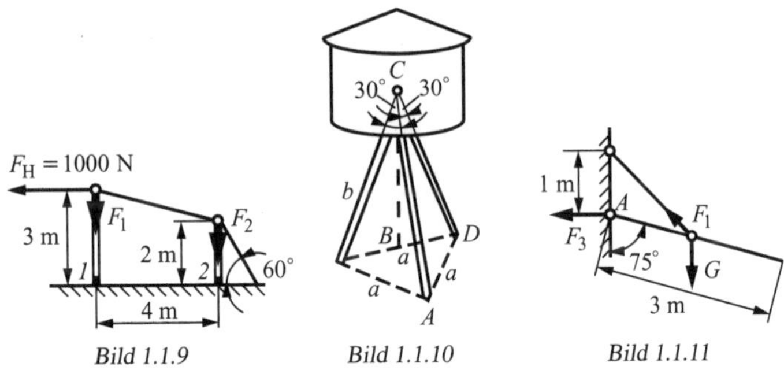

Bild 1.1.9 Bild 1.1.10 Bild 1.1.11

27. An dem Gelenkviereck $ABCD$ (Bild 1.1.12) greifen in A und B die Kräfte $F = 120$ N an. Wie groß müssen die bei C und D angreifenden Kräfte F' sein, die den Kräften F das Gleichgewicht halten?

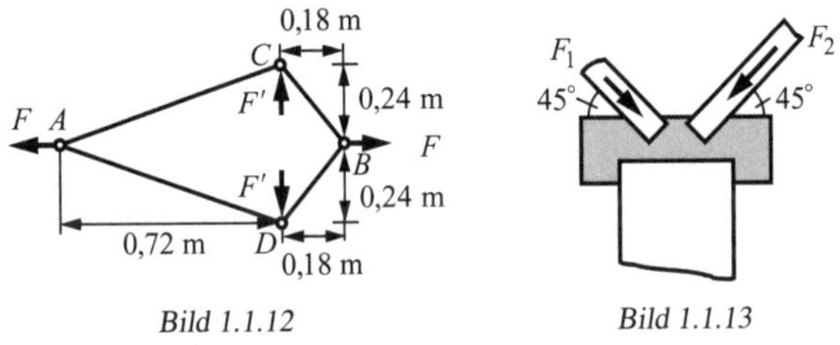

Bild 1.1.12 Bild 1.1.13

28. Auf einen Brückenpfeiler wirken die nach Bild 1.1.13 angegebenen Stützkräfte $F_1 = 25$ kN und $F_2 = 30$ kN. Welche senkrechte Druckkraft F_H und welche waagerechte Schubkraft F_V wirken auf den Pfeiler?

29. Auf den Kolben eines Verbrennungsmotors (Durchmesser $d = 0{,}068$ m) wirkt ein Überdruck von $8 \cdot 10^5$ Pa. Welche Kräfte wirken in der auf Bild 1.1.14 dargestellten Stellung (30° vom oberen Totpunkt) a) F_1 auf den Kolben, b) F_2 im Pleuel, c) F_3 in der Kurbel in Richtung Drehachse, d) F_4 rechtwinklig zur Kurbel? (Kolbenhub $0{,}07$ m, Pleuellänge $0{,}13$ m)

30. Der geradlinig gleitende Stößel eines Abfüllautomaten wird dadurch bewegt, dass er mithilfe der Feder F und des Rädchens R_1 gegen eine rotierende kreisförmige Exzenterscheibe R_2 gedrückt wird (Bild 1.1.15). Wie groß sind a) der Bewegungsspielraum h des Stößels und b) die kleinste und die größte Andruckkraft F des Rädchens R_1? Die Federkraft F_1 beträgt in der tiefsten Stellung 2,5 N und nimmt je 1 cm Verkürzung um 1 N zu.

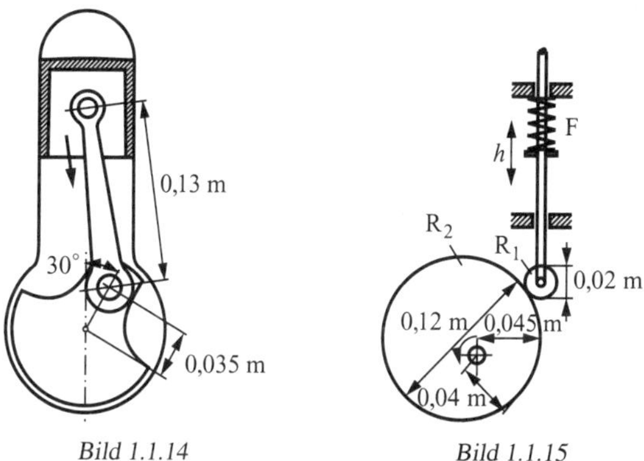

Bild 1.1.14 Bild 1.1.15

31. Über den Ausleger eines Hebezeuges (Bild 1.1.16) läuft ein Zugseil, an dem das nach oben schwenkbare 400 kN schwere Gatter hängt, dessen Schwerpunkt S in der Mitte liegt. Welche Kraft F hält dieser Last das Gleichgewicht und welche Kräfte F_O unf F_U wirken auf die Hauptstreben O und U des Auslegers?

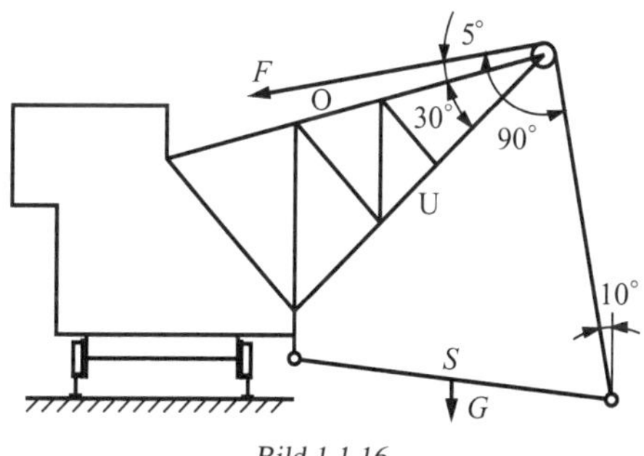

Bild 1.1.16

1.1.3 Hebel und Drehmoment

32. Mit welcher Kraft F werden die Backen der auf Bild 1.1.17 angegebenen Schienenzange zusammengedrückt, wenn beim Anheben eine $G = 1\,200$ N schwere Last zu bewältigen ist?

33. Um eine nur an den Längsseiten vernagelte Kiste zu öffnen, schiebt man eine 0,58 m lange Brechstange 0,08 m tief unter den Deckel und drückt mit der Kraft $F_1 = 220$ N auf das herausragende Ende (Bild 1.1.18). Mit welcher Kraft F_2 wird jede der beiden Nagelreihen herausgezogen, wenn sie gleich weit vom Deckelrand entfernt sind?

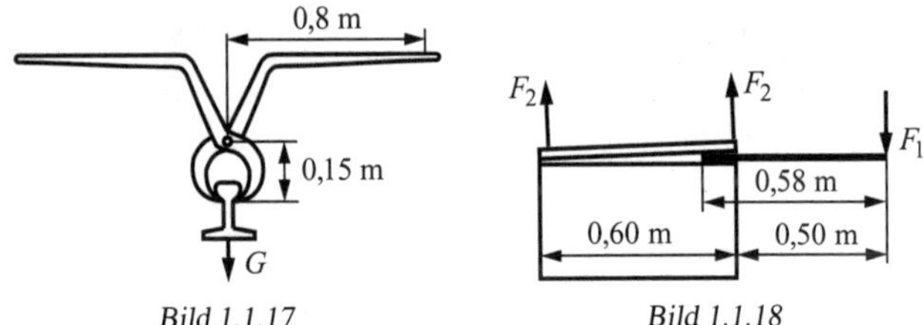

Bild 1.1.17

Bild 1.1.18

34. Welcher allgemeine Ausdruck ergibt sich für den Drehwinkel φ des Zeigers einer Briefwaage nach Bild 1.1.19, wenn auf das gewichtslos zu denkende Hebelsystem einerseits das Gewicht G und andererseits das Gegengewicht F einwirken? (Lastarm l_1 und Kraftarm l_2 bilden in jeder Lage einen rechten Winkel.)

35. Wie viel wiegt der auf Bild 1.1.20 angegebene Träger, wenn er durch die am Ende angebrachte Last von 750 N in der Schwebe gehalten wird?

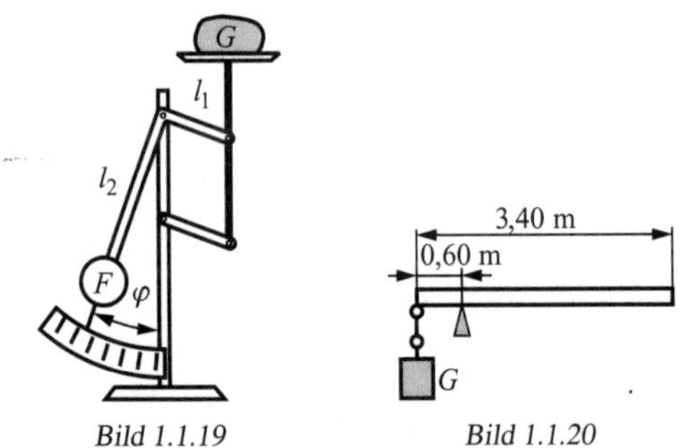

Bild 1.1.19

Bild 1.1.20

36. Ein Träger wird am Ende mit $G_1 = 500$ N belastet und bleibt in der Schwebe, wenn er bei A unterstützt wird. Wird er bei B unterstützt, muss er am anderen Ende mit $G_2 = 400$ N belastet werden. Berechnen Sie die Länge l und die Gewichtskraft G des Trägers (Bild 1.1.21)!

37. Ein 1 m langer Stab wird zwischen zwei Punkten S_1 und S_2, deren Belastungen sich wie 1 : 3 verhalten, in horizontaler Lage gehalten (Bild 1.1.22). Welche Teillänge l des Stabes ragt über S_1 hinaus?

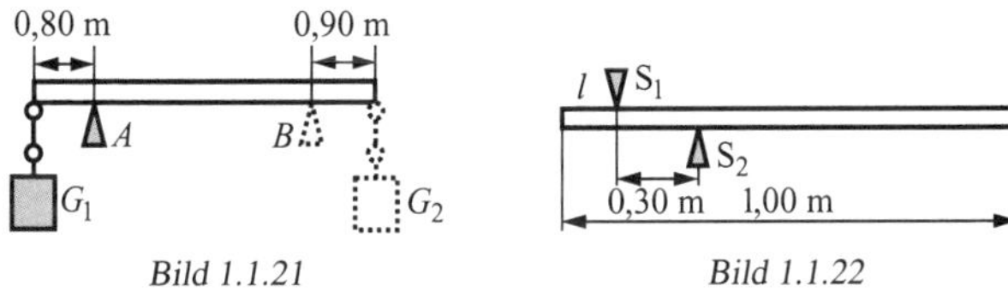

Bild 1.1.21

Bild 1.1.22

38. Um welchen Winkel muss man den auf Bild 1.1.23 angegebenen Winkelhebel nach links drehen, damit er von selbst weiter nach links umklappt?

39. Ein 80 N schweres Dachfenster, dessen Schwerpunkt mit S bezeichnet wird, wird durch eine Strebe St abgestützt (Bild 1.1.24). Welche Kraft F wirkt in der Strebe, wenn das Dach die Neigung 30° hat und das Fenster um einen Winkel von 45° geöffnet ist?

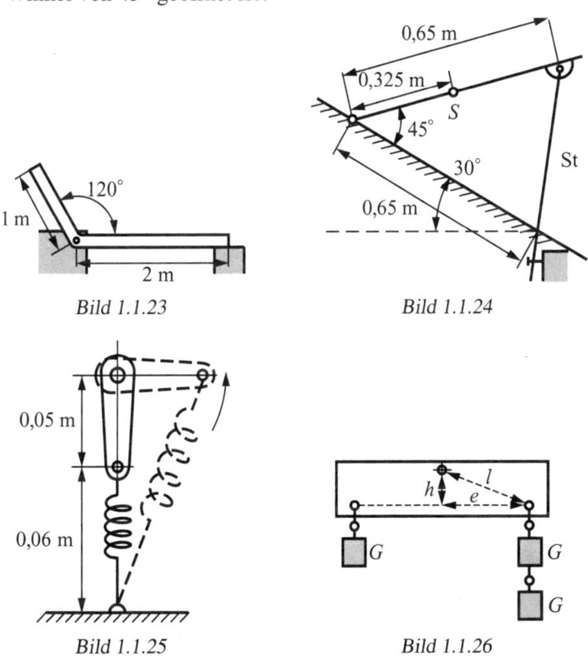

Bild 1.1.23

Bild 1.1.24

Bild 1.1.25

Bild 1.1.26

40. Der dargestellte Hebel (Bild 1.1.25) wird durch eine mit der Kraft $F = 15$ N gespannten Feder in senkrechter Lage gehalten. Welches rückdrehende Moment M entsteht, wenn der Hebel um 90° geschwenkt wird und die Richtgröße der Feder 800 N/m beträgt?

41. Um welchen Winkel φ dreht sich der in Bild 1.1.26 angegebene masselos zu denkende Waagebalken, wenn a) links 1 und rechts 2 Masseeinheiten und b) links 2 und rechts 3 Masseeinheiten befestigt sind?

42. Welche Belastungen haben die auf Bild 1.1.27 angegebenen Stützen zu tragen?

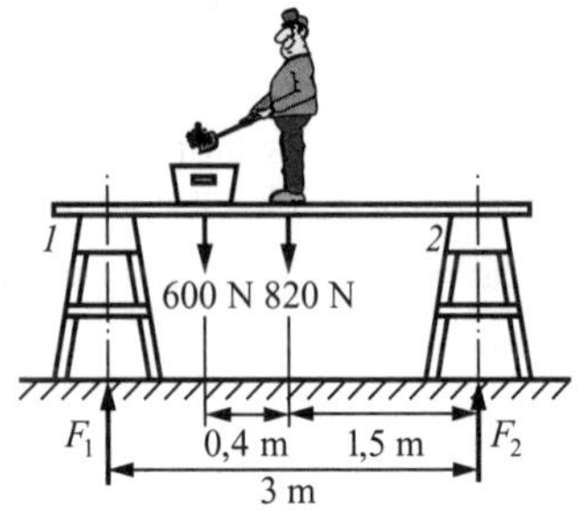

Bild 1.1.27

43. Die auf Bild 1.1.28 angegebenen Räder sind $G_1 = 20$ N, $G_2 = 80$ N, $G_3 = 30$ N, $G_4 = 60$ N schwer, die Welle wiegt 50 N. Wie groß sind die Auflagekräfte F_A und F_B in beiden Lagern?

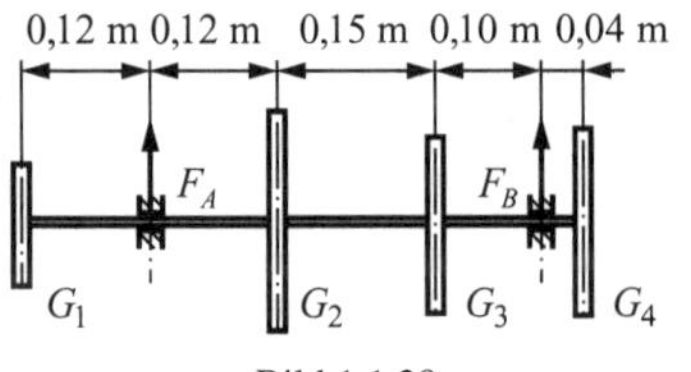

Bild 1.1.28

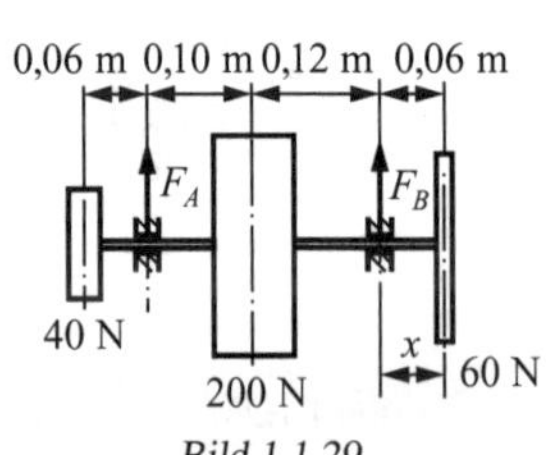

Bild 1.1.29

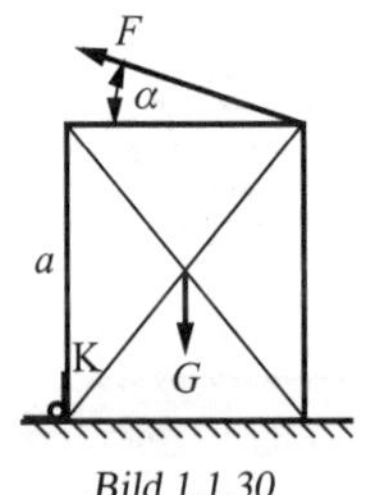

Bild 1.1.30

44. In welchem Abstand x vom rechten Lager muss das rechte Rad angebracht werden (Bild 1.1.29), damit die Auflagekräfte F_A und F_B gleich groß werden, und wie groß sind diese dann (Gewicht der Welle 80 N)?

45. Ein homogener Würfel, der die Gewichtskraft G ausübt, kann sich um die Kante K drehen. Wie groß ist die Kraft F, um den Würfel durch Ziehen an dem unter dem Winkel α angreifenden Seil anzuheben (Bild 1.1.30)?

46. Eine $l = 5$ m lange und $G_1 = 150$ N schwere Leiter lehnt unter einem Winkel $\alpha = 75°$ gegen einen Mast. Welche Strecke h darf ein $G_2 = 750$ N schwerer Mann höchstens hinaufsteigen, wenn die gegen den Mast drückende Kraft nicht größer als 150 N sein darf?

47. An einer pendelnd aufgehängten losen Rolle wird nach Bild 1.1.31 eine Last G hochgezogen. Unter welchen Winkel α stellt sich die Rollenhalterung gegen die Senkrechte ein, wenn alle Teile der Rolle als masselos betrachtet werden?

48. Die auf Bild 1.1.32 gezeigte 100 N schwere Verschlussklappe wird durch eine im Schwerpunkt angreifende Gegengewichtskraft waagerecht in der Schwebe gehalten. Mit welcher Kraft F muss sie bei A gegen den Rand gedrückt werden, damit sie in der senkrechten Lage bleibt?

49. Die Gewichtskraft einer 240 N schweren Tür, deren Schwerpunkt in der vertikalen Mittellinie liegt (Bild 1.1.33), wird vollständig von der oberen Angel abgefangen. Welche Kräfte wirken in den beiden Angeln A und B?

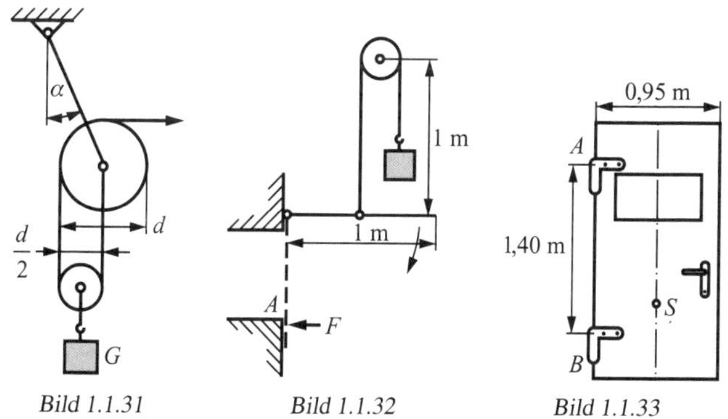

Bild 1.1.31 Bild 1.1.32 Bild 1.1.33

50. Das Öffnen der Verschlussklappe eines Abfüllschachtes (Bild 1.1.34) erfordert in Punkt B (einschließlich Reibung) ein Drehmoment von $M = 200\ \text{N} \cdot \text{m}$. Mit welcher Kraft F muss der Hebel nach unten gezogen werden (das Hebelsystem ist bei A und B drehbar gelagert)?

51. Gegen den Verschlussbügel einer Bierflasche wirkt in der auf Bild 1.1.35 angegebenen Stellung unter einem rechten Winkel die Kraft $F = 20$ N. Mit welcher Kraft F_1 wird der Verschluss auf die Flasche gedrückt?

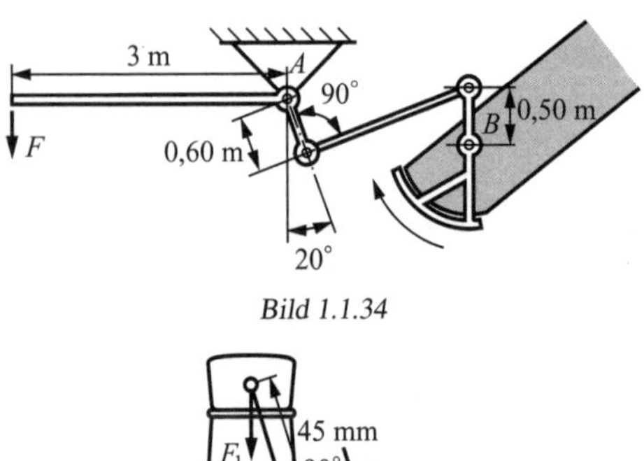

Bild 1.1.34

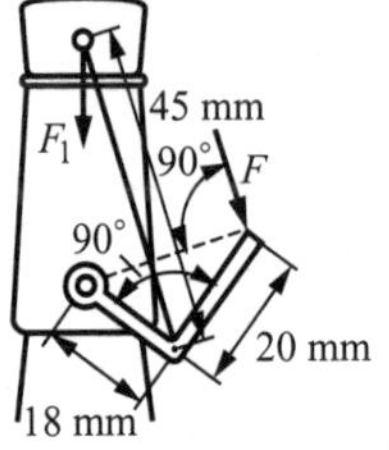

Bild 1.1.35

1.1.4 Schwerpunkt und Standfestigkeit

52. Wo liegt der Schwerpunkt S eines $0,02$ m dicken und $0,80$ m langen runden Holzstabes ($\varrho_1 = 0,6 \cdot 10^3$ kg/m^3), der zur Hälfte seiner Länge mit 1 mm dickem Eisenblech ($\varrho_2 = 7,6 \cdot 10^3$ kg/m^3) umhüllt ist (Bild 1.1.36)?

53. Der Stiel des in Bild 1.1.37 angegebenen Hammers soll durch den Schwerpunkt des Kopfes laufen. Wie weit muss der Mittelpunkt der Bohrung von der stumpfen Kante entfernt sein? (Der rechnerische Einfluss der Bohrung selbst werde nicht berücksichtigt.)

54. Eine nach Bild 1.1.38 bei A aufgehängte Kreisscheibe trägt in P eine praktisch punktförmige Masse, die gleich der halben Masse der Kreisscheibe ist. Um welchen Winkel α dreht sich die Scheibe zur Seite?

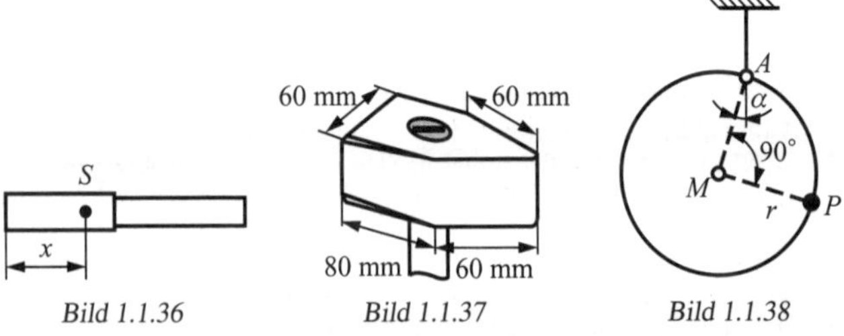

Bild 1.1.36 Bild 1.1.37 Bild 1.1.38

55. Eine dreieckige Tischplatte ECD ruht auf 4 Beinen, von denen 2 an den Eckpunkten C und D befestigt sind (Bild 1.1.39). In welchem Abstand von der dritten Ecke E müssen die anderen Beine A und B stehen, damit alle 4 Beine gleich stark belastet werden? Die Verbindungslinie $\overline{AB}$ soll parallel zu $\overline{DC}$ verlaufen.

56. Es ist zu bestätigen, dass der Schwerpunkt eines Trapezes von der längeren parallelen Seite a den Abstand $s = \dfrac{h(a+2b)}{3(a+b)}$ hat.

57. Ein rechtwinkliges Dreieck ist nach Bild 1.1.40 in einer Ecke aufgehängt, deren Winkel 30° beträgt. Welchen Winkel α bildet die Hypotenuse mit der Verlängerung des Fadens?

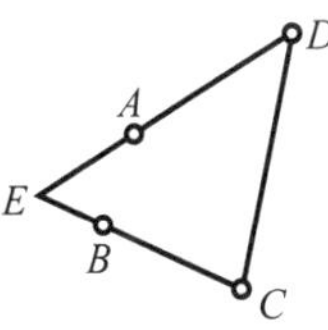

Bild 1.1.39

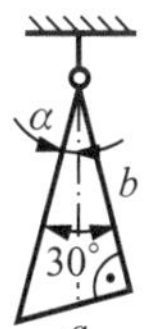

Bild 1.1.40

58. In welcher Höhe b über dem Boden liegt der Schwerpunkt eines oben offenen, zylindrischen, dünnwandigen Gefäßes von $h = 1,20$ m Höhe und $d = 0,80$ m Durchmesser bei überall gleicher Wanddicke?

59. Das in der Aufgabe 58 betrachtete Gefäß hat die Masse 50 kg und kann sich um eine 0,03 m oberhalb seines Schwerpunktes gelegene Querachse drehen. Bis zu welcher Höhe x kann es mit Wasser gefüllt werden, ehe es umkippt?

60. In welcher Höhe h über dem Boden liegt der Schwerpunkt des in Bild 1.1.41 gezeigten oben offenen, rechteckigen, dünnwandigen Gefäßes a, b, c bei überall gleicher Wanddicke? ($a = 0,06$ m, $b = 0,10$ m, $c = 0,04$ m)

61. In welcher Höhe h über der Bodenkante liegt der Schwerpunkt eines oben offenen dreieckigen Gefäßes nach Bild 1.1.42? ($a = 0,03$ m, $b = 0,06$ m)

62. Ein 0,20 m dicker Balken hängt an einem Seil, das $d = 0,02$ m seitlich vom Mittelpunkt M der Oberkante befestigt ist. Um welchen Winkel α neigt sich der Balken gegen die Horizontale (Bild 1.1.43)?

63. Die Unwucht einer Kreisscheibe vom Radius $r_1 = 300$ mm, derentwegen der Schwerpunkt $d = 1$ mm außer der Mitte liegt, soll durch Bohren eines Loches von $r_2 = 20$ mm beseitigt werden. In welchem Abstand e von der Mitte muss die Lochmitte liegen?

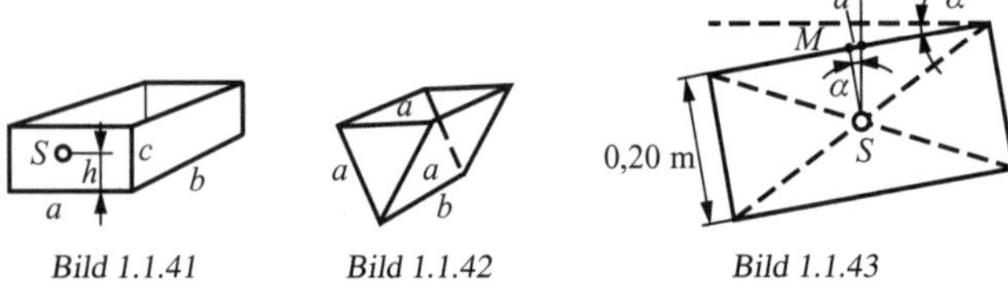

Bild 1.1.41 Bild 1.1.42 Bild 1.1.43

1.1.5 Festigkeit

64. Ein zylindrischer Stab aus Bronze mit der Länge $l = 0,20$ m und dem Durchmesser $d = 0,015$ m wird durch eine Zugkraft von 5 kN einem Dehnungsversuch unterzogen und verlängert sich dabei um $0,05$ mm (Bild 1.1.44). Wie groß ist a) der Elastizitätsmodul E, b) die Dehnzahl α und c) die Dehnung Δl für den Fall der höchstzulässigen Zugspannung $\sigma_{\text{zul}} = 100\ \text{N/mm}^2$?

65. Mit welcher Kraft F ist eine $0,1$ mm dicke und $0,25$ m lange Klaviersaite gespannt, wenn sie beim Stimmen um $1,8$ mm gedehnt wird? ($E = 2,1 \cdot 10^{11}\ \text{N/mm}^2$)

66. Welchen Durchmesser d muss das Material einer mit 80 kN belasteten Gliederkette haben, wenn die zulässige Spannung für das Kettenmaterial $\sigma_{\text{zul}} = 55\ \text{N/mm}^2$ beträgt (Bild 1.1.45)?

67. Welche Last F darf an die beiden Stahlseile von je 150 mm² Querschnitt höchstens gehängt werden, wenn die zulässige Zugspannung $\sigma_{\text{zul}} = 140\ \text{N/mm}^2$ beträgt (Bild 1.1.46)?

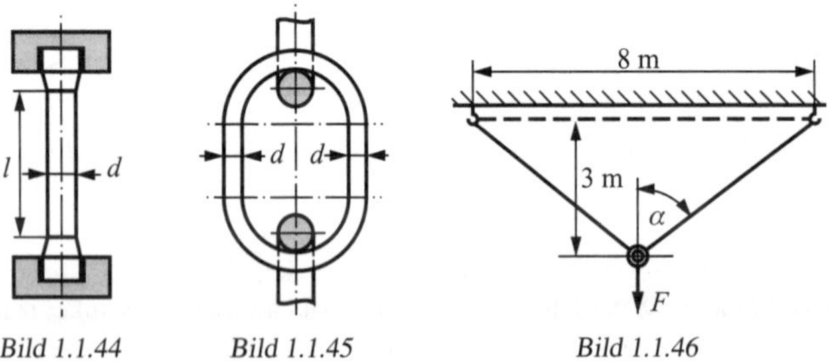

Bild 1.1.44 Bild 1.1.45 Bild 1.1.46

68. Welche Arbeit W ist erforderlich, um einen Draht von der Länge l, dem Durchmesser d und dem Elastizitätsmodul E bis zur zulässigen Zugspannung σ_{zul} zu spannen?

69. Eine an der angegebenen Stelle mit $F = 5\,000$ N belastete Plattform, deren Eigenmasse vernachlässigt sei, ist mit zwei Schrauben im Mauerwerk befestigt und wird zusätzlich durch zwei Streben abgestützt (Bild 1.1.47). a) Welche Kräfte wirken in den Streben und Halteschrauben? b) Welchen Querschnitt müssen die Streben haben ($\sigma_{zul} = 65$ N/mm^2)? c) Welchen Durchmesser (Kerndurchmesser) d müssen die Schrauben haben ($\sigma_{zul} = 48$ N/mm^2)?

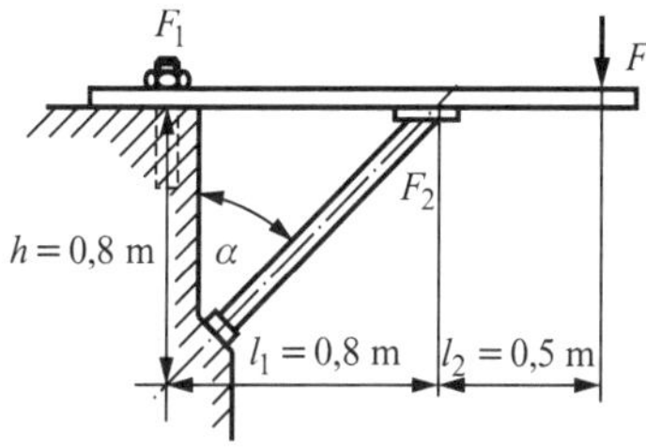

Bild 1.1.47

70. Ein $F_G = 800$ N schwerer und $l = 3{,}50$ m langer Ausleger stützt sich gegen einen Mauersims und wird von der Zugstange Z, deren Durchmesser $d = 10$ mm beträgt, gehalten. Die zulässige Zugspannung der Stange beträgt $\sigma_{zul} = 120$ N/mm^2. Mit welcher Last F darf der Ausleger maximal belastet werden?

71. Die Verbindung zweier mit der Kraft $F = 120$ kN auf Zug beanspruchter Stangen wird durch Flansche hergestellt, die durch vier Schrauben verbunden sind. a) Welchen Kerndurchmesser d müssen die Schrauben haben, wenn die zulässige Zugspannung $\sigma_{zul} = 48$ N/mm^2 beträgt (Bild 1.1.49)? b) Um welche Länge Δl werden die Schrauben gedehnt, wenn sie einen Durchmesser von $d = 36$ mm und den Elastizitätsmodul $E = 2{,}1 \cdot 10^{11}$ N/m^2 haben?

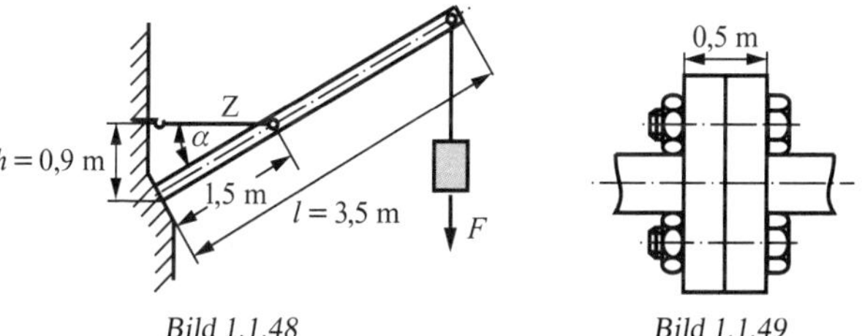

Bild 1.1.48 *Bild 1.1.49*

72. Ein Pneumatikzylinder wird mit einem Deckel verschlossen, der mit 12 am Umfang des Flansches verteilten Schrauben M10 (Kerndurchmesser $d_1 = 8{,}16$ mm, $\sigma_{zul} = 75$ N/mm^2) befestigt ist (Bild 1.1.50). Welchem maximalen Druck p hält der Zylinder stand?

73. Wie viel Niete von je $d = 4$ mm Durchmesser sind erforderlich, wenn sie hintereinander angeordnet zwei $s = 5$ mm dicke Aluminiumbleche in einfacher Überlappung verbinden sollen, die einer Zugkraft von $F = 2000$ N unterliegen (Bild 1.1.51)? Wie breit müssen die Bleche mindestens sein? $(\tau_{zul} = \sigma_{zul} = 45\ \text{N/mm}^2)$

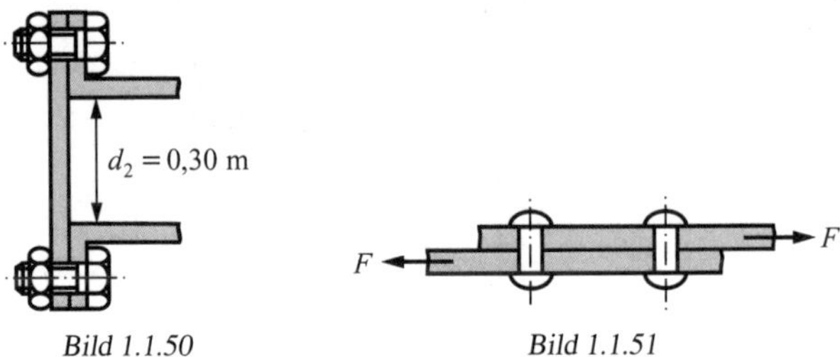

Bild 1.1.50 Bild 1.1.51

74. Aus $s = 2$ mm dickem Aluminiumblech, dessen Scherfestigkeit $\tau = 60\ \text{N/mm}^2$ beträgt, sollen Ringe vom Außen- bzw. Innendurchmesser $d = 40$ mm bzw. $d = 30$ mm gestanzt werden. Wie groß sind die Stanzkraft F und die je Stück aufzuwendende Arbeit W, wenn für die Reibung ein Zuschlag von 25 % gemacht werden muss?

75. Eine Stanze bringt eine maximale Druckkraft von $F = 550$ kN auf. Wie viel kreisrunde Blechscheiben von je 25 mm Durchmesser können aus $s = 4$ mm dickem Blech gleichzeitig gestanzt werden, wenn die Scherfestigkeit $\tau = 420\ \text{N/mm}^2$ beträgt und mit 30 % Kraftverlusten (Reibung) gerechnet werden muss?

1.1.6 Einfache Maschinen

76. Welche Kraft F am freien Ende des einfachen Flaschenzuges nach Bild 1.1.52 hält der Last $G_1 = 1\,800$ N das Gleichgewicht und welche Kräfte wirken in A und B? (Gewichtskraft der festen Rolle $G_2 = 40$ N, der losen Rolle $G_3 = 60$ N)

77. Welche Gewichtskraft G hält dem Eimer $G_1 = 180$ N nach Bild 1.1.53 das Gleichgewicht, wenn die Rolle $G_2 = 60$ N und die Kette $G_3 = 45$ N schwer sind? (Das Eigengewicht des Balkens werde vernachlässigt.)

78. Die Wickel W_1 und W_2 eines Videorecorders werden mit dem im Bild 1.1.54 dargestellten Antrieb bewegt. Mit einer Spannrolle S soll eine Spannkraft im Riemenantrieb von 320 N erzeugt werden. Unter welchem Winkel α und mit welcher Kraft F muss die Spannrolle S gegen den Antriebsriemen drücken?

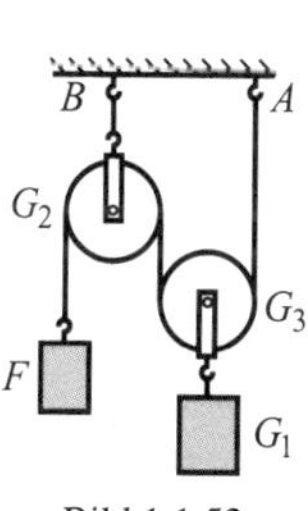

Bild 1.1.52

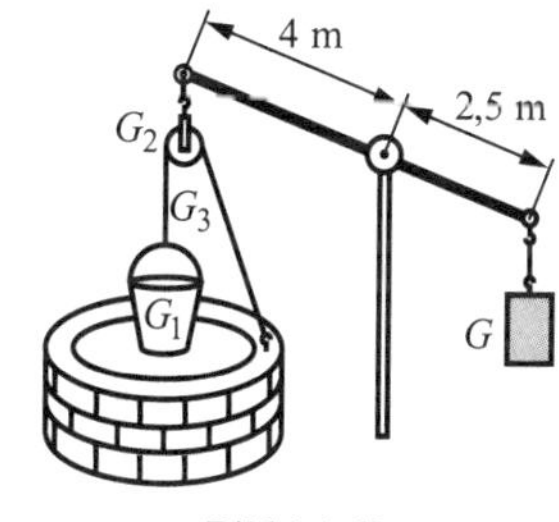

Bild 1.1.53

79. Welche Kraft F muss nach Bild 1.1.55 aufgewandt werden, um der Last $G = 800$ N das Gleichgewicht zu halten?

80. Welche Kraft F ist nach Bild 1.1.56 erforderlich, um der Last $G = 900$ N das Gleichgewicht zu halten, wenn jede Rolle 30 N schwer ist?

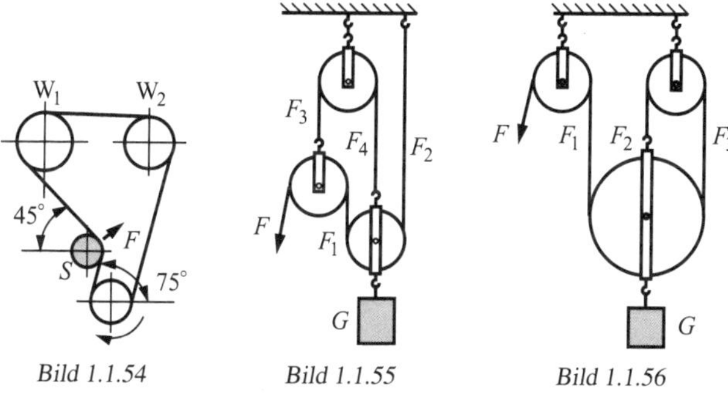

Bild 1.1.54 Bild 1.1.55 Bild 1.1.56

81. Ein Träger T mit der Gewichtskraft G wird mit einem Stahlseil über fünf Rollen (Bild 1.1.57) um den Drehpunkt A nach oben geschwenkt, wobei eine Rolle im Schwerpunkt S des Trägers befestigt ist. Wie groß ist die Zugkraft F, die dem Träger das Gleichgewicht hält?

82. Beim Drehen wirken die im Bild 1.1.58 gezeigten Kräfte am Arbeitsstahl. Mittels Dehnungsmessstreifen wurden folgende Kräfte ermittelt: Vorschubkraft $F_V = 2\,300$ N, Passivkraft $F_P = 1\,200$ N, Schnittkraft $F_S = 8\,000$ N. Welcher resultierenden Kraft F ist die Schneide des Drehstahles ausgesetzt?

83. Eine $G = 2\,500$ N schwere Last wird nach Bild 1.1.59 mittels einer motorgetriebenen Riemenscheibe ($R = 0,5$ m) und einer Welle ($r = 0,08$ m) mit gleichförmiger Geschwindigkeit angehoben. Die Kraft F_1 im Zugtrum

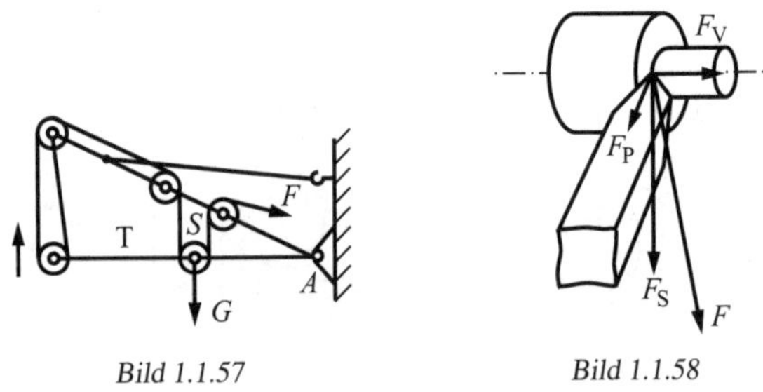

Bild 1.1.57

Bild 1.1.58

ist das 2,3fache der Kraft F_2 im Leertrum. Wie groß sind die Riemenkräfte F_1 und F_2?

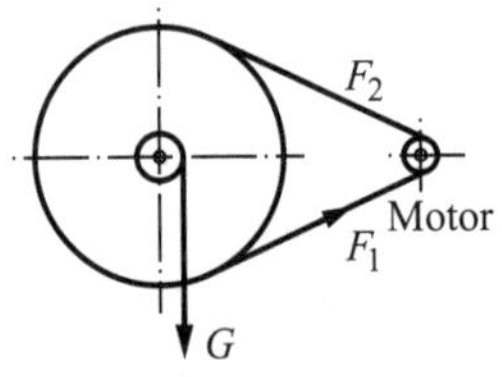

Bild 1.1.59

84. Ein Motor, dessen Drehmoment $M = 40\ \text{N} \cdot \text{m}$ beträgt, treibt nach Bild 1.1.60 zwei Maschinen über ein Keilriemengetriebe an. Welchen Radius r muss die Antriebsscheibe haben?

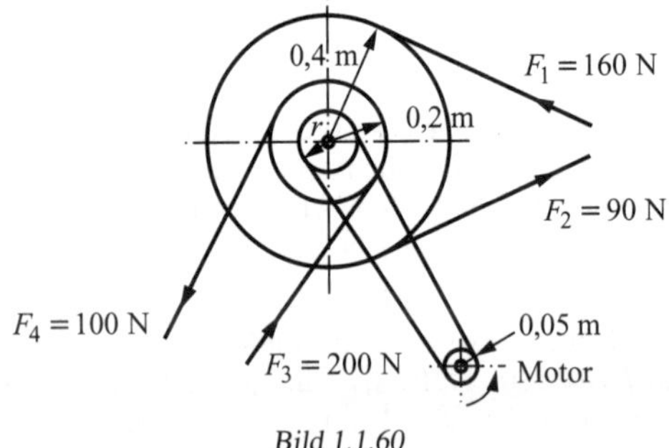

Bild 1.1.60

85. Welche Druckkraft F erzeugt eine Handspindelpresse von 8,5 mm Ganghöhe, wenn am 0,35 m langen Hebelarm eine Kraft von 160 N ausgeübt wird?

86. Welche Ganghöhe h muss die Spindel einer Prägepresse haben, wenn mithilfe der am Handrad von $0,65$ m Durchmesser wirkenden Antriebskraft von 30 N eine Druckkraft von 12 250 N erzeugt werden soll?

87. Mit welcher Kraft F wird die Druckplatte der Kniehebelpresse nach Bild 1.1.61 angedrückt, wenn an der Handkurbel mit einer Kraft von 25 N gedreht wird und die Ganghöhe der Spindeln 4 mm beträgt?

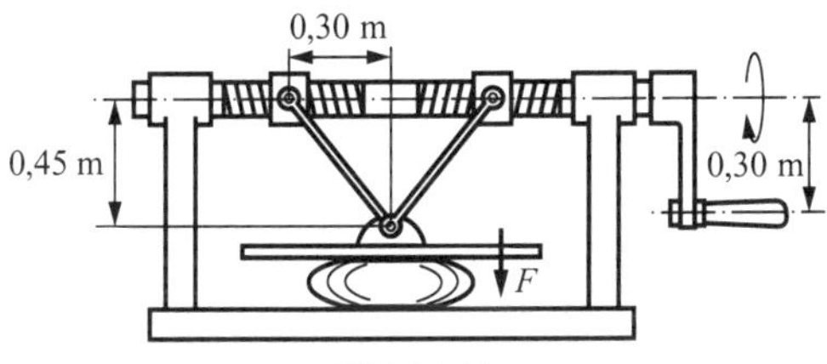

Bild 1.1.61

88. Der Motor eines PKW hat ein maximales Drehmoment von 95 N · m. Welche Zugkraft F entwickelt der Wagen im 1. Gang bei der Untersetzung $1 : 3,8$ und einem Raddurchmesser von $0,64$ m?

89. Das Hebezeug nach Bild 1.1.62 wird mittels der Lagerschalen A und B, deren Abstand $2,9$ m beträgt, an einer Wand befestigt und ist mit $G = 5$ kN belastet. Welche Stützkraft F_1 wirkt im Lager B und welche Führungskraft F_2 wirkt im Lager A (Eigengewicht des Hebezeuges wird vernachlässigt)?

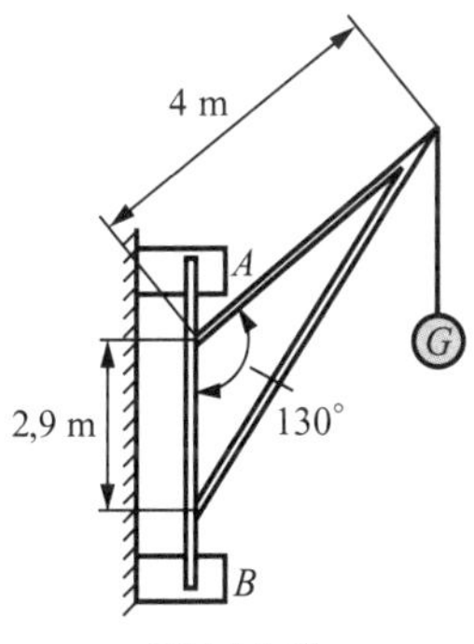

Bild 1.1.62

1.1.7 Reibung (statisch)

90. Die Zugkraft eines $2,48$ MN schweren Triebwagens mit einer Reibungsgewichtskraft von $1,70$ MN wird mit 375 kN angegeben. Welche Haftreibungszahl μ liegt diesen Angaben zugrunde?

91. Auf die Bremsscheibe einer Scheibenbremse wirken die beiden Reibkräfte von jeweils $F_R = 6,4$ kN. Als Reibungszahl Bremsbelag–Stahl wurde $\mu = 0,40$ ermittelt. Wie groß ist die Kraft F, mit der das Hydrauliksystem jeweils einen Bremsbelag gegen die Scheibe presst?

92. Welche Kraft F bewegt einen Körper (Bild 1.1.63), der die Gewichtskraft G ausübt, mit gleichförmiger Geschwindigkeit hangaufwärts (Neigungswinkel α und Gleitreibungszahl μ sind gegeben)?

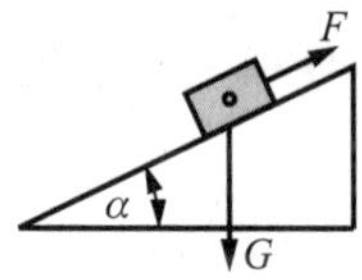

Bild 1.1.63

93. Weshalb ist der Bremsweg eines Fahrzeuges mit blockierten Rädern länger als mit rollenden Rädern?

94. Welche waagerecht gerichtete Zugkraft F ist erforderlich, um eine Last mit der Gewichtskraft G auf einer schiefen Ebene von der Steigung α bei gegebener Reibungszahl μ aufwärts zu bewegen (Bild 1.1.64)?

95. Am Kopf einer Schraubenspindel von 0,03 m Gewindedurchmesser und 0,015 m Ganghöhe wirkt ein Drehmoment von $M = 45$ N · m. Wie groß ist die axial gerichtete Kraft F bei einer Reibungszahl $\mu = 0,2$ (Bild 1.1.65)?

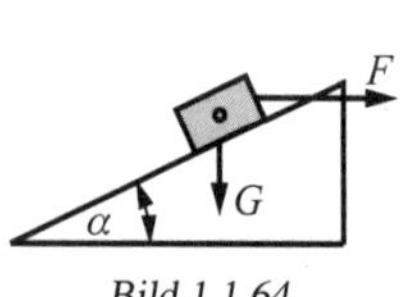

Bild 1.1.64

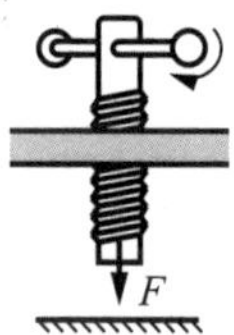

Bild 1.1.65

96. Bei welchem Spreizwinkel α rutschen die Füße einer belasteten ungesicherten Stehleiter auseinander, wenn für die Reibungszahl Boden–Stehleiter $\mu = 0,3$ angenommen wird (Eigengewichtskraft der Leiter bleibt unberücksichtigt)?

97. Welche Kraft F ist am Bremshebel einer einfachen Backenbremse bei a) Rechtsdrehung bzw. b) Linksdrehung der Bremsscheibe erforderlich, wenn die Bremskraft F_B, Reibungszahl μ und die Hebellängen nach Bild 1.1.66 gegeben sind?

98. Ein 20 N schwerer Holzquader liegt auf einer schiefen Ebene mit dem Neigungswinkel $\alpha = 20°$ und wird zunächst infolge der Reibung ($\mu = 0,5$)

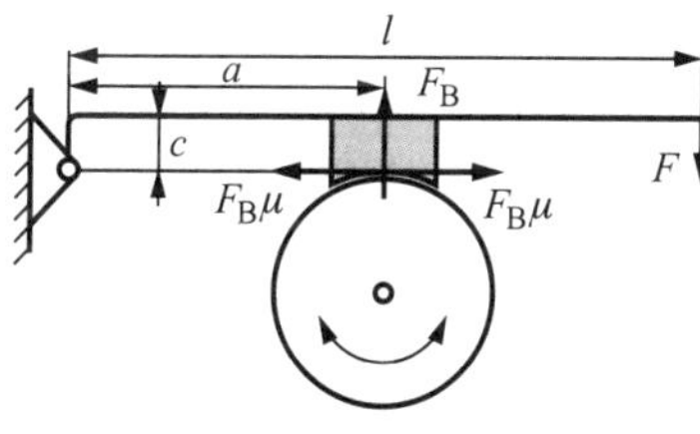

Bild 1.1.66

am Abgleiten gehindert (Bild 1.1.67). Durch eine parallel zur Kante AB wirkende Kraft F wird er mit konstanter Geschwindigkeit bewegt. Wie groß ist diese Kraft F und unter welchem Winkel α weicht die resultierende Bewegung von der Richtung AC ab?

99. Auf eine schräge Bahn gestellte Container sollen von selbst nach unten rutschen (Bild 1.1.68). Welche Höhe h dürfen sie bei gegebener Breite b höchstens haben, damit sie sich nicht überschlagen ($\mu = 0,7$)?

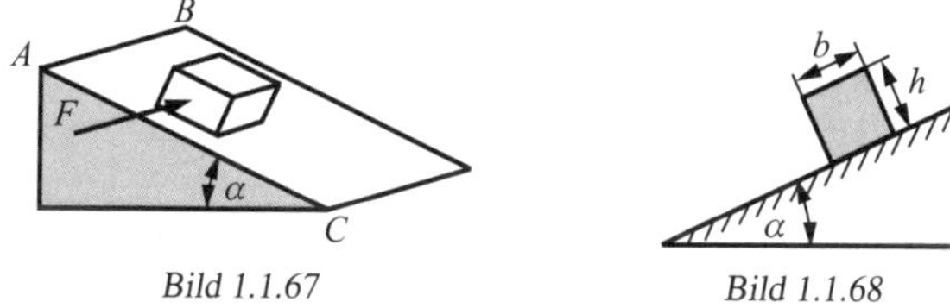

Bild 1.1.67 Bild 1.1.68

100. Ein Balken, der reibungslos an einer Wand lehnt, stützt sich gegen den Fußboden mit der Reibungszahl μ (Bild 1.1.69). Wie groß muss der Winkel α mindestens sein, damit der Balken nicht wegrutscht?

101. a) Um wie viel Grad muss eine Paketrutsche gegen die Horizontale geneigt sein, wenn Pakete mit einer Haftreibungszahl $\mu_0 = 0,6$ darauf abgleiten sollen? b) Mit welcher Geschwindigkeit v erreichen die Pakete das Ende der Rutsche, wenn diese 15 m lang ist und die Gleitreibungszahl $\mu = 0,4$ beträgt?

102. Der Schwerpunkt eines 8 000 N schweren Lastenaufzuges liegt 0,5 m seitlich der Mittellinie. Welche Kraft F ist einschließlich der Reibung in den Führungen ($\mu = 0,15$) bei gleichförmiger Aufwärtsbewegung zu überwinden (Bild 1.1.70)?

103. Ein 500 N schwerer Schmiedehammer wird durch Drehung eines Nockens angehoben, dessen äußerster Angriffspunkt 0,1 m von der Längsachse des Hammers entfernt ist (Bild 1.1.71). Welche senkrecht gerichtete Kraft F ist zum Anheben nötig, wenn die Reibungszahl in den beiden Führungen $\mu = 0,2$ beträgt?

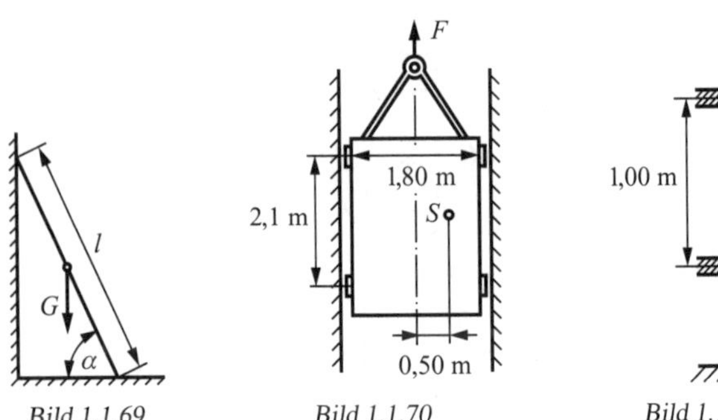

Bild 1.1.69 Bild 1.1.70 Bild 1.1.71

1.2 Kinematik

1.2.1 Gleichförmige und beschleunigte geradlinige Bewegung

1. Welche mittlere Geschwindigkeit v_m hat der Kolben eines Personenkraftwagens bei einer Drehzahl von $n = 3\,600\ \text{min}^{-1}$ und einem Kolbenhub von $h = 0,069$ m?

2. Durch Seitenwind werden die Abgase eines 90 m langen dieselgetriebenen Zuges, der mit einer Geschwindigkeit $v_1 = 70$ km/h fährt, abgetrieben, sodass sie 30 m seitwärts vom Zugende wahrgenommen werden. Welcher Windgeschwindigkeit v_2 ist der Zug ausgesetzt?

3. Ein Fahrgast eines Zuges sitzt in einem Abstand von 2 m hinter einem $0,5$ m breiten Fenster. In 500 m Entfernung verläuft quer zur Blickrichtung eine Straße, auf der ein Radfahrer 15 s lang im Blickfeld des Fensters vom Fahrgast gesehen wird. Welche Geschwindigkeit v hat der Radfahrer?

4. Bei der Sportart „Schießen auf den laufenden Keiler" wird die Schießscheibe mit $v_1 = 20$ m/s quer zur Visierlinie des Schützen bewegt, der sich $e = 250$ m von der Schießscheibe entfernt befindet. Um welche Strecke s muss der Schütze bei einer Geschwindigkeit des Geschosses von $v_2 = 800$ m/s vorhalten, um den „Keiler" sicher zur Strecke zu bringen?

5. Mit welcher Geschwindigkeit v verlässt ein Geschoss den $0,8$ m langen Lauf eines Gewehres, wenn ihm die eingearbeiteten Züge eine Drehzahl von $n = 4\,500\ \text{s}^{-1}$ erteilen und auf die Länge des Laufes 4 Dralllängen entfallen?

6. Ein Kraftwagen bremst mit der Verzögerung von $a = 6,5$ m/s^2 und legt bis zum Stillstand die Strecke $s = 45$ m zurück. Wie groß sind die Bremszeit t und die Anfangsgeschwindigkeit v?

7. Eine Rakete, die mit $a = 45\ \mathrm{m/s^2}$ beschleunigt wird, hat die Geschwindigkeit $v = 900\ \mathrm{m/s}$ erreicht. Welche Strecke s legt sie in den nächsten $2{,}5\ \mathrm{s}$ zurück?

8. Ein Rennschlitten steigert beim Durchfahren der Strecke $s = 125\ \mathrm{m}$ in einem Eiskanal seine Geschwindigkeit von $v_1 = 15\ \mathrm{m/s}$ auf $v_2 = 28\ \mathrm{m/s}$. Wie groß sind die zum Durchfahren der Strecke s erforderliche Zeit t und die Beschleunigung a?

9. Ein Fahrzeug hat die Anfangsgeschwindigkeit $v_0 = 6\ \mathrm{m/s}$ und legt innerhalb der ersten 5 s die Strecke $s = 40\ \mathrm{m}$ zurück. Wie groß ist die Beschleunigung a?

10. Ein Lastkraftwagen verringert durch gleichmäßiges Bremsen seine Geschwindigkeit von $v_1 = 54\ \mathrm{km/h}$ auf $v_2 = 36\ \mathrm{km/h}$ und legt dabei die Strecke s von 500 m zurück. Welche Zeit t nimmt der Bremsvorgang in Anspruch?

11. Die Geschwindigkeit eines Kleintransporters beträgt $t_1 = 4\ \mathrm{s}$ nach dem Anfahren im ersten Gang $v_1 = 25\ \mathrm{km/h}$, nach weiteren $t_2 = 4\ \mathrm{s}$ im zweiten Gang $v_2 = 45\ \mathrm{km/h}$, nach weiteren $t_3 = 7\ \mathrm{s}$ im dritten Gang $v_3 = 65\ \mathrm{km/h}$ und nach weiteren $t_4 = 13\ \mathrm{s}$ im vierten Gang $v_4 = 90\ \mathrm{km/h}$. a) Wie groß sind die vier Beschleunigungswerte? b) Wie groß ist die durchschnittlich erzielte Beschleunigung? c) Welche Gesamtstrecke s wird bis zum Erreichen der Höchstgeschwindigkeit zurückgelegt? (Die für das Schalten benötigten Zeiten sollen vernachlässigt werden.)

12. Für Kraftfahrer ergaben sich zwei Gruppen bezüglich der Bremsreaktionszeiten. Eine Gruppe reagierte $0{,}74\ \mathrm{s}$ nach Erkennen der Gefahrensituation mit dem Betätigen der Bremse, während die andere Gruppe erst nach $0{,}86\ \mathrm{s}$ das Bremspedal betätigte. Welche Gesamtstrecke wird beim Bremsen mit einer Verzögerung von $a = 4{,}5\ \mathrm{m/s^2}$ aus einer Geschwindigkeit von $v = 72\ \mathrm{km/h}$ bei Gruppe a) bzw. Gruppe b) zurückgelegt?

13. Während ein Personenzug eine Strecke $s = 700\ \mathrm{m}$ zurücklegt, bremst er mit einer Verzögerung von $a = 0{,}15\ \mathrm{m/s^2}$. Wie groß sind die Bremszeit t und die Endgeschwindigkeit v_2, wenn die Anfangsgeschwindigkeit $v_1 = 55\ \mathrm{km/h}$ beträgt?

14. Ein Motorrad, dessen Geschwindigkeit anfangs $v_1 = 45\ \mathrm{km/h}$ und nach $t_1 = 12\ \mathrm{s}$ $v_2 = 60\ \mathrm{km/h}$ beträgt, fährt mit der gleichen Beschleunigung weiter. In welcher Zeit t wird die Geschwindigkeitserhöhung von 60 km/h auf 90 km/h erreicht?

15. Welche Strecke muss ein Fahrzeug durchfahren, um mit der Beschleunigung $a = 1{,}8\ \mathrm{m/s^2}$ seine Geschwindigkeit von $v_1 = 10\ \mathrm{m/s}$ auf $v_2 = 20\ \mathrm{m/s}$ zu erhöhen, und welche Zeit t benötigt es dafür?

16. Zwei PKW starten gleichzeitig von derselben Stelle. Der eine hat eine Beschleunigung von $a_1 = 1{,}8\ \mathrm{m/s^2}$ und hat nach $t = 16\ \mathrm{s}$ vor dem anderen einen Vorsprung von $s' = 50$ m. Welche Beschleunigung a_2 hat der andere PKW?

17. Zwei Fahrzeuge starten nach Bild 1.2.1 an einer Kreuzung unter einem rechten Winkel mit gleichmäßig anhaltender Beschleunigung a und sind nach Ablauf von $t = 15$ s um $s = 200$ m voneinander entfernt, das eine jedoch doppelt so weit von der Kreuzung entfernt wie das andere. Welche Geschwindigkeiten v_1 bzw. v_2 haben die Fahrzeuge in diesem Augenblick?

18. Nach Durchfahren einer halben Kreisbahn mit dem Radius $r = 600$ m hat ein Zug durch gleichmäßiges Bremsen seine Anfangsgeschwindigkeit von $v_1 = 36$ km/h auf die Hälfte v_2 verringert (Bild 1.2.2). Welches Segment der Kreisbahn muss noch bis zum Stillstand durchfahren werden?

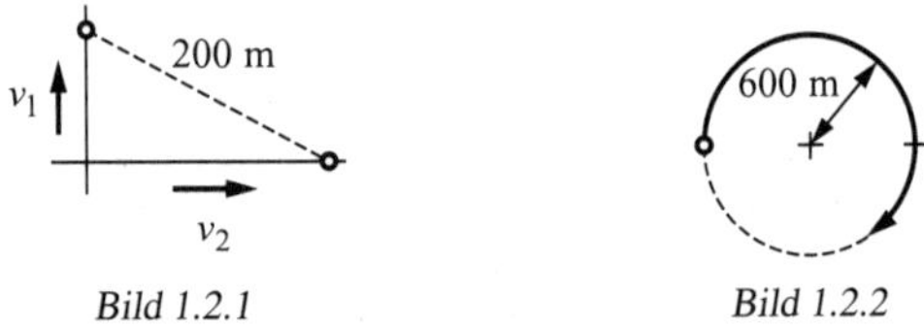

Bild 1.2.1 *Bild 1.2.2*

19. Ein Sprinter legt die Strecke $s = 100$ m in $t_1 = 10{,}4$ s zurück, davon die ersten $s_1 = 50$ m gleichmäßig beschleunigt und den Rest mit konstanter Geschwindigkeit. Wie groß sind die erreichte Höchstgeschwindigkeit v und die Beschleunigung a?

20. Ein Fahrzeug fährt $t_1 = 5$ s lang mit einer Beschleunigung von $a_1 = 2{,}5$ m/s^2, danach mit gleichförmiger Geschwindigkeit weiter und bremst dann mit einer Verzögerung von $a_2 = 3{,}5$ m/s^2 bis zum Stillstand. Die gesamte Fahrstrecke beträgt $s = 100$ m. Welche Fahrzeit t wird insgesamt benötigt?

21. Ein Zug mit einer Reisegeschwindigkeit von $v = 72$ km/h verspätet sich um $t_v = 3$ min beim Passieren einer Baustelle, die er mit 18 km/h durchfahren muss. Die Brems- bzw. Anfahrbeschleunigung betragen im Baustellenbereich $0{,}2$ bzw. $0{,}1$ m/s^2. Wie lang ist die Baustelle?

22. Ein Fahrzeug vermindert durch Abbremsen mit der Verzögerung $a = 1{,}6$ m/s^2 seine Geschwindigkeit auf $v_2 = 36$ km/h. Wie groß ist seine Anfangsgeschwindigkeit v_1, wenn die Bremsstrecke $s = 70$ m beträgt?

23. Ein Motorradfahrer erblickt in 50 m Entfernung eine Ortseingangstafel, von der ab nur mit $v_2 = 50$ km/h gefahren werden darf. Wie lange dauert der Bremsvorgang und wie groß ist die Bremsverzögerung a, wenn seine Anfangsgeschwindigkeit $v_1 = 80$ km/h beträgt?

24. Für die letzten 2000 m bis zur Haltestelle benötigt ein Omnibus 2 min. Wie groß ist seine Geschwindigkeit v, wenn der restliche Teil der 2 km langen Strecke mit einer Verzögerung von $a = 2,5$ m/s^2 durchfahren wird?

25. Ein PKW fährt gleichmäßig mit $v = 40$ km/h an einem zweiten stehenden PKW vorüber. Nachdem sein Vorsprung $s_1 = 100$ m beträgt, startet der zweite Wagen und fährt mit gleich bleibender Beschleunigung von $a = 1,2$ m/s^2 hinterher. Welche Zeit t braucht der zweite PKW bzw. welche Strecke s muss er zurücklegen, um den ersten Wagen einzuholen?

26. Ein LKW fährt mit konstanter Geschwindigkeit $v_2 = 60$ km/h hinter einem anderen Wagen her, dessen Geschwindigkeit $v_1 = 42$ km/h beträgt. Nach welcher Zeit t und welcher Fahrstrecke s wird der langsamere Wagen eingeholt, wenn die Wagen anfänglich den Abstand $s_1 = 400$ m haben?

27. Ein PKW mit $v_2 = 60$ km/h wird von einem zweiten mit $v_1 = 70$ km/h überholt. Wie lange dauert der Überholvorgang und welche Fahrstrecke s muss der zweite PKW zurücklegen, wenn der gegenseitige Abstand vor und nach dem Überholen 20 m beträgt und jeder der beiden PKW 4 m lang ist?

1.2.2 Freier Fall und Wurf

28. Ein frei fallender Körper passiert zwei 12 m untereinander liegende Messpunkte im zeitlichen Abstand von 1,0 s. Aus welcher Höhe h über dem oberen Messpunkt fällt der Körper und welche Geschwindigkeiten v_1 und v_2 werden in den Messpunkten registriert?

29. Welchen Neigungswinkel α muss ein Dach bei gegebener Basis haben, damit Wasser möglichst schnell abläuft?

30. Ein Körper erreicht beim reibungslosen Abgleiten auf einer schiefen Ebene nach $t = 4$ s die Geschwindigkeit $v = 25$ m/s. Welchen Neigungswinkel α hat die schiefe Ebene und welche Strecke s legt der Körper zurück?

31. Ein Artist springt nach Bild 1.2.3 auf das freie Ende eines Schleuderbrettes, wodurch ein am anderen Ende liegender Ball mit der Geschwindigkeit v_1 auf eine Höhe $h = 8$ m geschleudert wird. Mit welcher Endgeschwindigkeit v_2 erreicht der Artist das Brett?

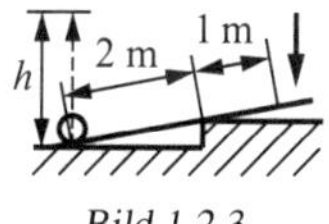

Bild 1.2.3

32. Ein senkrecht emporgeworfener Körper hat in einer Höhe $h = 20$ m die Geschwindigkeit $v = 8$ m/s. Zu berechnen sind die Anfangsgeschwindigkeit v_0 und die Flugzeit t bis zur Rückkehr zum Startpunkt.

33. Wie viel Zeit vergeht, bis ein mit der Anfangsgeschwindigkeit $v_0 = 80$ m/s senkrecht emporgeworfener Körper die Höhe $h = 200$ m erreicht hat? Interpretieren Sie das Ergebnis!

34. Während der Abwärtsbewegung eines seilgetriebenen Bauaufzuges ($v_0 = 0,8$ m/s) reißt infolge Überlast das Seil. a) Welche Geschwindigkeit v hat der Fahrkorb, wenn die Fangvorrichtung $0,25$ m nach Beginn des freien Falles eingreift? b) Welche Verzögerung a wirkt, wenn der Fahrkorb nach weiteren $0,20$ m zum Stillstand kommt?

35. Ein Körper fällt aus $h = 800$ m Höhe; zugleich wird ein zweiter vom Boden mit der Anfangsgeschwindigkeit $v_0 = 200$ m/s nach oben geschossen. Nach welcher Zeit t und in welcher Höhe h begegnen sich beide Gegenstände?

36. Ein Wasserstrahl tritt mit einer Austrittsgeschwindigkeit $v_0 = 8$ m/s horizontal aus einer Düse. a) Mit welcher Geschwindigkeit v_g und b) unter welchem Winkel α gegen die Senkrechte trifft er 3 m tiefer auf eine horizontale Fläche?

37. Aus einem waagerecht liegenden Rohr von $d = 0,08$ m Durchmesser fließen je Sekunde 5 Liter Wasser. In welcher Höhe h befindet sich das Rohr, wenn der horizontale Abstand zwischen Austrittsöffnung und Auftreffpunkt des Wasserstrahls am Boden $s = 0,8$ m beträgt?

38. Von einem horizontalen Förderband soll Kohle bei $h = 2,5$ m Falltiefe $s = 1,80$ m weit geworfen werden. Welche Laufgeschwindigkeit v muss das Band haben?

39. Von einer in der Höhe $h = 12$ m mit der Geschwindigkeit $v = 2,5$ m/s rollenden Laufkatze fällt ein Transportgut herab. Wie weit ist die Aufschlagstelle von der durch den Startpunkt gehenden Senkrechten entfernt?

40. Ein unter einem Winkel $\alpha = 20°$ aufwärts gestelltes Förderband wirft Bauschutt mit der Anfangsgeschwindigkeit $v = 2,2$ m/s in die 4 m unter seinem oberen Ende stehende Lore (Bild 1.2.4). Wie groß ist die Wurfweite s?

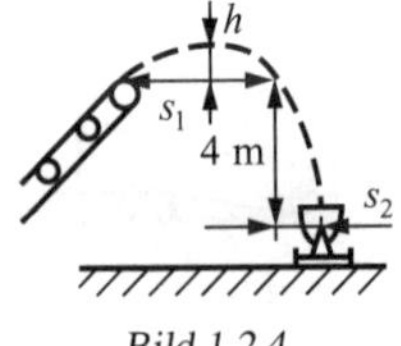

Bild 1.2.4

41. Ein Geschoss wird unter einem Winkel von 30° gegenüber der Horizontalen abgeschossen und hat die Anfangsgeschwindigkeit $v_0 = 1500$ m/s. Es sind zu berechnen a) Schussweite und -höhe, b) maximale Schussweite und entsprechende Schusshöhe (der Luftwiderstand sei vernachlässigt).

42. Bei einer Sortiermaschine fallen Stahlkugeln aus einer Höhe $h = 0,30$ m auf eine um 15° gegen die Horizontale geneigte Platte und springen bei entsprechender Qualität durch die Öffnung einer Wand, deren Abstand vom „Reflexionspunkt“ $e = 0,20$ m beträgt. In welcher Höhe x befindet sich die Öffnung (Bild 1.2.5)?

43. Welche horizontale Anfangsgeschwindigkeit v hat das Wasser eines Gebirgsbaches, das den um 50° geneigten Hang nach $a = 40$ m wieder erreicht (Bild 1.2.6)?

44. Aus einer Feuerlöschdüse (Bild 1.2.7) tritt der Wasserstrahl mit einer Geschwindigkeit von $v_0 = 18$ m/s aus dem C-Rohr und soll ein 6 m entferntes Haus in einer Höhe $h = 12$ m treffen. Unter welchem Winkel α muss das C-Rohr nach oben gehalten werden?

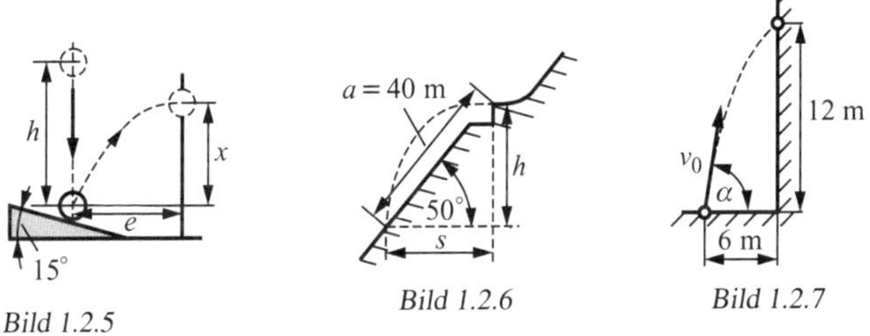

Bild 1.2.5 Bild 1.2.6 Bild 1.2.7

1.2.3 Gleichförmige und beschleunigte Drehbewegung

45. Der Läufer einer Dampfturbine mit einem Durchmesser $d = 1,80$ m hat eine maximale Umfangsgeschwindigkeit $v = 225$ m/s. Welcher maximalen Drehzahl n entspricht dies?

46. Welche Winkelgeschwindigkeiten haben a) eine CD (mit $n = 400\ \text{min}^{-1}$), b) ein Fahrrad mit 28″-Rädern (1″ = 0,0254 m; Bahngeschwindigkeit $v = 10$ m/s), c) der große und d) der kleine Zeiger einer Uhr?

47. Bei einer Fluggeschwindigkeit von $v = 420$ km/h legt die Propellernabe während jeder Umdrehung die Strecke $s = 3,6$ m zurück. Welche Drehzahl n hat der Propeller?

48. Die Spitze des Minutenzeigers einer Turmuhr hat die Geschwindigkeit $v = 1,5$ mm/s. Wie lang ist der Zeiger?

49. Zwei auf eine Transmission wirkende Treibriemen laufen mit der Geschwindigkeit $v_1 = 8$ m/s bzw. $v_2 = 5$ m/s (Bild 1.2.8). Die Durchmesser der Riemenscheiben unterscheiden sich um $0,15$ m. Welche Durchmesser d und welche Drehzahl n haben die fest miteinander verbundenen Scheiben?

50. Infolge Materialfehler geht die Schleifscheibe eines Trennschleifers mit einem Durchmesser $d = 0,12$ m zu Bruch. Ein Segment fliegt dabei senkrecht $h = 65$ m in die Höhe. Welche Drehzahl n hatte der Elektromotor?

51. Zur Bestimmung der Geschwindigkeit eines Projektils wird dieses durch zwei Scheiben geschossen, die im Abstand von $0,80$ m auf einer gemeinsamen Welle mit der Drehzahl $n = 1\,500\ \text{min}^{-1}$ rotieren (Bild 1.2.9). Welche Geschwindigkeit ergibt sich, wenn die beiden Durchschussstellen um $12°$ gegeneinander versetzt sind?

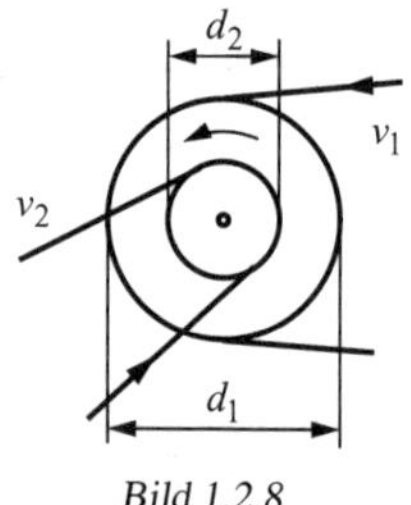

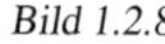

Bild 1.2.8

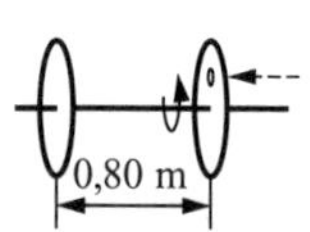

Bild 1.2.9

52. In einen $h = 1\,000$ m tiefen, am Äquator gelegenen Schacht lässt man einen Stein fallen. Wie groß ist die durch die Erdumdrehung verursachte Abweichung von der Senkrechten bezüglich des Auftreffpunktes?

53. Wenn das gleichlaufende Antriebsrad I nach Bild 1.2.10 mit dem Durchmesser $d = 0,08$ m eines Reibradgetriebes seinen Abstand von der Achse der angetriebenen Scheibe II von $0,48$ m auf $0,44$ m verringert, nimmt deren Drehzahl um $5\ \text{min}^{-1}$ zu. Welche Drehzahl n_I hat das Antriebsrad?

54. Ein Zahnrad mit 8 Zähnen dreht sich zwischen einer festen und einer beweglichen Zahnstange (Bild 1.2.11). Um wie viel Zähne verschiebt sich die bewegliche Stange gegen die feste, wenn das Rad eine Umdrehung ausgeführt hat?

55. Ein auf Holzwalzen ruhender Steinblock wird um $0,80$ m nach links verschoben (Bild 1.2.12). Um welche Strecke bewegt sich die vordere Walze auf dem Erdboden und um wie viel Meter ragt der Block nach links vor?

56. Ein Kugellager wird durch folgende Parameter charakterisiert: Durchmesser des Innenringes D_i, Durchmesser des Außenringes D_a, Mittelwert D, Kugeldurchmesser d. Die Drehzahlen sind: für jede Kugel n_w, den Innenring n_i, den Außenring n_a und den Käfig n_k (Bild 1.2.13). Als Formeln seien gegeben a) Kugeldrehzahl $n_\text{w} = n_\text{i} \dfrac{D^2 - d^2}{2dD}$, b) Drehzahl des Käfigs bei festem Außenring $n_k = n_w \dfrac{d}{D+d}$, c) Drehzahl des Käfigs bei festem Innenring $n_k = n_w \dfrac{d}{D-d}$

Leiten Sie diese Formeln her! In welchem Fall b) oder c) ist die Lebensdauer des Lagers größer?

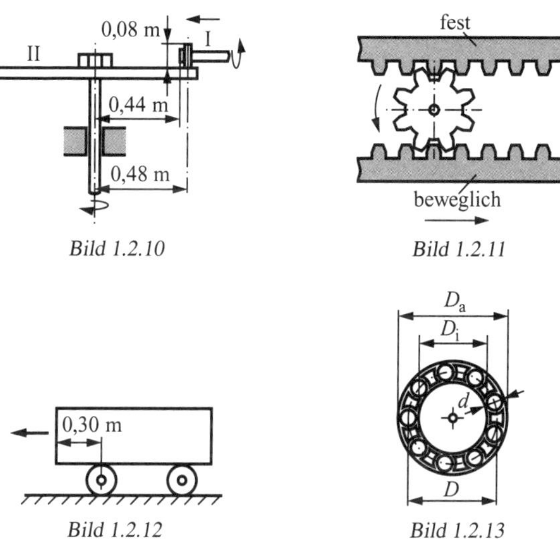

Bild 1.2.10

Bild 1.2.11

Bild 1.2.12

Bild 1.2.13

57. Die Drehzahl einer Schleifscheibe wird innerhalb von $t = 10$ s von $n_1 = 3000\,\text{min}^{-1}$ auf $n_2 = 2000\,\text{min}^{-1}$ abgebremst. Wie viel Umdrehungen z führt die Scheibe in dieser Zeit aus?

58. Ein Elektromotor führt innerhalb der ersten 10 s nach dem Einschalten 280 Umdrehungen aus, wobei die Drehbewegung 5 s gleichmäßig beschleunigt und danach gleichförmig ist. Welche Drehzahl n hat der Motor erreicht?

59. Ein Schwungrad hat die Drehzahl $n_1 = 500\,\text{min}^{-1}$ und wird mit der Winkelbeschleunigung $\alpha = 5\,\text{s}^{-2}$ 15 Sekunden lang beschleunigt. Welche Drehzahl n_2 wird erreicht?

60. a) Welche Drehzahl n erreicht ein Rad, das 4,5 s mit konstanter Winkelbeschleunigung $\alpha = 2{,}5\,\text{s}^{-2}$ aus dem Stillstand anläuft, und b) wie viel Umdrehungen führt es dabei aus?

61. Die Antriebsscheibe einer Fördermaschine mit dem Durchmesser $d = 8{,}5$ m wird innerhalb von $t = 17$ s auf eine Seilgeschwindigkeit $v = 21$ m/s gleichmäßig beschleunigt. a) Mit welcher Beschleunigung a läuft das Seil ab? b) Wie groß ist die Winkelbeschleunigung α? c) Wie viel Meter Seil laufen während der Anlaufvorganges ab?

62. Innerhalb von 5 Sekunden führt ein Rad 120 Umdrehungen aus und verdoppelt dabei seine Winkelgeschwindigkeit ω. Wie groß ist diese am Beginn und Ende des Vorganges?

63. Ein aus dem Stillstand anlaufendes Rad führt in der zweiten Sekunde 16 Umdrehungen aus. Wie groß ist seine Winkelbeschleunigung α?

64. Welche Winkelbeschleunigung α hat ein Motor, der $1{,}2$ s nach dem Anlassen die Drehzahl $n = 2500\ \text{min}^{-1}$ erreicht?

65. Das Schwungrad einer Exzenterpresse von $d = 1{,}5$ m Durchmesser hat nach 5 s Anlaufzeit eine Umfangsgeschwindigkeit $v = 30$ m/s erreicht. Wie viel Umdrehungen z führt es in dieser Zeit aus?

66. Ein mit dem Durchmesser $d = 0{,}60$ m großes Rad wird durch ein um seinen Umfang geschlungenes Seil, an dem ein Massestück hängt, in eine Drehbewegung versetzt, indem das Gewicht in der Zeit $t = 12$ s um $h = 5{,}4$ m nach unten fällt. Welche Drehzahl n wird erreicht und wie viel Umdrehungen z führt das Rad während dieser Zeit aus?

1.2.4 Zusammengesetzte Bewegungen

67. Um welche Strecke s wird ein Flugzeug seitlich abgetrieben, das mit einer Eigengeschwindigkeit $v_1 = 360$ km/h bei Windstärke 10 ($v_2 = 23$ m/s) quer zum Wind fliegt, a) je Flugstunde und b) je Flugkilometer?

68. Ein mit der Eigengeschwindigkeit $v_1 = 250$ km/h nordwärts fliegendes Flugzeug legt bei Westwind je Minute die Strecke $s = 4{,}4$ km zurück. Wie groß ist die Windgeschwindigkeit v_2?

69. Die Fallgeschwindigkeit eines Regentropfens beträgt bei Windstille etwa $v_1 = 8$ m/s. Welche Geschwindigkeit v_2 hat ein Zug, an dessen Wagenfenstern die Tropfen Spuren hinterlassen, die um 70° von der Senkrechten abweichen?

70. Ein in sträflichem Leichtsinn rechtwinklig und horizontal aus einem fahrenden Zug geworfener Gegenstand fällt auf eine $h = 4$ m unter dem Abwurfpunkt gelegene Wiese und schlägt $l = 20$ m (in Fahrtrichtung gemessen) vom Abwurfpunkt und $b = 8$ m vom Bahnkörper entfernt auf. a) Mit welcher Geschwindigkeit v_1 fährt der Zug? b) Wie groß ist die Abwurfgeschwindigkeit des Gegenstandes v_2? c) Mit welcher Geschwindigkeit v_3 schlägt der Gegenstand auf?

71. Wo befindet sich nach Aufgabe 70 die Aufschlagstelle, wenn der Gegenstand unter den gleichen Bedingungen mit einer Geschwindigkeit von $v = 12$ m/s geworfen wird?

72. Um die Stecke $s = 2$ km zurückzulegen, benötigt ein Flugzeug bei Rückenwind $t_1 = 15$ s und bei Gegenwind $t_2 = 20$ s. Welche Geschwindigkeit des Flugzeuges v und welche Windgeschwindigkeit v_W ergeben sich?

73. Ein Hängegleiter bewegt sich mit $v_g = 70$ km/h in einer Luftströmung, die eine Geschwindigkeit $v_l = 40$ km/h aufweist. Beide Geschwindigkeitskomponenten bilden einen Winkel $\alpha = 70°$. Bestimmen Sie grafisch die resultierende Geschwindigkeit v des Gleiters und den Abdriftwinkel β !

74. Stromaufwärts hat ein Motorschiff bezogen auf das Ufer eine Geschwindigkeit $v_1 = 15$ km/h und stromabwärts eine Geschwindigkeit $v_2 = 23$ km/h (Bild 1.2.14). Berechnen Sie a) die Geschwindigkeit v des Schiffes relativ zum Wasser und b) die Strömungsgeschwindigkeit v_3!

75. Bestimmen Sie a) die Geschwindigkeit v_y sowie b) die resultierende Geschwindigkeit v_r, mit der die Last mittels einer Laufkatze nach Bild 1.2.15 bewegt wird, wenn sich die Laufkatze gleichmäßig mit einer Geschwindigkeit $v_x = 0,5$ m/s entlang der Strecke AC bewegt ($s_x = 20$ m, $s_y = 13$ m).

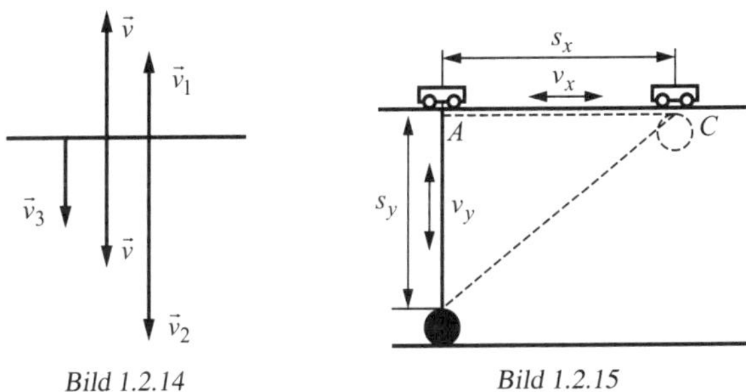

Bild 1.2.14 *Bild 1.2.15*

76. Ein Fahrzeug bewegt sich mit gleichförmiger Geschwindigkeit v auf einer geraden Straße. Seitlich im Abstand e von der Straße steht ein Beobachter B (Bild 1.2.16). a) Mit welcher Geschwindigkeit v_e entfernt sich das Fahrzeug vom Beobachter nach Ablauf der Zeit t? b) Nach welcher Zeit t' ist $v_e = v/2$?

77. Eine Fähre mit einer Geschwindigkeit von $v = 7$ m/s relativ zur Strömung des Wassers soll einen Fluss der Breite $b = 150$ m und der Strömungsgeschwindigkeit $v_s = 2,1$ m/s überwinden. Unter welchen Winkel zur Strömungsrichtung muss man gegensteuern, um auf dem kürzesten Weg das andere Ufer zu erreichen?

78. Ein Flugzeug fliegt mit der Geschwindigkeit $v = 250$ km/h auf einer schraubenförmigen Bahn (Bild 1.2.17) vom Krümmungsradius $r = 300$ m und gewinnt dabei innerhalb $t = 3$ min die Höhe $h = 1\,500$ m. Es sind zu berechnen a) die zurückgelegte Bahnlänge s, b) die Zeitdauer t_1 des Durchfliegens einer Schleife, c) die Anzahl z der Schleifen und d) die Steighöhe h_1 je Schleife.

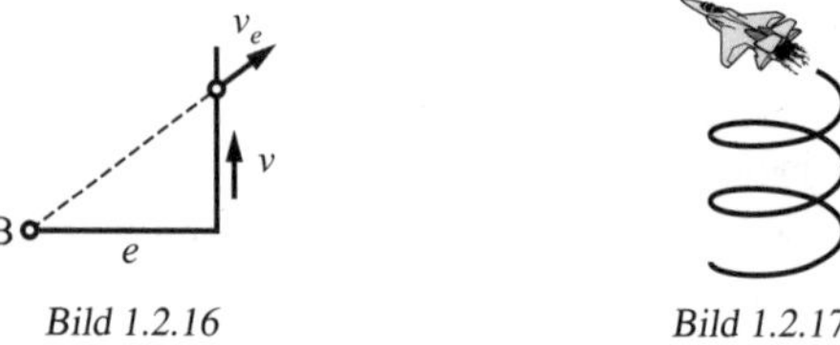

Bild 1.2.16 Bild 1.2.17

79. Welche Strecke s legen die Endpunkte eines mit der Drehzahl von $n = 2\,500\ \text{min}^{-1}$ rotierenden, $d = 2$ m langen Flugzeugpropellers in 1 min bei einer Fluggeschwindigkeit von $v = 360$ km/h zurück?

80. Zur Bestimmung der Strömungsgeschwindigkeiten v von Gasen dient das Flügelrad-Anemometer (Bild 1.2.18). Die Drehzahl ergibt sich nach $n = \dfrac{v \tan\alpha}{\pi d}$, wenn die Flügel um den Winkel α gegen den Gasstrom geneigt sind. a) Leiten Sie diese Formel her und b) berechnen Sie die Drehzahl n für einen Gasstrom von $v = 3{,}5$ m/s bei einem Flügelraddurchmesser von $d = 0{,}06$ m und einen Flügelanstellwinkel $\alpha = 45°$!

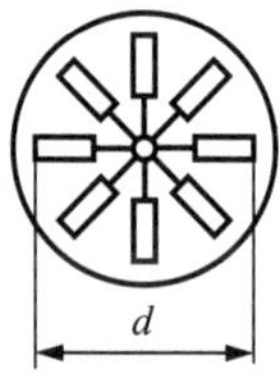

Bild 1.2.18

81. Ein PKW befährt mit $v = 50$ km/h eine Steigung, die gegen die Horizontale einen Winkel $\alpha = 9°$ aufweist. a) Welche Geschwindigkeitskomponente v_x hat der Wagen in waagerechter Richtung? b) Welche Höhe in m wird pro Sekunde überwunden?

82. Ein Motorsegler mit der Geschwindigkeit v_M legt eine Strecke von 5 km gegen die frontal anliegende Windgeschwindigkeit v_W innerhalb von $t_1 = 20$ min und während des Rückfluges bei gleichen Witterungsbedingungen innerhalb von $t_2 = 10$ min zurück. Wie groß ist die Windgeschwindigkeit v_W?

83. Ein Motorboot hat die Eigengeschwindigkeit $v_1 = 4$ m/s und soll das $e = 100$ m entfernte Ufer eines mit $v_2 = 3$ m/s strömenden Flusses in möglichst kurzer Zeit erreichen. Welche Zeit t beansprucht die Überfahrt?

84. Wie lange dauert die Überfahrt des Bootes nach Aufgabe 83, wenn es schräg gegen die Strömung gesteuert wird, sodass der resultierende Fahrweg rechtwinklig zum Ufer verläuft?

1.3 Dynamik

1.3.1 Grundgesetz der Dynamik

1. Welche Beschleunigung a erfährt ein PKW der Masse $m = 1\,250$ kg, auf dessen Räder vom Durchmesser $d = 0{,}62$ m ein Drehmoment von $M = 340$ N · m übertragen wird?

2. Mit welcher Beschleunigung a darf an dem Seil höchstens gezogen werden, wenn das Seil bei der 10fachen Gewichtskraft reißt (Bild 1.3.1)?

Bild 1.3.1

3. Welche Beschleunigung a kann einem Fahrzeug von $m = 500$ kg mit der Kraft $F = 2\,000$ N erteilt werden, wenn beim Beschleunigungsvorgang ein Steigungswinkel $\alpha = 15°$ zu überwinden ist?

4. Mit welcher Kraft F muss man einen Wagen mit einer Masse von $m = 15$ t schieben, um ihm innerhalb von $t = 80$ s die Endgeschwindigkeit $v = 3$ m/s bei einer Reibungszahl von a) $0{,}01$ und b) ohne Berücksichtigung der Reibung zu erteilen?

5. Welche Zugkraft F muss der Triebwagen eines Güterzuges von $m = 500$ t Masse aufwenden, um mit der Beschleunigung von $a = 0{,}09$ m/s^2 anzufahren a) ohne Berücksichtigung der Reibung und b) bei Beachtung der Reibungszahl von $0{,}003$?

6. Bei der Dimensionierung eines Krans rechnet man für die beim Beschleunigen der Last auftretende zusätzliche Belastung bei einer Hebegeschwindigkeit von $v = 2$ m/s mit einem Zuschlag von $2{,}5$ %. Welcher Beschleunigung a entspricht dies?

7. Welche Kräfte F_1 und F_2 wirken am Seil eines Aufzuges der Masse $m = 1\,500$ kg a) beim Anfahren nach oben und b) beim Herabsenken nach unten, wenn in beiden Fällen die Aufzugsmaschine der Kabine eine Beschleunigung von $a = 1{,}5$ m/s^2 erteilt?

8. Eine Masse von $m = 200$ kg soll innerhalb von $t = 5$ s auf die Höhe $h = 8$ m gehoben werden. Auf der ersten Hälfte des Weges erfolgt die Bewegung beschleunigt und auf der zweiten Weghälfte verzögert, wobei Beschleunigung und Verzögerung von gleich großem Betrag sind und die Endgeschwindigkeit gleich null ist. Wie groß sind die aufzuwendenden Kräfte F_1 und F_2 auf den beiden Weghälften?

9. Die Kabine eines Lifts und das Gegengewicht haben die Massen $m_1 = 2\,100$ kg bzw. $m_2 = 600$ kg. Welche Endgeschwindigkeit v würde nach $s = 10$ m Fallhöhe erreicht werden, wenn sich die Treibscheibe der Aufzugsmaschine frei drehen könnte?

10. In einer Luftdruckwaffe wirkt auf das Geschoss von $m = 0,004$ kg die komprimierte Luft mit der konstanten Kraft $F = 196,2$ N. Mit welcher Geschwindigkeit verlässt es den $s = 0,60$ m langen Lauf?

11. Welche Zugkraft F ist ohne Berücksichtigung des Fahrwiderstandes nötig, um einen PKW mit der Masse $m = 1\,100$ kg beim Anfahren auf einer Steigung von 5 % mit $1,5$ m/s^2 zu beschleunigen?

12. Mit welchem minimalen Kraftaufwand F kann ein Rammklotz mit $m = 180$ kg Masse innerhalb $t = 5$ s auf eine Höhe $h = 3$ m gehoben werden und welche Arbeit ist dazu notwendig?

13. An einem mit dem Winkel $\alpha = 20°$ ansteigenden Hang rollt ein beladener Wagen der Masse $m_1 = 2\,800$ kg nach unten und zieht einen leeren Wagen der Masse $m_2 = 800$ kg nach oben (Bild 1.3.2). Welche Geschwindigkeit v erreichen die Wagen, die ungebremst eine Strecke $s = 90$ m zurücklegen, wenn zunächst ohne Reibung gerechnet und dann der Fahrwiderstand mit 5 % bezogen auf die Wagengewichtskraft berücksichtigt wird?

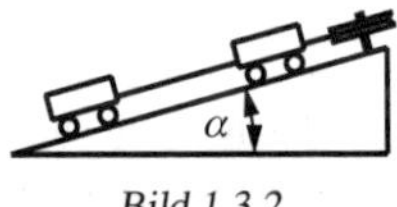

Bild 1.3.2

14. An einer über eine Rolle laufenden Schnur hängen links die Masse $m_1 = 0,300$ kg und rechts $m_2 = 0,320$ kg. a) Mit welcher Beschleunigung a setzen sich die Massen in Bewegung? b) Wie groß muss die rechts hängende Masse sein, damit sich die Beschleunigung a gegenüber a) verdoppelt? c) In welchem Verhältnis müssen die Massen stehen, wenn sie beide mit der halben Schwerebeschleunigung g in Bewegung gesetzt werden sollen?

15. Eine Masse $m = 300$ kg wird gleichmäßig beschleunigt senkrecht um die Höhe $h = 8$ m angehoben. Welche Zeit t wird benötigt, wenn eine Kraft $F = 3\,500$ N zur Verfügung steht?

16. Welche Endgeschwindigkeit v erreicht eine Masse $m = 500$ kg, die mit gleich bleibender Kraft $F = 4\,915$ N auf eine Höhe $h = 10$ m gezogen wird?

17. Wie stellt sich der Wasserspiegel in einem Tankwagen ein, wenn der Wagen erschütterungs- und reibungsfrei eine schiefe Ebene hinabrollt (Bild 1.3.3)?

18. Ein Waggon der Masse $m_1 = 12\,000$ kg ist mittels eines ausklinkbaren Zugseiles mit einer auf die Höhe $h = 6$ m hochgezogenen Masse $m_2 = 1\,500$ kg verbunden, die beim Herabsinken den Waggon bewegt (Bild 1.3.4). a) Welche Beschleunigung a erfährt der Waggon? b) Welche Geschwindigkeit v erreicht der Waggon nach Zurücklegen einer Strecke von $s = 6$ m? c) Welche antreibende Masse wäre notwendig, um dem Waggon unter gleichen Verhältnissen die Endgeschwindigkeit $v = 2$ m/s zu erteilen?

19. Über die Achse einer Laufkatze von $m_2 = 200$ kg Masse läuft über eine Umlenkrolle ein an der Gebäudewand befestigtes Seil, an dem die Masse m_1 hängt, die durch ihre Fallbeschleunigung die Laufkatze vorwärtsbewegen soll (Bild 1.3.5). Wie groß muss die Masse m_1 sein, wenn die Laufkatze nach Durchlaufen einer Strecke von $s = 12$ m die Geschwindigkeit $v = 5$ m/s haben soll?

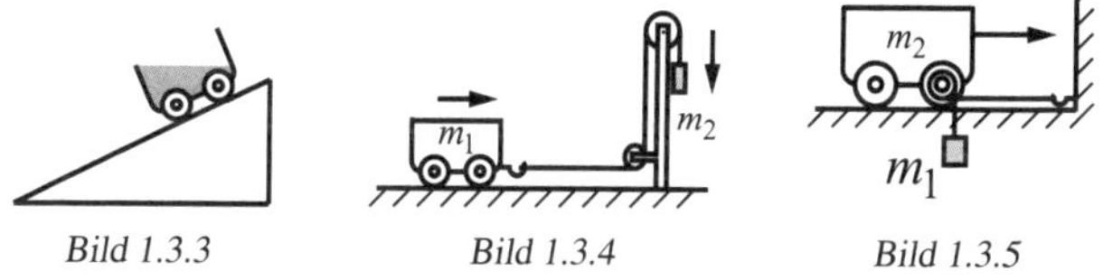

Bild 1.3.3 Bild 1.3.4 Bild 1.3.5

20. Der Motor eines PKW beschleunigt diesen auf horizontaler Strecke mit $a = 1,8$ m/s^2. Welche Beschleunigung a' ergibt sich bei einer Steigung von 6 %, wenn die Reibung als unverändert angenommen wird?

21. Beim Bremsen eines LKW kommt die Ladung ins Rutschen. Bei welcher minimalen Verzögerung a tritt dies ein, wenn die Reibungszahl des Transportgutes bezogen auf die Ladefläche $\mu = 0,55$ beträgt?

22. Mit einem Seil, dessen Zugfestigkeit $\sigma_B = 650$ N beträgt, wird eine Masse von $m = 50$ kg angehoben. Welche Hubgeschwindigkeit v darf nach den ersten 3 Sekunden maximal auftreten?

23. Ein Kraftwagen beschleunigt innerhalb von $t = 10$ s vom Stillstand aus auf eine Geschwindigkeit $v = 50$ km/h. Wie viel Prozent beträgt das Gefälle, wenn bergab in $t = 10$ s die Endgeschwindigkeit $v_2 = 75$ km/h erreicht wird?

24. Die Vorderachse eines Wagens der Masse $m = 900$ kg wird mit $4/10$, die Hinterachse mit $6/10$ der Gesamtgewichtskraft F belastet. Der Schwerpunkt des Wagens liegt $0,75$ m über dem Boden und der Radstand beträgt

$l = 3{,}10$ m. Wie groß sind die beiden Achsdruckkräfte F_1 und F_2 und wie ändern sie sich, wenn der Kraftwagen mit einer Verzögerung von $a = 6{,}5$ m/s^2 abgebremst wird?

25. Auf einem Trinkglas mit einem Durchmesser von $d = 0{,}1$ m liegt eine Karte und darauf in der Mitte eine Münze. Mit welcher Mindestgeschwindigkeit v muss die Karte weggezogen werden, damit die Münze in das Glas fällt? (Reibungszahl $\mu = 0{,}5$)

1.3.2 Arbeit, Leistung, Wirkungsgrad

26. Ein zylindrischer Tank nach Bild 1.3.6 von $A = 6$ m^2 Grundfläche wird $h = 3$ m hoch nach zwei Varianten mit Wasser gefüllt: a) Pumpe lässt Wasser über ein Steigrohr von oben einströmen, b) Pumpe drückt das Wasser durch einen in Bodennähe befindlichen Einlauf. Welche Arbeit W_1 bzw. W_2 muss die Pumpe leisten?

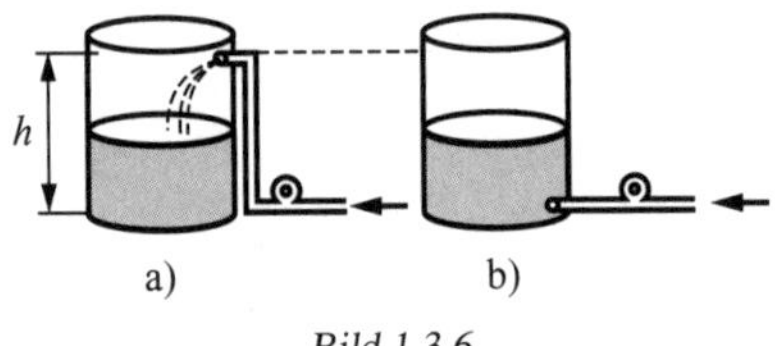

Bild 1.3.6

27. Um eine Schraubenfeder um $\Delta x = 0{,}15$ m auszudehnen, ist die Arbeit $W = 0{,}825$ J aufzuwenden. Wie groß ist die Endkraft F_2, wenn die anfängliche Kraft $F_1 = 1$ N beträgt?

28. a) Welche Kraft F erfordert die Bewegung des Kolbens einer einfachen Kolbensaugpumpe mit dem Durchmesser $d = 0{,}12$ m, wenn der Abstand zwischen dem Wasserspiegel des Brunnens und der Ausflussöffnung der Pumpe $h = 7{,}50$ m beträgt? b) Welche Antriebsleistung P ist für die Pumpe erforderlich, wenn je Minute 80 Arbeitstakte von je 0,20 m Hub erfolgen, und c) wie viel Wasser wird je Minute gefördert, wenn von Verlusten durch Reibung abgesehen wird?

29. Welche Leistung kann ein aus einer Höhe $h = 0{,}8$ m frei fallender Hammer von der Masse $m = 15$ kg beim Auftreffen abgeben?

30. Dem Arbeitskolben einer hydraulischen Presse fließen je Sekunde $0{,}4\ \ell$ Öl unter einem Überdruck von $2{,}5 \cdot 10^5$ Pa zu. Welche Leistung P ist zum Betrieb der Presse erforderlich?

31. Welche Leistung P hat ein 3-Zylinder-Zweitaktmotor mit folgenden Daten: mittlerer Arbeitsdruck $p_\mathrm{m} = 4{,}2 \cdot 10^5$ Pa Überdruck, Kolbenhub $s = 0{,}078$ m, Kolbendurchmesser $d = 0{,}07$ m, Drehzahl $n = 3600$ min^{-1}?

32. Die Leistung P des in der Aufgabe 31 behandelten Motors wird bei der Drehzahl $n = 4\,300\ \text{min}^{-1}$ mit 19 kW angegeben. Wie groß ist der mittlere Arbeitsdruck p_{m}?

33. Welche Leistung P hat ein Zweitaktmotor, der bei der Drehzahl $n = 2\,500\ \text{min}^{-1}$ ein Drehmoment von $M = 75\ \text{N} \cdot \text{m}$ erzeugt?

34. Welche Kraft F wirkt am Umfang einer Riemenscheibe (Durchmesser $d = 0,12\ \text{m}$) eines Drehstrommotors, der bei einer Drehzahl $n = 2\,500\ \text{min}^{-1}$ die Leistung $P = 42$ kW abgibt?

35. Wie viel Umdrehungen z müssen an einem Handrad ausgeübt werden, wenn bei dem Drehmoment $M = 1\,500\ \text{N} \cdot \text{m}$ die Arbeit $W = 90$ kJ verrichtet werden soll?

36. Welches Drehmoment M muss ein Motor haben, der bei der Drehzahl $n = 4\,200\ \text{min}^{-1}$ innerhalb $t = 15$ s die Arbeit $W = 45$ kJ verrichten soll?

37. Bei welcher Drehzahl n leistet ein Motor $P = 40$ kW, wenn sein Drehmoment $M = 95\ \text{N} \cdot \text{m}$ beträgt?

38. Welche maximale Beschleunigung kann ein PKW mit einer Masse $m = 1\,400$ kg bei einer Geschwindigkeit von $v = 72$ km/h und voller Leistung $P = 50$ kW entwickeln, wenn der Fahrwiderstand $F_{\text{R}} = 600$ N beträgt?

39. Eine Bergbahn der Masse $m = 1\,600$ kg soll innerhalb von 2,5 Minuten eine 190 m lange Strecke mit 16 % Anstieg bewältigen. Welche Antriebsleistung P muss der Motor bei einem Wirkungsgrad von $\eta = 0,75$ ohne Berücksichtigung der Reibung aufbringen?

40. Eine motorbetriebene Lore soll innerhalb von $t = 1,5$ min auf eine Höhe $h = 17$ m befördert werden. Welche Masse m darf die Lore maximal haben, wenn der Antriebsmotor die Leistung $P = 5,5$ kW hat und mit einem Wirkungsgrad $\eta = 0,6$ gerechnet wird?

41. Durch $n = 54$ Umdrehungen an der $l = 0,35$ m langen Kurbel einer Winde wird die Masse $m = 680$ kg um die Höhe $h = 1,80$ m gehoben. Welche Kraft F ist bei einem Wirkungsgrad $\eta = 85\ \%$ erforderlich?

42. Eine Leistung von $P = 12$ kW wird mit einem Riementrieb übertragen. Wie groß sind die Kräfte F_1 und F_2 im Zug- und Leertrum, wenn sie sich wie 2 : 1 verhalten, die Antriebswelle des Motors den Durchmesser $d = 0,15$ m hat und eine Drehzahl $n = 800\ \text{min}^{-1}$ aufweist?

43. Für eine Hauswasseranlage wird zur Fördermenge von $40\ \ell/\text{min}$ auf eine Höhe $h = 30$ m eine Pumpe mit einer Leistung von $P = 300$ W benötigt. Wie groß ist der Wirkungsgrad η?

44. Wie viel Wasser muss einer Kaplanturbine je Sekunde bei einem Nutzgefälle von 6,5 m zugeführt werden, wenn deren Leistung bei einem Wirkungsgrad von $\eta = 93\ \%$ $P = 10$ MW betragen soll?

45. Der Wirkungsgrad η_1 eines Wasserkraftwerkes beträgt 92 %. Wenn er um 2 % verbessert wird, so steigt die Nutzleistung um 3,5 MW. Wie groß ist diese?

46. Welche Antriebsleistung muss ein Triebwagen der Masse $m = 80$ t besitzen, damit er innerhalb 1 min eine Geschwindigkeit von $v = 40$ km/h (gleichmäßig beschleunigt) erreichen kann? (Die Trägheitsmomente der rotierenden Massen sind durch einen Zuschlag von 32 % zur geradlinig bewegten Masse zu berücksichtigen.)

47. Welche Leistung P erfordert der Antrieb eines Aufzuges von der Masse $m_1 = 820$ kg, wenn die volle Hubgeschwindigkeit $v = 30$ m/min nach einem Hub von $s = 1{,}5$ m erreicht wird und das Gegengewicht $m_2 = 250$ kg beträgt, a) während der gleichförmigen Aufwärtsbewegung und b) beim Anfahren?

48. Welche Motorleistung P muss ein Kraftwagen der Masse $m = 900$ kg besitzen, wenn dieser $t = 26$ s nach dem Anfahren eine Geschwindigkeit von $v = 90$ km/h erreichen soll? (Die Reibung sei vernachlässigt.)

49. Welche Endgeschwindigkeit v kann einem ruhenden Körper von $m =$ 150 kg durch Beschleunigung innerhalb von $t = 15$ s erteilt werden, wenn eine Antriebsleistung $P = 3$ kW zur Verfügung steht?

50. Welche Antriebsleistung P wäre notwendig, um ein Segelflugzeug der Masse $m = 250$ kg, dessen Sinkgeschwindigkeit im Gleitflug $v = 0{,}4$ m/s beträgt, auf gleicher Höhe schwebend zu halten? (Luftwiderstand sei vernachlässigt.)

51. Beim Drehen wird mit Kraftmessdosen die Schnittkraft $F_s = 6\,000$ N gemessen (Bild 1.3.7). Die Drehzahl des Werkstückes bezogen auf den Durchmesser ergibt eine Schnittgeschwindigkeit $v = 70$ m/min. Der Gesamtwirkungsgrad der Drehmaschine wird mit $\eta = 65$ % angenommen. Wie groß muss die Antriebsleistung P des Elektromotors sein?

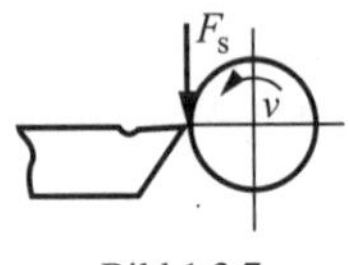

Bild 1.3.7

1.3.3 Potentielle und kinetische Energie

52. Ein PKW prallt mit der Geschwindigkeit $v = 70$ km/h gegen ein festes Hindernis. Welche Fallhöhe h ergibt sich, wenn man den Vorgang mit einem Sturz aus einer bestimmten Höhe vergleicht?

53. Welche potentielle Energie E_{pot} enthält eine um $s = 0,05$ m gedehnte Schraubenfeder, deren Federkonstante $c = 1\,500$ N/m beträgt?

54. Welche Masse m hat ein Schmiedehammer, der mit der Geschwindigkeit $v = 4,5$ m/s aufschlägt und dabei die Energie $E = 240$ J abgibt?

55. Welche Geschwindigkeit hat eine mit der Anfangsgeschwindigkeit v_0 unter dem Winkel $\alpha = 30°$ nach oben abgeschossene Tonscheibe beim Wurftaubenschießen im höchsten Punkt ihrer Bahn?

56. Wie hoch springt eine Kugel von der Masse $m = 0,100$ kg, die auf eine um $s = 0,20$ m zusammengedrückte Feder mit der Federkonstante $c = 150$ N/m gelegt wird, wenn diese plötzlich entspannt wird?

57. Die nach Bild 1.3.8 in einer Hülse sitzende Feder wird durch eine daraufgelegte Kugel der Masse $m = 0,050$ kg um $\Delta s = 2$ mm zusammengedrückt. Wie hoch fliegt die Kugel, wenn die Feder um weitere 150 mm zusammengedrückt und dann plötzlich entspannt wird?

58. Eine Masse $m = 12$ kg fällt aus einer Höhe $h = 0,70$ m auf eine gefederte Unterlage, deren Federkonstante $c = 4\,000$ N/m beträgt (Bild 1.3.9). Um welches Stück s wird die Feder zusammengedrückt?

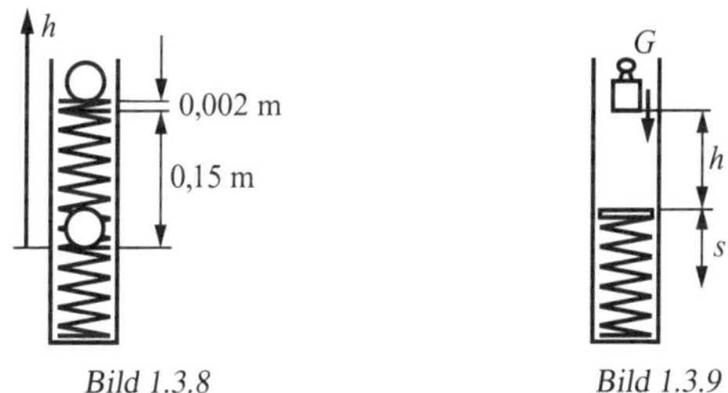

Bild 1.3.8 Bild 1.3.9

59. Auf welche Höhe h ist eine Wassermenge von $6\,000$ m^3 zu pumpen, wenn ihre potentielle Energie um 850 kWh zunehmen soll?

60. Ein Förderkorb der Masse $m = 23\,000$ kg besitzt eine Fangvorrichtung, die beim Reißen des Seils sofort eingreift und deren Bremskraft $F = 6,4 \cdot 10^5$ N beträgt. Bei einem Bremsversuch ergab sich für den Notfall ein Bremsweg $s = 4$ m. Bei welcher Geschwindigkeit v des Förderkorbes griff die Fangvorrichtung ein?

61. Welche Masse m hat ein Rammklotz, der nach einer Fallstrecke von $s = 8$ m die Energie von $E = 5$ kWh entwickelt?

62. Welche Anfangsgeschwindigkeit v_0 hat ein senkrecht nach oben abgefeuertes Geschoss, wenn in der Höhe $h = 2\,000$ m kinetische und potentielle Energie gleich groß sind?

63. Beim Zurücklegen der ersten 50 m erreicht die kinetische Energie eines mit gleich bleibender Beschleunigung anfahrenden Wagens der Masse $m = 1\,200$ kg $E = 15$ kJ. Wie groß sind a) die Beschleunigung a und b) die Endgeschwindigkeit v bei Vernachlässigung der Reibung?

64. Ein Körper durchläuft im freien Fall im zeitlichen Abstand von $\Delta t = 2$ s die beiden Punkte P_1 und P_2, die vom Ausgangspunkt die Entfernungen h_1 und h_2 haben. Seine kinetische Energie ist im Punkt P_2 doppelt so groß wie in Punkt P_1. Wie groß sind die beiden Fallstrecken h_1 und h_2?

65. Mit welcher Kraft F muss eine Handramme der Masse $m = 40$ kg aus der Höhe $h_1 = 0,50$ m nach unten gestoßen werden, damit sie dieselbe Energie hat wie beim freien Fall aus der Höhe $h_2 = 0,75$ m?

66. Eine Masse m nach Bild 1.3.10 soll senkrecht auf die Höhe h gehoben werden. Zu diesem Zweck wird sie längs der ersten Teilstrecke h_1 gleichförmig so beschleunigt, dass sie darüber hinaus noch um die zweite Teilstrecke h_2 steigt. Welcher Ausdruck ergibt sich für die erforderliche Beschleunigung a?

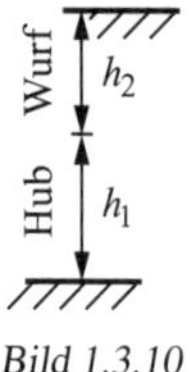

Bild 1.3.10

67. 1. Zahlenbeispiel zur Aufgabe 66. Ein Transportarbeiter wirft einen Sack der Masse $m = 50$ kg mit einem anfänglichen Kraftaufwand von 600 N auf die Schulterhöhe von $h = 1,50$ m. a) Welche Teilstrecke h_1 hat er unter Kraftaufwand zu überwinden und b) wie lange dauert der gesamte Vorgang?

68. 2. Zahlenbeispiel zur Aufgabe 66. Die unter Kraftaufwand gewonnene Höhe h_1 ist gleich der halben Gesamthöhe von $h = 1,50$ m. a) Welche Kraft F ist für die Last von $m = 50$ kg aufzuwenden und b) wie lange dauert der Vorgang in diesem Fall?

1.3.4 Reibungsarbeit

69. Welche Geschwindigkeit v erreicht ein Paket auf einer auf Bild 1.3.11 gezeigten Rutsche, wenn die Reibungszahl zwischen Paket und Rutsche $\mu = 0,5$ ist?

70. Eine Zugmaschine schiebt einen Hänger der Masse $m = 5$ t mit der Kraft $F = 400$ N aus dem Stillstand $s = 20$ m weit. Welche Geschwindigkeit v hat

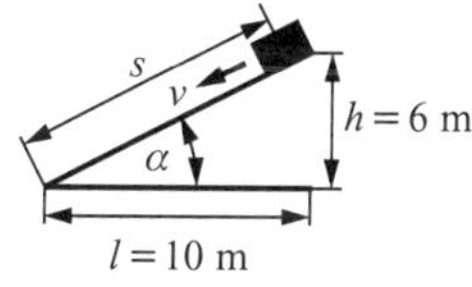

Bild 1.3.11

der Hänger nach Einwirken der Schubkraft und wie weit rollt er noch, wenn der Fahrwiderstand $1/2$ % der Gewichtskraft beträgt?

71. Wie berechnet sich der Bremsweg s eines Wagens bei gegebener Geschwindigkeit v und der Haftreibungszahl μ a) bei blockierter Allradbremsung und b) mit blockierter Hinterradbremsung bei einem Achsdruck, der $6/10$ der Wagengewichtskraft beträgt?

72. Ein PKW soll von der Anfangsgeschwindigkeit $v = 80$ km/h aus auf einer horizontalen Strecke s gleichmäßig zum Stillstand abgebremst werden, ohne dass die Räder blockieren. Die Haftreibungszahl beträgt $\mu = 0,3$. Welche kürzeste Bremszeit t und Bremsstrecke s ergeben sich a) bei Allradbremsung und b) bei Zweiradbremsung?

73. Ein still stehender Wagen erhält einen Stoß und rollt auf horizontaler Strecke in $t = 8$ s $s = 32$ m weit. Wie groß ist die Fahrwiderstandszahl μ?

74. Ein PKW fährt mit der Geschwindigkeit $v = 60$ km/h auf einer horizontalen Strecke und rollt mit ausgekuppeltem Motor frei bis zum Stillstand aus. Welche Länge s besitzt die Auslaufstrecke und wie groß ist die Auslaufzeit t bei einer Fahrwiderstandszahl $\mu = 0,04$?

75. Welche Anfangsgeschwindigkeit v hat ein Güterwagen, der auf einer horizontalen Strecke $s = 220$ m bei einer Reibungszahl $\mu = 0,002$ ausrollt?

76. Ein Skiläufer erlangt bei einer $s = 100$ m langen Schussfahrt, bei der ein Höhenunterschied $h = 40$ m überwunden wird, eine Endgeschwindigkeit $v = 72$ km/h. Wie groß ist die Reibungszahl μ? (Der Luftwiderstand wird vernachlässigt.)

77. Ein Wagen rollt eine $s = 200$ m lange Strecke, deren Gefälle 4 % beträgt, abwärts und auf einer gleich großen Steigung anschließend wieder nach oben (Bild 1.3.12). Welche Strecke x legt er auf der Steigung zurück? (Fahrwiderstandszahl $\mu = 0,03$)

78. Auf einem LKW steht ein Container der Höhe $h = 1,6$ m und der Breite $b = 0,4$ m, bei dem der Schwerpunkt in der Mitte liegt. Unter welchem Wert muss die Beschleunigung bzw. Verzögerung a liegen, mit der angefahren bzw. gebremst wird, a) ohne dass die Kiste bei einer Reibungszahl

$\mu = 0{,}2$ rutscht, b) ohne dass die Kiste, deren Standfläche gegen Wegrutschen gesichert ist, umfällt?

79. Auf einer Drehbank wird der Reitstock mit einer Masse von $m = 12$ kg horizontal auf dem Bett mit konstanter Geschwindigkeit v um die Strecke $s = 1$ m manuell verschoben (Bild 1.3.13). Die Reibungszahl zwischen Reitstock und Maschinenbett beträgt $\mu = 0{,}3$ und die Schubkraft F greift unter einem Winkel $\alpha = 20°$ zur Horizontalen an dem Reitstock an. Wie groß ist die dabei aufzuwendende Reibungsarbeit W?

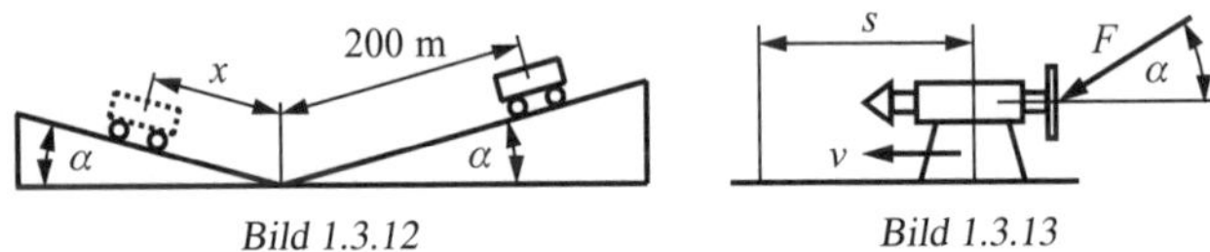

Bild 1.3.12 *Bild 1.3.13*

80. Die beiden Axiallager einer Welle werden mit je einer Kraft von $F = 4\,000$ N belastet. Die Welle hat einen Durchmesser $d = 0{,}15$ m, ihre Drehzahl beträgt $n = 2\,500\ \text{min}^{-1}$ und die Reibungszahl zwischen Welle und Lager beträgt $\mu = 0{,}004$. Wie groß ist a) das Reibmoment M und b) die Reibleistung P der Welle?

81. Welche Leistung P vollbringt ein im Forst eingesetztes Pferd, das in langsamer Gangart mit einer Geschwindigkeit $v = 4$ km/h einen Stamm der Masse $m = 950$ kg einen Hang mit der Steigung 5 % bei einer Fahrwiderstandszahl von $\mu = 0{,}06$ überwindet?

1.3.5 Massenträgheitsmoment und Rotationsenergie

82. Welchen Durchmesser d hat eine Kreisscheibe der Masse $m = 8$ kg, deren Trägheitsmoment $J = 1{,}69\ \text{kg} \cdot \text{m}^2$ beträgt?

83. Ein Metallring von rechteckigem Querschnitt hat die Abmessungen: äußerer Durchmesser $d_1 = 0{,}58$ m, innerer Durchmesser $d_2 = 0{,}50$ m, Breite $b = 0{,}06$ m. Das Trägheitsmoment beträgt $J = 0{,}805\,8\ \text{kg} \cdot \text{m}^2$. Aus welchem Material könnte der Ring bestehen?

84. Um welche Länge l muss ein $l_1 = 0{,}75$ m langer, um seinen Mittelpunkt rotierender Stab verlängert werden, damit sich sein Trägkeitsmoment J verdoppelt?

85. Das Trägheitsmoment eines massiven Holzzylinders mit dem Durchmesser $d = 0{,}12$ m und der Masse $m = 6$ kg soll durch einen Bleimantel der Dichte $\varrho = 11\,300\ \text{kg/m}^3$ verdreifacht werden. Welche Dicke d muss der Bleimantel aufweisen?

86. Um wie viel Prozent wird das auf die senkrecht durch den Mittelpunkt gehende Achse bezogene Trägheitsmoment einer auf einer Drehmaschine befindlichen Metallscheibe geringer, wenn man ihren Durchmesser durch Abdrehen um 10 % reduziert?

87. Welche Energie E enthält eine Kreisscheibe mit der Masse $m = 8$ kg und dem Durchmesser $d = 0,50$ m, wenn sie mit einer Drehzahl von $n = 500\ \text{min}^{-1}$ rotiert?

88. Ein dünner Reifen rollt eine schiefe Ebene hinab. Welcher Anteil seiner Gesamtenergie E entfällt auf die Rotationsenergie?

89. Welche Rotationsenergie E besitzt ein scheibenförmiges Messer mit der Masse $m = 12$ kg und einem Durchmesser von $d = 0,60$ m eines Folienschneideautomaten bei einer Drehzahl von $n = 78\ \text{min}^{-1}$?

90. Welche Geschwindigkeit v erreicht eine Billardkugel, die auf einer schiefen Ebene die Höhe h reibungslos herabrollt?

91. Das Chassis eines 4-rädrigen Wagens hat die Masse $m = 300$ kg und jedes der als massive Scheiben angenommenen Räder eine zusätzliche Masse $m_1 = 25$ kg. Die beim Anfahren des Wagens zu überwindende Trägheit der Gesamtmasse soll durch einen Zuschlag erhöht werden, der das Trägheitsmoment der Räder berücksichtigt. Wie viel Prozent der Gesamtmasse sind zuzuschlagen?

92. Ein Gewichtsstück der Masse $m_2 = 6$ kg versetzt nach Bild 1.3.14 über eine $d_2 = 0,04$ m dicke Welle eine Schwungscheibe der Masse $m_1 = 12$ kg mit einen Durchmesser $d_1 = 0,60$ m in Rotation. a) Welche Drehzahl n erreicht die Schwungscheibe, wenn das Gewichtsstück um $h = 2$ m gesunken ist, und b) welche Geschwindigkeit v hat die Scheibe erreicht? (Das Trägheitsmoment der Welle sei vernachlässigt.)

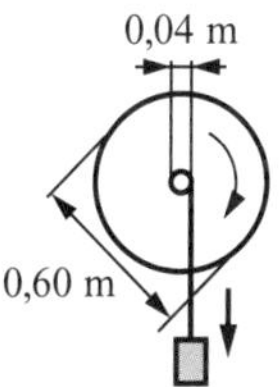

Bild 1.3.14

93. Ein Stahlzylinder mit der Länge $l = 0,80$ m und dem Durchmesser $d_1 = 0,20$ m erhält auf einer Drehmaschine eine Drehzahl von $n = 180\ \text{min}^{-1}$. a) Welche Antriebskraft F muss der Motor auf die Stufenscheibe des Keilriemengetriebes übertragen, wenn der Scheibendurchmesser $d_2 = 0,30$ m und die Anlaufzeit der Maschine $t = 5$ s beträgt, und b) welche Endleistung P hat der Motor aufzuwenden ($\varrho_{\text{Stahl}} = 7\,600$ kg/m^3)?

94. Eine mit der Drehzahl $n = 300$ min^{-1} rotierende Schleifscheibe mit dem Durchmesser $d = 1,50$ m und dem Trägheitsmoment $J = 30$ kg $\cdot$ m^2 wird bei abgekoppeltem Motor mit einer Bremskraft von $F = 60$ N durch ein angedrücktes Werkstück zum Stillstand gebracht. a) Welche Zeit t beansprucht der Bremsvorgang und b) wie viel Umdrehungen z finden noch statt?

95. Die in einem Schwungrad mit dem Innenradius $r_i = 0,50$ m, dem Außenradius $r_a = 0,60$ m und der Drehzahl $n = 500$ min^{-1} gespeicherte Energie soll unter Abbremsen bis zum Stillstand während $t_1 = 30$ s die mittlere Leistung $P = 12$ kW liefern. a) Welche Masse m muss das Schwungrad haben und b) welche Anlaufzeit t_2 ist bei Verwendung eines Motors notwendig, der die mittlere Leistung $P = 3$ kW entwickelt?

96. Von einer Trommel mit dem Durchmesser $d = 0,40$ m und dem Trägheitsmoment $J = 1,472$ kg $\cdot$ m^2 wickelt sich ein Seil ab, an dem die Masse $m = 15$ kg hängt. a) Mit welcher Beschleunigung a sinkt die Last nach unten und b) mit welcher Kraft F ist das Seil gespannt?

97. Eine Walze vom Durchmesser $d = 0,10$ m hängt an zwei auf ihren Umfang gewickelten Fäden und fällt aus einer Höhe $h = 2$ m (Bild 1.3.15). a) Welche Winkelgeschwindigkeit ω hat sie am Ende dieses Weges und b) welche Zeit t wird benötigt, wenn die Fallbewegung lotrecht erfolgt?

98. Eine rotierende Welle trägt nach Bild 1.3.16 einen Querstab der Länge $l = 1$ m (dessen Trägheitsmoment vernachlässigt wird), an dessen Endpunkten je eine Kugel sitzt. Beim Auslaufen führt sie innerhalb der letzten Zeit $t = 5$ s noch 12 Umdrehungen aus. Wenn der Kugelabstand verkleinert wird, werden für die letzten 12 Umdrehungen $t_2 = 3$ s benötigt. Wie groß ist der Kugelabstand a?

Bild 1.3.15 *Bild 1.3.16*

99. Mit welcher Geschwindigkeit v trifft der Endpunkt einer senkrecht stehenden Stange der Länge $l = 2,50$ m beim Umfallen auf den Boden?

100. Wie weit würde das Rad mit der Masse $m = 20$ kg und dem Durchmesser $d = 0,68$ m eines PKW rollen, wenn es sich bei der Geschwindigkeit

$v = 72$ km/h von der Achse lösen würde? Sein Massenträgheitsmoment betrage $J = 1\ \text{kg} \cdot \text{m}^2$ und die Rollreibungskraft 4 % der Radgewichtskraft.

101. Wie groß ist das Trägheitsmoment J eines Stabes der Länge l und der Masse m bezüglich einer Querachse, die in der Verlängerung des Stabes 1/4 Stablänge vom Stabende entfernt ist?

102. Ein aufrecht stehender Stab der Masse m trägt am oberen Ende ein punktförmig zu denkendes Gewichtsstück der gleichen Masse m. Welche Länge l besitzt der Stab, wenn sein Endpunkt beim Umfallen mit der Geschwindigkeit $v = 3$ m/s auf den Boden trifft?

103. Ein Balken der Länge $l = 6$ m und der Masse $m = 20$ kg soll an einem Ende innerhalb von $t = 1$ s um 1 m angehoben werden. Welche Kraft F ist dazu notwendig?

104. Ein Balken der Länge $l = 5$ m ruht im Abstand $e = 0,10$ m seitwärts vom Schwerpunkt auf einer Schneide. Drückt man den leichteren Teil des Balkens gegen den Boden, so hebt sich das andere Ende um die Höhe $h = 0,30$ m. Welche Zeit t benötigt der Balken, um wieder in die Ausgangslage zurückzukehren?

1.3.6 Fliehkraft

105. Die Tragschraube eines 8-blättrigen schweren Transporthelikopters hat den Durchmesser $d = 32$ m. Die Rotorblätter sind dabei nach Bild 1.3.17 an der Rotorachse befestigt. Berechnen Sie a) die Fliehkraft F_Z, mit der ein Rotorblatt die Lager der Rotorwelle belastet, wenn diese einen Durchmesser $d_1 = 350$ mm aufweist, ein Blatt 300 kg wiegt, der Schwerpunkt A sich 3 m vom Befestigungspunkt an der Rotorwelle befindet, die Drehzahl $n = 100\ \text{min}^{-1}$ beträgt, und b) wie groß ist die Winkelbeschleunigung α eines Rotorblattes, wenn die Turbine des Helikopters die Tragschraube mit einer Hochlaufzeit von $t = 10$ s in Umdrehung versetzt?

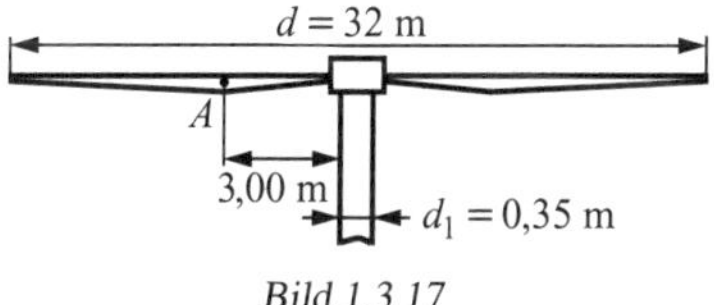

Bild 1.3.17

106. Bei einer Hochgeschwindigkeitsrennstrecke soll eine Kurve vom Radius $r = 500$ m mit einer maximalen Geschwindigkeit $v = 310$ km/h durchfahren werden, wobei die Schwerkraft als Zentripetalkraft wirkt. Welcher Neigungswinkel α der Fahrbahn muss bei der Rennstreckenprojektierung berücksichtigt werden?

107. Eine Schaukel schwingt aus der horizontalen Anfangslage als Pendel nach unten. Welche Kraft F haben die masselos angenommenen Streben der Schaukel im tiefsten Punkt aufzunehmen, wenn die Gondelmasse 60 kg und die Masse der darin sitzenden Person 70 kg beträgt?

108. Mit welcher Mindestdrehzahl n muss eine zur Leistungsmessung dienende, von innen mit Wasser gekühlte Bremstrommel laufen, wenn sich das Kühlwasser ringförmig an den Innenumfang mit dem Radius $r = 0{,}30$ m der Trommel anlegen soll (Bild 1.3.18)?

109. Die Bewegung des Mondes um die Erde repräsentiert eine Bewegung beider Massen um ein gemeinsames Drehzentrum. In welcher Entfernung vom Erdmittelpunkt befindet sich dies? (Mondmasse = 1/81 Erdmasse, Entfernung beider Mittelpunkte $r = 60$ Erdradien)

110. Aus welcher Höhe h muss ein Artist mindestens starten, damit er die auf Bild 1.3.19 skizzierte „Todesschleife“ sicher durchfährt? (Reibungswiderstände und Eigenrotation des Fahrzeuges seien vernachlässigt.)

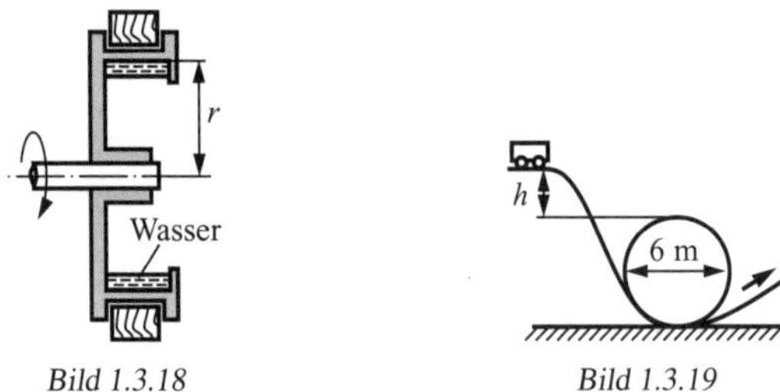

Bild 1.3.18 Bild 1.3.19

111. Eine Kurve mit dem Radius $r = 600$ m soll für eine Zuggeschwindigkeit $v = 60$ km/h so gebaut werden, dass die Resultierende aus Schwer- und Fliehkraft senkrecht zum Gleis steht. Um welche Höhe h muss die äußere Schiene höher als die innere verlegt werden, wenn die Spurbreite $b = 1\,435$ mm beträgt?

112. Mit welcher Geschwindigkeit v muss sich ein Körper parallel zur Erdoberfläche bewegen, damit durch die entstehende Fliehkraft die Erdanziehung aufgehoben wird ($r_{\text{Erde}} = 6\,378 \cdot 10^3$ m)?

113. Wie oft müsste sich die Erde täglich um ihre Achse drehen, wenn dadurch die Erdanziehung am Äquator aufgehoben werden soll ($g = 9{,}78$ m/s^2, $r_{\text{Erde}} = 6\,378 \cdot 10^3$ m)?

114. Ein Kraftwagen durchfährt eine Kurve mit dem Krümmungsradius $r = 50$ m. Bei welcher Geschwindigkeit v kommt der Wagen auf regennasser Fahrbahn ($\mu = 0{,}2$) ins Schleudern, wenn auf jedem Radpaar die halbe Wagenlast ruht?

115. Wie berechnet sich die Fallbeschleunigung $g_{45°}$ bei 45° nördlicher Breite mit Rücksicht auf die Fliehkraft, wenn am Pol $g = 9,83$ m/s^2 und die Erde als Kugel mit einem Radius $r = 6378 \cdot 10^3$ m angenommen wird?

116. Wie groß ist die auf die Punktmasse eines schwingenden mathematischen Pendels wirkende Fliehkraft F_Z beim Durchgang durch die Ruhelage bei gegebener Pendellänge l und dem Winkel α für den maximalen Ausschlag?

117. Welchen Winkel α bilden die je $l = 0,30$ m langen Pendel eines Fliehkraftreglers bei einer Drehzahl von $n = 100\ \text{min}^{-1}$ miteinander (Bild 1.3.20)?

118. Vom obersten Punkt einer Kugel mit dem Radius r gleitet reibungslos eine Punktmasse nach unten. In welcher Höhe s löst sie sich von der Kugeloberfläche ab (Bild 1.3.21)?

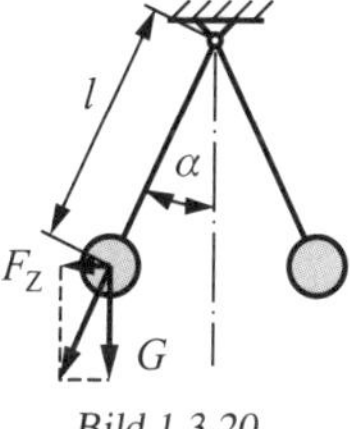

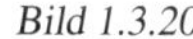
Bild 1.3.20

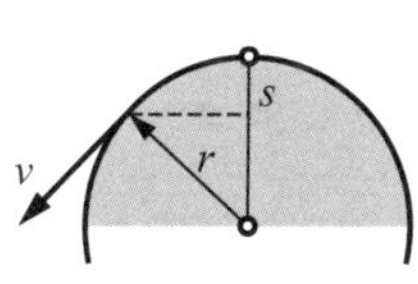

Bild 1.3.21

119. Eine anfänglich senkrecht stehende, $l = 1,2$ m lange und masselos gedachte Stange ist um ihren Fußpunkt drehbar gelagert und trägt am freien Ende ein $m = 3$ kg schweres Massestück (Bild 1.3.22). a) Mit welcher Geschwindigkeit v geht dieses durch den tiefsten Punkt, wenn es pendelnd nach unten schwingt, und b) welche größte Kraft F wirkt dabei an der Stange?

120. Welche Länge l haben die beiden Pendel eines Fliehkraftreglers, wenn sie bei einer Drehzahl $n = 72\ \text{min}^{-1}$ beginnen sich voneinander abzuheben (Bild 1.3.23)?

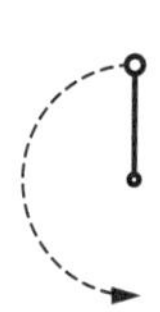
Bild 1.3.22

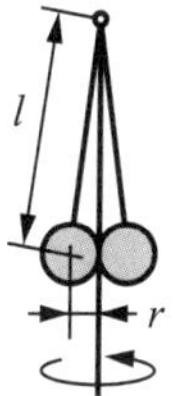

Bild 1.3.23

1.3.7 Impuls und Stoß

121. Ein Schiff soll mit einem Gebläse angetrieben werden, wozu nach Bild 1.3.24 drei Vorschläge gemacht werden: a) freier Luftstrom, b) Luftstrom trifft auf ein Segel, c) Luftstrom trifft auf ein Windrad, das eine Schiffsschraube antreibt. Welche Wirkungen haben diese drei Antriebsarten?

122. An einer nach Bild 1.3.25 im Gleichgewicht befindlichen Waage hängen links ein Gefäß mit einer Flüssigkeit und darunter ein leereres Gefäß. Wie verhält sich die Waage beim Auslaufen der Flüssigkeit?

123. Aus welcher Höhe h fällt ein Körper, der beim Auftreffen am Boden einen Impuls $p = 100\ \text{kg} \cdot \text{m/s}$ und die kinetische Energie $E = 500$ J hat, und wie groß ist die Masse m des Körpers?

124. Zwei Massestücke A und B sind nach Bild 1.3.26 mit einer Schraubenfeder verbunden. Diese wird gedehnt, indem B durch den Faden F_1 in der Hülse H gehalten wird. Das Ganze ist an einem Faden F_2 aufgehangen. Was geschieht, wenn der Faden F_1 durchtrennt wird, sodass B in die Höhe schnellt? (Beide Fäden besitzen die gleiche Zugfestigkeit.)

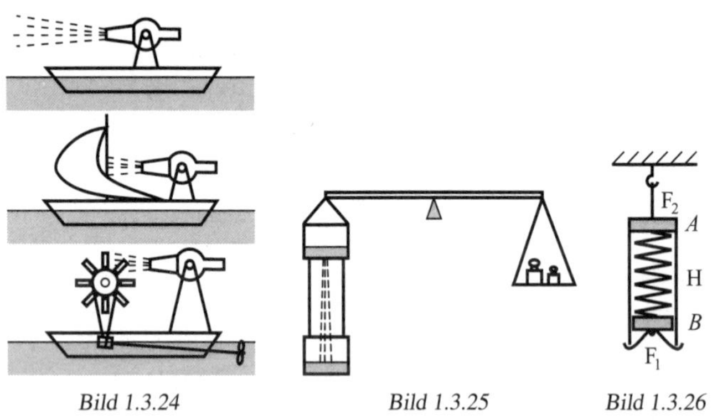

Bild 1.3.24 Bild 1.3.25 Bild 1.3.26

125. Welche Kraft F ist notwendig, um einen Körper beim Zurücklegen der Strecke $s = 5$ m einen Impuls $p = 300\ \text{kg} \cdot \text{m/s}$ und die kinetische Energie $E = 250$ J zu erteilen? Wie groß ist seine Masse m?

126. Welche Strecke s muss ein Körper zurücklegen, damit er unter der Wirkung einer Kraft von $F = 120$ N die kinetische Energie $E = 60$ J und den Impuls $p = 100\ \text{kg} \cdot \text{m/s}$ erhält? Welche Zeit wird dafür benötigt?

127. Der Impuls eines frei fallenden Körpers beträgt nach einer Fallstrecke $h_1 = 6$ m $p = 20\ \text{kg} \cdot \text{m/s}$. Wie groß ist dessen Masse m und die gesamte Fallhöhe h, wenn beim Aufschlagen am Boden eine kinetische Energie des Körpers von $E_{\text{kin}} = 400$ J registriert wird?

128. Zwei zylindrische Körper der Massen $m_1 = 0,120$ kg und $m_2 = 0,300$ kg werden nach Bild 1.3.27 durch eine sich entspannende Feder in entgegengesetzter Richtung aus einer Hülse H geschleudert. Mit welchen Geschwindigkeiten v_1 bzw. v_2 werden sie davongeschleudert, wenn die Feder beim Entspannen eine Energie $E = 5$ J abgibt?

129. Ein Straßenbahnwagen der Masse $m = 4500$ kg fährt mit $v_1 = 2$ m/s gegen einen ruhenden Wagen von der Masse $m = 2500$ kg, wobei die Kupplung sofort einklinkt. Mit welcher Geschwindigkeit v_2 fahren die Wagen weiter?

130. Ein Güterwagen *1* der Masse m_1 stößt elastisch gegen einen ruhenden Wagen *2* der Masse $m_2 = 14000$ kg, worauf dieser sich mit der Geschwindigkeit $v_2 = 2$ m/s und der andere mit der Geschwindigkeit $v_1 = 0,2$ m/s entgegengesetzt bewegt. a) Welche Masse m_1 und b) welche Anfangsgeschwindigkeit v besitzt der Güterwagen *1*?

131. Ballistisches Pendel nach Bild 1.3.28: Um die Geschwindigkeit eines Geschosses der Masse $m_1 = 12$ g zu bestimmen, wird dieses in ein Pendel der Masse $m_2 = 20$ kg und der Pendellänge $l = 1$ m geschossen, wodurch das ballistische Pendel um den Winkel $\alpha = 10°$ ausgelenkt wird. Welche Geschwindigkeit v hat das Geschoss?

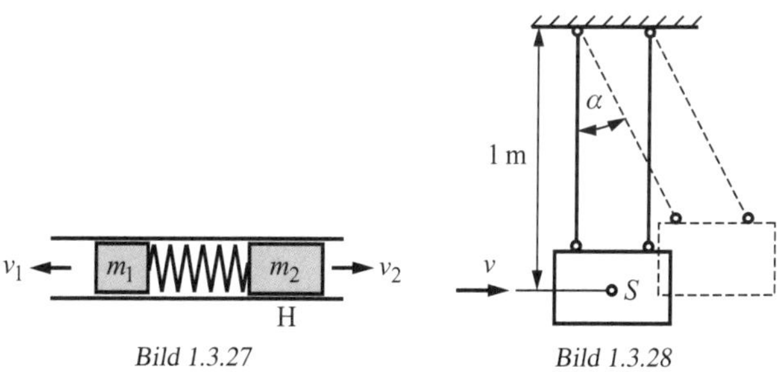

Bild 1.3.27

Bild 1.3.28

132. Ein Rammklotz der Masse $m_1 = 250$ kg fällt aus der Höhe $h = 2$ m auf einen Pfahl der Masse $m_2 = 150$ kg, der beim letzten Schlag $s = 0,06$ m tief ins Erdreich dringt. Welche Belastung F kann der Pfahl tragen ohne tiefer einzusinken?

133. Zwei Fahrzeuge von gleicher Masse m kollidieren frontal miteinander in der Weise, dass a) beide Fahrzeuge mit gleicher Geschwindigkeit v einander entgegen fahren oder b) das eine Fahrzeug mit der Geschwindigkeit $2v$ gegen das andere, ruhende Fahrzeug trifft. Vergleichen Sie das Resultat beider Varianten!

134. Ein Geschoss der Masse $m_1 = 10$ g dringt in einen Holzklotz der Masse $m_2 = 600$ g, der auf einer horizontalen Tischplatte liegt und dadurch $s = 5{,}5$ m unter dem Einfluss der Reibungszahl $\mu = 0{,}4$ fortrutscht. Welche Geschwindigkeit v hat das Geschoss?

135. Wie viel Prozent der Geschossenergie werden entsprechend Aufgabe 134 a) durch Reibung des Klotzes auf der Tischplatte und b) durch die Geschossreibung im Klotz aufgezehrt?

136. Ein Güterwagen der Masse m_1 stößt elastisch gegen einen still stehenden Waggon der Masse m_2. In welchem Verhältnis $m_1 : m_2$ stehen ihre Massen zueinander, wenn nach dem Stoß a) beide Wagen mit derselben Geschwindigkeit entgegengesetzt auseinander fahren, b) m_2 die 3fache Geschwindigkeit von m_1 in gleicher Richtung hat und c) m_1 mit einem Drittel der ursprünglichen Geschwindigkeit zurückprallt?

137. Ein schwerer Hammer schlägt mit der Geschwindigkeit v_1 gegen eine kleine Stahlkugel. Mit welcher Geschwindigkeit v_2 fliegt diese davon?

138. Drei elastische Kugeln, deren Massen sich wie $1 : 1/2 : 1/4$ verhalten, sind so aufgehängt, dass sie sich nach Bild 1.3.29 berühren. Nach Anheben der ersten Kugel fällt diese mit der Geschwindigkeit v_1 gegen die beiden anderen. Mit welcher Geschwindigkeit v_3 wird die letzte Kugel ausgelenkt?

139. Von zwei in gleicher Höhe pendelnd aufgehängten elastischen Kugeln (Bild 1.3.30) ist die eine mit der Masse m_1 doppelt so schwer wie die andere mit der Masse m_2. Die schwerere Kugel wird um die Höhe h angehoben und losgelassen. Welche Höhen h_1 und h_2 erreichen die Kugeln nach dem Zusammenstoß?

140. Auf einer horizontalen Ebene läuft nach Bild 1.3.31 reibungslos eine Kugel mit der Anfangsgeschwindigkeit v_0, gehalten von einem Faden der Länge r_0. Wird der Faden mit der konstanten Geschwindigkeit v_1 durch die Öffnung in der Mitte der Ebene gezogen, verläuft die Bahn spiralförmig. Wie groß ist die Spannkraft F des Fadens in Abhängigkeit von der Zeit t?

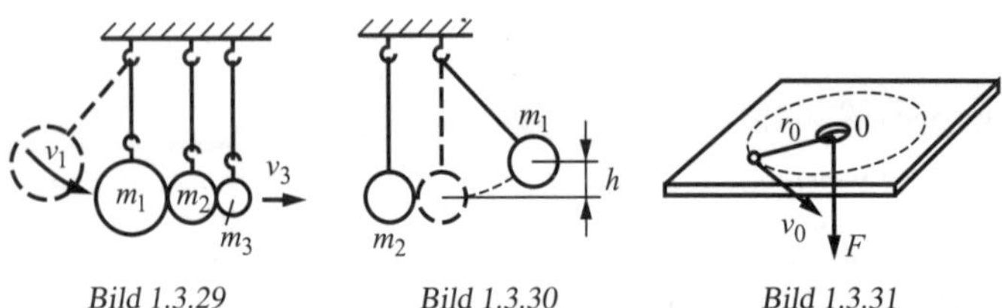

Bild 1.3.29 Bild 1.3.30 Bild 1.3.31

1.3.8 Massenanziehung

141. Mit welchem Wert g' wirkte die Schwerebeschleunigung in 900 km über der Erdoberfläche auf den ersten künstlichen Himmelskörper, der am 4. 10. 1957 in die Erdumlaufbahn geschossen wurde?
(Erdradius $r = 6\,378$ km)

142. Wie groß ist die Schwerebeschleunigung g' an der Sonnenoberfläche, wenn die Masse der Sonne $m = 1{,}99 \cdot 10^{30}$ kg, der Radius der Sonne $r = 695\,300$ km und die Gravitationskonstante $\gamma = 6{,}67 \cdot 10^{-11}\ \mathrm{m^3/(kg \cdot s^2)}$ beträgt?

143. Wie viel Erdmassen m_1 beträgt die Masse m_2 der Sonne, wenn die Umlaufzeit der Erde $T = 365{,}24$ Tage, die Entfernung Sonne–Erde $r_2 = 149{,}5 \cdot 10^6$ km und der Erdradius $r_1 = 6\,378$ km betragen?

144. In welcher Entfernung r_1 vom Erdmittelpunkt wird ein zwischen Erde und Mond befindlicher Körper schwerelos (Distanz Mondmittelpunkt–Erdmittelpunkt $r = 384\,400$ km, Mondmasse 1/81 Erdmasse)?

145. Die Masse des Mondes ist etwa 81-mal kleiner als die der Erde, sein Durchmesser beträgt etwa 0,273 Erddurchmesser. Welche Gewichtskraft übt an seiner Oberfläche die Masse $m = 1$ kg aus?

146. Welche Umlaufzeit t ergibt sich für den nach Aufgabe 141 gestarteten künstlichen Erdtrabanten?

147. Welchen Durchmesser d müssen zwei sich berührende Bleikugeln ($\varrho = 11\,300\ \mathrm{kg/m^3}$) haben, wenn sie sich mit der Kraft $F = 0{,}01$ N gegenseitig anziehen sollen [Gravitationskonstante $\gamma = 6{,}67 \cdot 10^{-11}\ \mathrm{m^3/(kg \cdot s^2)}$]?

148. Welche hypothetische Strecke s würde die Erde in der ersten Minute zurücklegen, wenn sie plötzlich angehalten und nur der Anziehungskraft der Sonne folgen würde (Entfernung Erdmittelpunkt–Sonnenmittelpunkt $149{,}5 \cdot 10^6$ km)?

149. Es ist die Umlaufzeit des ersten künstlichen Erdtrabanten der USA, Explorer 1, unter Anwendung des 3. Kepler'schen Gesetzes durch Vergleich mit derjenigen des Mondes zu berechnen (Distanz Mond–Erdmittelpunkt 384 400 km, Höhe des Satelliten über der Erdoberfläche $h = 900$ km, Erdradius $r = 6\,378$ km, Umlaufzeit des Mondes 27,322 Tage).

150. Welche mittlere Höhe über der Erdoberfläche hatte bei Annahme einer Kreisbahn der sowjetische Satellit Sputnik 3, wenn seine Umlaufzeit 105,95 min betrug (Erdradius $r = 6\,378$ km)?

151. In welcher Höhe h muss ein Fernmeldesatellit positioniert werden, der über einem definierten Punkt des Äquators still zu stehen scheint (Erdradius $r = 6\,378$ km)?

1.3.9 Drehimpuls

152. Bei einem Fliehkraftregler mit der Drehzahl $n_0 = 950 \text{ min}^{-1}$ und dem Trägheitsmoment $J_0 = 2,8 \text{ kg} \cdot \text{m}^2$ wird beim Abkoppeln vom Antrieb mittels einer Stellkraft F der Radius r verkleinert, wobei ein Trägheitsmoment $J_1 = 0,5 \text{ kg} \cdot \text{m}^2$ ermittelt wird (Bild 1.3.32). Welche Drehzahl n_1 besitzt nun der Fliehkraftregler?

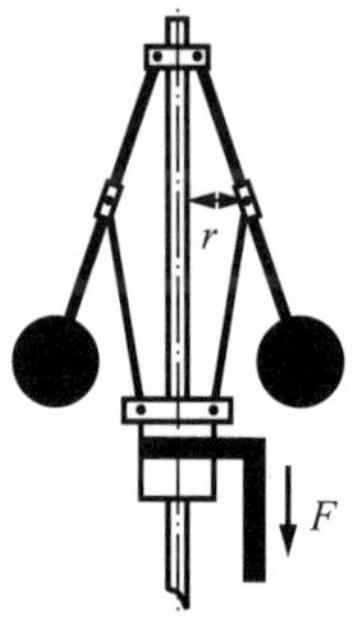

Bild 1.3.32

153. Auf einer gemeinsamen Welle befinden sich zwei massive Schwungscheiben mit der Masse $m_1 = 12$ kg, dem Durchmesser $d_1 = 0,60$ m bzw. $m_2 = 8$ kg und $d_2 = 0,40$ m. Die zweite rotiert mit der Drehzahl $n_2 = 200 \text{ min}^{-1}$ und die erste steht zunächst still. Welche gemeinsame Drehzahl n erfahren die Scheiben, wenn sie plötzlich miteinander gekuppelt werden?

154. Ein Kurzschlussläufermotor mit einem Anlaufmoment $M = 250 \text{ N} \cdot \text{m}$ und einem Trägheitsmoment $J = 0,34 \text{ kg} \cdot \text{m}^2$ wird vom Stillstand aus bis zu einer Drehzahl $n_1 = 1\,000 \text{ min}^{-1}$ beschleunigt. Wie groß ist a) die Winkelgeschwindigkeit ω, b) die Änderung des Drehimpulses ΔL und c) die Anlaufzeit t des Motors?

155. Mit welchen Drehmoment M muss ein Kreisel vom Trägheitsmoment $J = 0,04 \text{ kg} \cdot \text{m}^2$ angetrieben werden, der innerhalb von $t = 15$ s die Drehzahl $n = 4\,000 \text{ min}^{-1}$ erreichen soll?

156. Eine Versuchsperson steht nach Bild 1.3.33 auf einer Drehscheibe, die von außen in Umdrehung versetzt wird, und hält mit angewinkelten Armen je eine Hantel. Erklären Sie den Effekt, der zu beobachten ist, wenn die Person beide Arme zur Seite ausstreckt!

157. Welche Winkelgeschwindigkeit ω erreicht eine Kreisscheibe mit der Masse $m = 10$ kg und dem Radius $r = 1$ m, an deren Umfang in der Zeit $t = 1$ min eine Kraft von $F = 10$ N treibend wirkt?

Bild 1.3.33

158. Wie groß ist das Trägheitsmoment J eines Ankers bei einem Elektromotor, dessen Drehzahl infolge der Lagerreibung (Reibungsmoment $M = 0,82\ \mathrm{N \cdot m}$) innerhalb $t = 4,5$ s von $n_1 = 1\,500\ \mathrm{min}^{-1}$ auf $n_2 = 400\ \mathrm{min}^{-1}$ abnimmt?

159. Das Trägheitsmoment eines Turbinenrades beträgt $J = 637\ \mathrm{kg \cdot m^2}$ und das treibende Wasser initiiert ein Drehmoment $M = 147\ \mathrm{N \cdot m}$. Welche Zeit t wird benötigt, bis das Turbinenrad eine Nenndrehzahl $n = 320\ \mathrm{min}^{-1}$ erreicht?

160. Die Rotationsdauer der Erde beträgt an einem Sterntag (Zeit für eine Erdumdrehung) $T = 8,6164 \cdot 10^4$ s. Berechnen Sie unter Berücksichtigung der Erdmasse $m = 5,977 \cdot 10^{24}$ kg sowie des Erdradius $r = 6\,378$ km und der Annahme, die Erde sei eine homogene Kugel, a) deren Winkelgeschwindigkeit ω, b) deren Trägheitsmoment J und c) deren Rotationsenergie E_{rot}!

1.4 Schwingungen

1.4.1 Harmonische Schwingungen

1. Welche Frequenzen haben die Sinusschwingungen der Amplitude $y_{max} = 0,10$ m, die erstmalig die Elongation a) $y = 0,02$ m, b) $y = 0,05$ m und c) $y = 0,09$ m 0,001 s nach dem Durchgang durch die Nulllage erreichen?

2. Wie viel Sekunden nach dem Nulldurchgang erreicht die Elongation einer Sinusschwingung von $y_{max} = 0,02$ m und $f = 50$ Hz die Werte a) 0,001 m, b) 0,005 m und c) 0,015 m?

3. Zwei Pendel verschiedener Länge, deren Periodendauern sich wie 19 : 20 verhalten, beginnen ihre Schwingungen aus der Ruhelage. Nach 15 s hat das erste Pendel 3 Schwingungen mehr ausgeführt als das zweite. Welche Frequenzen f_1 und f_2 bzw. welche Periodendauern T_1 und T_2 haben die beiden Pendel?

4. Die nach Bild 1.4.1 angegebene $r = 0,18$ m lange Kurbel, deren freies Ende in einem Kulissenschieber gleitet, rotiert mit der Drehzahl

$n = 210\ \text{min}^{-1}$. Welche Vertikalgeschwindigkeit v hat der Schieber, wenn die Kurbel mit der Vertikalen die Winkel a) $\alpha = 15°$, b) $\alpha = 30°$, c) $\alpha = 45°$, d) $\alpha = 60°$ und e) $\alpha = 90°$ bildet?

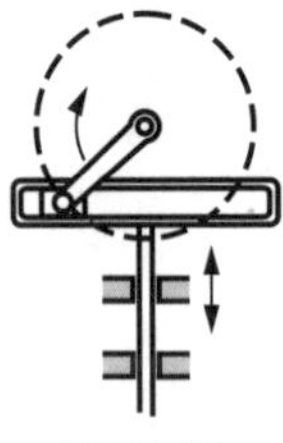

Bild 1.4.1

5. Ein harmonisch schwingender Massepunkt ist $t = 0,2$ s nach Passieren der Ruhelage $0,045$ m von dieser entfernt. Wie groß sind die Frequenz f und die Periodendauer T, wenn die Amplitude $y_{\max} = 0,06$ m beträgt?

6. Die Elongation einer Sinusschwingung von $y_{\max} = 0,06$ m erreicht in der 1. Halbperiode im zeitlichen Abstand $t = 0,001$ s zweimal den Wert $y = 0,03$ m. Wie groß ist deren Frequenz f?

7. Zwei Sinusschwingungen gleicher Amplitude, deren Frequenzen sich wie 1 : 2 verhalten, beginnen gleichzeitig aus der Ruhelage. Nach $t = 0,1$ s sind ihre Elongationen zum ersten Mal gleich groß. Welchen Wert besitzen die Frequenzen f_1 und f_2?

8. Zwei Schwingungen gleicher Amplitude mit den Frequenzen $f_1 = 50$ Hz und $f_2 = 60$ Hz beginnen gleichzeitig aus der Nulllage. Nach wie viel Sekunden sind die Elongationen das erste Mal wieder gleich groß?

9. Wie groß ist die Amplitude einer Sinusschwingung von $f = 50$ Hz, wenn die Elongation innerhalb von $0,002$ s von $0,04$ m auf $0,08$ m anwächst?

10. Die Elongationen einer Sinusschwingung der Amplitude $y_{\max} = 0,1$ m durchlaufen im Abstand $\Delta t = 0,001$ s nacheinander die Werte $0,02$ m und $0,08$ m. Wie groß sind die Frequenz f und die Periodendauer T?

11. In welchem Zeitabstand Δt nehmen die Elongationen einer Sinusschwingung innerhalb einer Viertelperiode nacheinander die Werte $0,03$ m und $0,04$ m an (Periodendauer $T = 20$ s, Amplitude $y_{\max} = 0,15$ m)?

1.4.2 Elastische Schwingungen

12. Eine Schraubenfeder hat die Federkonstante $c = 25$ N/m. Welche Masse m muss angehängt werden, damit sie in einer Minute 25 Schwingungen ausführt?

13. Eine Feder hat die Federkonstante $c = 30$ N/m. Wie groß ist die Masse m eines daran hängenden Gewichtsstückes, das Schwingungen der Amplitude $y_{\max} = 0,05$ m ausführt und mit der Geschwindigkeit $v = 0,80$ m/s durch die Ruhelage geht?

14. Eine Federwaage (masselos gedachte Waagschale) wird plötzlich mit einem Massestück der Masse $m = 0,300$ kg belastet. Die Feder führt darauf Schwingungen mit einer Amplitude $y_{\max} = 0,12$ m aus. Berechnen Sie die Periodendauer T und die Frequenz f!

15. Vergrößert man die an einer Schraubenfeder hängende Masse um $m_0 = 0,060$ kg, so verdoppelt sich die Periodendauer T. Wie groß ist die anfängliche Masse m?

16. Wie groß ist die Federkonstante c einer Schraubenfeder, die nach Anhängen eines Massestückes von $m = 0,030$ kg je Minute 85 Schwingungen ausführt?

17. Die Karosserie eines LKW der Masse $m_2 = 800$ kg senkt sich bei einer Zuladung der Masse $m_1 = 1\,800$ kg um $s = 0,06$ m.
a) Welche Periodendauer T ergibt sich daraus? b) Welche Periodendauer T' hat die leere Karosserie? c) Bei welcher Zuladung x ergibt sich die doppelte Periodendauer gegenüber b)?

18. Um eine Schraubenfeder um $s = 0,08$ m zu dehnen, ist die Arbeit $W = 2 \cdot 10^{-3}$ N · m erforderlich. Welche Periodendauer T ergibt sich durch Anhängen eines Massestückes von $m = 0,050$ kg?

19. Die an einer Feder hängende Masse $m = 0,200$ kg führt innerhalb von einer Minute 42 Schwingungen aus. Um welche Länge l wird die Feder infolge der Gewichtskraft im Ruhezustand gedehnt?

20. Die nach Bild 1.4.2 an den Windkessel einer Wasserpumpe angeschlossene Rohrleitung enthält bis zum Wasserspiegel des Brunnens eine Wassermenge m, die unter dem Einfluss des im Kessel herrschenden Druckes p Eigenschwingungen ausführen kann. Für deren Frequenz sei die Formel $f = \frac{1}{2\pi}\sqrt{\frac{gpA}{lV}}$ gegeben (p Manometeranzeige in Meter Wassersäule, V Luftvolumen des Windkessels in m^3, A Leitungsquerschnitt in m^2, l Leitungslänge in m). Leiten Sie diese Formel her!

21. Ein im Wasser schwimmender Holzquader der Höhe h und der Dichte ϱ_{Qu} führt nach einmaligem Anstoß eine auf- und niederschwingende Bewegung aus (Bild 1.4.3).
Welcher Ausdruck ergibt sich für die Periodendauer T?

22. Weshalb kann eine im Wasser schwimmende Holzkugel keine harmonische Schwingungen ausführen?

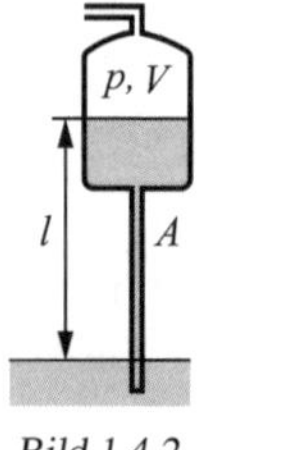

Bild 1.4.2

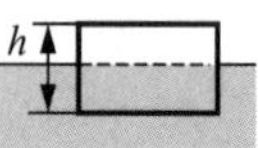

Bild 1.4.3

23. Im Innern der Erde nimmt die Schwerkraft bis zum Wert null im Erdmittelpunkt gleichmäßig ab. Welche Periodendauer T hat ein Körper, der in einem geraden, durch den Erdmittelpunkt verlaufenden Rohr hin- und herschwingt? (Erdradius $r = 6\,378$ km)

24. Welche Periodendauer T ergibt sich nach Bild 1.4.4 für die in einem U-Rohr vom Querschnitt A hin- und herpendelnde Flüssigkeit bei einem anfänglichen Niveauunterschied h und der Füllhöhe l?

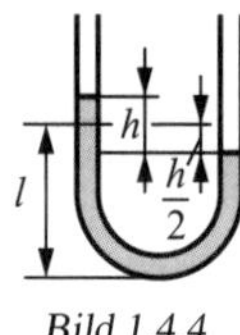

Bild 1.4.4

1.4.3 Mathematisches Pendel

25. Eine mechanische Uhr geht im Verlauf von 12 Stunden 30 Minuten nach. Welche Länge x muss das ursprünglich $l = 0,50$ m lange (mathematische) Pendel aufweisen, damit die Uhr exakt geht?

26. Eine Pendelkugel hängt nach Bild 1.4.5 symmetrisch an zwei Fäden der Länge $l = 0,70$ m, die an einem geneigten Stab befestigt sind. Wie groß ist die Periodendauer T?

27. Das Seil eines Baukranes trägt einen Mörtelkübel und führt mit diesem in $t = 25$ s zwei Schwingungen aus. Welche Länge l weist das Seil auf?

28. Verkürzt man ein mathematisches Pendel um 1/10 seiner Länge, so vergrößert sich seine Frequenz um $\Delta f = 0,1$ Hz. Welche Länge l und welche Frequenz f weist das Pendel auf?

29. $0,30$ m unter dem Aufhängepunkt eines Fadenpendels der Länge $l_1 = 0,50$ m befindet sich ein fester Stift S, an den sich der Faden während der Schwingung vorübergehend anlegt (Bild 1.4.6). Wie viel Schwingungen führt das Pendel in einer Minute aus?

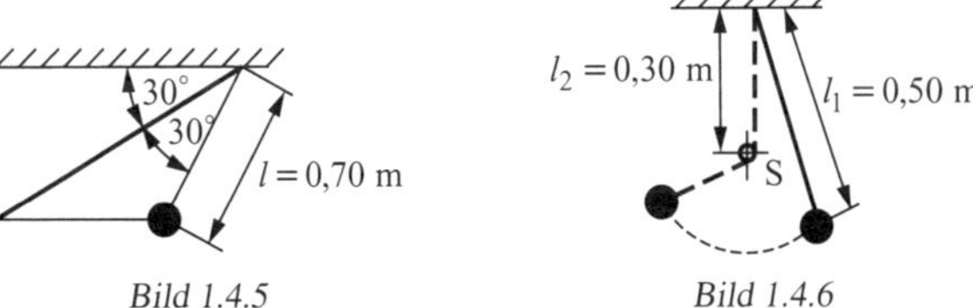

Bild 1.4.5

Bild 1.4.6

30. Um wie viel Prozent verkürzt sich die Periodendauer T eines mathematischen Pendels, wenn es um $1/4$ seiner Länge gekürzt wird?

1.4.4 Physikalisches Pendel

31. Welche Periodendauer T hat ein homogener Stab der Länge $l = 0,80$ m, der als Pendel um einen Punkt schwingt, der $l_1 = 0,20$ m unterhalb des oberen Endes liegt?

32. Wie groß ist die Periodendauer T einer Schwungscheibe der Masse $m = 15$ kg, deren Trägheitsmoment $J = 0,8\ \text{kg} \cdot \text{m}^2$ beträgt und die um einen Punkt pendelt, der $0,12$ m oberhalb ihres Schwerpunktes liegt?

33. Eine Kreisscheibe, die um einen Punkt ihres Umfanges in ihrer Ebene schwingt, hat die Periodendauer $T = 0,5$ s.
Wie groß ist ihr Durchmesser d?

34. Welche Periodendauer T hat das Uhrpendel bei einer punktförmig angenommenen Pendellinse der Masse $m_1 = 0,500$ kg und der Stabmasse $m_2 = 0,200$ kg (Bild 1.4.7)?

35. An einem masselosen Faden der Länge $l = 0,60$ m hängt nach Bild 1.4.8 ein Stab der Länge $l = 0,60$ m. Das Ganze schwingt um den Aufhängepunkt des Fadens. Wie groß ist die Periodendauer T?

36. Ein masselos gedachter, um seinen Mittelpunkt schwingender Stab der Länge $2l$ trägt an seinen Enden je eine punktförmig gedachte Masse m_1 bzw. m_2. Welche Periodendauer T ergibt sich für diese Pendelkonstruktion?

37. Ein Rad der Masse $m = 20$ kg wird an einer Schnur aufgehängt und führt in einer Minute 32 Schwingungen aus. Wie groß ist das Trägheitsmoment J bezüglich des Schwerpunktes, wenn der Abstand vom Aufhängepunkt bis zum Schwerpunkt $e = 0,80$ m beträgt?

38. Die mit Schlauch und Mantel versehene Fahrradfelge mit der Masse m_1 und dem Radius r ist durch ein an ihrem Umfang befestigtes Fahrradventil

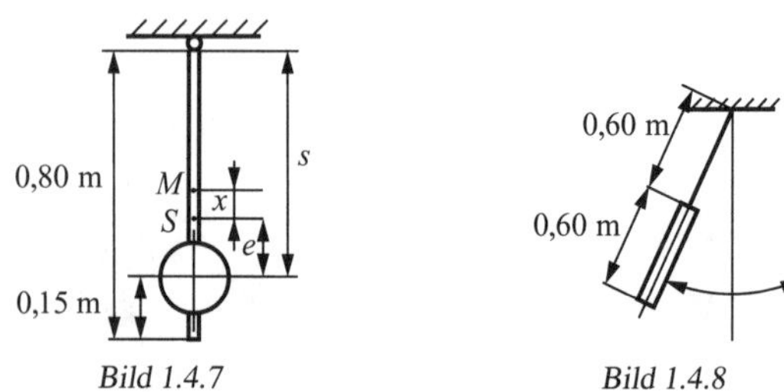

Bild 1.4.7

Bild 1.4.8

der Masse m_2 einseitig belastet und führt dadurch pendelnde Bewegungen aus. Welcher Ausdruck ergibt sich für die Periodendauer T?

39. Welche Periodendauern T haben die Pendel, die aus dünnen Stäben der Masse m und der Länge l zusammengesetzt sind (Bild 1.4.9)?

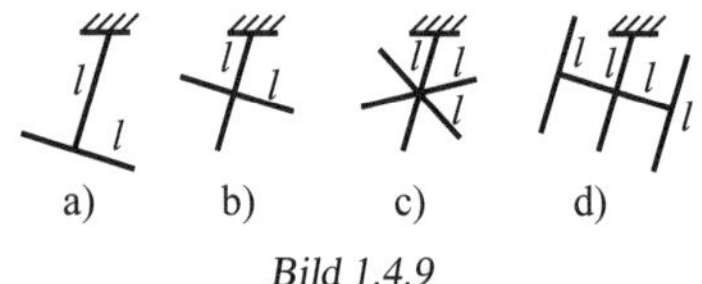

Bild 1.4.9

40. Welche Länge l darf ein an seinem Endpunkt pendelnd aufgehängter dünner Stab höchstens haben, wenn er Schwingungen der Periodendauer $T = 1$ s ausführen soll, und welchen Abstand x hat dann der Aufhängepunkt vom Schwerpunkt?

41. Ein um seinen Endpunkt schwingender homogener Stab der Masse m trägt in seinem Schwerpunkt eine punktförmig angenommene Zusatzmasse m. Welche Länge l hat der Stab, wenn die Periodendauer $T = 5$ s beträgt?

42. Ein aus vier dünnen Stäben gefertigter quadratischer Rahmen ist an einer Ecke aufgehängt und führt Schwingungen der Periodendauer $T = 1$ s aus. Wie groß ist die Seitenlänge des Quadrates?

43. Eine rechteckige Fläche mit den Seiten h und b wird so aufgehängt, dass sie als physikalisches Pendel um die Mitte einer Schmalseite b in ihrer Ebene schwingen kann. Wird sie in der Mitte einer Längsseite aufgehängt, so ergibt sich eine andere Periodendauer T. Bei welchem Seitenverhältnis ergibt sich für beide Fälle die gleiche Periodendauer T?

44. Wird eine als Zylinder angenommene mechanische Taschenuhr nach Bild 1.4.10 an zwei gegenüberliegenden Punkten mit Fäden gleicher Länge aufgehängt, so führt sie infolge der Resonanz Drehschwingungen in ihrer Ebene aus. Welche Länge l müssen die Fäden haben, damit sich eine Periodendauer $T = 0,4$ s ergibt?

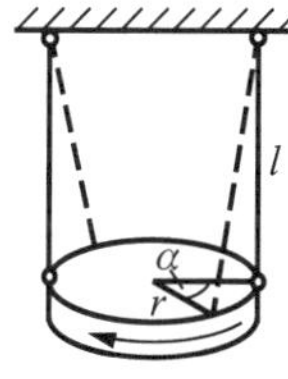

Bild 1.4.10

1.4.5 Gedämpfte Schwingungen

45. Welche Werte haben die Amplituden der 2., 5. und 10. Schwingung, wenn die Amplitude der 1. Schwingung $0,05$ m und das Dämpfungsverhältnis $\vartheta = 1,5$ betragen (Bild 1.4.11)? (Reibungskraft proportional der Geschwindigkeit des schwingenden Körpers)

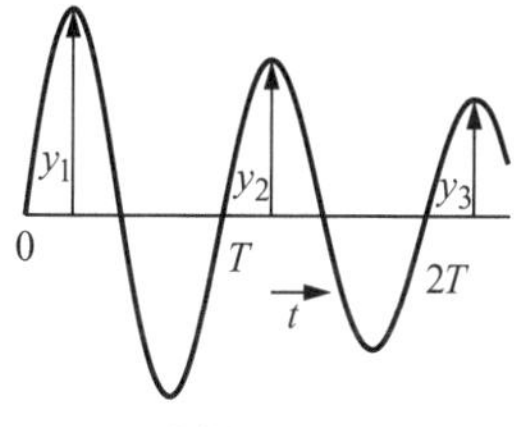

Bild 1.4.11

46. Die Amplituden der 1. und 3. Schwingung des Zeigers einer Analysenwaage betragen $10,5$ bzw. $9,9$ Skalenteile. Wie groß ist die Amplitude der 8. Schwingung?

47. Die 1. bzw. 20. Amplitude eines schwingenden Pendels betragen $0,12$ m bzw. $0,096$ m. Die wievielte Schwingung hat die Amplitude $0,06$ m?

48. Die Amplitude der 50. Schwingung eines Pendels hat die Hälfte ihres Anfangswertes. Wie groß ist die Amplitude der 10. Schwingung im Vergleich zur ersten?

49. Die Amplitude der 4. bzw. 5. Schwingung eines Pendels betragen $0,12$ m bzw. $0,11$ m. Wie groß ist die Amplitude der 1. Schwingung?

50. Das logarithmische Dekrement einer gedämpften harmonischen Schwingung der Frequenz $f = 50$ Hz beträgt $\Lambda = 0,015$. Wie groß sind das Dämpfungsverhältnis ϑ und der Abklingkoeffizient δ?

51. Infolge starker Dämpfung verringert sich die Frequenz einer harmonischen Schwingung von $f_0 = 100$ Hz auf $f = 99$ Hz. Berechnen Sie a) den

Abklingkoeffizienten δ, b) das logarithmische Dekrement Λ und c) das Dämpfungsverhältnis ϑ!

52. Das Dämpfungsverhältnis einer harmonischen Schwingung der Periode $T = 0,5$ s beträgt $\vartheta = 2,1$. Wie groß ist die Periodendauer T_0 der ungedämpften Schwingung?

1.4.6 Überlagerung von Schwingungen gleicher Frequenz und Schwebungen

53. Zwei Schwingungen gleicher Frequenz haben nach Bild 1.4.12 die Amplituden von $y_1 = 0,04$ m bzw. $y_2 = 0,08$ m und die Phasenverschiebung $\alpha = 45°$. Welche Amplitude hat die resultierende Schwingung?

54. Die Amplitude der Resultierenden zweier Schwingungen mit einem Phasenunterschied $\alpha = 60°$ beträgt $y = 0,06$ m. Welche Amplitude y_2 hat die eine Schwingung, wenn die der anderen $y_1 = 0,05$ m beträgt?

55. Welcher Phasenunterschied α besteht zwischen zwei Schwingungen gleicher Frequenz und Amplitude, wenn die Amplitude ihrer Resultierenden ebenso groß wie die ihrer Komponenten ist?

56. Welche Amplitude hat die bei der Überlagerung dreier Schwingungen von 0,04 m, 0,06 m und 0,08 m Amplitude entstehende Resultierende, wenn die zweite Schwingung um 90° und die dritte um 120° gegenüber der ersten verschoben ist?

57. Eine Schwingung der Periode $T_1 = 0,02$ s initiiert eine Schwebung der Periode $T_s = 0,2$ s. Welche Periode T_2 hat die andere Grundschwingung (Bild 1.4.13)?

58. Zwei gekoppelte, gleich lange Pendel führen nach Bild 1.4.14 in 5 min im Gleichtakt 350 bzw. im Gegentakt 315 Schwingungen aus. Wie viel Sekunden nach dem Anstoßen des ersten Pendels kommt das ins Mitschwingen geratene zweite Pendel erstmalig wieder zur Ruhe?

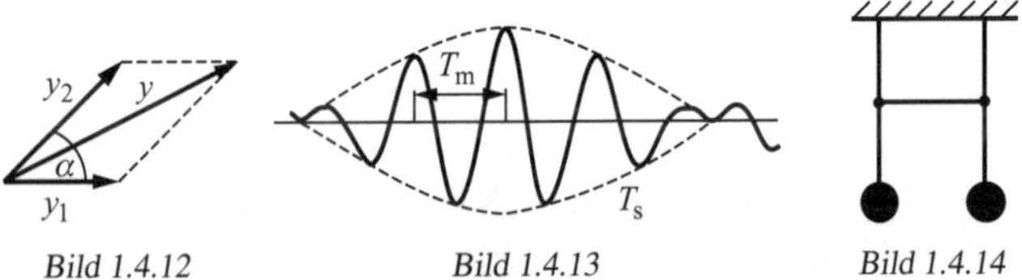

Bild 1.4.12 *Bild 1.4.13* *Bild 1.4.14*

2 Mechanik der Flüssigkeiten und Gase

Größen und Einheiten Mechanik der Flüssigkeiten und Gase

Formelzeichen	Größe	Einheit	Beziehung zu den Basiseinheiten
A	Fläche	m^2	
c_W	Widerstandsbeiwert	1	
F	Kraft	N	$1\ N = 1\ kg \cdot m/s^2$
g	Fallbeschleunigung	m/s^2	
G	Gewichtskraft	N	$1\ N = 1\ kg \cdot m/s^2$
l	Länge	m	
m	Masse	kg	
p	Druck	Pa	$1\ Pa = 1\ N/m^2 = 1\ kg/(m \cdot s^2)$
P	Leistung	W	$1\ W = 1\ J/s = 1\ kg \cdot m^2/s^3$
t	Zeit	s	
v	Strömungsgeschwindigkeit	m/s	
V	Volumen	m^3	
W	Arbeit	J	$1\ J = 1\ N \cdot m = 1\ kg \cdot m^2/s^2$
η	Wirkungsgrad	1	
μ	Ausflusszahl	1	
ϱ	Dichte	kg/m^3	
χ	Kompressibilität	Pa^{-1}	$1\ Pa^{-1} = 1\ m^2/N = 1\ s^2/(kg \cdot m)$

2.1 Mechanik der Flüssigkeiten

2.1.1 Hydrostatischer Druck

1. Die Druckzylinder einer pneumatischen Hebevorrichtung nach Bild 2.1.1 haben die Durchmesser $d_1 = 120$ mm bzw. $d_2 = 30$ mm. Wie groß ist der Druck p_2 im unteren Zylinder, wenn auf den oberen Kolben ein Druck $p_1 = 15 \cdot 10^5$ Pa wirkt?

2. Wie groß ist der Druck p am Boden eines Gefäßes, das $0,8$ m hoch mit Öl ($\varrho = 0,8 \cdot 10^3$ kg/m^3) gefüllt ist, bei einem Luftdruck von $987 \cdot 10^2$ Pa?

3. Auf welche Höhe h steigt ein unter $5 \cdot 10^5$ Pa Überdruck senkrecht nach oben ausströmender Wasserstrahl, wenn man die Luftreibung vernachlässigt?

4. Wie groß ist der Überdruck p am Boden einer Gießform, die $0,78$ m hoch mit flüssigem Grauguss der Dichte $\varrho = 6,9 \cdot 10^3$ kg/m^3 gefüllt ist?

5. In ein beiderseits offenes U-Rohr (Bild 2.1.2) mit einem Querschnitt von 100 mm^2 gießt man der Reihe nach: in die linke Öffnung $0,04$ ℓ Wasser, in die rechte Öffnung $0,01$ ℓ Benzin ($\varrho = 0,72 \cdot 10^3$ kg/m^3) und in die linke Öffnung $0,04$ ℓ Benzin. Welche Niveaudifferenz ergibt sich?

6. Zur genauen Messung von kleinen Druckdifferenzen dient das Zweistoffmanometer (Bild 2.1.3). Ein solches ist mit Nitrobenzol der Dichte $\varrho = 1,203 \cdot 10^3$ kg/m^3 und Wasser gefüllt und zeigt einen Niveauunterschied von $h = 26$ mm. Welche Druckdifferenz Δp ergibt sich daraus?

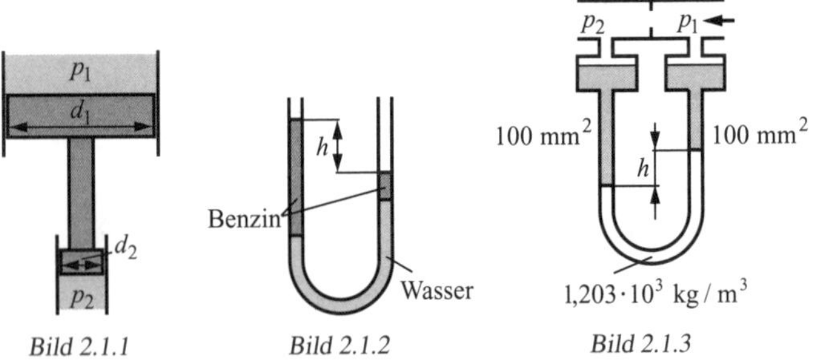

Bild 2.1.1 *Bild 2.1.2* *Bild 2.1.3*

2.1.2 Auftrieb in Flüssigkeiten

7. Von einem Eisberg ragt ein etwa quaderförmiges Stück von 500 m × 80 m × 50 m aus dem Wasser heraus. Wie groß ist das sich unter Wasser befindende Volumen des Eisberges, wenn sich die Dichten von Eis und Wasser wie 9 : 1 zueinander verhalten?

8. Ein Holzquader der Höhe $h = 40$ mm sinkt in Benzin mit der Dichte $\varrho = 0{,}72 \cdot 10^3$ kg/m^3 um $\Delta h = 8$ mm tiefer ein als in Wasser. Welche Dichte ϱ_H hat das Holz?

9. Ein Zahnrad aus Gussbronze wiegt an der Luft 45 g und in Benzin ($\varrho_1 = 0{,}75 \cdot 10^3$ kg/m^3) getaucht 41 g. Wie viel Prozent Kupfer (ϱ_2) und Zinn (ϱ_3) sind darin enthalten? ($\varrho_2 = 8{,}9 \cdot 10^3$ kg/m^3, $\varrho_3 = 7{,}2 \cdot 10^3$ kg/m^3)

10. Ein Perpetuum mobile soll nach Bild 2.1.4 so arbeiten, dass ein endloser Schlauch durch ein U-Rohr läuft, beim Austritt aus dem kürzeren Schenkel aber in das Wasser gelangt. Das U-Rohr selbst enthält kein Wasser und ist bei *A* und *B* abgedichtet. Infolge des nur links vorhandenen Auftriebes steigt der Schlauch ständig nach oben und treibt das Rad an. Worin besteht der Irrtum?

11. Auf den ebenen Grund eines Wasserbeckens wird ein wasserdicht abschließender Holzquader gedrückt (Bild 2.1.5). Was geschieht beim Loslassen des Quaders?

12. Das untere Ende einer Kerze wird derart mit einem Nagel beschwert, dass sie aufrecht im Wasser schwimmt (Bild 2.1.6). Zündet man sie an, brennt sie fast vollständig ab ohne unterzugehen. Als Erklärung gibt man an, dass sie beim Abbrennen leichter wird und deshalb an die Wasseroberfläche steigt. Ist diese Erklärung richtig?

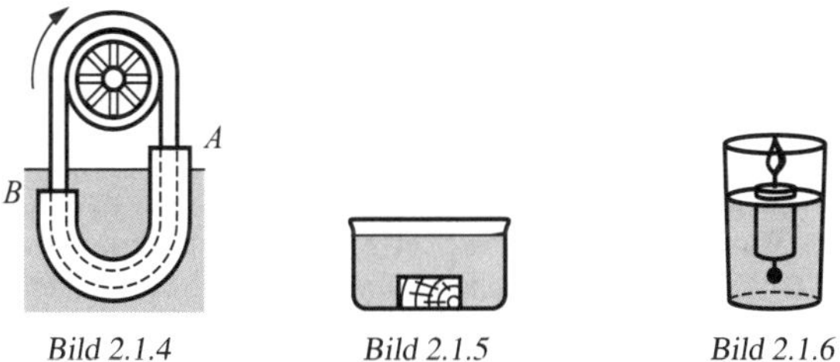

Bild 2.1.4 *Bild 2.1.5* *Bild 2.1.6*

13. Ein Segelschiff mit einer Masse von 6,5 t gelangt von einem Fluss in das Meer ($\varrho = 1{,}03 \cdot 10^3$ kg/m^3). Wie viel Tonnen müssen zugeladen werden, damit der Tiefgang gleich bleibt?

14. Die scheinbare Masse m' einer in Benzin ($\varrho_B = 0{,}7 \cdot 10^3$ kg/m^3) getauchten Aluminiumkugel ($\varrho_{Al} = 2{,}7 \cdot 10^3$ kg/m^3) beträgt 0,020 kg. Wie groß ist deren Durchmesser d?

15. Als Schwimmer für einen Füllstandsmesser dient eine aus 0,5 mm dickem Messingblech ($\varrho_M = 8{,}6 \cdot 10^3$ kg/m^3) gefertigte Kugel mit einem Durchmesser $d = 50$ mm. a) Mit welcher Kraft F strebt sie an die Oberfläche, wenn sie vollständig in Benzin getaucht wird

($\varrho_B = 0{,}72 \cdot 10^3$ kg/m^3), und b) welcher Teil ihres Volumens taucht ein, wenn sie schwimmt?

16. Welche Wanddicke hat eine Hohlkugel aus Aluminium mit dem Außenradius $r_1 = 30$ mm ($\varrho_{Al} = 2{,}7 \cdot 10^3$ kg/m^3), die in Wasser schwimmt und dabei zur Hälfte herausragt?

17. Wie groß sind Durchmesser D und Wanddicke d einer Tiefseetauchkugel aus Stahl ($\varrho_S = 7{,}7 \cdot 10^3$ kg/m^3), deren Masse 13 t bzw. unter Wasser ($\varrho_W = 1{,}0 \cdot 10^3$ kg/m^3) scheinbar nur 8 t beträgt?

18. Ein im Wasser schwimmender Ponton hat eine Grundfläche von 2 m $\times$ 4 m, ist 1,2 m hoch und ist aus 10 mm dickem Stahlblech ($\varrho_S = 7{,}5 \cdot 10^3$ kg/m^3) gefertigt. a) Wie weit ragt er aus dem Wasser und b) bis zu welcher Höhe kann er mit Wasser gefüllt werden, ehe er untergeht?

19. Wie viel Kork der Masse m_1 ($\varrho_K = 0{,}24 \cdot 10^3$ kg/m^3) ist für eine Schwimmweste notwendig, damit ein Schiffbrüchiger der Masse $m_2 = 70$ kg ($\varrho_s = 1{,}1 \cdot 10^3$ kg/m^3) so im Wasser schwimmt, dass 1/6 seines Körpervolumens herausragen kann?

20. Ein Aluminiumrohr nach Bild 2.1.7 mit der Masse von 120 g, einem Durchmesser $d = 40$ mm und einer Länge $h = 300$ mm ist mit 150 g Bleischrot beschwert und schwimmt in Petroleum ($\varrho = 0{,}8 \cdot 10^3$ kg/m^3). Wie weit ragt es aus der Flüssigkeit heraus?

21. Um ein gesunkenes Schiff zu heben, werden 30 Behälter von je 2 m^3 Volumen und je 150 kg Eigenmasse an dem Wrack befestigt, wodurch es eben zu steigen beginnt. Wie schwer ist dieses Schiff im Wasser ($\varrho_W = 1{,}03 \cdot 10^3$ kg/m^3)?

22. Ein unter Wasser ($\varrho_1 = 1 \cdot 10^3$ kg/m^3) liegendes stählernes Wrackteil ($\varrho_2 = 7{,}5 \cdot 10^3$ kg/m^3) wirkt an einem Zugseil mit der scheinbaren Masse $m' = 550$ kg. Wie schwer ist es über Wasser?

23. Ein im Wasser schwimmender Holzquader mit der Masse 2 kg und der Höhe $h = 80$ mm ragt zur Hälfte aus dem Wasser heraus (Bild 2.1.8). Welche Arbeit W ist erforderlich, um ihn a) gerade unter dem Wasserspiegel, b) bis auf den Grund des $s = 200$ mm tiefen Wasserbeckens zu drücken (konstanter Wasserstand)?

24. Ein Gegenstand von 0,1 kg Masse erscheint in Benzin getaucht ($\varrho_B = 0{,}7 \cdot 10^3$ kg/m^3) um 20 % schwerer als in Wasser getaucht. Wie groß ist sein Volumen V?

25. Ein 1 m hoher stählerner Schwimmer mit der Eigenmasse von 750 kg und der Grundfläche von 4 m $\times$ 2 m soll so weit mit Wasser gefüllt werden, dass er nur noch 100 mm aus dem Wasser ragt (Bild 2.1.9). Wie viel Wasser muss eingefüllt werden und welche Arbeit W ist nötig um ihn von seiner Schwimmlage aus dem Wasser zu heben?

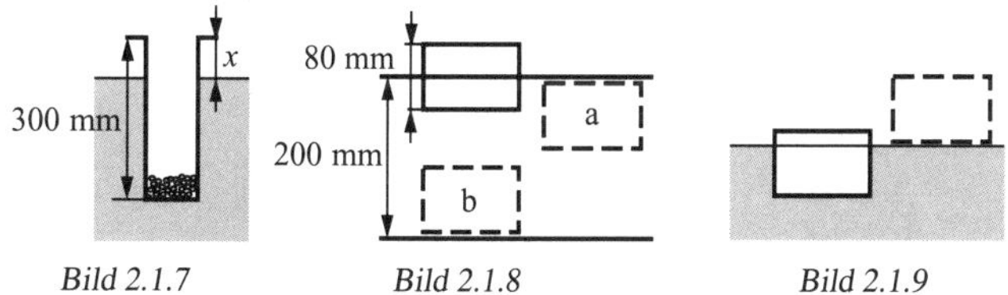

Bild 2.1.7 Bild 2.1.8 Bild 2.1.9

26. Wenn der Spiegel der aus einem Gefäß abfließenden Flüssigkeit unter eine an der Gefäßwand befestigte Marke sinkt, wird eine Zeitmesseinrichtung in Gang gesetzt und dazu synchron ein Schwimmer mit der Masse von 150 g in die Flüssigkeit gesenkt. Bis zum Augenblick, in dem der Flüssigkeitsspiegel erneut die Markierung erreicht, vergehen 6,5 s. Wie groß ist die Ausflussmenge Q in kg/min?

2.2 Mechanik der Gase

2.2.1 Luftdruck

1. Wie viel Pascal beträgt der Luftdruck in einem Behälter, wenn er ausgehend von $950 \cdot 10^2$ Pa um $5 \cdot 10^4$ Pa erhöht wird?

2. Um wie viel Millimeter sinkt die in einem Barometer enthaltene Quecksilbersäule, wenn der Luftdruck von $1\,021 \cdot 10^2$ Pa auf $1\,005 \cdot 10^2$ Pa abnimmt?

3. Am Kondensator einer Dampfturbine wird ein Unterdruck von $0,9 \cdot 10^5$ Pa gemessen. Der Barometerstand beträgt $975 \cdot 10^2$ Pa. Wie groß ist der absolute Druck p im Kondensator?

4. Ein umgekehrtes Gefäß ist zum Teil mit Wasser gefüllt und durch ein dicht anliegendes Papierblatt verschlossen (Bild 2.2.1). Welchen Druck p hat der Luftraum in der Flasche, wenn der äußere Luftdruck $1,013 \cdot 10^5$ N/m^2 beträgt?

5. Erklären Sie das Prinzip der nach Bild 2.2.2 dargestellten Geflügeltränke!

6. In eine torricellische Röhre von 100 mm^2 Querschnitt, die bei normalem Luftdruck ein Vakuum von 5 mm Höhe enthält, werden 200 mm^3 Luft gedrückt (Bild 2.2.3). Auf welche Höhe x sinkt dadurch die Quecksilbersäule?

7. Welche Druckkraft F verschließt den Deckel eines Konservenglases mit einem Durchmesser von 85 mm, wenn von innen der Dampfdruck des Wassers mit $20 \cdot 10^2$ Pa und von außen der Luftdruck mit $980 \cdot 10^2$ Pa wirken?

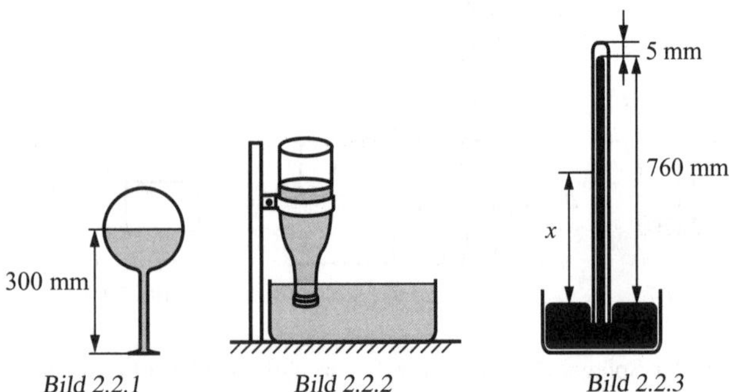

Bild 2.2.1 *Bild 2.2.2* *Bild 2.2.3*

8. Bei welchem Barometerstand ist die Gefahr „schlagender Wetter“ (explosible Gemische brennbarer Gase) im Bergbau besonders groß?

9. Otto von Guericke benutzte für seinen bekannten Versuch zwei Halbkugeln von je 575 mm Durchmesser. Mit welcher Kraft F hielten diese zusammen, wenn der Luftdruck mit $1{,}013 \cdot 10^5\ \mathrm{N/m^2}$ angenommen wird?

10. Um zwei dicht schließende, aneinander gelegte, teilweise evakuierte Halbkugeln von je 80 mm Durchmesser zu trennen, muss man eine Kraft F von 200 N aufwenden. Wie groß ist der Druck p_2 in den Kugeln, wenn der äußere Luftdruck $p_1 = 95$ kPa beträgt?

11. Welcher Druck p herrscht in einem Druckkessel nach Bild 2.2.4, wenn das Manometer M einen Überdruck $p_1 = 2{,}45 \cdot 10^5$ Pa anzeigt? Der äußere Luftdruck beträgt $p_2 = 950 \cdot 10^2$ Pa, der Spiegel der Absperrflüssigkeit (Öl, $\varrho = 0{,}85 \cdot 10^3\ \mathrm{kg/m^3}$) steht 800 mm über dem Manometeranschluss.

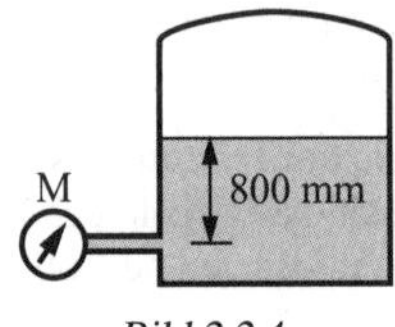

Bild 2.2.4

12. Die in dem Abzug einer Ölfeuerungsanlage befindlichen Abgase haben eine Dichte $\varrho_1 = 0{,}84\ \mathrm{kg/m^3}$. Welcher Druckunterschied in Pascal ergibt sich bei der Schornsteinhöhe $h = 30$ m, wenn die Luft außerhalb des Abzuges die Dichte $\varrho_2 = 1{,}293\ \mathrm{kg/m^3}$ aufweist?

13. Wie hoch dürfte die irdische Atmosphäre entsprechend dem normalen Luftdruck von $1{,}013 \cdot 10^5\ \mathrm{N/m^2}$ sein, wenn sie durchweg von gleicher Dichte $\varrho = 1{,}293\ \mathrm{kg/m^3}$ wäre? Weshalb ist diese Annahme falsch?

2.2.2 Gesetz von Boyle-Mariotte

14. Eine 2 mm weite, einseitig geschlossene Glasröhre enthält nach Bild 2.2.5 eine 200 mm lange Quecksilbersäule, die eine 200 mm lange Luftsäule einschließt. Wie lang wird die Luftsäule, wenn man die Röhre auf den Kopf stellt? (Äußerer Luftdruck $p_1 = 990 \cdot 10^2$ Pa)

15. Eine Erdgasquelle speist täglich 35 000 m³ Gas von $1,5 \cdot 10^5$ Pa in einen Speicherbehälter. Um wie viel Kubikmeter reduziert sich das Erdgasreservoir, wenn dieses unter einem Druck von $60 \cdot 10^5$ Pa steht?

16. Wenn man ein bestimmtes Luftvolumen durch Kompression isotherm um $\Delta V = 5\ \ell$ verringert, steigt der Druck auf den dreifachen Wert an. Wie groß ist das Ausgangsvolumen?

17. Wie viel Kubikmeter Luft vom Druck $p_0 = 1\,000 \cdot 10^2$ Pa müssen in einen Druckbehälter, der bereits $V = 800\ \ell$ Luft bei einem Überdruck $p_1 = 3 \cdot 10^5$ Pa enthält, noch hineingepumpt werden, damit ein Überdruck von $p_2 = 8 \cdot 10^5$ Pa entsteht?

18. Erhöht man den Druck komprimierter Luft um $2 \cdot 10^5$ Pa, so verringert sich das Volumen von 100 ℓ auf 60 ℓ. Wie groß ist der anfängliche Druck?

19. Die Dichte von Neon beträgt bei 0 °C und $p_1 = 1013 \cdot 10^2$ Pa $\varrho = 0,900\ \text{kg/m}^3$. a) Wie groß ist sie bei 0 °C und $5 \cdot 10^5$ Pa Überdruck? b) Bei wie viel Pa ist sie $\varrho = 1\ \text{kg/m}^3$?

20. Die Quecksilberspiegel in einem Manometer stehen bei $1\,000 \cdot 10^2$ Pa und 20 °C auf gleichem Niveau, wobei der Gasraum 50 cm³ Volumen aufweist (Bild 2.2.6). Wie viel Pa zeigt das Manometer an, wenn die Quecksilbersäule einen Stand von $h = 200$ mm bei gleicher Temperatur aufweist? (Rohrquerschnitt 100 mm², $\varrho_{Hg} = 13,595 \cdot 10^3\ \text{kg/m}^3$)

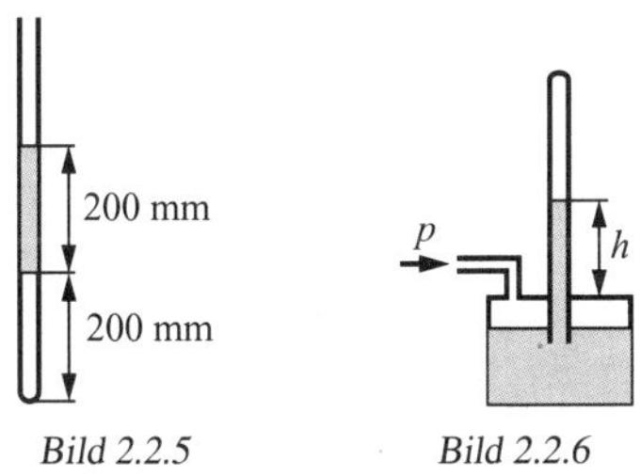

Bild 2.2.5 *Bild 2.2.6*

21. In einem geschlossenen Manometer befindet sich bei einem äußeren Luftdruck von $950 \cdot 10^2$ Pa eine 400 mm hohe Luftsäule. Auf welche Länge verkürzt sich diese, wenn auf den offenen Schenkel ein Überdruck von a) $2 \cdot 10^2$, b) $4 \cdot 10^2$ bzw. c) $6 \cdot 10^2$ Pa wirkt? (Die Gewichtskraft der Manometerflüssigkeit werde vernachlässigt.)

22. Zwischen zwei gleich großen Gefäßen besteht eine Druckdifferenz von $\Delta p = 1,5 \cdot 10^5$ Pa. Nachdem sie durch ein Rohr verbunden wurden, beträgt der gemeinsame Druck in den Gefäßen $p = 4,5 \cdot 10^5$ Pa. Wie groß sind die Drücke p_1 und p_2 in den Gefäßen vor dem Druckausgleich?

23. Wie viel Kubikmeter Sauerstoff können aus einem $3,5\ \text{m}^3$ großen Druckbehälter mit einem Überdruck von $15 \cdot 10^5$ Pa bei einem Barometerstand von $1\,030 \cdot 10^2$ Pa entweichen?

24. Auf welchen Überdruck müssen $2\ \text{m}^3$ eines Gases komprimiert werden, das bei $950 \cdot 10^2$ Pa in eine 40 ℓ fassende Druckflasche gefüllt wird?

25. Von zwei gleich großen Behältern ist einer mit Kohlendioxid von $5 \cdot 10^5$ Pa, der andere mit Luft von $2 \cdot 10^5$ Pa gefüllt. Welcher gemeinsame Druck stellt sich ein, wenn beide Behälter miteinander verbunden werden, und welcher Volumenanteil CO_2 befindet sich in der Luft?

26. Aus einer Schweißgasflasche mit einem Überdruck von $50 \cdot 10^5$ Pa und einem Volumen von $V_1 = 40\ \ell$ werden bei einem Luftdruck von $p_2 = 1 \cdot 10^5$ Pa $V_2 = 0,8\ \text{m}^3$ entnommen. Auf welchen Betrag sinkt der Überdruck in der Schweißgasflasche?

27. Verringert man das Volumen eines Gases durch Komprimieren in zwei Stufen um 60 ℓ und dann um weitere 30 ℓ, so nimmt der Druck erst um $2 \cdot 10^5$ Pa und dann um weitere $2,5 \cdot 10^5$ Pa zu. Wie groß sind Anfangsdruck und Anfangsvolumen?

28. Ein einseitig geschlossenes U-Rohr von $100\ \text{mm}^2$ Querschnitt enthält nach Bild 2.2.7 eine 180 mm lange Luftsäule, die durch beiderseits auf gleichem Niveau stehendes Quecksilber abgesperrt ist. Auf wie viel Millimeter verkürzt sich die Luftsäule, wenn man am offenen Ende $30\ \text{cm}^3$ Quecksilber zugießt und der äußere Luftdruck einer Quecksilbersäule von 730 mm Höhe entspricht?

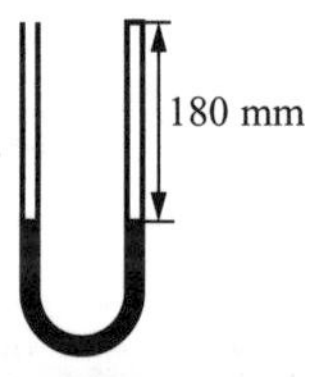

Bild 2.2.7

29. Auf das wievielfache Volumen vergrößert sich eine am Grund einer 500 mm hoch mit Quecksilber gefüllten Flasche haftende Luftblase beim Aufsteigen, wenn der äußere Luftdruck $981 \cdot 10^2$ Pa beträgt?
$(\varrho_{\text{Hg}} = 13,595 \cdot 10^3\ \text{kg/m}^3)$

30. Eine torricellische Röhre von 100 mm^2 Querschnitt enthält bei normalem Luftdruck eine Quecksilbersäule ($\varrho = 13{,}595 \cdot 10^3$ kg/m^3) von $l = 760$ mm Höhe und darüber einen $l_0 = 40$ mm langen luftleeren Raum. Von unten wird eine Luftblase mit einem Volumen $V = 10$ mm^3 hineingedrückt, die unter Ausdehnung nach oben steigt. Auf welche Länge vergrößert sich der Raum oberhalb der Quecksilbersäule?

31. In einen oben offenen Zylinder von 30 mm Durchmesser und einer Höhe $h = 60$ mm wird bei einem äußeren Luftdruck von $p_0 = 945 \cdot 10^2$ Pa ein reibungslos und dicht schließender Kolben eingesetzt. Wie schwer ist dieser, wenn er durch seine eigene Gewichtskraft G um $\Delta h = 254$ mm nach unten sinkt?

2.2.3 Auftrieb in Luft

32. Worauf beruht der Auftrieb in Luft?

33. Der erste, von Charles 1783 in Paris gestartete Luftballon fasste $V = 310$ m^3. Er enthielt $V' = 299$ m^3 unreinen Wasserstoff, dessen Dichte 4/21 von der der Luft ($\varrho = 1{,}29$ kg/m^3) betrug, und hatte ohne Gasfüllung eine Eigenmasse von $m = 302{,}25$ kg. a) Welche Steigkraft hatte der Ballon? b) In welcher Höhe blähte sich der Ballon vollkommen auf? (Anzunehmen sind normaler Luftdruck p_0, eine Luftdichte von $\varrho = 1{,}29$ kg/m^3 am Boden und die Druckabnahme von $1 \cdot 10^2$ Pa je 7,9 m Höhenunterschied.)

34. Aristoteles meinte, dass die Luft keine Masse habe, weil eine mit Luft gefüllte Blase ebenso viel wiegt wie die zusammengedrückte Blase. Worin bestand sein Irrtum?

35. Auf einer im Gleichgewicht befindlichen Waage liegen links ein Stück Holz und rechts ein Stück Eisen. Was würde geschehen, wenn die Waage in ein Gefäß gestellt würde, das dann evakuiert wird?

36. Welche Masse m' an Messing ist auf eine Waage zu legen, wenn genau (Berücksichtigung des beiderseitigen Auftriebes) $m = 100$ g Wasser abgewogen werden sollen? (Dichte Messing $\varrho_M = 8\,900$ kg/m^3, Dichte der Luft $\varrho_L = 1{,}29$ kg/m^3)

37. Um wie viel ist die wahre Masse eines Menschen von 70 kg größer als seine scheinbare? (Die Dichte des Menschen ist zu schätzen.)

38. Welche Dichte ϱ hat eine Probe Uranpechblende, deren Masse ohne Berücksichtigung des Auftriebes $m_1 = 4{,}555\,3$ g und mit Auftriebskorrektur $m_2 = 4{,}5560$ g beträgt? ($\varrho_L = 1{,}28$ kg/m^3)

39. Auf welches Volumen muss ein Gummiballon von 5 g Masse mit Erdgas ($\varrho_G = 0{,}850$ kg/m^3) aufgebläht werden, damit er in Luft ($\varrho_L = 1{,}29$ kg/m^3) gerade schwebt?

2.3 Strömungen

1. Welchen Durchmesser hat die Windleitung eines Kupolofens, dem je Minute $V = 70{,}8\ \text{m}^3$ Luft mit einer Geschwindigkeit $v = 16{,}9\ \text{m/s}$ zugeführt werden?

2. Auf welchen Durchmesser muss ein 80 mm weites Rohr verjüngt werden, damit sich die Strömungsgeschwindigkeit verdoppelt?

3. Weshalb wird ein ausfließender Wasserstrahl nach unten hin immer dünner?

4. Ein Behälter ist bis zu $3{,}5$ m Höhe mit Wasser gefüllt. a) Wie viel Wasser fließt anfangs je Sekunde aus der $500\ \text{mm}^2$ großen Bodenöffnung ab (Ausflusszahl $\mu = 0{,}62$)? b) Wie viel fließt je Sekunde ab, wenn sich der Spiegel auf die Hälfte und c) auf ein Viertel der Anfangshöhe gesenkt hat?

5. Mit welcher Geschwindigkeit tritt ein Wasserstrahl aus der Öffnung eines Behälters aus, der unter einem Überdruck von $1{,}2$ MPa stehendes Wasser enthält? (Ausflusszahl $\mu = 0{,}7$)

6. Aus einem zylindrischen Gefäß (Füllhöhe $1{,}4$ m, Durchmesser 850 mm, Ausflusszahl $\mu = 0{,}65$) fließt aus der $500\ \text{mm}^2$ großen Bodenöffnung ebenso viel ab wie zufließt. Wie lange dauert es, bis eine dem Gefäßinhalt gleiche Flüssigkeitsmenge abgeflossen ist?

7. In einem Behälter herrscht ein Überdruck von 10^5 Pa und es strömen je Minute $3\ \text{m}^3$ Gas aus. Wie viel Gas strömt aus der gleichen Öffnung, wenn ein Überdruck von $2 \cdot 10^5$ Pa besteht? (Für die Ausströmgeschwindigkeit gilt das Bunsen'sche Gesetz $v = \sqrt{\frac{2\Delta p}{\varrho}}$, ϱ Gasdichte, Δp Druckdifferenz.)

8. Ein Wassertank entleert aus einer scharfkantigen Düse von 20 mm Durchmesser 25 ℓ in 15 s, wobei das Niveau durch entsprechenden Zufluss konstant bleibt. Wie hoch steht das Wasser über der Düsenmitte, wenn die Ausflusszahl $\mu = 0{,}97$ beträgt?

9. Aus einem unterhalb des Wasserspiegels undicht gewordenen Dampfkessel spritzt in 1 m Höhe ein horizontal austretender Wasserstrahl $14{,}16$ m weit. Wie groß ist der Dampfdruck, wenn ideale Ausflussverhältnisse angenommen werden?

10. Bei welcher Strömungsgeschwindigkeit beträgt der Staudruck 15 kPa a) in Wasser und b) in Luft ($\varrho_{\text{Luft}} = 1{,}26\ \text{kg/m}^3$)?

11. Der Winddruck gegen einen Schornstein wird mit $1\,050\ \text{N/m}^2$ bei Windstärke 12 (etwa 50 m/s) angenommen. Welcher Widerstandsbeiwert c_W liegt der Berechnung bei der Luftdichte von $\varrho = 1{,}25\ \text{kg/m}^3$ zugrunde?

12. Der Fallschirm mit der Masse $m_1 = 32$ kg eines Piloten der Masse $m_2 = 75$ kg hat im geöffneten Zustand einen Durchmesser von 12 m und sei als Halbkugel mit einem c_W-Wert von 1,3 angenommen. Welche maximale Sinkgeschwindigkeit ergibt sich bei einer Luftdichte $\varrho = 1{,}25\ \mathrm{kg/m^3}$?

13. Welchen Durchmesser haben Regentropfen, die bei der Luftdichte $\varrho_L = 1{,}25\ \mathrm{kg/m^3}$ und dem Widerstandsbeiwert $c_W = 0{,}25$ eine konstante Sinkgeschwindigkeit von 8 m/s erreichen?

14. Das deutsche Luftschiff „Graf Zeppelin" hatte den größten Durchmesser von 27 m, den Widerstandsbeiwert $c_W = 0{,}0566$. Berechnen Sie den Luftwiderstand und die für eine Reisegeschwindigkeit von 108 km/h erforderliche Antriebsleistung bei einer Luftdichte von $\varrho_L = 1{,}25\ \mathrm{kg/m^3}$!

15. Bei welcher Windgeschwindigkeit wird ein Geräteschuppen von 280 kg Masse und 2,20 m Höhe (Schwerpunkt in halber Höhe) und einer Grundfläche von $1{,}50\ \mathrm{m} \times 1{,}50\ \mathrm{m}$ umgeworfen, wenn der Wind lotrecht gegen eine Wand trifft und der Widerstandsbeiwert $c_W = 0{,}9$ bei einer Luftdichte von $\varrho_L = 1{,}25\ \mathrm{kg/m^3}$ beträgt?

16. Mit welcher Kraft drückt der Wind bei einer Geschwindigkeit $v = 14\ \mathrm{m/s}$ gegen ein 25 $\mathrm{m^2}$ großes, quer zum Wind stehendes Segel? (Widerstandsbeiwert $c_W = 1{,}2$, Luftdichte $\varrho_L = 1{,}18\ \mathrm{kg/m^3}$)

17. Mit welcher Leistung wird das Schiff nach Aufgabe 16 bei einer Fahrgeschwindigkeit von $v = 3{,}5\ \mathrm{m/s}$ in Windrichtung vorangetrieben?

18. Ein Gummiballon ist mit einer Düse vom Querschnitt $A = 50\ \mathrm{mm^2}$ versehen und wird auf das Volumen $V = 6\ \ell$ aufgeblasen. Nach Öffnen der senkrecht nach unten weisenden Düse strömt die Luft (Dichte $\varrho_L = 1{,}3\ \mathrm{kg/m^3}$) innerhalb von $t = 5$ s mit konstanter Geschwindigkeit v aus und hält den Ballon in der Schwebe. Wie groß ist die Masse des Ballons?

19. Für die überschlägige Berechnung der Leistung von Windkraftwerken wird die Formel $P/\mathrm{kW} = \dfrac{Av^3}{800}$ (A auffangende Fläche in $\mathrm{m^2}$, v Windgeschwindigkeit in m/s) verwendet. Leiten Sie diese Beziehung her!

20. Bei welcher Strömungsgeschwindigkeit wird an einer unter Wasser rotierenden Schiffsschraube der Dampfdruck des Wassers von $14 \cdot 10^2$ Pa unterschritten? (Luftdruck über Wasser $1013 \cdot 10^2$ Pa)

21. Bei welcher Geschwindigkeit beträgt der statische Druck des in einem horizontalen Rohr strömenden Wassers die Hälfte des mit dem Pitotrohr gemessenen Gesamtdruckes p_0, der dem einer 100 mm hohen Wassersäule entspricht?

22. Welche Leistung muss ein Lüfter aufbringen, wenn er bei einem Druckgefälle von 1962 $\mathrm{N/m^2}$ und einem Wirkungsgrad $\eta = 0{,}65$ je Sekunde 1,5 $\mathrm{m^3}$ Luft befördern soll?

23. Welcher Unterdruck entsteht an der verengten Stelle des angegebenen Entwässerungsrohres, wenn das Wasser bei A mit $v_1 = 6$ m/s das Rohr verlässt (Bild 2.3.1)? ($d_1 = 90$ mm, $d_2 = 60$ mm)

24. Die Ein- und Austrittsöffnung einer Wasserturbine haben die Querschnitte $A_1 = 0{,}03$ m^2 bzw. $A_2 = 0{,}07$ m^2. Welchem Nutzgefälle entspricht die an der Turbine abgegebene Leistung von 250 kW?

25. Ein mit Wasser gefüllter Behälter hat eine seitliche Öffnung von 100 mm^2 Querschnitt. Wie groß ist die durch das ausfließende Wasser verursachte Rückstoßkraft, wenn der Wassserspiegel 800 mm über der Öffnung liegt (Bild 2.3.2)?

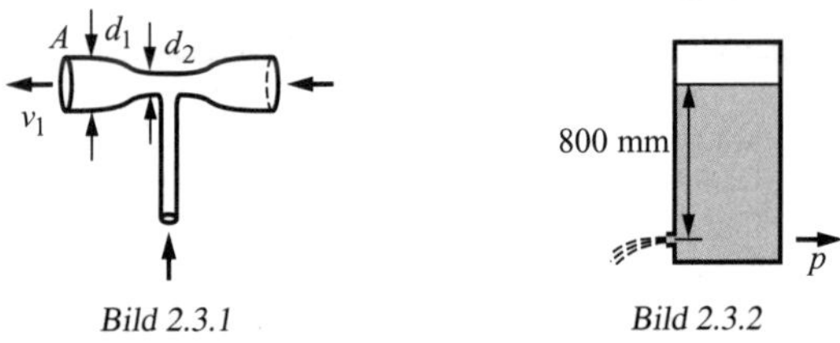

Bild 2.3.1

Bild 2.3.2

2.4 Ausbreitung von Wellen

1. Die Frequenz des UKW-Bandes liegt bei $f = 100$ MHz. Wie lang muss demnach mindestens die UKW-Antenne sein, wenn die Antenne dem Viertel einer Wellenlänge entsprechen soll?

2. Der von einem Flugzeug reflektierte Hochfrequenzimpuls einer Radaranlage wird 1,3 ms nach Aussenden wieder vom Radargerät registriert. In welcher Entfernung von der Radarstation befindet sich das Flugzeug?

3. Die zur Fernbedienung von Fernsehgeräten verwendeten Ultraschallsignale besitzen Frequenzen von $f_1 = 30$ kHz und $f_2 = 50$ kHz. Welche Wellenlängen weisen diese Signale auf?

4. Eine Welle mit der Wellenlänge $\lambda = 0{,}05$ m hat eine maximale Auslenkung $s_0 = 0{,}05$ m und die Periodendauer der Welle beträgt $T = 0{,}8$ s. Wie groß ist die Auslenkung s eines Teilchens zur Zeit $t = 0{,}5$ s in einer Entfernung von $x = 0{,}20$ m zum Erreger?

5. Ein nach Bild 2.4.1 an beiden Enden eingespanntes Seil der Länge $l = 4$ m wird mit einer Frequenz von $f = 8$ Hz zu sinusförmigen Schwingungen angeregt. Wie groß ist die Ausbreitungsgeschwindigkeit der Wellen auf dem Seil?

6. Bestimmen Sie die in einem Kundt'schen Rohr auftretende Schallgeschwindigkeit von CO_2! Das Gerät wird dabei mit Schallwellen der Fre-

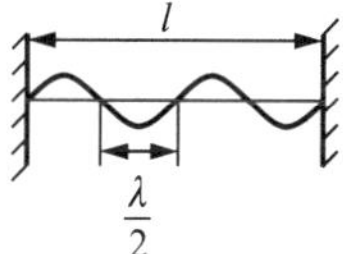

Bild 2.4.1

quenz $f = 500$ Hz erregt. Es werden auf einer Rohrlänge von $l = 2,6$ m 10 Knoten gezählt.

7. Ein Ruderer bringt einen Kahn mit einer Schwingungsdauer von $T = 2$ s zum Schaukeln. Welche Wellenlänge λ besitzen die dadurch erregten Wasserwellen?

8. Das freie Ende eines an einem Haken befestigten Gummiseiles wird mit einer Frequenz von $f = 3$ Hz periodisch auf und ab bewegt, wobei sich eine stehende Welle mit $1,80$ m Knotenabstand bildet. Wie groß ist die Ausbreitungsgeschwindigkeit c der Wellen auf dem Seil?

9. Zwei ebene Wellen laufen mit einer Geschwindigkeit von $c = 340$ m/s in gleicher Richtung und in gleicher Phase durch einen Punkt A. Sie besitzen die Frequenzen $f_1 = 300$ Hz bzw. $f_2 = 240$ Hz. Nach welcher Strecke s und Laufzeit t sind sie zum ersten Mal wieder in gleicher Phase?

10. Welche Frequenz f hat eine ebene Welle, die 12 Sekunden benötigt, um eine Strecke von $7,5$ Wellenlängen zurückzulegen?

11. Wie viel Wellenlängen n legt eine Welle innerhalb von 25 Sekunden zurück, wenn die Ausbreitungsgeschwindigkeit $c = 0,40$ m/s und die Wellenlänge $\lambda = 0,1$ m betragen?

12. Zwei gleichzeitig mit der Elongation $y = 0$ startende Wellen legen in 4 s die gemeinsame Strecke $s = 5$ m zurück. Wie groß sind ihre Wellenlängen, wenn die eine von beiden auf der gemeinsamen Strecke drei Wellenlängen mehr hat und die Frequenzen im Verhältnis 7 : 8 zueinander stehen?

13. Von den Punkten A und B starten gleichzeitig zwei Wellen. Im Punkt C, der $2,4$ m von A und $3,6$ m von B entfernt ist, trifft die von A ausgehende Welle nach 10 s ein. 5 s später beginnt hier die Überlagerung der Wellen mit der mittleren Frequenz $f_m = 7$ Hz und der Schwebungsfrequenz $f_s = 2$ Hz. Welche Wellenlängen λ_1 und λ_2 besitzen die beiden Wellen?

14. Wie groß ist die Wellenlänge λ, wenn die im Abstand $\Delta x = 6,8$ m aufeinander folgenden Elongationen mit je 1/3 des Scheitelwertes entgegengesetzt gleich sind und die Ausbreitungsgeschwindigkeit der Welle $c = 340$ m/s ist (Bild 2.4.2)?

15. Nach der Laufzeit $t = 1,5$ s, der Laufstrecke $s = 250$ m und mit der Ausbreitungsgeschwindigkeit $c = 300$ m/s beträgt die Elongation einer ebenen Welle 1/4 der Amplitude. Wie groß ist die Wellenlänge λ ?

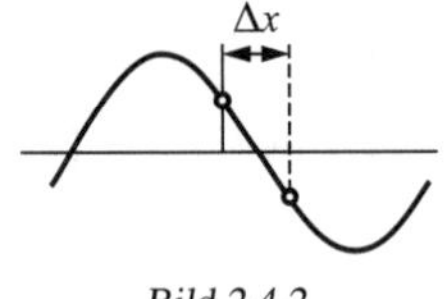

Bild 2.4.2

16. Eine ebene Welle hat die Amplitude $0,1$ m, die Geschwindigkeit $c = 0,6$ m/s und die Wellenlänge $\lambda = 0,06$ m. In welcher Entfernung vom Ausgangspunkt ist nach 5 s die Elongation $0,05$ m, wenn sie beim Start gleich 0 ist?

17. Eine ebene Welle hat eine Amplitude von $0,1$ m, die Frequenz $f = 50$ Hz und die Wellenlänge $\lambda = 0,6$ m. a) In welchem kleinsten zeitlichen Abstand Δt beträgt die Auslenkung in einem bestimmtem Punkt der x-Achse zweimal nacheinander $+0,05$ m? b) Welchen kürzesten räumlichen Abstand haben zwei Punkte, die gleichzeitig die Auslenkung $+0,05$ m erfahren?

18. Eine ebene Welle hat eine Amplitude von $0,2$ m, die Geschwindigkeit $c = 0,4$ m/s und die Frequenz $f = 10$ Hz. Im Startpunkt hat die Elongation den Betrag null, $0,12$ m davon entfernt den Betrag $0,15$ m. Welche Laufzeit benötigt die Welle für diese Strecke?

19. Von zwei um $1,20$ m voneinander entfernten Punkten A und B starten gleichzeitig zwei ebene Wellen mit gleich großer Amplitude und den Parametern: $f_1 = 4$ Hz, $c_1 = 0,15$ m/s, $f_2 = 8$ Hz, $c_2 = 0,2$ m/s. Nach Ablauf welcher Zeit löschen sich die Wellen im Punkt ihrer Begegnung zum ersten Mal aus?

20. Wie groß ist die Rotverschiebung $\frac{\Delta\lambda}{\lambda}$ eines Spiralnebels, dessen Fluchtgeschwindigkeit aufgrund des Dopplereffektes zu $v = 15,4 \cdot 10^6$ m/s errechnet wurde, und mit welcher Wellenlänge λ erscheint dadurch die Heliumlinie $\lambda = 587,56$ nm? ($c = 300 \cdot 10^6$ m/s)

21. Im Spektrum eines Fixsterns wurde die Wellenlänge der D_1-Linie des Natriums mit $\lambda = 592$ nm bestimmt. Mit welcher Geschwindigkeit v entfernt sich der Stern von der Erde, wenn irdische Messungen für diese Linie den Wert $\lambda_0 = 589,6$ nm ergeben?

22. Zur Bestimmung der Geschwindigkeit einer sich von der Erde entfernenden Rakete wird diese mit einem Radargerät verfolgt, das Wellen der Frequenz $f = 120$ MHz aussendet. Die Überlagerung der von der Rakete reflektierten mit den vom Radargerät ausgesandten Wellen ergibt eine Schwebungsfrequenz $f_s = 450$ Hz. Welche Geschwindigkeit v besitzt die Rakete?

3 Akustik

Größen und Einheiten Akustik

Formelzeichen	Größe	Einheit	Beziehung zu den Basiseinheiten
E	Elastizitätsmodul	$\mathrm{N/m^2}$	$1\ \mathrm{N/m^2} = 1\ \mathrm{kg/(m \cdot s^2)}$
J	Schallintensität	$\mathrm{W/m^2}$	$1\ \mathrm{W/m^2} = 1\ \mathrm{kg/s^3}$
L	Schalldruckpegel	dB	
L_{eq}	äquivalenter Dauerschallpegel	dB	
p	Schalldruck	Pa	$1\ \mathrm{Pa} = 1\ \mathrm{N/m^2} = 1\ \mathrm{kg/(m \cdot s^2)}$
R	Schalldämmmaß	dB	
α	Schallabsorptionskoeffizient	dB/m	
Π	Schallstrahlungsdruck	Pa	$1\ \mathrm{Pa} = 1\ \mathrm{N/m^2} = 1\ \mathrm{kg/(m \cdot s^2)}$
χ	Kompressibilität	$\mathrm{Pa^{-1}}$	$1\ \mathrm{Pa^{-1}} = 1\ \mathrm{m^2/N} = 1\ \mathrm{m \cdot s^2/kg}$

3.1 Schallausbreitung

1. Nach welcher Zeit t ist der von einem Delphin erzeugte Ton von einem Taucher hörbar, wenn die Entfernung Delphin–Taucher $s = 10$ km beträgt (Kompressibilität Wasser $\chi = 51 \cdot 10^{-11}$ Pa^{-1}, Dichte von Wasser $\varrho = 1 \cdot 10^3$ kg/m^3)?

2. Nach welcher Zeit registriert ein Beobachter ein von einem Heizungsmonteur verursachtes Geräusch in einer Kupferleitung, wenn die Distanz zwischen Heizungsmonteur und Beobachter 5 000 m beträgt (Elastizitätsmodul $E_{\text{Kupfer}} = 120$ GPa, Dichte $\varrho_{\text{Kupfer}} = 8{,}939 \cdot 10^3$ kg/m^3)?

3. Durch Evakuieren wird der Luftdruck innerhalb eines Gefäßes vermindert. Weicht die Schallgeschwindigkeit im ausgepumpten Gefäß von der Schallgeschwindigkeit in der umgebenden Luft ab?

4. Die Schallgeschwindigkeit in Wasser wurde mit $c_{\text{Wasser}} = 1\,400$ m/s ermittelt. Um welches Volumen ΔV wird in einer Wassertiefe von $h = 8\,500$ m ein Kubikmeter Wasser ($\varrho_{\text{Wasser}} = 1{,}0 \cdot 10^3$ kg/m^3) zusammengedrückt?

5. In einer kugelförmigen Hi-Fi-Box breitet sich der Schall kugelsymmetrisch aus. In welcher Beziehung steht die Schallintensität zum Kugelradius der Box?

6. Eine Alarmsirene erzeugt, gemessen in einer Entfernung von 50 m, eine Schallintensität von $J = 10^{-2}$ W/m^2. Wie groß sind der Schallwechseldruck p, die Schallschnelle v und der Schallstrahlungsdruck Π (Luftdichte $\varrho_L = 1{,}3$ kg/m^3, Schallgeschwindigkeit $c_{\text{Luft}(0\,^\circ\text{C})} = 331$ m/s)?

7. Unter welchem Brechungswinkel α_2 treten Schallwellen aus, die unter einem Winkel $\alpha_1 = 20^\circ$ bezogen auf das Einfallslot vom Wasser aus an die Grenzfläche Wasser–Luft treffen? ($\chi_{\text{Wasser}} = 51 \cdot 10^{-11}$ Pa^{-1}, $\varrho_{\text{Wasser}} = 1 \cdot 10^3$ kg/m^3, $c_{\text{Luft}(0\,^\circ\text{C})} = 331$ m/s)

8. Welche Frequenz haben Motor- bzw. Propellerschall (Propeller ist dreiflüglig) eines 12-Zylinder-4-Takt-Flugzeugmotors bei einer Drehzahl von $n = 2\,100$ min^{-1}?

9. Wie tief ist ein Brunnen, wenn der Aufschlag einer Münze 3,5 s nach dem Fallenlassen registriert wird? ($c_{\text{Luft}(19\,^\circ\text{C})} = 340$ m/s)

10. Eine Ansage wird durch zwei Lautsprecher A und B übertragen, die 150 m voneinander entfernt sind (Bild 3.1.1). Der Zuhörer steht zwischen ihnen und hört einen Nachhall von 0,25 s. In welcher Distanz befindet er sich von den beiden Lautsprechern? ($c_{\text{Luft}(19\,^\circ\text{C})} = 340$ m/s)

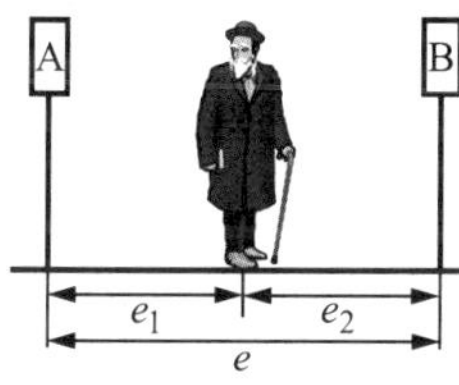

Bild 3.1.1

3.2 Doppler-Effekt

1. Ein Rettungswagen mit einem Sondersignal der Frequenz $f = 1\,000$ Hz fährt mit einer Geschwindigkeit von $v = 80$ km/h an einem Passanten vorbei. Welche Frequenzen nimmt der Passant bei Annäherung bzw. Entfernung des Fahrzeuges wahr? ($c_{\text{Luft}(0\,°\text{C})} = 331$ m/s)

2. Welche Frequenz f nimmt man wahr, a) wenn man sich mit Schallgeschwindigkeit auf eine ruhende Schallquelle der Frequenz f_0 hin bewegt und b) wenn diese sich mit Schallgeschwindigkeit auf den ruhenden Beobachter hin bewegt?

3. Auf dem Umfang einer mit der Drehzahl $n = 4\ \text{s}^{-1}$ rotierenden Kreisscheibe mit dem Durchmesser $d = 0{,}6$ m ist eine schwingende Stimmgabel (Kammerton $\text{a}^1 \mathrel{\widehat{=}} f = 440$ Hz) befestigt. Zwischen welchen Frequenzen schwankt der Ton für einen in der Scheibenebene befindlichen Beobachter? ($c_{\text{Luft}(19\,°\text{C})} = 340$ m/s)

4. Beim Annähern eines Rennwagens nimmt ein Beobachter einen Ton wahr, der um eine harmonische Quart ($f_1 : f_2 = 4 : 3$) höher ist als der Ton bei Entfernen des Wagens. Welche Geschwindigkeit v hat der Rennwagen?

5. Ein Geschoss fliegt mit einer Geschwindigkeit von $v = 300$ m/s an einem ruhenden Beobachter vorbei. Welches Frequenzverhältnis registriert der Beobachter bezüglich des vom Projektil erzeugten Geräusches?

3.3 Physiologische Akustik

1. Der frequenzbewertete Schalldruckpegel einer elektronischen Typenradschreibmaschine beträgt in der Entfernung $r_1 = 2$ m $L = 60$ dB(A). Wie groß sind die Schallintensität J_2 und der Schalldruckpegel L_2 gemessen in einem Abstand $r_2 = 4$ m von der Schreibmaschine?

2. Eine Hi-Fi-Box erzeugt einen Schalldruck $p = 230\ \text{N/m}^2$. Wie groß ist der entsprechende Schalldruckpegel L (nicht frequenzbewertet)?

3. In einer Werkhalle erzeugen gleichzeitig nachfolgend genannte Maschinen die entsprechenden frequenzbewerteten Schalldruckpegel L_1 bis L_4: Drehmaschine 74 dB(A), Fräsmaschine 80 dB(A), Hobelmaschine 84 dB(A), Bohrmaschine 83 dB(A). Wie groß ist der daraus resultierende Gesamtlärmpegel L aller Maschinen?

4. Wie groß ist der äquivalente Dauerschalldruckpegel L_{eq} unter Berücksichtigung nachfolgender frequenzbewerteter Lärmquellen L_1 bis L_5 und deren Emissionsdauer t_1 bis t_5 (Gesamtzeitraum der Messung $T = 480$ min, für Industrielärm gilt der Äquivalenzparameter $q = 3$)?
$L_1 = 65$ dB(A), $t_1 = 75$ min; $L_2 = 70$ dB(A), $t_2 = 200$ min; $L_3 = 80$ dB(A), $t_3 = 150$ min; $L_4 = 65$ dB(A), $t_4 = 60$ min; $L_5 = 75$ dB(A), $t_5 = 40$ min.

5. Zwei Personen stehen nach Bild 3.3.1 im Abstand $x = 60$ m von einer Wand entfernt. Die Person A spricht ein zweisilbiges Wort in Richtung der Wand. Das menschliche Ohr kann 10 Silben je Sekunde wahrnehmen. In welchem Abstand a müssen beide Personen stehen, damit bei Reflexion des Schalls an der Wand das zweisilbige Wort von Person B verstanden wird?

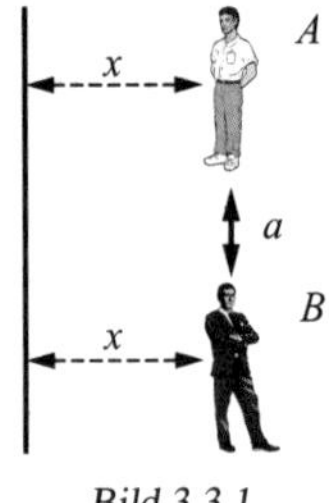

Bild 3.3.1

6. Bei einer Gehörprüfung hört ein Patient ein in 3 m Entfernung leise gesprochenes Wort noch gut, in 8 m Entfernung jedoch nicht mehr. Wie groß ist der Schalldruckpegel in 3 m Abstand?

7. Die Schallintensität der menschlichen Stimme im Abstand von 1 m kann zwischen 10^{-7} μW/cm^2 und 10^{-1} μW/cm^2 (bezogen auf die Trommelfellfläche) schwanken. Welchen Schalldruckpegeln entspricht dies, wenn die geringste wahrnehmbare Schallstärke 10^{-10} μW/cm^2 beträgt?

8. Ein Verbrennungsmotor hat einen Schallintensitätspegel von $L_1 = 80$ dB. Welchen Schallpegel haben a) drei Motoren und b) 50 Motoren? c) Wie viel Motoren dürfen maximal laufen, damit die Schmerzgrenze von 130 dB nicht überschritten wird?

9. Ein Beobachter nimmt das Geräusch eines strahlgetriebenen Verkehrsflugzeuges wahr, das aus einer Richtung kommt, die um $\alpha = 40°$ von der

Richtung zur wahren Lärmquelle abweicht (Bild 3.3.2). Welche Geschwindigkeit hat das Flugzeug ($c_{\text{Luft}(19\,^\circ\text{C})} = 340\ \text{m/s}$)?

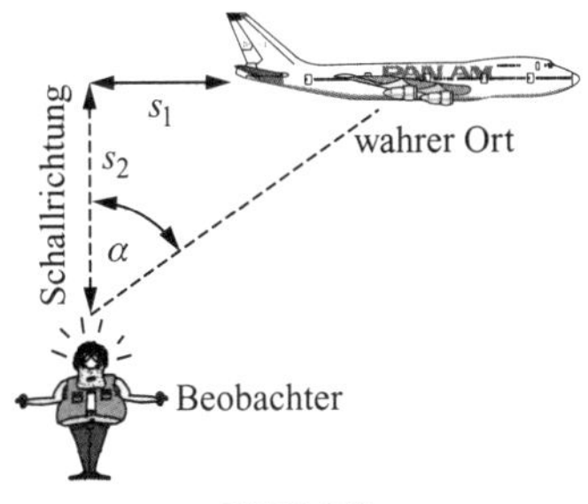

Bild 3.3.2

10. Der Mensch kann im optimalen Hörbereich die Richtung einer voraus positionierten Schallquelle mit einer Genauigkeit von $\pm 3^\circ$ lokalisieren. Welcher Laufzeitdifferenz des Hörschalls entspricht dies, wenn der Ohrenabstand mit $e = 0{,}16$ m angenommen wird? ($c_{\text{Luft}(0\,^\circ\text{C})} = 340\ \text{m/s}$)

3.4 Raumakustik

1. Wie ändert sich der Schallintensitätspegel ΔL, wenn von 10 Lärmquellen gleicher Intensität 9 außer Betrieb gesetzt werden?

2. Durch eine Leichtbauwand, deren Dämmwert 15 dB beträgt, hört man das Geräusch von Matrixdruckern mit einem Schallpegel von 45 dB. Wie viel Drucker sind gleichzeitig in Betrieb, wenn ein einzelner Drucker im Arbeitsraum einen Schallpegel von 45 dB emittiert?

3. Eine ursprünglich 10 m vom Hörer entfernte punktförmige Schallquelle entfernt sich in einem schalltoten Messlabor mit einer Geschwindigkeit von 18 m/s. a) Auf welchen Bruchteil des Anfangswertes J_1 nimmt die Schallintensität in den ersten 5 s ab? b) Um wie viel dB nimmt der Schallpegel in dieser Zeit ab?

4. 10 typengleiche Werkzeugmaschinen erzeugen einen Schallpegel $L = 95$ dB. Welchen Schallpegel weist eine der Maschinen auf?

5. Eine Tür von 1 m Breite und 2 m Höhe schließt infolge fehlerhafter Montage mit einer entlang dem Türrahmen verlaufenden Ritze von 0,001 m. Wie groß ist die Schalldämmung R', wenn der Hersteller für eine exakte Türmontage eine Schalldämmung $R = 30$ dB angibt und die Ritze mit dem 50fachen Wertes ihres wahren Querschnittes A wirkt?

3.5 Technische Akustik

1. Bestimmen Sie den Absorptionskoeffizienten α für akustische Longitudinalwellen in Granit ($\varrho = 2,61 \cdot 10^3$ kg/m^3), die sich mit der Geschwindigkeit $c_{\text{Granit}} = 1,5 \cdot 10^3$ m/s ausbreiten. Nach dem Resonanzverfahren wurde die Resonanzfrequenz $f = 12$ Hz bei einer Bandbreite $\Delta f = 1,7$ Hz bestimmt. (Δf: Breite des Frequenzfensters, in dem die Maximalamplitude der Schwingung auf $1/\sqrt{2}$ abgesunken ist.)

2. An der Erdoberfläche wird ein sprengseismischer Schallimpuls erzeugt. Dieser wird an einer Gesteinsgrenze reflektiert und in einer Entfernung $x = 200$ m nach der Zeit $t = 0,1$ s wieder empfangen. Wie tief liegt die Gesteinsgrenze, wenn die Ausbreitungsgeschwindigkeit des Schallimpulses $c = 2\,200$ m/s beträgt?

3. Mit dem Resonanzverfahren wird eine Gesteinsprobe der Länge $l = 0,15$ m und der Dichte $\varrho = 2,61 \cdot 10^3$ kg/m^3 zu erzwungenen Dehnungsschwingungen angeregt. Die Geschwindigkeit der Dehnungswellen beträgt dabei $c_{\text{D}} = 1,5 \cdot 10^3$ m/s. Die Resonanzfrequenz beträgt $f_{\text{R}} = 15$ Hz. Bestimmen Sie den Elastizitätsmodul E der Gesteinsprobe!

4. Eine Sandsteinprobe mit der Dicke $d = 0,25$ m und der Dichte $\varrho = 2,3 \cdot 10^3$ kg/m^3 wird mit Ultraschallwellen durchstrahlt. Für die gemessenen akustischen Laufzeiten ergeben sich: Longitudinalwellen $t_{\text{L}} = 19,23$ µs, Transversalwellen $t_{\text{T}} = 357,1$ µs. Es sind die Schallgeschwindigkeiten der Longitudinalwellen, der Transversalwellen sowie die Poissonzahl μ zu berechnen.

5. Ein Träger aus Chromnickelstahl der Dichte $\varrho = 8\,000$ kg/m^3 mit einer Länge $l = 4$ m und einem Querschnitt von $0,01$ m^2 wird mit einer Masse von $1\,000$ kg in Achsrichtung belastet. Mittels eines Ultraschallsignales, das den Träger innerhalb von $t = 0,60$ ms axial durchquert, soll die Längenänderung des Trägers Δl ermittelt werden. Wie groß ist die entsprechende Deformation?

6. Schüttet man in ein Glas Wasser unter Umrühren kristallinen Zucker, so wird beim Anschlagen des Rührlöffels an das Glas der entstehende Ton zunehmend mit tieferer Frequenz wahrgenommen. Nach Auflösen des Zuckers wird nach Anschlagen des Löffels am Glas der Ton wieder mit hohen Frequenzen gehört. Erklären Sie den Effekt!

4 Thermodynamik

Größen und Einheiten Thermodynamik

Formel-zeichen	Größe	Einheit	Beziehung zu den Basiseinheiten
a	Temperatur-leitfähigkeit	m^2/s	
c	spezifische Wärmekapazität	$J/(kg \cdot K)$	$1\ J/(kg \cdot K) = 1\ m^2/(s^2 \cdot K)$
c_p	spezifische Wärme-kapazität bei konstantem Druck	$J/(kg \cdot K)$	$1\ J/(kg \cdot K) = 1\ m^2/(s^2 \cdot K)$
c_V	spezifische Wärme-kapazität bei konstantem Volumen	$J/(kg \cdot K)$	$1\ J/(kg \cdot K) = 1\ m^2/(s^2 \cdot K)$
C	Wärmekapazität	J/K	$1\ J/K = 1\ kg \cdot m^2/(s^2 \cdot K)$
E	Energie	J	$1\ J = 1\ N \cdot m = 1\ kg \cdot m^2/s^2$
f	Feuchte, relativ	1	
h	spezifische Enthalpie	J/kg	$1\ J/kg = 1\ m^2/s^2$
h_W	spezifische Enthalpie (Wasser)	J/kg	$1\ J/kg = 1\ m^2/s^2$
h_D	spezifische Enthalpie (Dampf)	J/kg	$1\ J/kg = 1\ N \cdot m/kg$ $= 1\ m^2/s^2$
H	Enthalpie (Wärmeinhalt)	J	$1\ J = 1\ kg \cdot m^2/s^2$
k	Wärmedurchgangs-koeffizient	$W/(m^2 \cdot K)$	$1\ W/(m^2 \cdot K) = 1\ kg/(s^3 \cdot K)$
K	Abkühlungskonstante	s^{-1}	
M	molare Masse	kg/mol	
M_r	relative Molekülmasse	1	
n	Teilchendichte	m^{-3}	
N	Anzahl der Moleküle	1	

Formel-zeichen	Größe	Einheit	Beziehung zu den Basiseinheiten
p	Druck	Pa	$1\ \text{Pa} = 1\ \text{N/m}^2 = 1\ \text{kg/(m} \cdot \text{s}^2)$
q_s	spezifische Schmelzwärme	J/kg	$1\ \text{J/kg} = 1\ \text{m}^2/\text{s}^2$
q_th	Wärmestromdichte	W/m^2	$1\ \text{W/m}^2 = 1\ \text{kg/s}^3$
q_w	spezifischer Heizwert	J/kg	$1\ \text{J/kg} = 1\ \text{m}^2/\text{s}^2$
Q	Wärmemenge	J	$1\ \text{J} = 1\ \text{N} \cdot \text{m} = 1\ \text{kg} \cdot \text{m}^2/\text{s}^2$
r	spezifische Verdampfungswärme	J/kg	$1\ \text{J/kg} = 1\ \text{m}^2/\text{s}^2$
r_m	molare Verdampfungswärme	J/mol	$1\ \text{J/mol} = 1\ \text{kg} \cdot \text{m}^2/(\text{s}^2 \cdot \text{mol})$
R	Gaskonstante, allgemeine	$\text{J/(mol} \cdot \text{K)}$	$1\ \text{J/(mol} \cdot \text{K)} = 1\ \text{kg} \cdot \text{m}^2/(\text{s}^2 \cdot \text{mol} \cdot \text{K})$
R_s	Gaskonstante, spezifische	$\text{J/(kg} \cdot \text{K)}$	$1\ \text{J/(kg} \cdot \text{K)} = 1\ \text{m}^2/(\text{s}^2 \cdot \text{K})$
s	Entropie, spezifische	$\text{J/(kg} \cdot \text{K)}$	$1\ \text{J/(kg} \cdot \text{K)} = 1\ \text{m}^2/(\text{s}^2 \cdot \text{K})$
S	Entropie	J/K	$1\ \text{J/K} = 1\ \text{kg} \cdot \text{m}^2/(\text{s}^2 \cdot \text{K})$
t	Zeit	s	
T	Temperatur, absolut	K	
ΔT	Temperaturdifferenz	K	
U	innere Energie	J	$1\ \text{J} = 1\ \text{N} \cdot \text{m} = 1\ \text{kg} \cdot \text{m}^2/\text{s}^2$
v	spezifische Volumen	m^3/kg	
V	Volumen	m^3	
V_m	molares Volumen	m^3/mol	
V_n	Normvolumen	m^3	
w	Wasserwert	J/kg	$1\ \text{J/kg} = 1\ \text{m}^2/\text{s}^2$
W	Arbeit	J	$1\ \text{J} = 1\ \text{N} \cdot \text{m} = 1\ \text{kg} \cdot \text{m}^2/\text{s}^2$
α	Wärmeübergangs-koeffizient	$\text{W/(m}^2 \cdot \text{K)}$	$1\ \text{W/(m}^2 \cdot \text{K)} = 1\ \text{kg/(s}^3 \cdot \text{K)}$
α_l	Längenausdehnungs-koeffizient	K^{-1}	
α_V	Volumenaus-dehnungskoeffizient	K^{-1}	

Formel-zeichen	Größe	Einheit	Beziehung zu den Basiseinheiten
α'	Absorptionsgrad	1	
ε	Emissionsgrad	1	
η	Wirkungsgrad	1	
ϑ	Temperatur, Celsius	°C	
$\varkappa$	Adiabatenexponent	1	
λ	Wärmeleitfähigkeit	$\mathrm{W/(m \cdot K)}$	$1\ \mathrm{W/(m{\cdot}K)} = 1\ \mathrm{kg{\cdot}m/(s^3{\cdot}K)}$
ϱ	Dichte	$\mathrm{kg/m^3}$	
ϱ_n	Normdichte	$\mathrm{kg/m^3}$	
ϱ_W	Feuchte, absolut	$\mathrm{kg/m^3}$	
Φ	Wärmestrom	W	$1\ \mathrm{W} = 1\ \mathrm{J/s} = 1\ \mathrm{kg \cdot m^2/s^3}$

Normzustand: $\vartheta_\mathrm{n} = 0\ °\mathrm{C}$ Normtemperatur

$p_\mathrm{n} = 101{,}325\ \mathrm{kPa}$ Normdruck

molares Normvolumen des idealen Gases:

$$V_{\mathrm{m\,n}} = 22{,}414\,1\ \mathrm{m^3/kmol}$$

Nullpunkt der Celsius-Skala: $T_\mathrm{n} = 273{,}15\ \mathrm{K}$

4.1 Ausdehnung durch Erwärmung

4.1.1 Längenausdehnung

1. Wie lang muss ein Messingrohr ($\alpha_l = 18 \cdot 10^{-6}\mathrm{K}^{-1}$) bei 15 °C sein und welchen inneren Durchmesser muss es haben, damit es bei 60 °C eine Länge von 50 cm und eine lichte Weite von 20 mm hat?

2. Wie viel Spielraum erhalten bei −5 °C genau passende Kolbenringe von 3 mm Breite aus Stahl ($\alpha_{l1} = 13 \cdot 10^{-6}\ \mathrm{K}^{-1}$) in den Nuten des Kolbens ($\alpha_{l2} = 24 \cdot 10^{-6}\ \mathrm{K}^{-1}$) bei einer Betriebstemperatur von 250 °C?

3. (Bild 4.1.1) Das insgesamt 60 cm lange Kompensationspendel einer mechanischen Wanduhr besteht aus Eisenstäben ($\alpha_{l1} = 12 \cdot 10^{-6}\ \mathrm{K}^{-1}$), deren Ausdehnung durch zwei Zinkstäbe ($\alpha_{l2} = 36 \cdot 10^{-6}\ \mathrm{K}^{-1}$) genau ausgeglichen werden soll. Welche Länge müssen die Zinkstäbe haben?

4. (Bild 4.1.2) Zur Bestimmung des Längenausdehnungskoeffizienten eines Rohres wird Wasserdampf von 100 °C hindurchgeleitet, wobei das sich ausdehnende Rohr einseitig beweglich auf einer Rolle von $d = 1$ mm Durchmesser ruht. Der daran befestigte Zeiger dreht sich um den Winkel $\varphi = 20°$. Wie groß ist der Längenausdehnungskoeffizient, wenn die Anfangstemperatur 18 °C ist?

5. (Bild 4.1.3) Auf zwei im Abstand von 1 mm senkrecht stehenden, bei 15 °C je 20 cm langen Stäben aus Kupfer ($\alpha_{l1} = 14 \cdot 10^{-6}\ \mathrm{K}^{-1}$) bzw. Zink ($\alpha_{l2} = 36 \cdot 10^{-6}\ \mathrm{K}^{-1}$) ruht waagerecht ein Querstab. Um welchen Winkel δ neigt er sich, wenn die Stäbe auf 75 °C erwärmt werden?

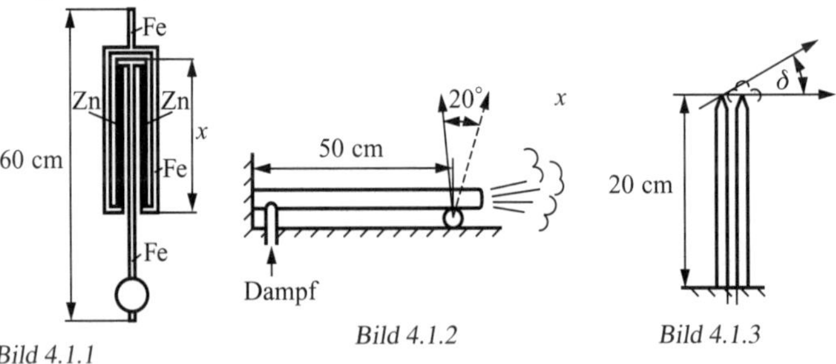

Bild 4.1.1 *Bild 4.1.2* *Bild 4.1.3*

6. Die Temperatur von Rauchgasen soll dadurch gemessen werden, dass die Dehnung eines Eisenrohres ($\alpha_{l1} = 11 \cdot 10^{-6}\ \mathrm{K}^{-1}$) gegenüber einem koaxial verlaufenden Invarstab ($\alpha_{l2} = 2 \cdot 10^{-6}\ \mathrm{K}^{-1}$) gleicher Länge mit einer Messuhr festgestellt wird. Wie lang muss das Rohr sein, wenn es sich gegenüber dem Invarstab bei einer Temperaturzunahme von 1 000 K um 10 mm verlängern soll und der Ausdehnungskoeffizient des Eisens je 100 K um $0{,}5 \cdot 10^{-6}\ \mathrm{K}^{-1}$ zunimmt?

7. (Bild 4.1.4) Ein 10 cm langer Bimetallstreifen aus je $a = 1$ mm dickem Zink- ($\alpha_{l1} = 0{,}000036\,\mathrm{K}^{-1}$) und Kupferblech ($\alpha_{l2} = 0{,}000014\,\mathrm{K}^{-1}$) wird um 50 K erwärmt. Um wie viel hebt sich der Streifen von dem in halber Höhe befindlichen Kontakt K ab?

8. Der auf Bild 4.1.5 angegebene Al-Konus ist bei 20 °C genau in Cu eingepasst. Er wird herausgenommen und bei 180 °C (beide Teile) erneut eingesetzt. Um wie viel ragt er jetzt oben heraus? ($\alpha_{\mathrm{Cu}} = 14 \cdot 10^{-6}\ \mathrm{K}^{-1}$, $\alpha_{\mathrm{Al}} = 23 \cdot 10^{-6}\ \mathrm{K}^{-1}$)

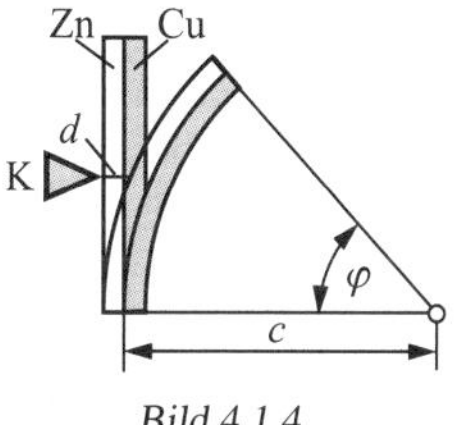

Bild 4.1.4

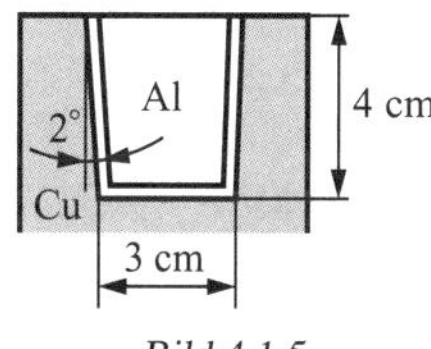

Bild 4.1.5

9. Die Stoßfuge zwischen den je $l = 25$ m langen Eisenbahnschienen verengt sich bei Erwärmung von 5 °C auf 20 °C um 30 % ihres Anfangswertes. Bei welcher Temperatur schließen sich die Schienen völlig zusammen ($\alpha_l = 14 \cdot 10^{-6}\ \mathrm{K}^{-1}$) und wie groß ist der anfängliche Abstand?

4.1.2 Räumliche Ausdehnung

10. Wie groß ist die Dichte von Gussstahl bei 20 °C, wenn diese bei 1 200 °C $7{,}3 \cdot 10^3\ \mathrm{kg/m^3}$ beträgt? ($\alpha_V = 11 \cdot 10^{-6}\ \mathrm{K}^{-1}$)

11. Ein rechteckiger Öltank von 5,2 m Länge und 4,1 m Breite ist bis 3,9 m Höhe mit Heizöl von der Dichte $0{,}88 \cdot 10^3\ \mathrm{kg/m^3}$ und 12 °C gefüllt. Um es dünnflüssig zu machen, wird es auf 70 °C erwärmt ($\alpha_V = 0{,}00096\ \mathrm{K}^{-1}$). Um wie viel steigt der Ölspiegel und wie ändert sich die Dichte des Öls? (Die Ausdehnung des Behälters selbst werde nicht mit berücksichtigt.)

12. Das Stahlgehäuse eines Transformators vom Leervolumen 300 ℓ (bei 20 °C) ist mit Öl ($\alpha_V = 0{,}00096\,\mathrm{K}^{-1}$) gefüllt. Der darin befindliche Transformator besteht hauptsächlich aus 500 kg Eisen ($\varrho_1 = 7{,}75 \cdot 10^3\ \mathrm{kg/m^3}$, $\alpha_1 = 12 \cdot 10^{-6}\ \mathrm{K}^{-1}$) und 500 kg Kupfer ($\varrho_2 = 8{,}93 \cdot 10^3\ \mathrm{kg/m^3}$, $\alpha_2 = 14 \cdot 10^{-6}\,\mathrm{K}^{-1}$). Wie viel Öl fließt bei der Betriebstemperatur von 60 °C in das Ausgleichsgefäß über?

13. Welchen Querschnitt muss die Kapillare eines Thermometers haben, wenn $\Delta T = 10$ K eine Skalenlänge von $l = 10$ cm ergeben soll? Die Kuppe enthält $0{,}5\ \mathrm{cm^3}$ Quecksilber, der scheinbare Ausdehnungskoeffizient des Quecksilbers im Glas ist $0{,}00016\ \mathrm{K}^{-1}$.

14. Für die Abnahme der Dichte einer Flüssigkeit bei Erwärmung von 0 °C auf die Temperatur t (in °C) gilt näherungsweise $\varrho_t \approx \varrho_0(1 - \alpha_V t)$. Wie kommt die Formel zustande?

15. Welcher Querschnitt muss einer bei 18 °C angefertigten Messdüse von kreisförmigem Querschnitt aus Chromnickelstahl gegeben werden, damit sie bei einer Betriebstemperatur von 350 °C einen Querschnitt von 25 mm² hat? ($\alpha_l = 18{,}5 \cdot 10^{-6}\ \mathrm{K}^{-1}$)

16. Um wie viel Prozent vergrößern sich a) Durchmesser, b) Oberfläche und c) Rauminhalt eines Aluminiumgefäßes ($\alpha_l = 0{,}000023\ \mathrm{K}^{-1}$), wenn es von 10 °C auf 90 °C erwärmt wird?

17. In ein Pyknometer, das bei 20 °C 50 cm³ fasst, wird bei 10 °C eine Flüssigkeit gefüllt und im Wasserbad auf 100 °C erwärmt. Welchen Volumenausdehnungskoeffizienten hat die Flüssigkeit, wenn bei dem Versuch 2 cm³ überfließen? ($\alpha_{l\,\mathrm{Glas}} = 8 \cdot 10^{-6}\ \mathrm{K}^{-1}$)

4.1.3 Ausdehnung der Gase

18. Welche Zugstärke in Pa ergibt ein 50 m hoher Schornstein, wenn die Dichte der Abgase $1{,}33\ \mathrm{kg/m^3}$ im Normzustand und deren mittlere Temperatur 200 °C beträgt? Die Dichte der Außenluft wird mit $1{,}29\ \mathrm{kg/m^3}$ angenommen.

19. Die Dichte von Chlorgas beträgt bei 0 °C $\varrho = 3{,}22\ \mathrm{kg/m^3}$. Wie groß ist sie bei unverändertem Druck und a) +20 °C und b) −20 °C?

20. Der Überdruck in einer Stahlflasche nimmt durch Erwärmung von 6,2 MPa auf 7,5 MPa zu. Wie groß ist die Endtemperatur, wenn die Anfangstemperatur −14 °C beträgt?

21. Eine Kesselanlage verbraucht stündlich 300 kg Kohle, für deren Verbrennung je kg 12 m³ Luft zugeführt werden. Wie groß muss der Mündungsdurchmesser des Schornsteins sein, wenn die Rauchgase am Mündungskopf 250 °C heiß sind und mit der Geschwindigkeit $v = 4\ \mathrm{m/s}$ abziehen sollen?

22. Auf welchen Überdruck steigt der Druck in einer Gasflasche bei Erwärmung auf 50 °C, wenn sie bei 10 °C einen Überdruck von 15 MPa hat? (Luftdruck 0,1 MPa)

23. Eine mit Luft gefüllte Glaskugel wird bei 15 °C gewogen, bei offenem Hahn auf 80 °C erwärmt und der Hahn anschließend geschlossen. Eine zweite Wägung ergibt einen Massenverlust von 0,250 g. Wie groß ist das Volumen der Kugel, wenn die Ausdehnung des Gefäßes vernachlässigt wird? (Dichte der Luft bei 0 °C $\varrho_0 = 1{,}293\ \mathrm{kg/m^3}$)

24. Auf wie viel Pascal steigt der bei 15 °C 250 Pa betragende Fülldruck einer Glühlampe, wenn sich diese auf 120 °C erwärmt?

25. Wird die (in Celsiusgraden gemessene) Temperatur des in einem festen Behälter eingeschlossenen Gases um 50 % erhöht, so steigt der Druck um 10 %. Welche Anfangstemperatur hat das Gas?

26. Um wie viel Prozent nimmt das Volumen eines Gases zu, wenn die Celsius-Temperatur bei gleich bleibendem Druck von anfänglich 117,1 °C auf den doppelten Wert steigt?

4.1.4 Zustandsgleichung der Gase

27. Welchen Wert hat die spezifische Gaskonstante von Stadtgas, wenn 50 m^3 bei 15 °C und 102,7 kPa 41,5 kg wiegen?

28. Wie viel Kilogramm Luft enthält ein Wohnraum der Größe $4{,}5\ m \times 3{,}5\ m \times 5{,}2\ m$ bei 24 °C und 96,5 kPa? [$R_{sL} = 286{,}8\ J/(kg \cdot K)$]

29. Wie viel Gramm Argon enthält eine 300 cm^3 große Glühlampe, deren Innendruck bei 15 °C 250 Pa beträgt?

30. Hülle und Zubehör eines 160 m^3 fassenden Heißluftballons haben die Masse 45 kg. Auf welche Temperatur muss die Innenluft bei 10 °C Außentemperatur und 97 kPa mindestens erhitzt werden, damit er sich vom Boden erheben kann?

31. Wie groß ist das Normvolumen V_n von 2,30 m^3 Luft in trockenem Zustand, deren Temperatur 16 °C, deren Druck 99 kPa und deren relative Feuchtigkeit 65 % beträgt?

32. Wie viel Generatorgas werden einem $V = 4{,}8\ m^3$ fassenden Windkessel im Normzustand entnommen, wenn der absolute Druck bei Beginn der Entnahme $p_1 = 385$ kPa und am Ende $p_2 = 117$ kPa beträgt und die entsprechenden Temperaturen $\vartheta_1 = 24$ °C bzw. $\vartheta_2 = 22$ °C betragen?

33. Die durch eine weite Rohrleitung strömende Menge CO_2-Gas wird nach Bild 4.1.6 dadurch gemessen, dass mittels einer Heizwendel H eine elektrische Leistung von 3,5 W zugeführt wird. Wie viel Kubikmeter Gas strömen je Stunde dem Rohr zu, wenn vor dem Heizkörper 22 °C und dahinter 36 °C gemessen werden? [$c_p = 0{,}845\ kJ/(kg \cdot K)$, $p = 160$ kPa, Dichte im Normzustand $\varrho_n = 1{,}977\ kg/m^3$]

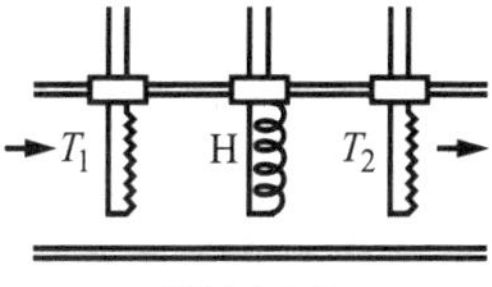

Bild 4.1.6

34. Beim Rösten von Erzen entsteht ein Gasgemisch von 650 °C, das aus 80 Raumteilen Stickstoff [$R_{s\,N_2} = 296{,}8$ J/(kg·K)] und 20 Raumteilen Schwefeldioxid [$R_{s\,SO_2} = 129{,}9$ J/(kg·K)] besteht. a) Welche mittlere spezifische Gaskonstante hat das Gas? b) Welche Dichte hat das Gas beim Druck 77 kPa?

35. 3 m^3 Luft von 150 °C werden mit 8 m^3 Luft von 5 °C vermischt. Welche Temperatur und welches Gesamtvolumen ergeben sich daraus, wenn der Druck von 0,1 MPa dabei konstant bleibt?

36. In einem elektrolytischen Gasentwickler bilden sich 500 cm^3 Knallgas von 32 °C und 98 kPa. Welches Volumen nimmt das Gas im Normzustand ein?

37. In Bodennähe enthält ein Freiballon bei 18 °C und 102 kPa 1 200 m^3 Gas, in größerer Höhe bei 48 kPa dagegen 2 250 m^3. Welche Temperatur hat das Füllgas dabei angenommen?

38. Ein Hochofengebläse ist so dimensioniert, dass es je Minute 400 m^3 Luft von 0 °C und 101,3 kPa ansaugt. Für welches je Minute anzusaugende Luftvolumen ist es zu verändern, wenn im Betrieb mit einer Lufttemperatur von 28 °C und einem Druck von 95 kPa gerechnet werden muss?

39. Ein Gaserzeuger liefert je Stunde 500 m^3 Generatorgas (Massenanteile 40 % CO und 60 % N_2) von 65 °C und 120 kPa. Wie viel Kilogramm Gas sind dies? [$R_{s\,CO} = 296{,}8$ J/(kg·K) und $R_{s\,N_2} = 296{,}8$ J/(kg·K)]

40. Aus einer unter 7 MPa Druck stehenden, 40 ℓ fassenden Flasche werden bei einem Luftdruck von 100 kPa 80 ℓ Gas entnommen. Auf welchen Betrag sinkt der Druck in der Flasche?

41. Wie viel Liter Gas strömen bei einem Luftdruck von 100 kPa aus einer 20 ℓ fassenden Flasche, wenn der Druck dadurch von 100 MPa auf 9,5 MPa sinkt?

42. Das in einem Behälter von 50 ℓ Inhalt eingeschlossene Gas wird von 100 °C auf 10 °C abgekühlt. Auf welches Volumen muss es komprimiert werden, damit der Druck konstant bleibt?

4.2 Wärmeenergie

4.2.1 Wärmemenge

In den folgenden Aufgaben wird die spezifische Wärmekapazität des Wassers $c_W = 4{,}182$ kJ/(kg·K) zugrunde gelegt.

1. Welche Anfangstemperatur hat eine glühende Kupferkugel der Masse $m = 63$ g [$c_{Cu} = 0{,}385$ kJ/(kg·K)], die in 300 g Wasser von 18 °C geworfen dieses auf 37 °C erwärmt?

2. 200 g Wasser werden in ein Kalorimetergefäß aus Kupfer von der Masse $m = 151$ g gegeben, wonach eine Temperatur von $18,6$ °C gemessen wird. Nach Einbringen von 85 g Kupfer, das zuvor auf $98,5$ °C erwärmt wurde, steigt die Temperatur auf $21,4$ °C. Welche spezifische Wärmekapazität des Kupfers ergibt sich?

3. In einer Badewanne befinden sich 200 ℓ Wasser von 65 °C. Wie viel kaltes Wasser von 14 °C muss zugegossen werden, damit eine Mischtemperatur von 45 °C entsteht?

4. Zu $m_1 = 200$ g verdünntem Alkohol von $\vartheta_1 = 60$ °C werden $m_2 = 100$ g Wasser von $\vartheta_2 = 18$ °C gegossen, wodurch eine Mischtemperatur von $\vartheta_m = 42,5$ °C entsteht. Welchen Massenanteil Wasser enthielt der Alkohol? $[c_1 = 2,39 \text{ kJ}/(\text{kg} \cdot \text{K})]$

5. Einem Dieselmotor werden je Stunde 3 100 ℓ Kühlwasser zugeführt, das sich dabei um 8 K erwärmt. Wie viel Prozent der umgesetzten Wärme führt das Wasser ab, wenn die Maschine je Stunde 11 ℓ Kraftstoff vom Heizwert $29,3$ MJ/ℓ verbraucht?

6. Wie lang ist ein Stahldraht von 4 mm^2 Querschnitt $[c = 0,50 \text{ kJ}/(\text{kg} \cdot \text{K})$, $\alpha_l = 11 \cdot 10^{-6} \text{ K}^{-1}$, $\varrho = 7,6 \cdot 10^3 \text{ kg/m}^3]$, der sich bei Aufnahme der Wärmemenge $Q = 1,25$ kJ um $0,1$ % verlängert?

7. Wie viel Eis aus Wasser von 6 °C können mit 8 kg Trockeneis (festes CO_2) hergestellt werden, das bei Erwärmung von -80 °C auf 0 °C unter Sublimation 600 kJ je kg aufnimmt? (Erstarrungswärme des Wassers $333,7$ kJ/kg)

8. In $m_2 = 80$ kg Öl $[c_2 = 1,67 \text{ kJ}/(\text{kg} \cdot \text{K})]$ von $\vartheta_2 = 25$ °C sollen auf $\vartheta_1 = 950$ °C erhitzte Stücke aus Werkzeugstahl $[c_1 = 0,50 \text{ kJ}/(\text{kg} \cdot \text{K})]$ abgeschreckt werden, wobei die Endtemperatur $\vartheta_m = 350$ °C nicht überschritten werden darf. Wie viel Stahl darf höchstens eingebracht werden, wenn mit 10 % Wärmeverlusten gerechnet wird?

9. Wie viel Wasser verdampft, wenn in $m_2 = 3$ kg Wasser von $\vartheta_2 = 20$ °C $m_1 = 6$ kg glühender Stahl $[c_1 = 0,50 \text{ kJ}/(\text{kg} \cdot \text{K})]$ von $\vartheta_1 = 1\,200$ °C gebracht wird? (Spezifische Verdampfungswärme des Wassers $r = 2\,257$ kJ/kg)

10. Zwei Gussteile aus Aluminium $[c_1 = 0,896 \text{ kJ}/(\text{kg} \cdot \text{K})]$ und Kupfer $[c_2 = 0,385 \text{ kJ}/(\text{kg} \cdot \text{K})]$ von je $\vartheta_1 = 450$ °C und zusammen $m = 0,65$ kg werden in $m_3 = 2,5$ kg Wasser von $\vartheta_3 = 12$ °C geworfen, das sich dabei auf $\vartheta_m = 27$ °C erwärmt. Welche Masse haben die beiden Teile einzeln?

11. Wie viel Eis bildet sich, wenn 2 ℓ auf -8 °C unterkühltes Wasser durch Erschütterung plötzlich gefrieren?

12. Wie viel Eis von $\vartheta_0 = 0$ °C lässt sich mit $m_1 = 30$ kg flüssigem Blei von $\vartheta_1 = 450$ °C schmelzen, wenn das Schmelzwasser $\vartheta_2 = 20$ °C warm werden soll? [Spezifische Schmelzwärme des Bleis $q_{s1} = 26{,}5$ kJ/kg, spezifische Wärmekapazität des Bleis konstant $c_1 = 0{,}13$ kJ/(kg · K)]

13. Welchen Wasserwert w hat der eintauchende Teil eines Thermometers, das anfangs $\vartheta_1 = 15$ °C anzeigt und nach dem Eintauchen in $m_2 = 10$ g Alkohol [$c_2 = 2{,}39$ kJ/(kg · K)] von $\vartheta_2 = 30$ °C die Temperatur $\vartheta_m = 28{,}2$ °C annimmt?

14. Wie groß ist die spezifische Wärmekapazität von flüssigem Grauguss, von dem 1 kg bei 1 170 °C den Wärmeinhalt $H_1 = 1059$ kJ und bei 1 400 °C den Wärmeinhalt $H_2 = 1181$ kJ aufweist?

15. Wie groß ist die spezifische Schmelzwärme q_s von Grauguss, dessen mittlere spezifische Wärmekapazität 0,720 kJ/(kg · K) und dessen Wärmeinhalt im flüssigen Zustand bei 1250 °C je kg 1143 kJ beträgt?

16. Der Wärmeinhalt von 50 kg Grauguss ist bei Gießtemperatur ($\vartheta_2 = 1\,450$ °C) 60,71 MJ. Wie groß ist die mittlere spezifische Wärmekapazität c_0 im festen Zustand, wenn die spezifische Schmelzwärme $q_s = 234$ kJ/kg und die spezifische Wärmekapazität vom Schmelzpunkt ($\vartheta_1 = 1\,150$ °C) bis zur Gießtemperatur $c_1 = 0{,}565$ kJ/(kg · K) beträgt? (Anfangstemperatur $\vartheta_0 = 0$ °C)

4.2.2 Erster Hauptsatz

17. Die Ladung einer Patrone (3,2 g Pulver) hat einen Energieinhalt von 11,7 kJ und entwickelt beim Abfeuern die Energie 4 kN · m. Wie viel Prozent der Energie werden ausgenutzt?

18. Um welchen Betrag müsste die Wassertemperatur zunehmen, wenn sich die gesamte Energie eines 15 m hohen Wasserfalls in Wärme umwandeln würde?

19. Wie groß ist der Wirkungsgrad eines Mofas, das je Stunde 2 kg Benzin (Heizwert 42 MJ/kg) verbraucht und dabei eine Leistung von $P = 5$ kW entwickelt?

20. Welche Wärmemenge entsteht in den Bremsen eines Güterzuges von 1 200 t Masse, der aus der Geschwindigkeit 50 km/h zum Halten gebracht wird?

21. Bei der isobaren Erwärmung von 5 kg CO_2-Gas verrichtet dieses die Ausdehnungsarbeit 50 kN · m. Welche Temperatur wird dabei erreicht, wenn diese anfangs 10 °C beträgt? [$R_s = 188{,}9$ J/(kg · K)]

22. In einer Stahlflasche befinden sich 20 ℓ Wasserstoffgas. Welche Wärmemenge nimmt das Gas auf, wenn der Druck von 5 MPa auf 6 MPa ansteigt? [$c_V = 10{,}11$ kJ/(kg · K), $R_s = 4\,124$ J/(kg · K)]

23. Das Volumen des in einem Gasometer unter dem konstant bleibenden Druck $0,1$ MPa stehenden Gases von der anfänglichen Dichte $1,94\ \mathrm{kg/m^3}$ nimmt um 11 % zu, wenn es sich um 20 K erwärmt. Welchen Wert hat die spezifische Gaskonstante?

24. Wie viel Braunkohle vom Heizwert $2,5\ \mathrm{MJ/kg}$ würde theoretisch ausreichen, um die Luft ($\varrho = 1,25\ \mathrm{kg/m^3}$ bei 60 °C) eines 90 m^3 großen Wohnraumes von 6 °C auf 24 °C zu erwärmen? [$c_p = 1,009\ \mathrm{kJ/(kg \cdot K)}$]

25. $0,5$ kg Kohlendioxid von der Temperatur $\vartheta_1 = 18$ °C steht unter dem anfänglichen Druck 200 kPa und wird unter Aufwand der Arbeit 35 kN · m auf 1/4 des Volumens komprimiert. Welche Endtemperatur und welcher Enddruck entstehen, wenn durch Kühlung 19 kJ abgeführt werden? [$c_V = 632\ \mathrm{J/(kg \cdot K)}$]

26. Der Belastungswiderstand einer dynamoelektrischen Bremse nimmt die Leistung 300 kW auf und wird durch Luft gekühlt, die sich von 20 °C auf 120 °C erhitzen darf. Welches Volumen an Kühlluft ist je Stunde erforderlich? [$p = 101,3$ kPa, $c_p = 1\,005\ \mathrm{J/(kg \cdot K)}$, $R_s = 286,8\ \mathrm{J/(kg \cdot K)}$]

27. 4 m^3 Luft vom Normzustand (0 °C, $101,3$ kPa) werden unter Aufwand von 350 kN · m komprimiert, wobei die Endtemperatur 82 °C erreicht wird. Welche Wärmemenge führt das Kühlwasser dabei ab?

28. Ein Gasgemisch hat die spezifischen Wärmekapazitäten $c_p = 3,220$ bzw. $c_V = 2,290\ \mathrm{kJ/(kg \cdot K)}$. Welche Ausdehnungsarbeit leistet 1 kg des Gases, wenn es bei konstantem Druck um 1 K erwärmt wird?

29. Ein Zylinder von 10 cm Durchmesser ist durch einen reibungslos beweglichen Kolben mit der Masse 60 kg verschlossen und enthält $V_1 = 2\ \ell$ Luft von 22 °C bei einem äußeren Luftdruck von $p_2 = 0,1$ MPa. Auf wie viel Grad Celsius ist die Luft zu erhitzen, wenn sich der Kolben um $h = 0,15$ m heben soll, und welche Wärmemenge Q ist zuzuführen?

4.2.3 Zustandsänderung von Gasen

30. Welche Arbeit ist aufzuwenden, um 12 m^3 Druckluft von $1,2$ MPa herzustellen, wenn der Anfangsdruck $0,11$ MPa beträgt und die Temperatur konstant bleibt?

31. Welcher Enddruck p_2 wird erreicht, wenn 500 m^3 Luft vom Anfangsdruck $p_1 = 0,11$ MPa unter Aufwand von 20 kWh isotherm verdichtet werden?

32. Aus einem Zylinder entweichen $1,5$ m^3 Druckluft von $0,8$ MPa unter Entspannung auf $0,105$ MPa. Welche Ausdehnungsarbeit verrichtet die Luft, wenn der Vorgang isotherm verläuft, und welche Wärmemenge muss die Luft dabei aufnehmen?

33. Ein Luftkompressor nimmt eine Leistung von 15 kW auf und verdichtet isotherm stündlich 200 m^3 Luft vom Anfangsdruck 0,112 MPa. Welcher Enddruck wird bei einem Wirkungsgrad von $\eta = 85$ % erreicht?

34. Welche Arbeit (kWh) kann mit 800 ℓ auf 2,5 MPa Überdruck komprimierter Luft bei 20 °C auf isothermem Weg bestenfalls gewonnen werden, wenn der Außendruck 0,1 MPa beträgt?

35. Welches Luftvolumen von 0,6 MPa Überdruck kann ein Kompressor bei isothermer Verdichtung stündlich höchstens liefern, wenn er eine Antriebsleistung von 15 kW aufnimmt? (Außendruck 0,1 MPa)

36. 1 kg Luft von 0,1 MPa soll in zwei aufeinander folgenden Stufen isotherm auf 2 MPa verdichtet werden. Welcher Druck muss in der ersten Stufe erreicht werden, damit in beiden Stufen die gleiche Arbeit verrichtet wird?

37. (Bild 4.2.1) Zwei oben offene zylindrische Gefäße von gleichem Querschnitt $A = 200$ cm^2 stehen miteinander in Verbindung und sind z. T. mit Wasser gefüllt. Im linken Gefäß befindet sich $h = 60$ cm über dem Spiegel ein dicht schließender Kolben, der so weit hineingedrückt werden soll, dass das Wasser rechts um 25 cm steigt. Welche Wärmemenge ist dabei abzuführen und welche Arbeit ist aufzuwenden, wenn der Vorgang isotherm verläuft? Die Anwesenheit von Wasserdampf werde nicht beachtet. (Äußerer Luftdruck $p = 0,1$ MPa)

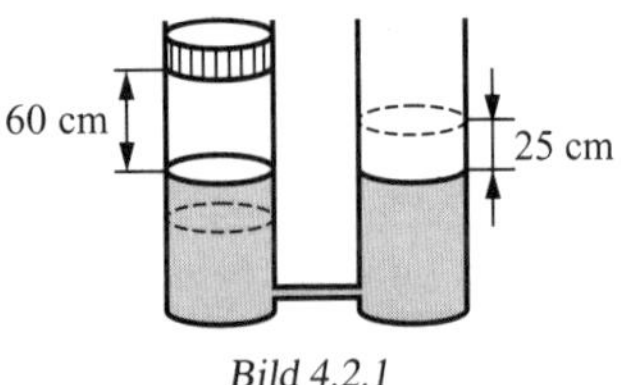

Bild 4.2.1

38. Ein dicht schließender Raum ist durch eine Trennwand halbiert und enthält Luft von einerseits 0 °C und andererseits 100 °C. Welche Mischtemperatur und welcher gemeinsame Druck stellen sich ein, wenn die Wand geöffnet wird und der Anfangsdruck p in beiden Hälften gleich groß ist?

39. Welche Arbeit verrichten 2,5 m^3 Luft von 32 °C und 0,45 MPa, wenn sie sich adiabatisch so weit ausdehnt, dass ihre Temperatur auf 15 °C sinkt? [$c_V = 0,718$ kJ/(kg · K), $R_s = 286,8$ J/(kg · K)]

40. Welche Werte erreichen in Aufgabe 39 Endvolumen und Enddruck? ($\varkappa = 1,4$)

41. Welches Verdichtungsverhältnis ist notwendig, um durch adiabatische Verdichtung die Lufttemperatur von 75 °C auf 650 °C zu steigern? ($\varkappa = 1,4$)

42. Der Kolben eines Verdichters ist im oberen Totpunkt 80 cm vom Zylinderboden entfernt und komprimiert die mit 0,1 MPa angesaugte Luft auf 0,6 MPa, und zwar a) isotherm und b) adiabatisch. Welchen Weg muss der Kolben in beiden Fällen zurücklegen? ($\varkappa = 1{,}4$)

43. Auf welche Temperatur kühlt sich das in einer halb leeren Bierflasche enthaltene Kohlendioxid (18 °C, 50 kPa Überdruck) ab, wenn der Verschluss plötzlich aufspringt und der äußere Luftdruck 100 kPa beträgt? ($\varkappa = 1{,}3$)

44. Im Zylinder eines Dieselmotors wird die angesaugte Luft (60 °C, 0,1 MPa) auf den 15. Teil des Volumens zusammengedrückt. Wie hoch sind Endtemperatur und Enddruck, wenn die Kompression adiabatisch verläuft? ($\varkappa = 1{,}4$)

45. Luft von 0 °C wird in zwei aufeinander folgenden Stufen adiabatisch verdichtet, wobei sich der Druck jedesmal verdoppelt. Welche Zwischen- und Endtemperatur wird dabei erreicht?

46. Der in einem Zylinder von 400 cm² Querschnitt bewegliche Kolben wird um 20 cm nach innen geschoben, wodurch sich der Druck der eingeschlossenen Luft adiabatisch verdoppelt. Wie groß ist das Anfangsvolumen im Zylinder? ($\varkappa = 1{,}4$)

47. Die Celsius-Temperatur einer Luftmenge sinkt auf den halben Wert, wenn diese sich adiabatisch auf den doppelten Wert des Anfangsvolumens ausdehnt. Wie hoch ist die Anfangstemperatur? ($\varkappa = 1{,}4$)

48. 3 kg Luft ($\vartheta_1 = 20$ °C und $p_1 = 80$ kPa) wird bei konstantem Volumen erwärmt. Anschließend dehnt sich die Luft adiabatisch aus, wobei sie sich wieder auf die Anfangstemperatur $\vartheta_1 = 20$ °C ($p_3 = 36{,}6$ kPa) abkühlt. a) Wie hoch sind Zwischentemperatur ϑ_2 und -druck p_2? b) Welche Wärmemenge Q ist zuzuführen?

49. (Bild 4.2.2) Durch adiabatische Entspannung von Druckluft (Anfangsüberdruck 50 MPa, Anfangstemperatur 20 °C) wird ein Geschoss ($m = 15$ g) aus einem vorn offenen Rohr herausgeschleudert. Mit welcher Geschwindigkeit verlässt es den Lauf?

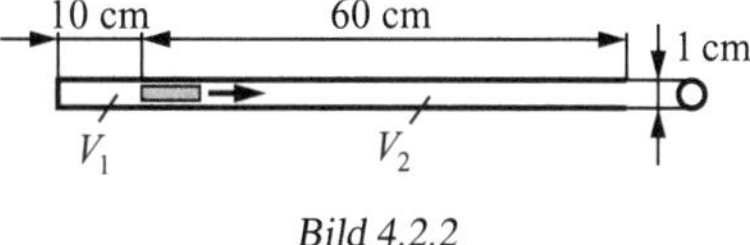

Bild 4.2.2

50. Ein Behälter mit Luft von 10 °C und 0,2 MPa Überdruck wird kurzzeitig geöffnet, wobei Druckausgleich mit der Umgebung (0,1 MPa) erfolgt. Welcher Druck stellt sich ein, wenn sich der Behälter anschließend wieder auf 10 °C erwärmt?

4.3 Dämpfe

4.3.1 Wasserdampf

1. 3 m^3 Wasserdampf von 150 °C werden in $V_1 = 2$ m^3 Wasser von $\vartheta_1 = 5$ °C eingeleitet. Welche Mischtemperatur ϑ_m stellt sich ein? (Dampfdichte $\varrho = 2,547$ kg/m^3, spezifischer Wärmeinhalt des Dampfes $h_D = 2\,747$ kJ/kg)

2. Ein Dampferzeuger nimmt in einer Stunde $35 \cdot 10^6$ kJ auf und liefert bei einer Speisewassertemperatur von $\vartheta_W = 86$ °C stündlich 10,25 t überhitzten Dampf. Welcher Wirkungsgrad wird erreicht, wenn der spezifische Wärmeinhalt des Dampfes $h_D = 3\,188$ kJ/kg beträgt?

3. In einem Zylinder vom Anfangsvolumen $V = 18$ ℓ befindet sich gesättigter Dampf von 120 °C ($\varrho = 1,121$ kg/m^3, $r = 2\,203$ kJ/kg). Wie viel Kondenswasser V_W bildet sich und welche Wärmemenge Q ist abzuführen, wenn der Kolben bei konstant gehaltener Temperatur um 2/3 der Zylinderlänge hineingeschoben wird?

4. $m_1 = 4$ t Wasser von 17 °C Anfangstemperatur strömen durch eine Rohrschlange und werden im Gegenstrom durch 110 °C heißen Dampf ($h_D = 2\,691$ kJ/kg) auf 85 °C erhitzt, wobei das Dampfkondensat ($h_W = 188,6$ kJ/kg) mit 45 °C abfließt. Welche Dampfmenge m_2 ist erforderlich?

5. Welche Kühlwassermenge m_2 von $\vartheta_2 = 12$ °C wird im Mischkondensator einer Dampfmaschine für $m_1 = 1$ kg Dampf von 130 °C ($h_D = 2\,721$ kJ/kg) benötigt, wenn das Kühlwasser mit der Temperatur $\vartheta_1 = 30$ °C austreten soll?

6. Ein Kessel nimmt stündlich $1,26 \cdot 10^6$ kJ auf und erzeugt Dampf von 160 °C ($r = 2\,083$ kJ/kg, $\varrho = 3,26$ kg/m^3). Wie viel Kilogramm Dampf entstehen je Stunde und mit welcher Geschwindigkeit strömt dieser durch das Ableitungsrohr von 12 cm Durchmesser?

7. Der Wirkungsgrad η einer Dampfmaschine beträgt 13,5 %. Welche Leistung hat sie bei einem stündlichen Verbrauch von 650 kg Dampf von 180 °C ($h_D = 2778$ kJ/kg) und einer Speisewassertemperatur von 60 °C ($h_W = 251,1$ kJ/kg)?

8. Wie viel Steinkohle (spezifischer Heizwert $q_W = 28\,500$ kJ/kg) werden zur stündlichen Erzeugung von 450 kg Dampf von 170 °C ($h_D = 2\,769$ kJ/kg) verbraucht, wenn der Wirkungsgrad der Kesselanlage 75 % und die Speisewassertemperatur 45 °C ($h_W = 189$ kJ/kg) beträgt?

9. Durch plötzliches Öffnen des Ventils sinkt die Temperatur in einem Dampfkessel von 150 °C ($\varrho_1 = 2,547$ kg/m^3) auf 140 °C ($\varrho_2 = 1,966$ kg/m^3).

a) Wie viel Kilogramm Dampf strömt aus, wenn das Dampfvolumen im Kessel $0,5\ \mathrm{m}^3$ beträgt? b) Wie viel Wärme wird dadurch im Kessel frei, wenn dieser außer dem Dampf noch $2\ \mathrm{m}^3$ Wasser enthält? c) Wie viel Kilogramm Dampf ($r = 2\,145\ \mathrm{kJ/kg}$) bilden sich während der sofort einsetzenden Nachverdampfung, wenn der Druck bei $0,4\ \mathrm{MPa}$ konstant gehalten wird?

10. Ein Kessel ist größtenteils mit $m_1 = 120\ \mathrm{t}$ Wasser gefüllt, das als Wärmespeicher dient. Welche Dampfmenge m_2 kann entnommen werden, wenn der Kessel mit gesättigtem Dampf von 180 °C ($h_{\mathrm{W1}} = 763,2\ \mathrm{kJ/kg}$, $h_{\mathrm{D1}} = 2778\ \mathrm{kJ/kg}$) gefüllt und bei 140 °C ($h_{\mathrm{W2}} = 589,2\ \mathrm{kJ/kg}$) entleert wird?

11. Berechnen Sie näherungsweise die spezifische Verdampfungswärme des Wassers bei 20 °C, wenn diese bei 0 °C $r_0 = 2\,500,6\ \mathrm{kJ/kg}$ und bei 100 °C $r_{100} = 2\,256,7\ \mathrm{kJ/kg}$ beträgt.

12. Ein Kessel enthält bei anfangs 20 °C und 96 kPa Wasser und trockene Luft. Welcher Überdruck stellt sich ein, wenn der Kessel verschlossen und dann auf 100 °C erhitzt wird?

4.3.2 Luftfeuchte

13. Ein Hygrometer zeigt bei 17 °C eine relative Feuchte von $f = 55\ \%$ an. Wie groß ist die absolute Feuchte ϱ_{W}?

14. Welche absolute und relative Feuchte ergibt sich für Luft von 19 °C, deren Taupunkt bei 16 °C liegt?

15. 75 ℓ Luft werden bei 22 °C durch Calciumchlorid gesaugt, wobei dieses unter völliger Trocknung der Luft eine Massenzunahme von $0,82\ \mathrm{g}$ erfährt. Wie groß sind absolute und relative Feuchte der Luft vor dem Trocknen?

16. Wie viel Wasser wird aus der Luft eines $250\ \mathrm{m}^3$ großen Raumes abgeschieden, wenn die Temperatur von 19 °C auf 4 °C sinkt und die relative Feuchte $f = 75\ \%$ betrug?

17. Wie viel Wasser muss verdampft werden um die relative Luftfeuchte eines $180\ \mathrm{m}^3$ großen Raumes, in dem die Temperatur 24 °C herrscht, von 25 % auf 70 % zu erhöhen?

18. a) Welche Masse hat $1\ \mathrm{m}^3$ Luft von 20 °C, 96 kPa und 60 % relativer Feuchte? b) Welche Masse hat demgegenüber $1\ \mathrm{m}^3$ trockene Luft von 20 °C und 96 kPa?

19. In einen geschlossenen, 60 ℓ großen und mit trockener Luft von 12 °C gefüllten Behälter werden $0,4\ \mathrm{g}$ Wasser gebracht. a) Wie groß wird die relative Feuchte? b) Auf welche Temperatur muss der Behälter abgekühlt werden, damit Taubildung eintritt?

20. Durch Abkühlung feuchter Luft von 22 °C auf −5 °C vermindert sich deren Druck bei gleich bleibendem Volumen infolge der Kondensation von Wasserdampf von 109,1 kPa auf 98,1 kPa. Wie groß ist die relative Feuchte der Luft?

4.4 Kinetische Gastheorie

1. Wie viel Moleküle enthält 1 cm^3 des idealen Gases bei der Temperatur 15 °C und dem Druck 10^{-6} Pa?

2. Welche Temperatur hat ein Gas, das beim Druck 10^{-8} Pa je cm^3 10^6 Moleküle enthält?

3. Welche mittlere Geschwindigkeit haben die Moleküle eines Gases, das bei dem Druck 100 Pa die Dichte $1{,}75 \cdot 10^{-4}$ kg/m^3 hat?

4. Welche innere Energie (kinetische Energie der Moleküle) enthalten 5 cm^3 des idealen Gases bei einem Druck von 0,1 MPa?

5. $6{,}474 \cdot 10^{20}$ Moleküle eines Gases sind im Volumen 20 cm^3 eingeschlossen und haben die kinetische Energie 5 J. Wie groß sind Druck und Temperatur des Gases?

6. Nach Erwärmung eines geschlossenen Gasbehälters von 20 °C auf 200 °C steigt der Druck von 0,1 auf 0,12 MPa. Wie viel Prozent der anfangs vorhandenen Moleküle entweichen dabei durch ein vorhandenes Leck?

7. Die Mittelwerte der kinetischen Energie und des Impulses I eines einzelnen Moleküls betragen $E = 6{,}5 \cdot 10^{-21}$ J bzw. $I = 4{,}253 \cdot 10^{-23}$ $kg \cdot m/s$. Um welches Gas handelt es sich?

8. In einem kugelförmigen Gefäß von $d = 15$ cm Durchmesser befindet sich Wasserstoff von 25 °C. Bei welchem Fülldruck ist die mittlere freie Weglänge gleich der des Gefäßdurchmessers? (Moleküldurchmesser $d_m = 0{,}25$ nm)

9. Welche mittlere Energie (in eV) haben die Teilchen im Plasma des Sonnenzentrums und unter welchem Druck steht dieses, wenn die Temperatur auf $2 \cdot 10^7$ K und die Teilchendichte auf $5 \cdot 10^{23}$ cm^{-3} geschätzt werden?

10. Bei welchem Gasdruck betragen die kinetische Energie eines Sauerstoffmoleküls (Durchmesser 0,3 nm) $8 \cdot 10^{-21}$ J und seine mittlere freie Weglänge 5 mm?

11. Wie groß ist die mittlere freie Weglänge der Moleküle von Wasserstoff, dessen Dichte $1{,}5 \cdot 10^{-8}$ kg/m^3 beträgt? (Moleküldurchmesser $d_m = 0{,}25$ nm)

12. Auf wie viel Grad Celsius muss die Temperatur eines Gases erhöht werden, damit sich die bei 20 °C vorhandene Molekülgeschwindigkeit verdoppelt?

13. Wie viel Zusammenstöße erleidet ein Chlormolekül (Wirkungsradius $r = 0,38$ nm) im zeitlichen Mittel je Sekunde, wenn das Gas bei 100 °C den Druck 0,3 MPa hat?

4.5 Ausbreitung der Wärme

4.5.1 Wärmeleitung, Wärmedurchgang, Wärmeübertragung

1. (Bild 4.5.1) Ein Prüfgerät zur Bestimmung der Wärmeleitfähigkeit λ enthält eine $0,5\ \text{m} \times 0,5\ \text{m}$ große und 0,06 m dicke Platte, die von oben auf 85 °C aufgeheizt wird. Die untere Fläche wird durch strömendes Wasser ($5\ \ell/\text{min}$) der Temperatur 18 °C gekühlt, das sich auf 20 °C erwärmt. Berechnen Sie die Wärmeleitfähigkeit der Platte.

Bild 4.5.1

2. Welche Wärmemenge geht täglich durch eine 24 m^2 große, beiderseits verputzte Ziegelwand von 0,43 m Dicke, wenn die Wandtemperaturen innen 20 °C bzw. außen −5 °C betragen? [$\lambda = 2,5\ \text{kJ}/(\text{m} \cdot \text{h} \cdot \text{K})$]

3. Eine frei aufgehängte Metallkugel von 10 cm Durchmesser empfängt durch Sonnenstrahlung je Stunde 8 kJ. Welche Temperatur erreicht sie, wenn die Außentemperatur $\vartheta = 15$ °C und der Wärmeübergangskoeffizient $\alpha = 18\ \text{kJ}/(\text{m}^2 \cdot \text{h} \cdot \text{K})$ beträgt?

4. Ein Hörsaal hat einfache Fenster von insgesamt 8 m^2 Fensterfläche und 4 mm Glasdicke. Welche Wärme geht im Verlauf von 8 Stunden verloren, wenn die Temperaturen innen 18 °C bzw. außen −5 °C betragen? Die Wärmeübergangskoeffizienten betragen 20 bzw. $50\ \text{kJ}/(\text{m}^2 \cdot \text{h} \cdot \text{K})$, die Wärmeleitfähigkeit des Glases $3\ \text{kJ}/(\text{m} \cdot \text{h} \cdot \text{K})$.

5. a) Welchen Wert hat der Wärmedurchgangskoeffizient k für eine 25 cm dicke Ziegelwand, wenn die Wärmeübergangskoeffizienten innen $\alpha_1 = 20\ \text{kJ}/(\text{m}^2 \cdot \text{h} \cdot \text{K})$ bzw. außen $\alpha_2 = 60\ \text{kJ}/(\text{m}^2 \cdot \text{h} \cdot \text{K})$ und die Wärmeleitfähigkeit $\lambda = 2\ \text{kJ}/(\text{m} \cdot \text{h} \cdot \text{K})$ sind? b) Welche Wandtemperaturen stellen sich ein, wenn die Zimmertemperatur $\vartheta_1 = 19$ °C und die Außentemperatur $\vartheta_2 = 4$ °C betragen?

6. Bei welcher Außentemperatur ϑ_2 beschlägt ein 3 mm dickes einfaches Fenster, wenn die Zimmertemperatur $\vartheta_1 = 18\ °\mathrm{C}$ und die relative Luftfeuchte 70 % beträgt? Es werden die Wärmeübergangskoeffizienten innen $\alpha_1 = 20\ \mathrm{kJ/(m^2 \cdot h \cdot K)}$, außen $\alpha_2 = 50\ \mathrm{kJ/(m^2 \cdot h \cdot K)}$ und die Wärmeleitfähigkeit $\lambda = 3\ \mathrm{kJ/(m \cdot h \cdot K)}$ angenommen.

7. Wie dick muss eine Holzwand $[\lambda_1 = 1{,}05\ \mathrm{kJ/(m \cdot h \cdot K)}]$ sein, wenn sie je $\mathrm{m^2}$ nicht mehr Wärme ableiten soll als eine gleich große 38 cm dicke Ziegelwand? $[\lambda_2 = 1{,}7\ \mathrm{kJ/(m \cdot h \cdot K)}]$

8. Welcher Wärmeübergangskoeffizient α ergibt sich für eine frei verlegte, 1,5 mm dicke Kupferleitung, die mit der höchstzulässigen Stromstärke 25 A belastet sich im Dauerbetrieb um 35 K über die Außentemperatur von 25 °C erwärmt? (spezifischer elektrischer Widerstand $\varrho = 0{,}02\ \Omega \cdot \mathrm{mm^2/m}$)

9. Welche Wärmemenge dringt je Stunde durch ein 3 $\mathrm{m^2}$ großes Doppelfenster in einen Kühlraum, wenn die folgenden Werte gegeben sind: Wärmeübergangskoeffizient außen $\alpha_1 = 105\ \mathrm{kJ/(m^2 \cdot h \cdot K)}$, Wärmeübergangskoeffizient innen $\alpha_2 = 25\ \mathrm{kJ/(m^2 \cdot h \cdot K)}$, Wärmeleitfähigkeit für Glas $\lambda = 2{,}7\ \mathrm{kJ/(m \cdot h \cdot K)}$, Wärmeleitwiderstand (reziproker Wärmeübergangskoeffizient) des Luftzwischenraums $0{,}05\ \mathrm{m^2 \cdot h \cdot K/kJ}$, Scheibendicke $d = 4$ mm, Temperatur außen $\vartheta_1 = 30\ °\mathrm{C}$, innen $\vartheta_2 = -8\ °\mathrm{C}$?

10. Welche Temperaturen $\vartheta_1' \ldots \vartheta_4'$ nehmen die vier Glasoberflächen der Aufgabe 9 an?

11. Welche Wärmemenge geht je Stunde durch 1 $\mathrm{m^2}$ Rohrwandung eines Überhitzers, wenn die Wärmeübergangskoeffizienten außen bzw. innen $\alpha_1 = 318$ bzw. $\alpha_2 = 7420\ \mathrm{kJ/(m^2 \cdot h \cdot K)}$, die Temperatur der Rauchgase 800 °C und die des Wasserdampfes 550 °C betragen? Der Einfluss der Wärmeleitung wird vernachlässigt.

12. Von den Brennstoffelementen eines Kernreaktors, deren Oberflächentemperatur 632 °C beträgt, werden je Stunde und Quadratmeter 200 MJ abgegeben. Wie groß ist der Wärmeübergangskoeffizient, wenn das die Wärme abführende Gas die Temperatur 600 °C hat?

13. Im Wärmeaustauscher eines Kernkraftwerkes umspült flüssiges Natrium der Temperatur 677,4 °C Rohre von 1 mm Wanddicke, in denen Helium von 600 °C zirkuliert. Wie groß sind die Wärmeübergangskoeffizienten außen und innen sowie die Wärmeleitfähigkeit, wenn die Wandtemperaturen außen 675,8 °C, innen 669,8 °C und die Wärmestromdichte $480\ \mathrm{MJ/(m^2 \cdot h)}$ betragen?

14. In einem Bohrloch werden Temperaturmessungen im Gneis $[\lambda = 2{,}64\ \mathrm{W/(m \cdot K)}]$ in 91,5 m und 134 m Tiefe je dreimal durchgeführt. Leiten Sie eine Beziehung ab, welche die gemessene Ersttemperatur ϑ und ihre exponentielle Abnahme mit der Zeit t enthält. ϑ ist nach der Zeit t zu differenzieren und anschließend der Differenzial- durch den Differenzenquotienten zu ersetzen. Aus zwei jeweils aufeinander folgenden Messungen sind die wahren Gesteinstemperaturen in beiden Tiefen sowie die geothermische Wärmestromdichte zu berechnen.

$z_A = 91{,}5$ m	$t_1 =$ 8:03 Uhr, $\vartheta_1 = 10{,}12$ °C	$t_2 =$ 8:10 Uhr, $\vartheta_2 = 9{,}88$ °C	$t_3 =$ 8:17 Uhr, $\vartheta_3 = 9{,}80$ °C
$z_B = 134$ m	$t_1 =$ 8:44 Uhr, $\vartheta_1 = 10{,}99$ °C	$t_2 =$ 8:47 Uhr, $\vartheta_2 = 10{,}95$ °C	$t_3 =$ 8:50 Uhr, $\vartheta_3 = 10{,}94$ °C

4.5.2 Abkühlung und Temperaturstrahlung

15. Welchen Wert hat die Konstante K im newtonschen Abkühlungsgesetz $\Delta\vartheta = \Delta\vartheta_0\,\mathrm{e}^{-Kt}$, wenn ein Körper sich bei der Umgebungstemperatur 20 °C innerhalb von 5 min von 200 °C auf 120 °C abkühlt? ($\Delta\vartheta_0, \Delta\vartheta$ Differenzen der Anfangs- bzw. Endtemperatur gegenüber der Umgebungstemperatur ϑ_u)

16. Welche Endtemperatur erreicht ein Körper der Anfangstemperatur $\vartheta_0 = 80$ °C nach 48 min, wenn die Abkühlungskonstante $K = 0{,}025\ \mathrm{min}^{-1}$ und die Raumtemperatur 15 °C betragen?

17. Ein Gefäß mit heißem Wasser kühlt sich bei der Raumtemperatur 20 °C innerhalb von 10 min von 95 °C auf 75 °C ab. Nach welcher Gesamtzeit werden 35 °C erreicht?

18. Innerhalb welcher Zeit kühlt sich ein Gegenstand auf den halben Betrag der in Celsiusgraden ausgedrückten Anfangstemperatur ϑ_0 ab, wenn die Umgebungstemperatur ϑ_u und die Abkühlungskonstante K gegeben sind?

19. Warum sind blanke Sammelschienen für Starkstrom nicht so hoch belastbar wie angestrichene?

20. Die Oberfläche eines Körpers reflektiert 86 % aller auftreffenden Strahlung. Wie groß ist sein Emissionsgrad ε, wenn der des schwarzen Körpers $\varepsilon_s = 1$ beträgt?

21. Welche Leistung ist nötig, um den 40 cm langen und 2 cm dicken Silitstab ($\varepsilon = 0{,}93$) eines elektrischen Ofens (Innentemperatur 300 °C) auf Dunkelrotglut (700 °C) zu halten? [Stefan-Boltzmann'sche Konstante $\sigma = 5{,}67 \cdot 10^{-8}\ \mathrm{W/(m^2 \cdot K^4)}$]

22. Im Weltraum befinde sich in Erdnähe eine senkrecht zum Strahleneinfall der Sonne orientierte, beiderseits schwarze Fläche. Welche Temperatur nimmt sie im Strahlungsgleichgewicht an, wenn die Solarkonstante $E_{eS} = 1{,}38\ \mathrm{kW/m^2}$ angenommen wird?

23. Welche Temperatur hat die aus 10 m Chromnickeldraht von 1 mm Dicke gedrehte Wendel eines elektrischen Strahlofens, der eine Leistung von 1 kW aufnimmt, wenn die Raumtemperatur 18 °C und der Emissionsgrad des Drahtes $\varepsilon = 0,6$ beträgt?

24. Die aus $l = 10$ m Chromnickeldraht gewickelte Heizwendel eines elektrischen Strahlofens für Anschluss an 220 V soll sich bei einer Raumtemperatur von 20 °C auf 1 100 °C erhitzen. Welchen Durchmesser d muss der Draht haben? (spezifischer elektrischer Widerstand $\varrho = 1,1\ \Omega \cdot \mathrm{mm}^2/\mathrm{m}$, Emissionsgrad $\varepsilon = 0,6$)

25. Welche Korrektur erfährt das Ergebnis der Aufgabe 8, wenn die Wärmeabgabe durch Strahlung berücksichtigt wird? (Emissionsgrad $\varepsilon = 0,9$)

26. Einem elektrischen Heizkörper von 350 cm^2 strahlender Oberfläche wird die Leistung 1,5 kW zugeführt. Welche Temperatur nimmt er an, wenn die Raumtemperatur 250 °C und der Emissionsgrad $\varepsilon = 0,9$ beträgt?

27. Eine Linse von 10 cm Durchmesser und 20 cm Brennweite wird gegen die Sonne gehalten und in ihren Brennpunkt eine Wolframkugel von der Größe des Sonnenbildes gesetzt. Auf welche Temperatur erwärmt sich die Kugel, wenn angenommen wird, dass die Strahlung beim Durchgang durch die Linse keine Verluste erleidet? (Raumtemperatur 20 °C, Winkeldurchmesser der Sonne 32′, Emissionsgrad von Wolfram $\varepsilon = 0,3$, Solarkonstante $E_{\mathrm{eS}} = 1,37\ \mathrm{kW/m^2}$)

28. (Bild 4.5.2) Es ist die an einem Flammrohrkessel stündlich übertragene Wärmemenge zu berechnen, wobei die Strahlung der Kohlenschicht und der Flamme sowie der Wärmeübergang an das Flammrohr zu berücksichtigen sind. Gegebene Daten: Rostfläche $A_1 = 1,5$ m^2, Flammrohrfläche $A_3 = 2,5$ m^2, strahlende Fläche der Flamme $A_2 = 1$ m^2; Temperaturen: Flamme $\vartheta_3 = 1050$ °C, Kohlenschicht $\vartheta_2 = 850$ °C, Flammrohr $\vartheta_1 = 240$ °C; Emissionsgrad: Kohle $\varepsilon_1 = 0,9$, Flamme $\varepsilon_2 = 0,5$; Wärmeübergangskoeffizient für die 1050 °C heißen Gase $\alpha = 34\ \mathrm{kJ/(m^2 \cdot h \cdot K)}$.

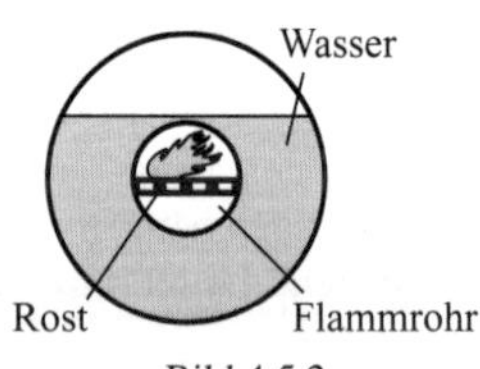

Bild 4.5.2

29. Ein als schwarzer Körper zu betrachtender Schmelzofen hat die Innentemperatur 1350 °C. Welche Wärmemenge Q wird stündlich durch die 20 cm × 30 cm große Öffnung bei der Außentemperatur 25 °C abgegeben?

4.6 Zweiter Hauptsatz

4.6.1 Entropie

1. Welchen Wert hat die auf 0 °C bezogene Entropie von 5 ℓ Wasser bei 25 °C?

2. Bei welcher Temperatur beträgt die auf 0 °C bezogene spezifische Entropie des Wassers $s = 1,227$ kJ/(kg · K)?

3. Welche Wassermenge hat bei 80 °C die gleiche Entropie wie 0,5 kg Wasser bei 40 °C?

4. Um wie viel verändern sich die Entropien der beiden Komponenten sowie die Gesamtentropie, wenn 1 kg Wasser von 100 °C [$c_1 = 4,19$ kJ/(kg · K)] mit 0,8 kg Ethanol von 20 °C [$c_2 = 2,43$ kJ/(kg · K)] vermischt werden? Die dabei eintretende Volumenänderung werde nicht berücksichtigt.

5. Welche Anfangstemperatur hat Wasser, dessen Entropie sich verdoppelt, wenn die absolute Temperatur um 20 % steigt?

6. Die spezifische Entropie trockenen gesättigten Wasserdampfes bei 158 °C ist 6,762 kJ/(kg · K). Welchen Wert hat die Verdampfungswärme des Wassers bei dieser Temperatur?

7. Um welchen Betrag nimmt die Entropie von 1 kg Luft zu, wenn sie sich auf das Doppelte ihres Volumens isotherm ausdehnt?

8. 2 kg Stickstoff werden isobar auf 1/10 des Anfangsvolumens verdichtet. Wie ändert sich dabei die Entropie?

9. Wie groß ist die Zunahme der Entropie ΔS bei der Umwandlung von 10 g Eis der Temperatur $\vartheta_1 = -20$ °C in Dampf der Temperatur $\vartheta_2 = 100$ °C? [$c_{\text{Eis}} = 2100$ J/(kg · K), $c_{\text{Wasser}} = 4182$ J/(kg · K), $r = 2256$ kJ/kg bei Normdruck, $q_s = 334$ kJ/kg]

10. Welche Entropiezunahme ergibt sich bei der Umwandlung von 1 g Wasser der Temperatur $\vartheta_1 = 0$ °C in Dampf der Temperatur $\vartheta_2 = 100$ °C?

11. Von einer Flüssigkeit wird 1 kmol bei $\vartheta_1 = 50$ °C (Sättigungsdampfdruck $p_1 = 10$ kPa) verdampft und dabei eine Entropieänderung von $\Delta S = 133$ J/K erzeugt. Berechnen Sie den Sättigungsdampfdruck p_2 bei $\vartheta_2 = 51$ °C.

12. Welche Entropieänderung tritt während des Verdampfens von 1 g Ethanol (C_2H_5OH) bei einer Temperatur von $\vartheta_3 = 50$ °C auf? (Sättigungsdampfdruck von Ethanol bei $\vartheta_1 = 40$ °C: $p_1 = 17,7$ kPa und bei $\vartheta_2 = 68$ °C: $p_2 = 67,7$ kPa)

13. Berechnen Sie die innere Energie ΔU, welche zum Verdampfen von 2 g Benzol (C_6H_6) bei $\vartheta = 77$ °C erforderlich ist. (Bei 77 °C ist die spezifische Verdampfungswärme von Benzol: $r = 3,98 \cdot 10^5$ J/kg)

14. Welcher Anteil x der spezifischen Verdampfungswärme dient bei Wasser mit der Temperatur $\vartheta = 100\ °C$ zur Vergrößerung der inneren Energie des Systems? ($r_{100\ °C} = 22{,}6 \cdot 10^5$ J/kg)

15. Ein Eisblock wird unter adiabatischen Bedingungen einem allseitig wirkenden Druck von $p = 10$ MPa ausgesetzt. Berechnen Sie die auftretende Verminderung seines Gefrierpunktes. ($\varrho_{\text{Wasser}} = 1{,}0 \cdot 10^3\ \text{kg/m}^3$, $\varrho_{\text{Eis}} = 0{,}9009 \cdot 10^3\ \text{kg/m}^3$, spezifische Schmelzwärme $q_{\text{s, Eis}} = 334$ kJ/kg)

16. Unter der Kufe (30 cm $\times$ 3 cm) eines Eisläufers der Masse $m = 70$ kg kommt es zum Schmelzen des Eises. Berechnen Sie die Schmelztemperatur des Eises.

17. Durch Zugabe von 30 g Eis der Temperatur $\vartheta_1 = 0\ °C$ werden 200 g Wasser der Temperatur $\vartheta_2 = 30\ °C$ abgekühlt. Berechnen Sie die Mischtemperatur nach Schmelzen des Eises unter Annahme der Wärmekapazität des Wassers bei 20 °C zu 4 182 J/(kg · K) (spezifische Schmelzwärme von Eis $q_s = 334$ kJ/kg). Welche Mischtemperatur stellt sich bei Zugabe von Wasser der Temperatur von 0 °C anstelle von Eis ein?

18. Bestimmen Sie näherungsweise den Druck und die Temperatur am Tripelpunkt des Wassers (am Tripelpunkt bestehen alle drei Phasen gleichzeitig). Verwenden Sie zwei Werte für den Sättigungsdampfdruck des Wassers: $p_1 = 610{,}38$ Pa, $\vartheta_1 = 0\ °C$ und $p_2 = 656{,}64$ Pa, $\vartheta_2 = 1\ °C$ sowie die spezifischen Volumina (bei $\vartheta = 0\ °C$ und $p_n = 101{,}325$ kPa Druck): $v_{\text{Eis}} = 1{,}091 \cdot 10^{-3}\ \text{m}^3/\text{kg}$ und $v_{\text{Wasser}} = 1{,}0 \cdot 10^{-3}\ \text{m}^3/\text{kg}$.
($q_{\text{s, Eis}} = 334$ kJ/kg)

19. Berechnen Sie die Lage des eutektischen Punktes für eine ideale Mischung von Benzol (C_6H_6) und Chlorbenzol (C_6H_5Cl) über die Schmelzkurven.

Stoff	Schmelztemperatur ϑ in °C	molare spezifische Schmelzwärme q_s in J/mol	Dichte ϱ in $10^3\ \text{kg/m}^3$
Benzol	5,5	9 839	0,88
Chlorbenzol	−45	7 356	1,106

4.6.2 Kreisprozesse

20. (Bild 4.6.1) Der im p, V-Diagramm angegebene Kreisprozess eines idealen Gases soll qualitativ in das entsprechende V, T-Diagramm umgezeichnet werden.

21. (Bild 4.6.2) Der im p, V-Diagramm angegebene Kreisprozess eines idealen Gases soll qualitativ in das entsprechende p,T-Diagramm übertragen werden.

22. (Bild 4.6.3) Der aus dem V, T-Diagramm ersichtliche Kreisprozess eines idealen Gases soll qualitativ in das entsprechende p, V-Diagramm übertragen werden.

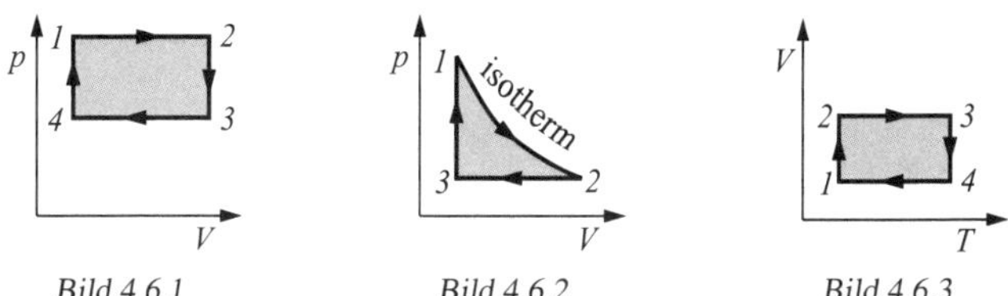

Bild 4.6.1 *Bild 4.6.2* *Bild 4.6.3*

23. (Bild 4.6.4) Die obere Isotherme mit $T_1 = 500$ K des Carnot-Prozesses eines idealen Gases ($\varkappa = 1{,}4$) verläuft zwischen den Zuständen $p_1 = 0{,}8$ MPa, $V_1 = 2$ m^3 und $p_2 = 0{,}4$ MPa, $V_2 = 4$ m^3. Zu berechnen sind die Größen p_3, V_3, p_4, V_4, wenn die untere Temperatur $T_2 = 350$ K beträgt, sowie die ausgetauschten Wärmemengen Q_1 und Q_2 und der thermische Wirkungsgrad.

24. (Bild 4.6.5) Ein ideales Gas durchläuft zwischen den Volumina $V_1 = 1\ \ell$ und $V_2 = 2\ \ell$ sowie den Drücken $p_4 = 0{,}15$ MPa und $p_1 = 0{,}3$ MPa einen isochor-isobaren Kreisprozess. Welche Temperaturen bestehen in den Zuständen *2* … *4*, wenn $T_1 = 600$ K beträgt?

25. a) Wie groß ist der thermische Wirkungsgrad des in Aufgabe 24 behandelten Kreisprozesses für Luft [$c_p = 1{,}005$ kJ/(kg · K), $c_V = 0{,}718$ kJ/(kg · K)] und b) welchen Wirkungsgrad hat der zwischen den gleichen Temperaturen verlaufende Carnot-Prozess?

26. (Bild 4.6.6) In dem dargestellten Kreisprozess eines idealen Gases sind die Größen $p_1 = 0{,}45$ MPa, $V_1 = 0{,}5$ m^3, $V_2 = 2$ m^3, $p_4 = 0{,}15$ MPa und $T_1 = 600$ K gegeben. Zu berechnen sind die Größen p_2, p_3, T_2.

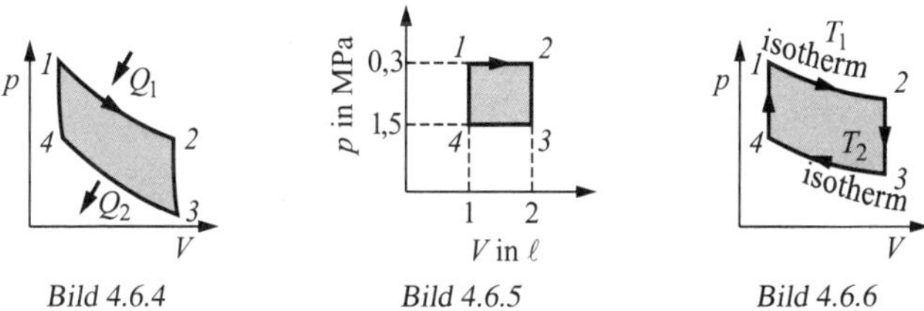

Bild 4.6.4 *Bild 4.6.5* *Bild 4.6.6*

27. Welchen thermischen Wirkungsgrad haben der in Aufgabe 26 behandelte Kreisprozess mit Luft und zum Vergleich der zwischen den gleichen Temperaturen verlaufende Carnot-Prozess?

28. In einem Carnot-Prozess mit dem Wirkungsgrad $0{,}6$ wird bei 900 K je Zyklus die Wärmemenge 2 kJ zugeführt. Welche Wärmemenge wird abgeführt und bei welcher Temperatur geschieht dies?

29. Einer Dampfturbine wird bei 500 °C überhitzter Dampf mit dem spezifischen Wärmeinhalt 3300 kJ/kg zugeführt, der diese bei 35 °C als Nassdampf mit 2000 kJ/kg wieder verlässt. Zu berechnen sind a) der thermische Wirkungsgrad und b) der Wirkungsgrad des entsprechenden Carnot-Prozesses.

30. Auf welchen Betrag ist die obere Arbeitstemperatur eines zwischen 40 und 120 °C arbeitenden Carnot-Prozesses zu erhöhen, damit sich der Wirkungsgrad verdoppelt?

31. Eine ideale Kältemaschine arbeitet nach einem umgekehrten Carnot-Prozess und verrichtet in einem Zyklus die Arbeit $W = 37$ kJ. Dabei übernimmt sie mit ihrem System die Temperatur $\vartheta_2 = -10$ °C der Umgebung und übergibt ihre Wärme an eine Heizanlage mit $\vartheta_1 = 17$ °C. Berechnen Sie pro Zyklus: a) Wirkungsgrad η der Maschine, b) Wärmemenge, die vom kalten Körper abgegeben wird, c) Wärmenmenge, die der Heizung zugeführt wird.

32. Eine ideale Kältemaschine arbeitet nach einem umgekehrten Carnot-Prozess und entnimmt Wärme aus einem Fluss mit der Temperatur $\vartheta_2 = 2$ °C. Diese wird an eine Heizung mit $\vartheta_1 = 27$ °C übergeben. Gesucht ist a) Wirkungsgrad η_3 der Kältemaschine, b) Koeffizient η_2 (Kühlfaktor) des Verhältnisses der Wärmemenge, die dem Wasser entzogen wird, zur aufgewendeten Arbeit, c) Wirkungsgrad η_1 und Verhältnis der an die Heizung übergebenen Wärmemenge zu der Wärmemenge, die dem Wasser entzogen wird.

33. Ein Raum wird mit einer Wärmepumpe beheizt, die im umgekehrten Carnot-Prozess arbeitet. Wievielmal kleiner ist die Wärmemenge Q_0, die der Raum durch Verbrennen von Holz erhält, als die Wärmemenge Q_1, die dem Raum durch die Kältemaschine zugeführt wird? Diese wirkt als Wärmemaschine, welche die gleiche Holzmenge wie der Ofen verbraucht, und arbeitet zwischen $\vartheta_1 = 100$ °C und $\vartheta_2 = 0$ °C. (Raumtemperatur $\vartheta_3 = 16$ °C, Außentemperatur $\vartheta_4 = -10$ °C)

34. Berechnen Sie das Leistungsverhältnis $\varepsilon = Q_1/W$ (abgeführte Wärmemenge durch aufgewendete Arbeit) für eine Kältemaschine bei adiabatischer Verdichtung von Ammoniak [$c_{\text{Am}} = 2{,}16$ kJ/(kg · K)]: Verlangte Kühlraumtemperatur $\vartheta_1 = -3$ °C, kleinste Kühlmitteltemperatur $\vartheta_2 = -5$ °C, erreichbare Kühlmitteltemperatur $\vartheta_4 = -20$ °C, Anfangsdruck $p_1 = 0{,}1$ MPa, Kompressionsdruck $p_2 = 0{,}6$ MPa, Adiabatenexponent $\varkappa = 1{,}4$.

5 Optik

Größen und Einheiten Optik

Formelzeichen	Größe	Einheit	Beziehung zu den Basiseinheiten
A	Apertur, numerische	1	
D	Brechwert	dpt	$1\ \text{dpt} = 1\ \text{m}^{-1}$
E_v	Beleuchtungsstärke	lx	$1\ \text{lx} = 1\ \text{lm/m}^2 = 1\ \text{cd} \cdot \text{sr/m}^2$
E_e	Bestrahlungsstärke	W/m^2	$1\ \text{W/m}^2 = 1\ \text{kg/s}^3$
f	Brennweite	m	
g	Gitterkonstante	m	
H_v	Belichtung	$\text{lx} \cdot \text{s}$	$1\ \text{lx} \cdot \text{s} = 1\ \text{cd} \cdot \text{sr} \cdot \text{s/m}^2$
H_e	Bestrahlung	J/m^2	$1\ \text{J/m}^2 = 1\ \text{W} \cdot \text{s/m}^2 = 1\ \text{kg/s}^2$
I_v	Lichtstärke	cd	
k	Ordnung der Interferenz	1	
L_v	Leuchtdichte	cd/m^2	$1\ \text{cd/m}^2 = 1\ \text{lm/(m}^2 \cdot \text{sr)}$
M_v	Lichtausstrahlung, spezifische	lm/m^2	$1\ \text{lm/m}^2 = 1\ \text{cd} \cdot \text{sr/m}^2$
n	Brechzahl	1	
P	Polarisationsgrad	1	
Q_v	Lichtmenge	$\text{lm} \cdot \text{s}$	$1\ \text{lm} \cdot \text{s} = 1\ \text{cd} \cdot \text{sr} \cdot \text{s}$
R	Reflexionsgrad	1	
V	Vergrößerung	1	
α	Absorptionsgrad	1	
α_0	spezifische Drehung	$^\circ \cdot \text{m}^2/\text{kg}$	
ε	Emissionsgrad	1	
η	Lichtausbeute	lm/W	$1\ \text{lm/W} = 1\ \text{cd} \cdot \text{sr} \cdot \text{s}^3/(\text{kg} \cdot \text{m}^2)$
λ	Wellenlänge	m	
ϱ	Reflexionsgrad	1	

Formel-zeichen	Größe	Einheit	Beziehung zu den Basiseinheiten
τ	Transmissionsgrad	1	
Φ_v	Lichtstrom	lm	$1\ \mathrm{lm} = 1\ \mathrm{cd} \cdot \mathrm{sr}$
Φ_e	Strahlungsfluss	W	$1\ \mathrm{W} = 1\ \mathrm{kg} \cdot \mathrm{m}^2/\mathrm{s}^3$
ψ	Strahlungsflussdichte	W/m^2	$1\ \mathrm{W}/\mathrm{m}^2 = 1\ \mathrm{kg}/\mathrm{s}^3$
Ω	Raumwinkel	sr	$1\ \mathrm{sr} = 1\ \mathrm{m}^2/\mathrm{m}^2$
E_{eS}	Solarkonstante	$1{,}35\ \mathrm{kW}/\mathrm{m}^2$	

5.1 Reflexion des Lichtes

5.1.1 Ebener Spiegel

1. (Bild 5.1.1) Die direkte Entfernung zwischen Auge A und Punkt P beträgt 6 m. Wie weit ist das Spiegelbild des Punktes P vom Auge entfernt?

2. (Bild 5.1.2) Die Luftlinie zwischen dem 1,6 m hoch gelegenen Auge des Beobachters und der Spitze des 20 m hohen Turmes am anderen Ufer eines Teiches beträgt 50 m. Wie weit ist das im Wasser sichtbare Spiegelbild der Turmspitze vom Auge entfernt?

3. Welche Länge muss ein senkrecht an der Wand hängender Spiegel mindestens haben, damit man sich selbst vollständig sehen kann?

4. (Bild 5.1.3) Welche Länge x muss ein unter $\alpha = 30°$ gegen die Wand hängender Spiegel haben, wenn sich eine davor stehende Person von $h = 1{,}70$ m Größe gerade vollständig darin sehen soll und der Abstand Auge–Spiegel $a = 2$ m beträgt? (Unter Nichtbeachtung der Stirnhöhe)

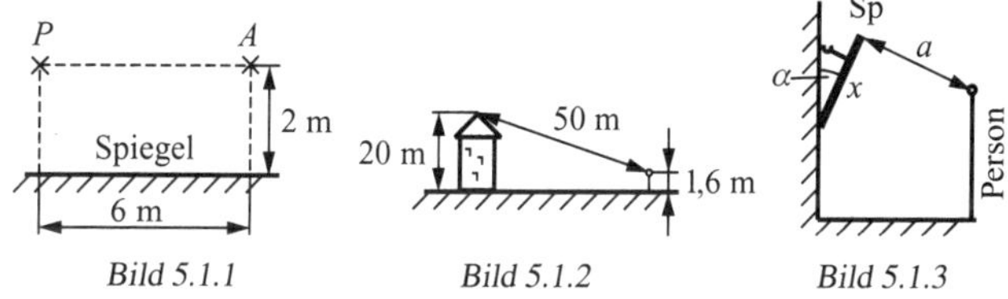

Bild 5.1.1 Bild 5.1.2 Bild 5.1.3

5. Der Zeiger eines Messinstrumentes spielt 1 mm über einer Spiegelskala, deren unten versilbertes Spiegelglas 0,8 mm dick ist. Welche Entfernung a hat das Spiegelbild vom Zeiger?

6. Bei der Reflexion an zwei Spiegeln I und II, die den Winkel α miteinander einschließen, ist der ausfallende Strahl gegenüber dem einfallenden um 2α verdreht. Dies ist zu beweisen!

5.1.2 Sphärischer Spiegel

7. (Bild 5.1.4) Im Brennpunkt eines sphärischen Hohlspiegels, dessen Rand in Brennpunkthöhe abschneidet, befindet sich eine punktförmige Lichtquelle. Welchen Winkel bilden die reflektierten Randstrahlen mit der Spiegelachse?

8. Im Brennpunkt eines halbkugeligen Reflektors ($r = 60$ cm) ist eine punktförmige Lichtquelle angebracht. a) Welchen Radius R_1 hat die 6 m unter dem Brennpunkt liegende beleuchtete Fläche? b) Welchen Radius R_2 hat der von den reflektierten Strahlen besonders hell erleuchtete Kreis?

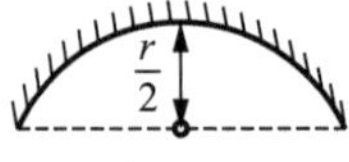

Bild 5.1.4

9. An den unteren Rand der in Aufgabe 8 dargestellten Reflektorleuchte soll ein zylindrischer Blechkragen so angesetzt werden, dass der Lichtschein nur auf den hellen Innenkreis beschränkt bleibt. Welche Höhe muss die Blende haben?

10. Wie groß ist das Öffnungsverhältnis (Öffnungsdurchmesser d : Brennweite f) eines sphärischen Hohlspiegels von $r = 50$ cm, der achsenparalleles Licht mit einem Fehler von höchstens $\Delta f = 1$ mm im Brennpunkt vereinigt?

11. Berechnen Sie für einen Hohlspiegel die Größe B, die Art und Lage des Bildes und seine Entfernung b vom Spiegelscheitel, wenn folgende Größen gegeben sind:

	Krümmungsradius r	Gegenstandsgröße G	Gegenstandsweite a
a)	$0,50$ m	$0,08$ m	$0,30$ m
b)	$0,80$ m	$0,06$ m	$0,15$ m
c)	$0,40$ m	$0,12$ m	$0,30$ m
d)	$0,30$ m	$0,05$ m	$0,15$ m

12. Wie weit muss ein Gegenstand vom Scheitel des Hohlspiegels ($r = 20$ cm) entfernt sein, damit ein 5-mal so großes a) reelles, b) virtuelles Bild entsteht? In welchen Entfernungen vom Scheitel befinden sich diese Bilder?

13. Ein Gegenstand steht zwischen einem Konkav- und einem Konvexspiegel von gleich großen Krümmungsradien r. Der Scheitelabstand der Spiegel ist α. In welcher Entfernung x vom Konkavspiegel steht der Gegenstand, wenn beide Bilder gleich groß sind?

5.2 Lichtbrechung und Linsen

5.2.1 Brechung und Dispersion

1. Weshalb wird ein beliebiger, auf die Hypotenuse in ein rechtwinkliges Spiegelprisma fallender Strahl parallel zu sich selbst zurückgeworfen?

2. (Bild 5.2.1) Licht fällt senkrecht von oben auf einen unter Wasser liegenden Spiegel. Um welchen Winkel ε muss dieser mindestens gegen die Horizontale geneigt sein, wenn das von ihm reflektierte Licht nicht wieder in die Luft zurückkehren soll?

3. (Bild 5.2.2) Ein Strahl fällt unter 60° auf die Fläche *1* des Prismas mit einer Brechzahl $n = 1,5$. Die Fläche *2* außen ist versilbert und bildet mit Fläche *1* einen brechenden Winkel von 30°. Unter welchem Winkel ε verlässt der Strahl das Prisma?

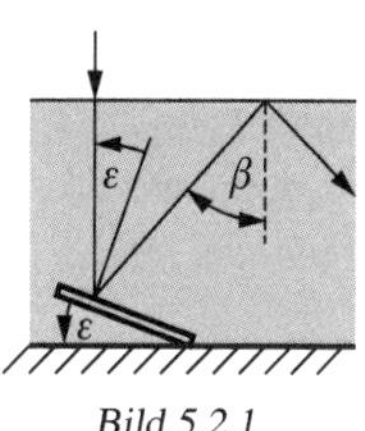

Bild 5.2.1

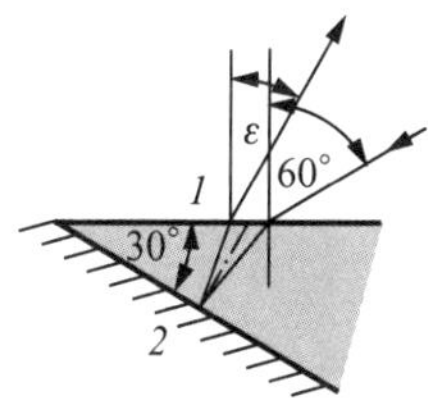

Bild 5.2.2

4. Aus welcher Fläche und unter welchem Winkel δ tritt der Strahl aus dem in Bild 5.2.3 angegebenen Prisma ($n = 1,65$) wieder aus?

5. Welche Gesamtablenkung erleidet der in das auf Bild 5.2.4 angegebene Prisma einfallende Strahl ($n = 1,5$)?

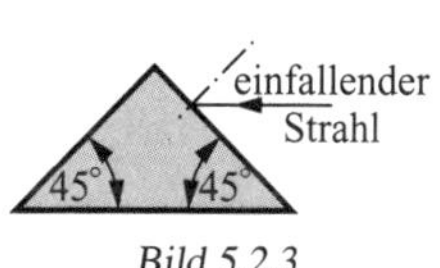

Bild 5.2.3

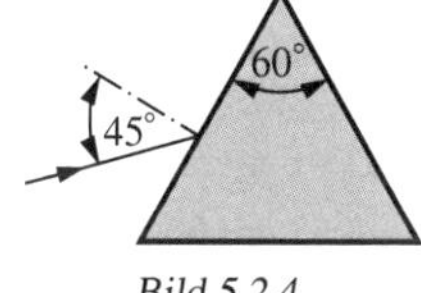

Bild 5.2.4

6. Prinzip des Lichtleiters. a) Welche Brechzahl muss ein zylindrischer Stab (Bild 5.2.5) mindestens haben, wenn alle in seine Basis eintretenden Strahlen innerhalb des Stabes durch Totalreflexion fortgeleitet werden sollen? b) Wie groß ist der maximale Eintrittswinkel bei $n = 1,33$?

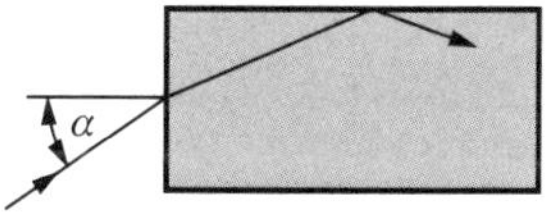

Bild 5.2.5

7. Wie groß ist die Querverschiebung d_1 eines schräg durch eine Parallelplatte von der Dicke d laufenden Lichtstrahls? a) Leiten Sie die allgemeine Formel ab und b) berechnen Sie die Querverschiebung für $d = 6$ mm, $\alpha = 40°$ und $n = 1,5$.

8. Um welche Strecke d_2 wird ein schräg durch eine Parallelplatte von der Dicke d gehender Strahl in Richtung des Ausfallslotes verschoben: a) bei beliebigem Einfallswinkel α und b) bei kleinem Einfallswinkel α?

9. (Bild 5.2.6) In den Strahlengang einer Projektorlampe wird zur Kühlung eine mit Kupfersulfatlösung gefüllte Küvette gestellt. Um wie viel Millimeter verschiebt sich dadurch der Brennpunkt F scheinbar nach rechts? ($n_{\text{Glas}} = 1,5$, $n_{\text{Lösung}} = 1,33$)

10. (Bild 5.2.7) Fällt ein intensiver Lichtstrahl auf eine Fotoplatte, so kann sich rund um die Auftreffstelle A ein „Reflexionslichthof" bilden (verursacht durch Totalreflexion des in der Emulsion zerstreuten Lichtes an der Plattenunterseite). Wie groß ist dessen innerer Radius r, wenn das Glas die Dicke $d = 1,5$ mm hat und $n = 1,5$ ist?

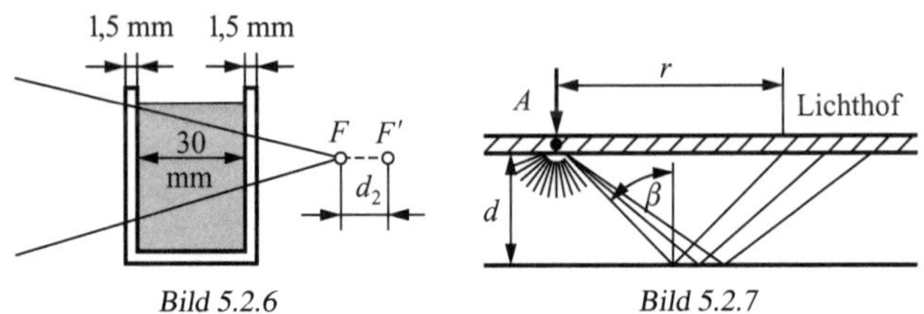

Bild 5.2.6 Bild 5.2.7

11. Ein Lichtstrahl fällt unter 75° auf eine 15 mm dicke Glasplatte ($n = 1,5$), die auf der Rückseite versilbert ist. Ein Teil des Lichtes dringt ins Glas ein und wird an der Unterseite reflektiert. Welchen Abstand d haben die beiden parallel austretenden Strahlen?

12. Unter welchem Winkel muss ein Lichtstrahl auf Glas von $n = 1,5$ fallen, wenn reflektierter und eindringender Strahl aufeinander senkrecht stehen sollen (Brewster-Winkel)?

13. Wie groß ist der Durchmesser des Kreises, durch den ein 12 m unter Wasser befindlicher Taucher den Himmel sehen kann?

14. (Bild 5.2.8) Ein scheinbar vom Punkt G' unter Wasser ausgehender Lichtstrahl wird unter einem Senkungswinkel von 30° gesehen und hat die scheinbare Länge von 2 m. In welcher Tiefe liegt der Gegenstand, wenn die Brechzahl für Wasser $n = 1,33$ ist?
(Augenhöhe über der Wasseroberfläche: $0,3$ m)

15. (Bild 5.2.9) Berechnen Sie die Brechzahl eines Prismas mit dem brechenden Winkel $\omega = 20°$, wenn durch Drehung des Prismas um seine Längsachse der kleinste Ablenkwinkel mit $\varphi = 1°$ gemessen wird.

16. Berechnen Sie die Geschwindigkeit von Licht der Wellenlänge $\lambda_1 = 0,4$ µm und $\lambda_2 = 0,7$ µm beim Durchgang durch a) Wasser ($n_{\lambda 1} = 1,343$, $n_{\lambda 2} = 1,330$) und b) Flintglas ($n_{\lambda 1} = 1,650$, $n_{\lambda 2} = 1,610$).

17. Licht der Wellenlängen $\lambda_1 = 0,4$ µm und $\lambda_2 = 0,7$ µm fällt unter dem Einfallswinkel $\alpha = 30°$ von Luft auf a) Wasser, b) Flintglas. Berechnen Sie

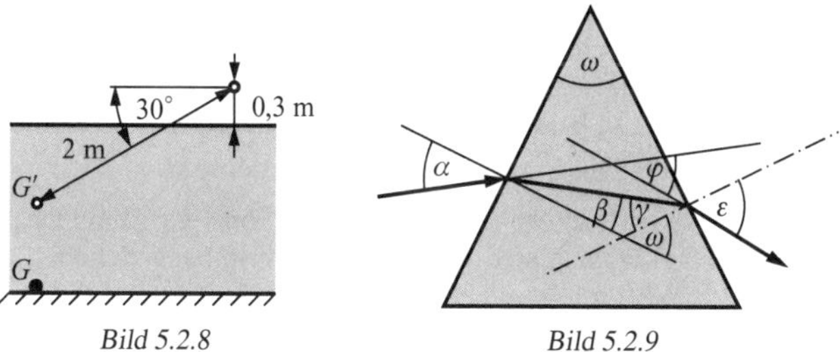

Bild 5.2.8 Bild 5.2.9

die Unterschiede der Brechungswinkel für beide Spektralfarben in den genannten Medien.

18. Zwei Lichtstrahlen der gleichen Lichtquelle durchlaufen bei gleicher Wegstrecke $d = 1,75$ mm Luft und Flintglas. Berechnen Sie den Gangunterschied in Wellenlängen bei a) $\lambda_1 = 0,4$ µm und b) $\lambda_2 = 0,7$ µm. (Für $\lambda_1 = 0,4$ µm gelten: $n_{\text{Luft}} = 1,000\,29$, $n_{\text{Flint}} = 1,650$.)

19. Auf ein Dispersionsprisma (Kronglas: $n_{\text{rot}} = 1,516$, $n_{\text{blau}} = 1,525$) mit dem brechenden Winkel $\omega = 20°$ fällt unter dem Einfallswinkel $\alpha = 30°$ Licht ein. Welchen Winkel bilden die rote ($\lambda = 656,3$ nm) und die blaue ($\lambda = 468,1$ nm) Spektrallinie beim Austritt aus dem Prisma?

20. (Bild 5.2.10) Ein Prisma aus Kronglas ist mit einem Prisma aus Flintglas verbunden. Wie verhalten sich ihre brechenden Winkel zueinander, wenn die D-Linie des Spektrums gegenüber dem Lichteinfall die gleiche Richtung besitzen soll? (Flintglas: $n_D = 1,612\,8$, Kronglas: $n_D = 1,510$)

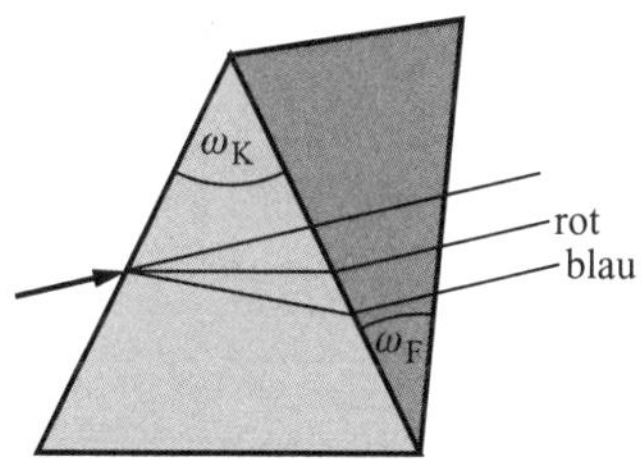

Bild 5.2.10

5.2.2 Einfache Linsen

21. Wie viel Dioptrien hat ein konkavkonvexes Brillenglas ($n = 1,5$) mit den Krümmungsradien $r_1 = 12$ cm und $r_2 = 18$ cm?

22. Eine Plankonvexlinse hat den Krümmungsradius $r = 12$ cm und die Brennweite $f = 20$ cm. Wie groß ist ihre Brechzahl?

23. Verschiebt man eine punktförmige Lichtquelle längs der Achse einer Linse von 6 cm Durchmesser und 12 cm Brennweite, so entsteht auf dem 30 cm entfernten Bildschirm zweimal ein Lichtschein von Linsengröße. Wie weit ist die Lampe in beiden Fällen von der Linse entfernt und in welchem Fall ist der Schein heller?

24. Sonnenlicht trifft senkrecht auf eine Linse von 7 cm Durchmesser und wirft auf einen 4 cm dahinter aufgestellten Schirm einen Schein von 5 cm Durchmesser. Wie groß ist die Brennweite der Linse?

25. Eine punktförmige Lichtquelle soll auf einem 2 m entfernten Schirm eine Kreisfläche von 20 cm Durchmesser möglichst hell ausleuchten. In welchem Abstand von der Lichtquelle muss dazu eine zur Verfügung stehende Sammellinse von 8 cm Durchmesser und 25 cm Brennweite aufgestellt werden?

26. (Bild 5.2.11) Ein Lichtstrahl fällt sehr nahe an der brechenden Kante ($\omega = 40°$) parallel zur Basis auf ein gleichschenkliges Prisma ($n = 1,3$). Unter welchem Winkel φ und in welcher Entfernung e von der Symmetrieebene erreicht der Strahl die verlängerte Basis?

27. (Bild 5.2.12) Die beiden Oberflächen einer symmetrischen Bikonvexlinse ($n = 1,5$) bilden am Rand einen Winkel von $\omega = 20°$. Um wie viel Prozent ändert sich die Entfernung des Sammelpunktes von der Linse für achsparallele Strahlen beim Übergang von achsnahen Strahlen zu den Randstrahlen?

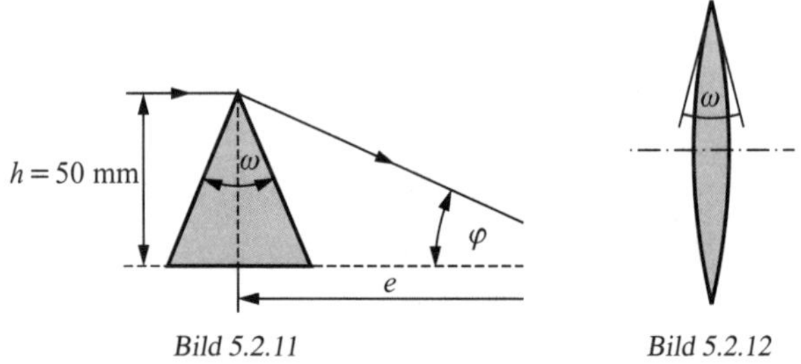

Bild 5.2.11

Bild 5.2.12

28. Es ist zu beweisen, dass die auf Bild 5.2.13 angegebene Konstruktion eine von den drei Größen a, b und f liefert, wenn die zwei anderen gegeben sind. Die Länge d der Grundlinie $\overline{AB}$ ist beliebig.

29. Das Objektiv einer Kamera von $f = 5$ cm ist auf eine Objektentfernung von 50 cm eingestellt. In welchem Verhältnis stehen Bild- und Objektgröße zueinander?

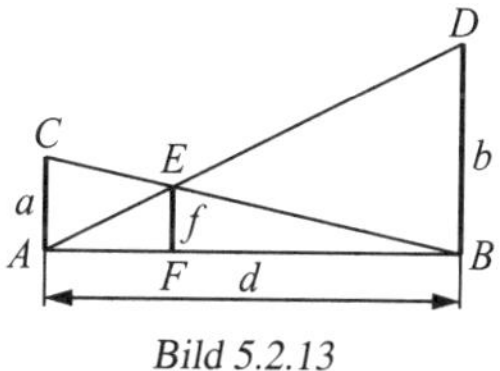

Bild 5.2.13

30. Wie weit muss eine 1,75 m große Person vom Objektiv ($f = 5$ cm) einer Kleinbildkamera mindestens entfernt sein, wenn sie auf dem 24 mm × 36 mm großen Film (Hochformat) vollständig abgebildet werden soll?

31. Welche Brennweite muss das Objektiv einer Kamera haben, wenn ein in 60 cm Entfernung befindlicher Gegenstand in natürlicher Größe abgebildet werden soll?

32. Ein Kleinbildprojektor (Filmbreite 36 mm) wirft ein 72 cm breites Bild auf den Schirm. Rückt man ihn um 2 m weiter weg, so wird das Bild um 1 m breiter. Welche Brennweite hat das Objektiv und welche Entfernung hat jetzt das Gerät vom Schirm?

33. (Bild 5.2.14) Um die Brennweite eines Objektivs zu bestimmen, stellt man den Abbildungsmaßstab β_1 für eine bestimmte Entfernung des Objektes fest. Dann verschiebt man das Objekt um die Strecke h und bestimmt den neuen Abbildungsmaßstab β_2. Es ist die Beziehung $f = \dfrac{h}{\beta_2 - \beta_1}$ zu beweisen.

34. Welche Brennweite muss das Objektiv eines Filmvorführgerätes haben, wenn das 18 mm hohe Filmbild auf der 35 m entfernten Leinwand 2,5 m hoch erscheinen soll?

35. Eine Bikonvexlinse von $f = 60$ mm wird als Lupe benutzt. Zu bestimmen sind Entfernung, Größe und Art des Bildes, das entsteht, wenn der 1,2 cm große Gegenstand 4 cm vor der Linse liegt.

36. (Bild 5.2.15) Welche Entfernung a vom Gegenstand (Folie) F hat das Objektiv L ($f = 15$ cm) eines Overheadprojektors, wenn der Umlenkspiegel Sp von der Folie 40 cm und von der Projektionswand W 3 m entfernt ist?

37. Wie viel Quadratkilometer Erdoberfläche werden von einer Luftbildkamera der Brennweite $f = 50$ cm bei einem Bildformat von 18 cm × 18 cm aus 4 000 m Höhe abgebildet?

38. Zwischen Gehäuse und Objektiv einer Kleinbildkamera von $f = 5$ cm, deren Objektiv für Gegenstandsweiten zwischen 50 cm und ∞ verstellbar

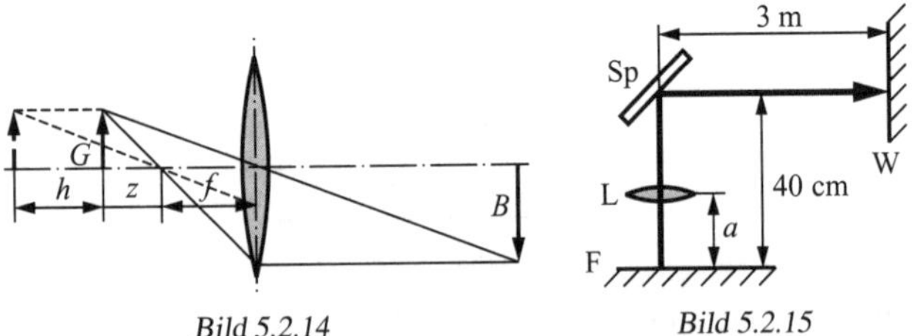

Bild 5.2.14

Bild 5.2.15

ist, wird ein 2 cm langer Zwischenring eingesetzt. Welche Gegenstandsweiten können dann erfasst werden?

39. Innerhalb welchen Spielraums ist das Objektiv ($f = 5$ cm) einer Kamera entsprechend der angegebenen Entfernungsskale von 1 m bis ∞ verschiebbar?

40. Ein konvexkonkaves Brillenglas hat auf der hohlen Seite den Krümmungsradius $r_1 = 15$ cm. Wie stark muss die Krümmung der konvexen Seite sein, damit die Brechkraft des Glases $-2{,}5$ dpt ($n = 1{,}5$) beträgt?

41. (Bild 5.2.16) Im Krümmungsmittelpunkt eines Hohlspiegels ($f = 50$ cm) steht eine Sammellinse, die die gleiche Brennweite wie der Hohlspiegel hat. 25 cm vor der Linse steht ein leuchtender Gegenstand G. Wie wird dieser abgebildet?

42. (Bild 5.2.17) Wie weit muss eine Konkavlinse von $f = -10$ cm vom Sammelpunkt eines konvergenten Strahlenbündels entfernt sein, damit dieser Punkt um 40 cm verschoben wird?

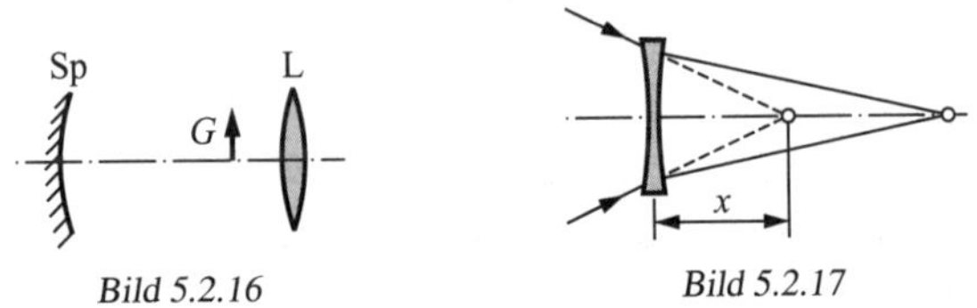

Bild 5.2.16

Bild 5.2.17

43. Fällt Sonnenlicht durch eine Zerstreuungslinse auf einen Bildschirm, so entsteht dort in der Entfernung l ein Lichtkreis vom Durchmesser b. Mit dem Linsendurchmesser d gilt für die Brennweite $f = \frac{d f}{b - d}$. Wie kommt die Formel zustande?

44. Zwischen einem leuchtenden Gegenstand G und dem Bildschirm im feststehenden Abstand l wird eine Sammellinse hin- und hergeschoben. Dabei erzeugt sie einmal ein verkleinertes und einmal ein vergrößertes Bild. Ist der Abstand zwischen diesen beiden Linsenstellungen gleich e, so gilt für die Brennweite $f = \dfrac{l^2 - e^2}{4l}$. Wie kommt die Formel zustande?

45. Sonnenlicht fällt durch einen mit Wasser ($n = 1{,}333$) gefüllten Standzylinder von 6 cm Durchmesser. In welcher Entfernung von seiner Hinterwand entsteht die Brennlinie, wenn für den Abstand der beiden Hauptebenen die Formel $\overline{HH'} = d(1 - 1/n)$ gilt?

46. Welchen Krümmungsradius muss eine Bikonvexlinse ($n = 1{,}650$) haben, damit man unter Wasser ($n = 1{,}333$) einen in deutlicher Sehweite befindlichen Gegenstand einwandfrei sehen kann, wenn die Linse 6 cm von der Netzhaut des Auges entfernt ist? (Annahme von gleicher Brechzahl der biologischen Augensubstanz und des Wassers.)

47. (Bild 5.2.18) 8 cm vor den Sammelpunkt eines konvergenten Strahlenbündels wird a) eine Sammellinse von $f = 20$ cm und b) eine Zerstreuungslinse von $f = -20$ cm gesetzt. In welcher Entfernung b von der Linse sammeln sich die Strahlen?

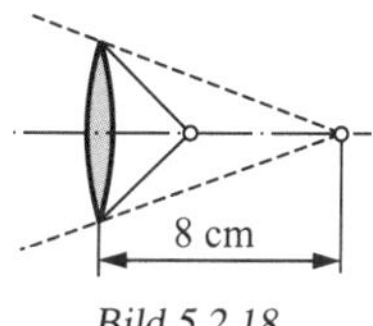

Bild 5.2.18

5.2.3 Systeme dünner Linsen

48. Eine Sammellinse ($f_1 = 8$ cm) wird mit einer Zerstreuungslinse ($f_2 = -8$ cm) zu einem Linsensystem vereinigt. Welche Gesamtbrennweite f ergibt sich bei einem gegenseitigen Abstand von a) 5 mm, b) 10 mm, c) 20 mm und d) 0 mm?

49. Eine Kamera ($f_1 = 5$ cm) soll mit einer Vorsatzlinse versehen werden, sodass eine Briefmarke in natürlicher Größe erscheint, wenn die Kamera auf ∞ eingestellt wird. Wie groß ist die Brennweite f_2 der Vorsatzlinse?

50. Entsprechend den Kameraeinstellungen von ∞ bis 1 m soll eine Vorsatzlinse für Entfernungen von 20 cm an abwärts verwendbar sein. a) Welche Brennweite f_2 muss sie bei einem Objektiv von $f_1 = 5$ cm haben und b) welcher Objektentfernung entspricht die Einstellung auf 1 m?

51. (Bild 5.2.19) Welcher Ausdruck ergibt sich für die Brennweite f des angegebenen Linsensystems, wenn die Krümmungsradien r gleich groß sind und $n = 1{,}5$ beträgt?

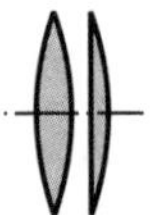

Bild 5.2.19

52. Welche Brennweite bzw. wie viel Dioptrien muss eine Brille haben um die deutliche Sehweite a) von 18 cm eines Kurzsichtigen, b) von 60 cm eines Weitsichtigen auf den normalen Wert von 25 cm zu korrigieren?
$\left(f = \dfrac{f_1 f_2}{f_2 + f_1}\right)$

53. Zwei Linsen, von denen die schwächere eine Brennweite von $f_1 = 8$ cm hat, sollen zu einer zusammenklappbaren Doppellupe so vereinigt werden, dass sich die drei Normalvergrößerungen wie 1 : 2 : 3 verhalten. Welche Brennweite f muss die andere Linse haben und welche Vergrößerungen ergeben sich?

54. Welchen Abstand müssen zwei Sammellinsen von je 10 cm Brennweite haben, damit ihre Gesamtbrennweite $f = 8$ cm wird?

55. Welche Brennweite muss eine im Abstand $e = 5$ cm von einer Sammellinse $f_1 = 14$ cm stehende Zerstreuungslinse haben, damit deren fokussierende Wirkung gerade aufgehoben wird?

56. (Bild 5.2.20) Die beleuchtete Lichtmarke M eines Spiegelgalvanometers wird mit einer dicht vor dem Systemspiegel Sp stehenden Linse L auf die 1,20 m entfernte Skala projiziert. Welche Brennweite hat die Linse?

57. Ein Teleobjektiv besteht aus einer Sammellinse (objektseitig) von $f_1 = 8$ cm und einer Zerstreuungslinse (bildseitig) von $f_2 = -4$ cm im Abstand $e = 6$ cm. Welche Brennweite hat das System und in welcher Entfernung von der Frontlinse befinden sich die beiden Hauptebenen?

58. Prinzip einer „Gummilinse“. Durch Änderung des gegenseitigen Linsenabstandes innerhalb eines Spielraumes von 2 bis 8 cm ist die Brennweite eines zweilinsigen Systems zwischen $f' = 5$ cm und $f'' = 8$ cm veränderlich. Welche Brennweiten müssen die Einzellinsen haben?

59. (Bild 5.2.21) Ein Huygens'sches Okular besteht aus zwei Sammellinsen L_1 und L_2 von $f_1 = 3a$ bzw. $f_2 = a$ im Abstand $e = 2a$. Zu berechnen sind die Abstände der beiden Hauptebenen von den Linsen und die Systembrennweite f.

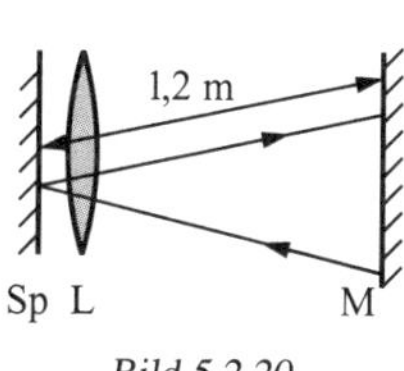

Bild 5.2.20

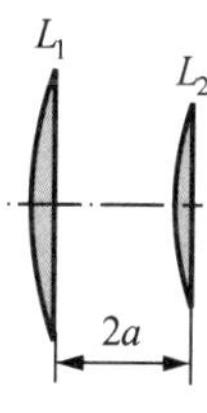

Bild 5.2.21

5.3 Wellenoptik

5.3.1 Interferenz

1. Welche Wellenlängen aus dem sichtbaren Bereich des Spektrums werden bei der Reflexion an einer 750 nm dicken Seifenlamelle ($n = 1,35$) bei senkrechtem Strahleneinfall a) ausgelöscht und b) verstärkt?

2. (Bild 5.3.1) Interferenz am dünnen Blättchen: Es ist zu beweisen, dass Strahl *1* bis zu seiner Vereinigung mit Strahl *2* im Punkt B auf dem Umweg über F einen Gangunterschied von $\Delta s = 2nd \cos \beta - \lambda /2$ erleidet. (AC und DB sind Wellenfronten, β Brechungswinkel.)

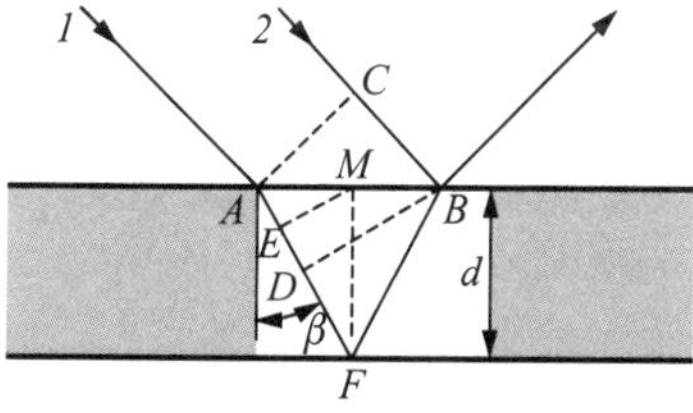

Bild 5.3.1

3. a) Der Gangunterschied bei der Reflexion am dünnen Blättchen $\Delta s = 2nd \cos \beta - \lambda /2$ ist als Funktion des Einfallswinkels α auszudrücken. b) Um welchen Betrag ändert sich der Gangunterschied mit dem Einfallswinkel zwischen 0 und 90° bei der Blättchendicke 500 nm und $n = 1,5$?

4. Die Oberfläche einer Linse ($n = 1,53$) wird mit einem Material ($n = 1,35$) vergütet, sodass die im reflektierten Licht enthaltene (Vakuum-)Wellenlänge $\lambda = 550$ nm ausgelöscht wird. a) Wie dick muss die Schicht sein? b) Welche Phasenverschiebung erleidet dadurch das reflektierte violette (400 nm) und rote (700 nm) Licht (in Winkelgrad)?

5. Lloyd'scher Spiegel (Bild 5.3.2). Das vom Spalt S ausgehende Licht erreicht auf direktem *1* und indirektem Weg *2* den Punkt P und kommt hier zur Interferenz. Welchen Abstand y vom Spiegel hat Punkt P, wenn hier das erste Minimum erscheint? Gegeben seien die Wellenlänge λ, der Schirmabstand a und der Abstand d des Spaltes vom Spiegel. (d und y sind gegenüber a vernachlässigbar klein.)

6. (Bild 5.3.3) Ein dünnes Blättchen befindet sich auf einer optisch dichteren Unterlage. Der an der Oberseite reflektierte Strahl *2* löscht sich mit Strahl *3* aus, wenn bei senkrechtem Einfall der optische Weg von Strahl *3* dreimal so groß ist wie sein geometrischer Weg. a) Wie groß ist die Brechzahl des Blättchens? b) Welche Dicke hat das Blättchen im Verhältnis zur Wellenlänge? c) Welche Erscheinung zeigt sich, wenn das Blättchen auf einer optisch dünneren Unterlage liegt?

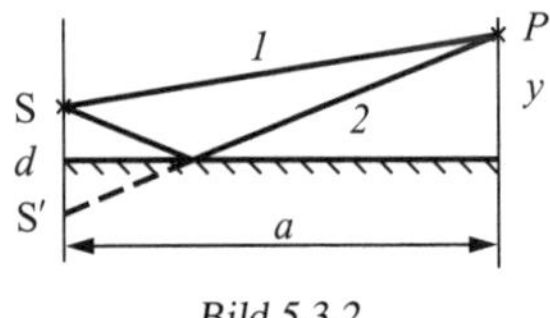

Bild 5.3.2

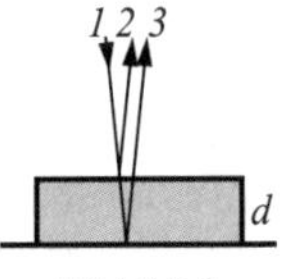

Bild 5.3.3

7. (Bild 5.3.4) a) Welchen Gangunterschied erleidet Strahl *3* gegenüber dem an der Oberseite reflektierten Strahl 2 bei nahezu senkrechtem Lichteinfall, wenn er im Vakuum zwei im Abstand $a = d$ befindliche Platten von der Dicke d nacheinander durchsetzt? b) Bei welchem kleinsten Abstand a_{min} bei unveränderter Plattendicke tritt Auslöschung ein?

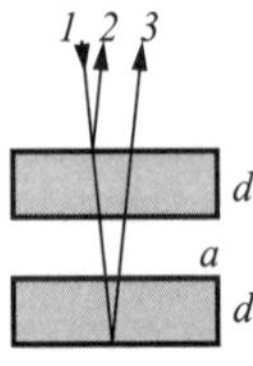

Bild 5.3.4

8. a) Welchen Gangunterschied Δs ausgedrückt in Vielfachen der Wellenlänge ($\lambda = 500$ nm in Luft) erleidet ein Lichtstrahl beim Durchsetzen einer 2 µm dicken Kunststofffolie ($n = 1,45$) gegenüber dem ungestörten Strahl? b) Welche Dicke hat die Folie, wenn der Gangunterschied $\lambda/4$ beträgt?

9. Wie verändert sich der Radius des k-ten newtonschen Ringes (Bild 5.3.5) $r_{\text{N}} = 2,60$ cm, wenn der Raum zwischen Linse und ebener Platte mit Ethanol ($n = 1,36$) ausgefüllt wird?

10. Prüfverfahren beim Linsenschleifen (Bild 5.3.6). Die zu prüfende Konkavlinse L (Krümmungsradius r_1) wird auf eine sphärische Vergleichsfläche

S ($r_2 = 0,25$ m) gelegt. Wegen nicht völliger Übereinstimmung von r_1 und r_2 hat bei grünem Licht ($\lambda = 550$ nm) der 1. dunkle newtonsche Ring den Radius $r_N = 12$ nm. Um wie viel weicht r_1 von r_2 ab?

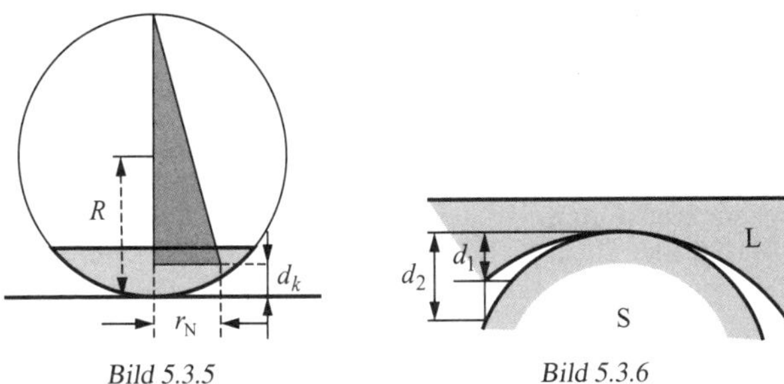

Bild 5.3.5

Bild 5.3.6

11. Für den k-ten dunklen newtonschen Ring, der bei der Wellenlänge λ und dem Krümmungsradius r der Linse den Radius r_N hat, gilt die Beziehung $\lambda = r_N^2/(kr)$. a) Welche Wellenlänge hat das verwendete Licht, wenn mit einer Linse von $r = 4$ m der 5. Ring den Radius $3,1$ mm hat? b) Der wievielte Ring hat den doppelten Radius?

12. Weshalb erscheint das Zentrum der newtonschen Ringe im reflektierten Licht schwarz?

13. (Bild 5.3.7) In einem Arm eines Michelson-Interferometers befindet sich ein Probengefäß P der Länge $l = 0,14$ m mit Ammoniakfüllung. Es entstehen 180 Interferenzstreifen auf dem Schirm S, wenn das benutzte monochromatische Licht eine Wellenlänge von $\lambda = 590$ nm hat. Welche Brechzahl n hat die Probe?

14. Bei einem Michelson-Interferometer sollen $k = 500$ Interferenzstreifen durch eine Spiegelverlagerung um $d = 0,161$ mm erzielt werden. Welche Wellenlänge muss das verwendete Licht besitzen?

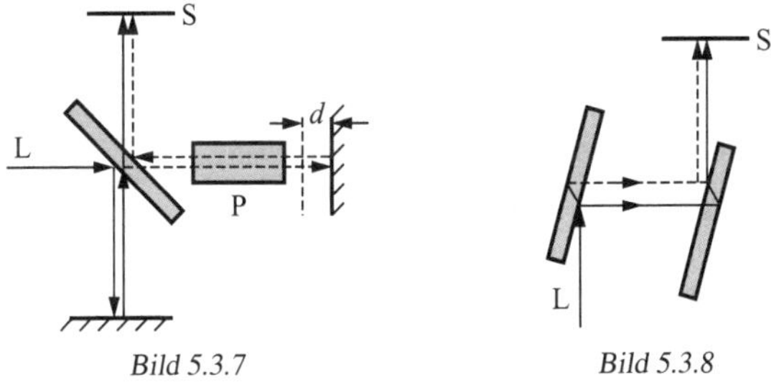

Bild 5.3.7

Bild 5.3.8

15. (Bild 5.3.8) Zwischen die Spiegel eines Jamin-Interferometers wird nur in einen der beiden monochromatischen Lichtstrahlen ($\lambda = 590$ nm) eine $0,1$ m lange Probenröhre mit Chlor-Füllung eingebracht. Das Interferenzbild verschiebt sich daraufhin um $k = 131$ Streifen. Berechnen Sie die Brechzahl von Chlor.

5.3.2 Beugung

16. Auf der optischen Achse des einfachen Spaltes (Bild 5.3.9) S_1S_2 befindet sich die punktförmige Lichtquelle A und liefert bei B mit dem über S_1 bzw. S_2 laufenden Strahl ein Beugungsmaximum. Welche Bedingung erfüllt dabei die Summe $1/a + 1/b$?

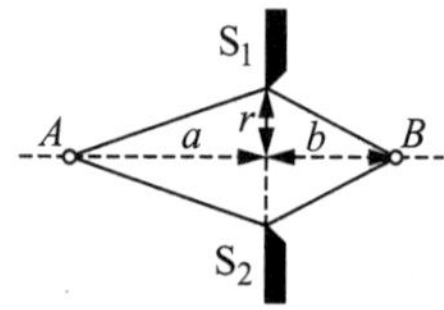

Bild 5.3.9

17. Beugung nach Fraunhofer. Ein einfacher Spalt von $d = 0,25$ mm Breite wird von parallelem Licht der Wellenlänge $\lambda = 500$ nm beleuchtet. In dem von einer Sammellinse auf dem Schirm entworfenen Beugungsbild beträgt der Abstand zwischen den links bzw. rechts von der Mitte gelegenen 3. Minima $2a = 3$ mm. Welche Brennweite hat die Linse?

18. Mit einer Kamera vom Öffnungsverhältnis $d : f = 1 : 2,8$ wird ein Stern fotografiert. Welchen Radius hat das auf dem Film entstehende zentrale Beugungsscheibchen ($\lambda = 600$ nm)?

19. Der Blick durch ein Strichgitter gegen den leuchtenden Plasmafaden einer Heliumröhre zeigt die gelbe Linie 1. Ordnung ($\lambda = 587,56$ nm) unter einem seitlichen Winkel von $\alpha_1 = 27,4°$. Unter welchem Winkel erscheint die Linie 2. Ordnung?

20. Welche Breite (in Winkelgrad) hat das Spektrum 1. Ordnung (gerechnet von $\lambda_1 = 700$ nm bis $\lambda_2 = 400$ nm), wenn weißes Licht senkrecht auf ein Strichgitter fällt, das 800 Linien je Millimeter enthält?

21. Es soll nachgewiesen werden, dass das rote Ende ($\lambda_1 = 700$ nm) des Spektrums 2. Ordnung eines Beugungsgitters vom violetten Ende des Spektrums 3. Ordnung ($\lambda_2 = 400$ nm) überlappt wird.

22. Paralleles weißes Licht ($\lambda = 350 \ldots 750$ nm) fällt senkrecht auf ein Beugungsgitter. Unmittelbar dahinter steht eine Sammellinse ($f = 150$ cm) und entwirft in ihrer Brennebene ein Spektrum 1. Ordnung von 6 cm Breite. Wie groß ist die Gitterkonstante?

23. Welchen Durchmesser muss ein kreisförmiger Fleck in der Zeichenebene haben, wenn er in der deutlichen Sehweite (25 cm) ebenso groß erscheint wie der Mond am Himmel? (Mondentfernung 384 400 km, Monddurchmesser 3 480 km)

24. Fällt Sonnenlicht durch das Blätterdach eines Baumes, so entstehen am Boden kreisrunde Lichtflecke von 12 cm Durchmesser. In welcher Höhe befindet sich die Baumkrone? (Die Sonne erscheint unter einem Sehwinkel von $32'$.)

25. Für die förderliche Vergrößerung eines Mikroskops wird die Formel $V = \dfrac{\varphi A}{6{,}88\lambda}$ angegeben. Sie entsteht durch Vergleich des physiologischen Sehwinkels φ des Auges mit dem Winkel φ_0, der durch den kleinsten auflösbaren Punktabstand $g = \dfrac{\lambda}{2A}$ und der deutlichen Sehweite s gegeben ist (A numerische Apertur, λ Wellenlänge des Lichtes in mm, φ in Minuten, $s = 250$ mm). a) Die Richtigkeit der Formel ist zu bestätigen. b) Welcher Wert ergibt sich bei der mittleren Wellenlänge $\lambda = 550$ nm, der numerischen Apertur $A = 1{,}4$ und dem Sehwinkel für aufmerksames Sehen $\varphi = 2'$?

26. Trotz Auswechseln des Okulars und Verlängerung des Tubus des Mikroskops ist es mit einem bestimmten Objektiv nicht möglich, mehr Einzelheiten zu erkennen als bei 500facher Vergrößerung. Welches ist der kleinste auflösbare Punktabstand? (Sehwinkel für aufmerksames Sehen $2'$, deutliche Sehweite $0{,}25$ m, mittlere Wellenlänge $\lambda = 600$ nm)

5.3.3 Polarisation

27. Berechnen Sie den Polarisationsgrad P des reflektierten Lichtes, das mit dem Winkel $\alpha = 45^\circ$ auf eine Glasplatte mit der Brechzahl $n = 1{,}5$ einfällt.

28. Berechnen Sie den Winkel δ der vollständigen Polarisation bei der Reflexion von Licht an einer Glasoberfläche mit $n = 1{,}52$.

29. Ein Lichtstrahl fällt unter dem Winkel der vollständigen Polarisation auf eine Glasplatte ($n = 1{,}54$). Wie groß ist der Polarisationsgrad des ins Glas hinein gebrochenen Lichtes?

30. Wie viele hintereinander liegende Glasplatten mit der Brechzahl $n = 1{,}5$ sind zur Erzeugung von 92 % polarisiertem Licht erforderlich, wenn die Bedingung $\delta = \arctan n$ eingehalten wird?

31. Unter einem Polarisator befindet sich eine Rohrzuckerlösung mit der spezifischen Drehung $\alpha_0 = \dfrac{66^\circ}{0{,}1\ \text{m} \cdot 10^3\ \text{kg/m}^3}$. Bestimmen Sie die kleinste nachweisbare Dichteänderung $\Delta\varrho$, wenn die Genauigkeit der Drehwinkelbestimmung des polarisierten Lichtes bei $\Delta\alpha = 0,5°$ liegt und das Probengefäß $l = 0,2$ m lang ist.

5.4 Fotometrie

1. Der Paraffinfleck auf einem Fotometerschirm verschwindet für das Auge, wenn er einerseits von einer Lampe der Lichtstärke $I_1 = 2,5$ cd aus 65 cm Entfernung, andererseits von einer Lampe der Lichtstärke I_2 aus 1,56 m Entfernung beleuchtet wird. Wie groß ist die Lichtstärke I_2?

2. (Bild 5.4.1) Zwei Lampen von $I_1 = 35$ cd bzw. $I_2 = 95$ cd haben einen Abstand von 1,50 m. An welcher Stelle ihrer Verbindungsstrecke muss ein beiderseits weißer Schirm S aufgestellt werden, damit er auf beiden Seiten gleich stark beleuchtet wird?

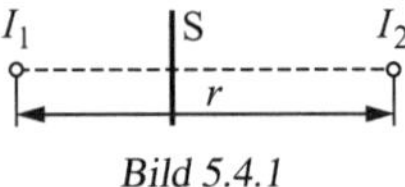

Bild 5.4.1

3. Eine punktförmig strahlende Lampe ergibt in 50 m Abstand die Beleuchtungsstärke 0,1 lx. a) Welche Lichtstärke und b) welchen Lichtstrom hat die Lampe?

4. Welche Beleuchtungsstärke ergibt eine punktförmige Lichtquelle in 6 m Entfernung, wenn sie in 8 m Entfernung 12 lx beträgt?

5. Welchen Lichtstrom empfängt eine $0,2\ \text{m} \times 0,3\ \text{m}$ große Fläche, auf die das Licht einer 2,40 m entfernten punktförmigen Lichtquelle von 80 cd senkrecht auftrifft?

6. Der Lichtkegel eines Scheinwerfers ist 60 m lang und beleuchtet einen Kreis von 3 m Durchmesser mit 4 lx. a) Welche Lichtstärke hat die Lichtquelle und b) welcher Lichtstrom fällt auf den Kreis?

7. (Bild 5.4.2) Zwei Lampen von $I_1 = 20$ cd bzw. $I_2 = 80$ cd im Abstand von 1,8 m beleuchten einen Schirm, der 0,9 m seitwärts von der Mitte ihrer Verbindungslinie aufgestellt ist. Um welchen Winkel ist er zu neigen, damit er von beiden Lampen gleich stark beleuchtet wird? Wie groß ist dann die Beleuchtungsstärke des Schirms?

8. Eine allseitig gleichmäßig strahlend gedachte Lampe von 5 000 lm hängt 8 m über der Straße. Welche Beleuchtungsstärke ergibt sich a) senkrecht unter der Lampe und b) am 6 m seitlich gelegenen Straßenrand?

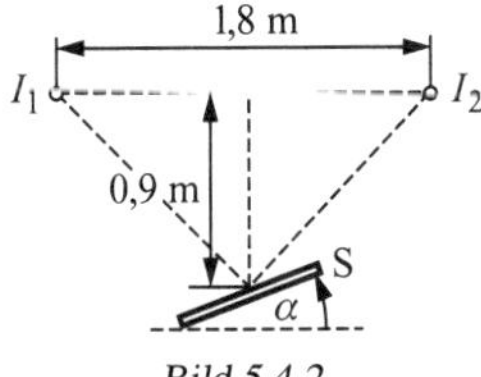

Bild 5.4.2

9. Welche Beleuchtungsstärke liefert eine Lampe, die 1,80 m über und 1 m seitlich von der Schreibfläche eines Tisches angebracht ist und in der betrachteten Richtung die Lichtstärke 142 cd aufweist?

10. Der Teil einer Tischfläche, der 2,5 m unterhalb und 1,2 m seitlich einer Lampe liegt, soll mit $E_v = 80$ lx beleuchtet werden. Welche Lichtstärke muss die Lampe in dieser Richtung haben?

11. Eine Lampe der Lichtstärke $I_v = 150$ cd hängt $h = 2$ m über Tischhöhe. a) Wie groß ist die Beleuchtungsstärke auf der Tischfläche unmittelbar unter der Lampe? b) Wie viel Meter seitlich davon besteht noch eine Beleuchtungsstärke von $E_v = 20$ lx, wenn angenommen wird, dass die Lichtstärke in seitlicher Richtung unverändert 150 cd beträgt?

12. (Bild 5.4.3) Über einem Arbeitsplatz werden in gleicher Höhe zwei Lampen angebracht, die eine 1 m links, die andere 2 m rechts davon, sodass der Lampenabstand 3 m beträgt. Wie hoch müssen die Lampen hängen, damit an der beleuchteten Stelle möglichst wenig Schatten entsteht, wenn die Lichtstärken $I_{v1} = 100$ cd bzw. $I_{v2} = 266$ cd betragen?

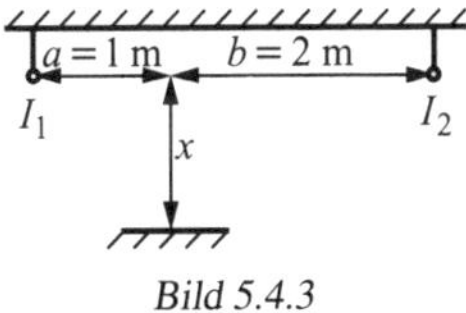

Bild 5.4.3

13. Welchen Lichtstrom wirft eine punktförmig strahlende Lampe der Lichtstärke 250 cd auf eine $r_1 = 3,5$ m entfernte kreisförmige Fläche vom Radius $r_2 = 0,4$ m?

14. Eine Lampe von 65 cd beleuchtet eine 1,8 m darunter liegende Fläche. Wie stark muss eine Lampe sein, die aus einer Höhe von 3,2 m die gleiche Beleuchtungsstärke ergibt?

15. Eine 50 cm^2 große Fläche, die senkrecht zu den einfallenden Strahlen gehalten wird, strahlt mit einer Leuchtdichte von 200 cd/m^2. Welche Beleuchtungsstärke erfährt sie von der 2 m entfernten Lampe bei vollständiger diffuser Reflexion?

16. Die punktförmige Lichtquelle (3 000 lm) eines Projektors steht 12 cm vom Kondensor (Durchmesser 10 cm) im Krümmungsmittelpunkt des Reflektors. Welche Beleuchtungsstärke erfährt die 8 m vom Objektiv ($f = 25$ cm) entfernte Projektionswand, wenn von Lichtverlusten abgesehen wird?

17. Welche Lichtstärke hat eine 1,20 m lange und 5 cm dicke Leuchtstoffröhre, deren Leuchtdichte $L_v = 2\,000\ \mathrm{cd/m^2}$ beträgt?

18. Ein Fotometer wird von einer Klarglaslampe in 1,10 m Abstand ebenso hell beleuchtet wie von einer Lampe von $I_{v1} = 45$ cd im Abstand von 0,75 m. a) Welche Lichtstärke hat die Klarglaslampe? b) Welche Leuchtdichte hat diese Lampe, wenn die abstrahlende Oberfläche des Glühfadens in der betrachteten Richtung 6 mm^2 beträgt?

19. Welche Leuchtdichte hat eine mattierte kugelförmige Glühlampe von 6 cm Durchmesser und mit dem Lichtstrom $\Phi_v = 350$ lm bei Annahme gleichmäßiger Abstrahlung?

20. Eine kugelförmige Lampe von $r = 3{,}5$ cm Radius und der Leuchtdichte $L_L = 30\,000\ \mathrm{cd/m^2}$ beleuchtet eine $a = 60$ cm entfernte, verlustlos diffus reflektierende Fläche. Wie groß ist deren Leuchtdichte L_F?

21. Bei der Beleuchtung von Arbeitsplätzen soll zur Vermeidung von Blendung die Leuchtdichte von Lampen den Wert von $2\,000\ \mathrm{cd/m^2}$ nicht überschreiten. Welchen Durchmesser muss die kugelförmige Milchglasglocke um eine 100-W-Lampe (1 220 lm) mindestens haben, wenn angenommen wird, dass diese nach allen Richtungen gleichmäßig strahlt?

22. Welche Leuchtdichte hat eine vom Tageslicht mit der Beleuchtungsstärke $E_v = 2\,000$ lx beschienene, ideal weiße, 50 cm^2 große Fläche und welche Lichtstärke kommt ihr zu, wenn man sie als Eigenstrahler auffasst?

23. Welche Beleuchtungsstärke E_{eM} liefert der Vollmond auf der Erde, wenn die des vollen Sonnenlichtes auf der Erde $E_{eS} = 100\,000$ lx beträgt und folgende Daten gegeben sind: Entfernung r_S Sonne–Mond = Sonne–Erde, Monddurchmesser $d = 3\,480$ km, Entfernung Mond–Erde $r_M = 384\,400$ km. Rückstrahlung des ausfallenden Lichtes des Mondes $\eta = 0{,}073$.

24. Vor einem weißen, von der Sonne mit 8 000 lx beschienenen Hintergrund hängt eine kugelige Opalglas-Glühlampe von 10 cm Durchmesser. Mit wie viel Candela darf die Lampe höchstens leuchten, wenn ihr Eigenlicht vor dem Hintergrund verschwinden soll? (Unter Nichtbeachtung des Farbunterschiedes)

25. Die 7 m $\times$ 5,9 m große Leinwand eines Lichtspielhauses wirft 75 % der auffallenden Lichtmenge zurück. Bei der Wiedergabe von Farbfilmen wird eine Beleuchtungsstärke vom 50fachen Zahlenwert der in Meter gerechneten Bildbreite verlangt. Wie groß sind a) die Beleuchtungsstärke, b) der auf die Fläche fallende Lichtstrom und c) die Leuchtdichte?

26. In welchem Abstand von einer 60 cd starken Lampe muss eine weiße Fläche aufgestellt werden, damit sie ebenso hell beleuchtet wird wie vom Licht des Vollmondes, dessen Leuchtdichte $L_v = 2\,500\ \mathrm{cd/m^2}$ beträgt und der unter dem Sehwinkel von $31'$ erscheint?

27. Berechnen Sie die Leistung, welche die Sonne in einen kugelförmig gedachten Weltraum abstrahlt, wenn die Bestrahlungsstärke der Erde (= Solarkonstante) $E_{eS} = 1,35\ \mathrm{kW/m^2}$ und der mittlere Abstand Erde–Sonne $d = 149,5 \cdot 10^6$ km betragen.

28. Welchen Strahlungsfluss Φ_e erzeugt die Wolframwendel einer Glühlampe (strahlende Oberfläche $A = 200\ \mathrm{mm^2}$) bei 2 500 K und einer Raumtemperatur von 18 °C, wenn ein Emissionsgrad von $\varepsilon = 0,3$ angenommen wird?

29. Wie groß muss die Fläche der Solarkonverter sein, um in einer Wüstengegend ein konventionelles Kraftwerk mit der elektrischen Leistung von 1 000 MW zu ersetzen? (Wirkungsgrad der Solaranlage 30 %, mittlere Strahlungsflussdichte der Sonne auf eine ihr senkrecht zugewandte Fläche 640 $\mathrm{W/m^2}$)

30. Berechnen Sie die Bestrahlungsstärke, welche die Sonne auf ihrer Oberfläche besitzt. (Sonnenradius $r_S = 7 \cdot 10^5$ km)

31. Wie groß ist die Oberflächentemperatur T_S der Sonne? (ε wird mit 1 angenommen; r_S, E_{eS} und $d_{\text{Erde-Sonne}}$ aus den vorhergehenden Aufgaben.)

6 Elektrik

Größen und Einheiten Elektrik

Formel-zeichen	Größe	Einheit	Beziehung zu den Basiseinheiten
B	magnetische Flussdichte	T	$1\ \text{T} = 1\ \text{V} \cdot \text{s/m}^2 = 1\ \text{kg/(A} \cdot \text{s}^2)$
B	Bandbreite	Hz	$1\ \text{Hz} = 1\ \text{s}^{-1}$
C	elektrische Kapazität	F	$1\ \text{F} = 1\ \text{C/V} = 1\ \text{A}^2 \cdot \text{s}^4/(\text{m}^2 \cdot \text{kg})$
d	Verlustfaktor	1	
d_{m}	Piezomodul	V/m	$1\ \text{V/m} = 1\ \text{m} \cdot \text{kg/(A} \cdot \text{s}^3)$
D	elektrische Flussdichte	C/m^2	$1\ \text{C/m}^2 = 1\ \text{A} \cdot \text{s/m}^2$
E	elektrische Feldstärke	V/m	$1\ \text{V/m} = 1\ \text{N/C} = 1\ \text{m} \cdot \text{kg/(A} \cdot \text{s}^3)$
E_{p}	potentielle Energie	J	$1\ \text{J} = 1\ \text{m}^2 \cdot \text{kg/s}^2$
E_{k}	kinetische Energie	J	$1\ \text{J} = 1\ \text{m}^2 \cdot \text{kg/s}^2$
f	Frequenz	Hz	$1\ \text{Hz} = 1\ \text{s}^{-1}$
G	elektrischer Leitwert	S	$1\ \text{S} = 1\ \Omega^{-1} = 1\ \text{A/V} = 1\ \text{A}^2 \cdot \text{s}^3/(\text{m}^2 \cdot \text{kg})$
H	magnetische Feldstärke	A/m	
I	elektrische Stromstärke	A	
J	elektrische Stromdichte	A/m^2	
k	Koppelfaktor	1	
L	Induktivität	H	$1\ \text{H} = 1\ \text{Wb/A} = 1\ \text{m}^2 \cdot \text{kg/(A}^2 \cdot \text{s}^2)$
m	elektromagnetisches Moment	$\text{A} \cdot \text{m}^2$	
n	Elektronendichte	m^{-3}	

Formelzeichen	Größe	Einheit	Beziehung zu den Basiseinheiten
N	Windungszahl	1	
P	Wirkleistung	W	$1\ \mathrm{W} = 1\ \mathrm{m}^2 \cdot \mathrm{kg/s}^3$
Q	elektrische Ladung	C	$1\ \mathrm{C} = 1\ \mathrm{A} \cdot \mathrm{s}$
Q	Blindleistung	var	$1\ \mathrm{var} = 1\ \mathrm{W} = 1\ \mathrm{m}^2 \cdot \mathrm{kg/s}^3$
Q	Gütefaktor	1	
R	Wirkwiderstand	Ω	$1\ \Omega = 1\ \mathrm{V/A} = 1\ \mathrm{m}^2 \cdot \mathrm{kg}/(\mathrm{A}^2 \cdot \mathrm{s}^3)$
S	elektrische Scheinleistung	VA	$1\ \mathrm{VA} = 1\ \mathrm{V} \cdot \mathrm{A} = 1\ \mathrm{W}$ $= 1\ \mathrm{m}^2 \cdot \mathrm{kg/s}^3$
S	Energiestromdichte	$\mathrm{W/m}^2$	$1\ \mathrm{W/m}^2 = 1\ \mathrm{kg/s}^3$
T	Periodendauer	s	
u	Ionenbeweglichkeit	$\mathrm{m}^2/(\mathrm{V \cdot s})$	$1\ \mathrm{m}^2/(\mathrm{V} \cdot \mathrm{s}) = \mathrm{A} \cdot \mathrm{s}^2/\mathrm{kg}$
U	elektrische Spannung	V	$1\ \mathrm{V} = 1\ \mathrm{m}^2 \cdot \mathrm{kg}/(\mathrm{A} \cdot \mathrm{s}^3)$
V	magnetische Spannung	A	
W	Arbeit, Energie	J	$1\ \mathrm{J} = 1\ \mathrm{m}^2 \cdot \mathrm{kg/s}^2$
X	Blindwiderstand	Ω	$1\ \Omega = 1\ \mathrm{m}^2 \cdot \mathrm{kg}/(\mathrm{A}^2 \cdot \mathrm{s}^3)$
Y	Scheinleitwert	S	$1\ \mathrm{S} = 1\ \mathrm{A}^2 \cdot \mathrm{s}^3/(\mathrm{m}^2 \cdot \mathrm{kg})$
Z	Scheinwiderstand	Ω	$1\ \Omega = 1\ \mathrm{m}^2 \cdot \mathrm{kg}/(\mathrm{A}^2 \cdot \mathrm{s}^3)$
α	Dämpfung	m^{-1}	
ε_0	elektrische Feldkonstante	F/m	$1\ \mathrm{F/m} = 1\ \mathrm{A} \cdot \mathrm{s}/(\mathrm{V} \cdot \mathrm{m})$ $= 1\ \mathrm{A}^2 \cdot \mathrm{s}^4/(\mathrm{m}^3 \cdot \mathrm{kg})$
ε_r	Permittivitätszahl	1	
η	Raumladungsdichte	$\mathrm{C/m}^3$	$1\ \mathrm{C/m}^3 = 1\ \mathrm{A} \cdot \mathrm{s/m}^3$
Θ	elektrische Durchflutung	A	
$\varkappa$	elektrische Leitfähigkeit	S/m	$1\ \mathrm{S/m} = 1\ \mathrm{A}^2 \cdot \mathrm{s}^3/(\mathrm{m}^3 \cdot \mathrm{kg})$
λ	Leistungsfaktor	1	
Λ	logarithmisches Dekrement	1	
μ_0	magnetische Feldkonstante	H/m	$1\ \mathrm{H/m} = 1\ \mathrm{V} \cdot \mathrm{s}/(\mathrm{A} \cdot \mathrm{m})$ $= 1\ \mathrm{m} \cdot \mathrm{kg}/(\mathrm{A}^2 \cdot \mathrm{s}^2)$

Formelzeichen	Größe	Einheit	Beziehung zu den Basiseinheiten
μ_r	Permeabilitätszahl	1	
ϱ	spezifischer elektrischer Widerstand	Ω·m Ω·mm²/m	$1\ \Omega \cdot \mathrm{m} = 1\ \mathrm{m}^3 \cdot \mathrm{kg}/(\mathrm{A}^2 \cdot \mathrm{s}^3)$ $1\ \Omega \cdot \mathrm{mm}^2/\mathrm{m} = 10^{-6}\ \Omega \cdot \mathrm{m}$
σ	Flächenladungsdichte	C/m^2	$1\ \mathrm{C}/\mathrm{m}^2 = 1\ \mathrm{A} \cdot \mathrm{s}/\mathrm{m}^2$
τ	Zeitkonstante	s	
φ	Phasenwinkel	rad	
Φ	magnetischer Fluss	Wb	$1\ \mathrm{Wb} = 1\ \mathrm{V} \cdot \mathrm{s} = 1\ \mathrm{m}^2 \cdot \mathrm{kg}/(\mathrm{A} \cdot \mathrm{s}^2)$
Ψ	elektrischer Fluss	C	$1\ \mathrm{C} = 1\ \mathrm{A} \cdot \mathrm{s}$
ω	Kreisfrequenz	Hz	$1\ \mathrm{Hz} = 1\ \mathrm{s}^{-1}$
$\varepsilon_{\mathrm{rLuft}}$	Permittivitätszahl für Luft bei 0 °C und 101,3 kPa: 1,00058		

6.1 Gleichstrom

6.1.1 Einfacher Stromkreis

1. Welche Spannung besteht zwischen zwei um $0,5$ m voneinander entfernten Punkten eines 1 mm dicken Kupferdrahtes ($\varrho = 0,0178\ \Omega \cdot \text{mm}^2/\text{m}$), durch den ein Strom von 6 A fließt?

2. Zwischen zwei um 6 m voneinander entfernten Punkten einer Starkstromleitung (Kupfer, $\varrho = 0,0178\ \Omega \cdot \text{mm}^2/\text{m}$) von 70 mm^2 Querschnitt wird die Spannung $0,23$ V gemessen. Welcher Strom fließt durch die Leitung?

3. Welcher Strom fließt bei vollständigem Kurzschluss durch einen Akkumulator von 2 V und $0,05\ \Omega$ Innenwiderstand?

4. Welcher Strom fließt je Volt Spannung durch einen Spannungsmesser, dessen Innenwiderstand 30 kΩ beträgt?

5. Durch einen unbelasteten Spannungsteiler von 80 mm Länge und 3 kΩ Gesamtwiderstand fließt ein Querstrom von $0,45$ mA. Welche Spannung wird an zwei um 50 mm entfernten Punkten abgegriffen?

6. Ein Relais trägt 40 000 Wicklungen von je 82 mm mittlerer Länge aus $0,5$ mm dickem Kupferdraht und liegt an einer Spannung von 60 V. Welcher Strom fließt?

7. Wickelt man von einer Spule 10 m Draht ab, so erhöht sich bei unveränderter Spannung der Strom von $1,52$ A auf $1,54$ A. Wie viel Meter Draht enthält die volle Spule?

8. Auf das Wievielfache nimmt der Widerstand eines Drahtes zu, wenn dieser bei unveränderter Masse auf die 10fache Länge gestreckt wird?

9. Ein $l = 32$ cm langer, lückenlos bewickelter Schiebewiderstand hat den Höchstwert 400 Ω. Wie viel Windungen trägt der $d_1 = 4$ cm dicke Wickelkörper und welche Dicke d_2 hat der Draht? (Konstantan, $\varrho = 0,5\ \Omega \cdot \text{mm}^2/\text{m}$)

10. Welchen Spannungsverlust verursacht die aus 5 mm dickem Kupferdraht ($\varrho = 0,0175\ \Omega \cdot \text{mm}^2/\text{m}$) bestehende Zuleitung zu dem 650 m vom Speisepunkt entfernten Verbraucher bei einer Belastung mit a) 25 A und b) 60 A?

11. Ein Verbraucher ist über eine 500 m vom Speisepunkt entfernte, 3 mm dicke Aluminiumleitung ($\varrho = 0,0286\ \Omega \cdot \text{mm}^2/\text{m}$) mit der Spannungsquelle verbunden. Bei Belastung mit $I_1 = 5$ A beträgt die Klemmenspannung $189,8$ V. Wie groß ist die Klemmenspannung bei Belastung mit $I_2 = 10$ A?

12. Ein Relais hat den Widerstand 1961 Ω. Die Wicklung hat den Querschnitt $60,4\ \text{mm} \times 4\ \text{mm}$, den Kupferfüllfaktor $0,65$ und den Innendurchmesser 10 mm. Wie viel Windungen enthält die Spule und welchen Netto-Durchmesser hat der Draht?

13. (Bild 6.1.1) Auf einen $d_1 = 20$ mm dicken Kern soll aus $d_2 = 0,2$ mm dickem Kupferdraht ($\varrho = 0,0175\ \Omega/\mathrm{mm}^2/\mathrm{m}$) eine aus 15 000 Windungen bestehende Spule gewickelt werden, deren Widerstand 1 000 Ω beträgt. Welche Wickelbreite b und Wickelhöhe h erhält die Spule bei einem Kupferfüllfaktor von 0,6?

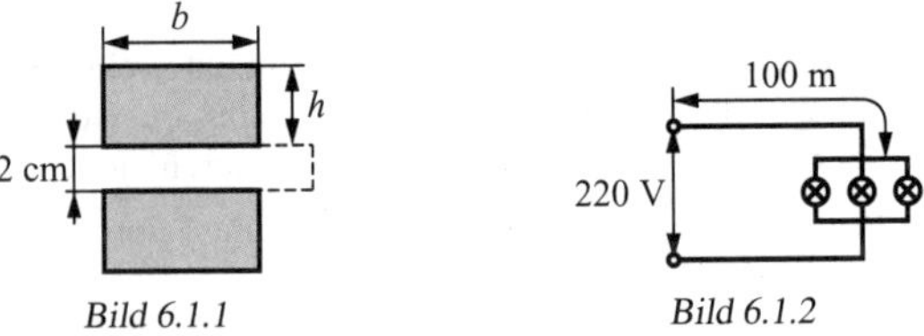

Bild 6.1.1 Bild 6.1.2

14. (Bild 6.1.2) Drei Lampen (je 240 Ω Widerstand) sind über eine 100 m lange (Einfachlänge), 1,5 mm dicke Aluminiumleitung mit $\varrho = 0,0286\ \Omega \cdot \mathrm{mm}^2/\mathrm{m}$ an eine Spannung von 220 V angeschlossen. Wie groß ist die Brennspannung der Lampen und um wie viel erhöht sie sich, wenn eine bzw. zwei Lampen abgeschaltet werden?

15. An einem Akkumulator, dessen Quellenspannung 6,2 V beträgt, wird bei Entnahme eines Stromes von $I_1 = 5$ A die Klemmenspannung $U_K = 6,1$ V gemessen. Wie groß sind Kloß sind Klemmenspannung und innerer Widerstand bei Entnahme von $I_2 = 20$ A?

16. Wie groß sind der innere Widerstand und die Quellenspannung einer Spannungsquelle, wenn die Klemmenspannung bei Entnahme von $I_1 = 12$ A bzw. $I_2 = 25$ A die Werte $U_{K1} = 24,6$ V bzw. $U_{K2} = 24,3$ V annimmt?

17. Von einer Steckdose, an der $U = 224$ V gemessen werden, führt eine $l = 26$ m lange (Einfachlänge), 2 mm dicke Aluminiumleitung mit $\varrho = 0,0286\ \Omega \cdot \mathrm{mm}^2/\mathrm{m}$ zu einem Küchenherd, der den Strom $I = 12$ A aufnimmt. Welche Spannung liegt am Küchenherd?

18. Eine Autobatterie, deren Quellenspannung 12 V und innerer Widerstand 0,01 Ω beträgt, wird bei Nachtfahrt mit a) 15 A und b) bei zusätzlicher Betätigung des Anlassers mit 130 A belastet. Wie groß sind die Klemmenspannungen?

19. Die Klemmenspannung einer Batterie hat bei einem äußeren Widerstand $R_{a1} = 17\ \Omega$ den Betrag 4,4 V und bei $R_{a2} = 9\ \Omega$ den Betrag 4,3 V. Wie groß sind Quellenspannung und innerer Widerstand?

20. Ein Gleichstromgenerator mit der Quellenspannung 120 V und dem Innenwiderstand 0,04 Ω ist über eine 80 m lange (Einfachlänge) und 1 mm dicke Kupferleitung mit zwei parallel geschalteten Verbrauchern von 20 Ω bzw. 28 Ω verbunden. Von welchem Strom werden diese durchflossen und wie groß ist die Klemmenspannung am Generator sowie an den Verbrauchern?

21. (Bild 6.1.3) Jedes der angegebenen Schaltelemente hat die Quellenspannung U_Q, von den Widerständen haben drei den Wert R, einer den Wert $2R$. Wie groß ist die Sapnnung zwischen den Punkten A und B?

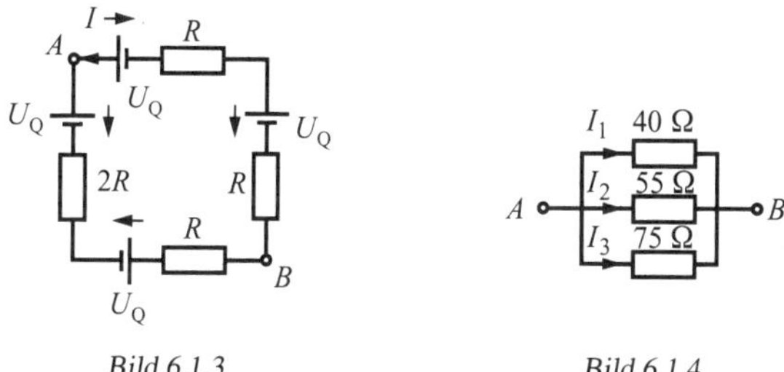

Bild 6.1.3

Bild 6.1.4

22. (Bild 6.1.4) Wie groß sind die Ströme $I_1 \dots I_3$, wenn an den Klemmen A und B die Spannung 65 V liegt?

23. (Bild 6.1.5) Jeder der angegebenen Widerstände beträgt 50 Ω. Von welchen Strömen werden sie durchflossen, wenn die Spannung zwischen A und B 125 V beträgt?

24. (Bild 6.1.6) Vier Lämpchen zu je $R = 36\ \Omega$ sind über einen Vorschaltwiderstand von $R_v = 9\ \Omega$ an eine 12-V-Batterie angeschlossen. Auf welchen Wert ist der Widerstand einzuregeln, wenn bei Ausfall eines Lämpchens die Stromstärke der übrigen so groß wie vorher bleiben soll?

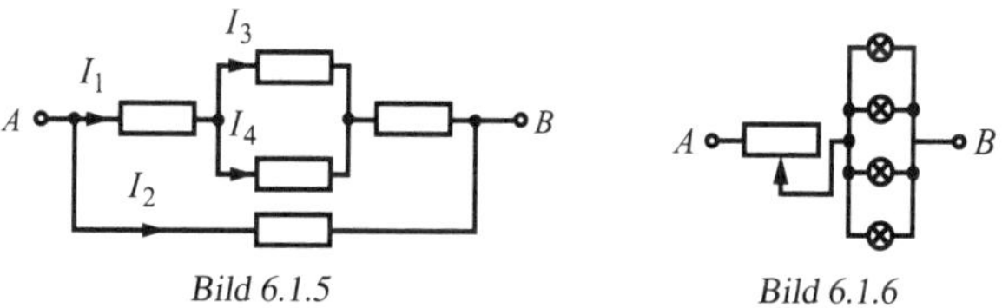

Bild 6.1.5

Bild 6.1.6

25. Ein Drehspulinstrument mit dem Innenwiderstand $R_i = 3\ \Omega$, das bei 30 mA voll ausschlägt, soll als Spannungsmesser für einen Messbereich von a) 3 V, b) 10 V und c) 100 V dienen. Welchen Wert muss der erforderliche Vorschaltwiderstand jeweils haben?

26. Schaltet man ein Drehspulinstrument in Reihe mit einem Widerstand von 50 Ω bzw. 60 Ω, so zeigt es einen Strom von 85,7 mA bzw. 72,0 mA an. Wie groß sind der Widerstand des Instrumentes und die angelegte Spannung?

6.1.2 Widerstandsnetzwerke

27. (Bild 6.1.7) Wie groß muss R_2 gewählt werden, wenn $R_1 = 750\ \Omega$ ist und der Gesamtwiderstand $R_g = 350\ \Omega$ betragen soll?

28. (Bild 6.1.8) Berechnen Sie den Gesamtwiderstand zwischen den Punkten *A* und *B*, wenn jeder Einzelwiderstand 3 Ω beträgt.

29. (Bild 6.1.9) Berechnen Sie den Gesamtwiderstand zwischen den Punkten *A* und *B*.

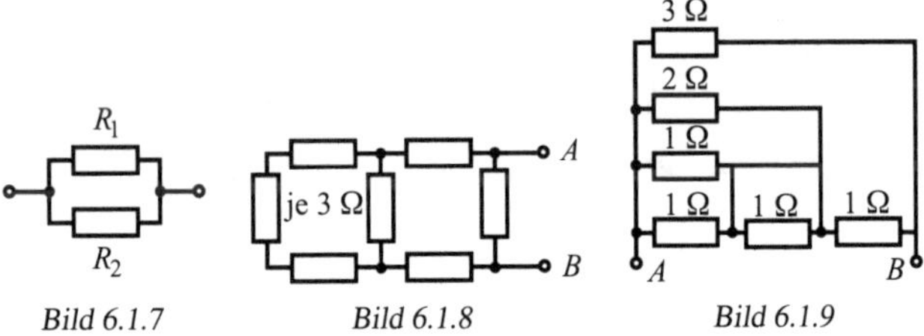

Bild 6.1.7 *Bild 6.1.8* *Bild 6.1.9*

30. (Bild 6.1.10) Wie groß muss der Widerstand R_x gewählt werden, damit der Gesamtwiderstand zwischen den Klemmen *A* und *B* den Betrag $R_{AB} = 7\ \Omega$ hat?

31. Innerhalb welcher Grenzen lässt sich der Gesamtwiderstand von Aufgabe 30 bei beliebiger Wahl von R_x ändern?

32. Schaltet man zu einem Widerstand R_1 einen zweiten R_2 parallel, so beträgt der Gesamtwiderstand nur noch $R_1/5$. Wie groß ist das Verhältnis R_1/R_2?

33. Zwei Widerstände ergeben in Reihenschaltung den 6fachen Wert wie in Parallelschaltung. In welchem Verhältnis $R_1/R_2 = x$ stehen sie zueinander?

34. (Bild 6.1.11) Von einem geraden Stück Draht der Länge l wird ein Stück x abgeschnitten und der Länge nach mit dem Rest verlötet. Wie lang muss das Stück x sein, wenn der Widerstand nunmehr den halben Wert haben soll?

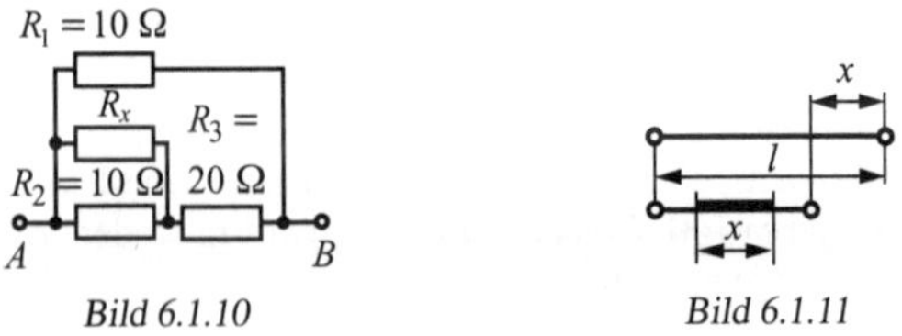

Bild 6.1.10 *Bild 6.1.11*

35. Ein gerades Stück Draht vom Widerstand R wird zu einem quadratischen Rahmen zusammengelötet. Den wievielten Teil von R beträgt der Widerstand zwischen den Endpunkten einer Quadratseite?

36. Ein gerades Stück Draht vom Widerstand R wird zu einem Rechteck gebogen und zusammengelötet. In welchem Verhältnis stehen die Rechteckseiten zueinander, wenn der Widerstand zwischen den Endpunkten einer Rechteckseite $1/8 \cdot R$ beträgt?

37. Zwei Widerstände von $200\ \Omega \cdot (1 \pm 10\ \%)$ bzw. $500\ \Omega \cdot (1 \pm 10\ \%)$ sind parallel geschaltet. Wie groß sind der Gesamtwiderstand und die dazugehörige Toleranz?

38. (Bild 6.1.12) Zwei gleichmäßig bewickelte Schiebewiderstände von je $0,2$ m Länge und $R_1 = 200\ \Omega$ bzw. $R_2 = 500\ \Omega$ sind je zur Hälfte eingeschaltet und liegen parallel. Um wie viel ist der Abgriff des unteren Widerstandes zu verschieben, wenn der obere um 40 mm nach rechts verschoben wird und der Gesamtstrom sich dabei nicht ändern soll?

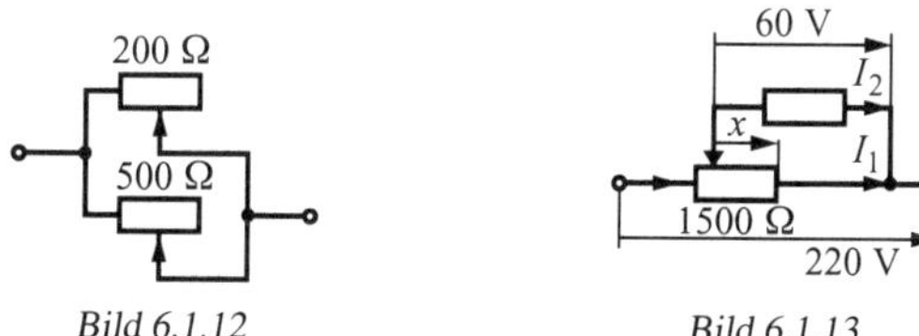

Bild 6.1.12 *Bild 6.1.13*

39. (Bild 6.1.13) An einem Spannungsteiler von $R = 1,5\ \mathrm{k}\Omega$ Gesamtwiderstand wird die Spannung $U_1 = 60$ V abgegriffen, wobei der vom Verbraucher entnommene Strom $I_2 = 0,15$ A beträgt. Welcher Bruchteil x der Länge des Spannungsteilers liegt dem Verbraucher parallel und mit welchen Strömen I und I_1 werden die beiden Teilabschnitte belastet, wenn die Gesamtspannung $U = 220$ V beträgt?

40. Der Messbereich $I_1 = 20$ mA eines Strommessers soll durch Parallelschalten eines Widerstandes (Shunt) auf a) $I = 200$ mA, b) $I = 1$ A und c) $I = 10$ A erweitert werden. Welche Widerstandswerte müssen die Shunts aufweisen, wenn der Widerstand des Instrumentes einschl. der Anschlusskabel $R_1 = 3\ \Omega$ beträgt?

41. Zu einem Strommesser, dessen Innenwiderstand $R_1 = 1\ \Omega$ beträgt, werden nacheinander Widerstände (Shunts) von a) $0,2\ \Omega$, b) $0,01266\ \Omega$ und c) $0,00402\ \Omega$ parallel geschaltet. Auf den wievielfachen Wert erhöht sich dadurch der Messbereich?

42. Der Zeiger eines Strommessers, dessen Innenwiderstand 24 Ω beträgt, schlägt bei 84 mA voll aus. Welchen Wert muss ein Nebenwiderstand haben, wenn dem Vollausschlag 100 mA entsprechen sollen?

43. Durch Parallelschalten eines Widerstandes von 28 Ω wird der Messbereich eines Strommessers von 5,6 A auf 6 A korrigiert. Wie groß ist sein Innenwiderstand?

6.1.3 Arbeit und Leistung des elektrischen Stromes

44. Wie viel Lampen von je 40 W dürfen bei 125 V Spannung höchstens gleichzeitig brennen, wenn die Leitung mit 6 A abgesichert ist?

45. Wie viel Watt verbraucht eine Lampe (100 W/220 V), wenn die Netzspannung nur 190 V beträgt und ihr Widerstand als konstant angenommen wird?

46. Welche elektrische Wirkleistung wird vergeudet, wenn man ein für $U_1 = 125$ V bestimmtes Gerät mit dem Verbrauch 850 W über einen passenden Vorschaltwiderstand an das 220-Volt-Netz anschließt?

47. Ein Zähler macht je kWh 1 800 Umdrehungen. Welche Wirkleistung verbrauchen die angeschlossenen Geräte, wenn er in einer Minute 117 Umdrehungen ausführt?

48. Zwei in einen Küchenherd eingebaute Heizkörper geben in Reihe 133 W und parallel geschaltet 600 W ab. Welche Leistungen werden abgegeben, wenn jeder Heizkörper einzeln eingeschaltet wird?

49. In welchem Verhältnis stehen zwei Widerstände zueinander, die bei gleicher Spannung in Parallelschaltung die 6fache Wirkleistung wie in Reihenschaltung verbrauchen?

50. Die Beträge zweier Widerstände verhalten sich wie $R_1 : R_2 = 1 : 5,83$. In welchem Verhältnis stehen die Wirkleistungen zueinander, wenn die Widerstände parallel zueinander geschaltet werden?

51. Zwei für $U_1 = 125$ V bestimmte Lampen von $P_1 = 40$ W bzw. $P_2 = 100$ W werden in Reihe an $U_2 = 220$ V angeschlossen. Welche Wirkleistungen nehmen sie bei unverändert angenommenem Widerstand auf?

52. Eine Lampe für $U_1 = 4$ V und $P_1 = 6$ W soll in Reihe mit einem elektrischen Heizkörper an das 220-V-Netz angeschlossen werden, wobei sie normal brennen soll. Welche Wirkleistung muss der Heizköper bei voller Spannung von 220 V bzw. bei vorgeschalteter Lampe aufnehmen?

53. Ein frisch geladener Akkumulator der Kapazität 75 Ah speist bei einer Klemmenspannung von 6,3 V 2,5 Stunden lang zwei Lampen zu je 32 W und 3 Stunden lang 6 Lampen zu je 6,5 W. Welche elektrische Ladung verbleibt, wenn die Spannung als konstant angenommen wird?

54. Ein Motor von 25 kW Wirkleistung und der Klemmenspannung 450 V wird über eine 250 m lange (einfache Länge) Kupferleitung von 4 mm Durchmesser gespeist. Wie viel Prozent der abgegebenen Wirkleistung gehen in der Leitung verloren?

55. Wie dick muss der Leitungsdraht mindestens sein, wenn der Übertragungsverlust in Aufgabe 54 5 % nicht überschreiten soll?

56. Die Wirkleistung eines elektrischen Gerätes sinkt infolge Unterspannung im Netz um 18 %. Um wie viel Prozent liegen Spannung und Strom unter ihrem Sollwert?

57. Beim Anschluss eines elektrischen Heizkörpers an das 220-V-Netz über eine Kupferleitung ($\varrho = 0{,}0178\ \Omega \cdot \mathrm{mm}^2/\mathrm{m}$) von 10 m Einfachlänge und $1{,}5\ \mathrm{mm}^2$ Querschnitt sinkt die Spannung um $\Delta U = 2{,}5$ V. Welche Leistung verbraucht der Heizkörper?

58. Erhöht sich die an einem Heizgerät vom Widerstand 15 Ω liegende Spannung um 3 V, so nimmt die Wirkleistung um $88{,}5$ W zu. Wie groß sind ursprüngliche Spannung und Wirkleistung?

59. Der Heizdraht eines Küchenherdes für 220 V/400 W wird bei einer Reparatur um $1/10$ seiner Länge verkürzt. Wie ändern sich Leistung und Stromstärke?

60. In einem Wohnhaus werden täglich 5 Stunden lang 80 m Kupferleitungsdraht ($\varrho = 0{,}0178\ \Omega \cdot \mathrm{mm}^2/\mathrm{m}$) vom Strom $4{,}5$ A durchflossen. Wie viel Kilowattstunden werden jährlich eingespart, wenn Draht von $1{,}5\ \mathrm{mm}^2$ Querschnitt anstelle eines Querschnittes von $0{,}75\ \mathrm{mm}^2$ verlegt wird?

61. Aus einem Schacht sind stündlich $3{,}2\ \mathrm{m}^3$ Wasser aus 600 m Tiefe zu fördern. Wie viel Kilowatt nimmt der Antriebsmotor auf, wenn der Wirkungsgrad des Motors $0{,}95$ und der der Pumpe $0{,}75$ beträgt?

62. Für eine Projektionslampe von $P_1 = 150$ W und $U_1 = 60$ V soll zum Anschluss an 125 V ein Vorschaltwiderstand aus $0{,}4$ mm dickem Konstantandraht ($\varrho = 0{,}5\ \Omega \cdot \mathrm{mm}^2/\mathrm{m}$) gewickelt werden. Wie viel Meter Draht sind erforderlich und welche Wirkleistung P_2 verbraucht der Widerstand?

63. Welche Temperaturänderung erfährt eine 100 m lange und $1{,}2$ mm dicke Kupferleitung, die eine Stunde lang von 6 A durchflossen wird, wenn keine Wärme nach außen abgegeben wird?
[Spezifischer Widerstand $0{,}02\ \Omega \cdot \mathrm{mm}^2/\mathrm{m}$, Dichte $8{,}93 \cdot 10^3\ \mathrm{kg}/\mathrm{m}^3$, spezifische Wärmekapazität $0{,}39\ \mathrm{kJ}/(\mathrm{kg} \cdot \mathrm{K})$]

64. Durch eine 1 mm dicke Kupferleitung mit eingeschalteter Schmelzsicherung ($0{,}2$ mm dicker Silberdraht) fließt ein Kurzschlußstrom von 25 A. a) Wie lange dauert es, bis die Sicherung zu schmelzen beginnt, und b) welche Temperatur hat die Leitung bis dahin angenommen?
Silber: $c_1 = 0{,}23\ \mathrm{kJ}/(\mathrm{kg} \cdot \mathrm{K})$, $\varrho_1 = 0{,}016\ \Omega \cdot \mathrm{mm}^2/\mathrm{m}$,
Dichte $\varrho_1' = 10{,}5 \cdot 10^3\ \mathrm{kg}/\mathrm{m}^3$, Schmelzpunkt 961 °C;
Kupfer: $c_2 = 0{,}39\ \mathrm{kJ}/(\mathrm{kg} \cdot \mathrm{K})$, $\varrho_2 = 0{,}0175\ \Omega \cdot \mathrm{mm}^2/\mathrm{m}$,
Dichte $\varrho_2' = 8{,}93 \cdot 10^3\ \mathrm{kg}/\mathrm{m}^3$, Anfangstemperatur 20 °C

65. Am Eingang einer $l = 200$ m langen Doppelleitung (Kupferdraht 1 mm) liegt eine Spannung von $U = 220$ V, am Ende sind drei Lampen von je

$P_1 = 100$ W angeschlossen. Wie groß ist die Brennspannung der Lampen und um wie viel sinkt diese Verbraucherspannung, wenn außerdem noch ein Heizgerät der Wirkleistung $P_2 = 800$ W angeschlossen wird?

66. (Bild 6.1.14) Vier Lampen, von denen bei $U_A = 110$ V zwei mit $P_1 = 40$ W und zwei mit $P_2 = 60$ W normal brennen, werden an eine Spannung von $U_B = 220$ V angeschlossen. Wie viel Watt nehmen sie in dieser Schaltung auf und welche Spannung besteht zwischen den Punkten *1* und *2*? (Der Lampenwiderstand wird als konstant angenommen.)

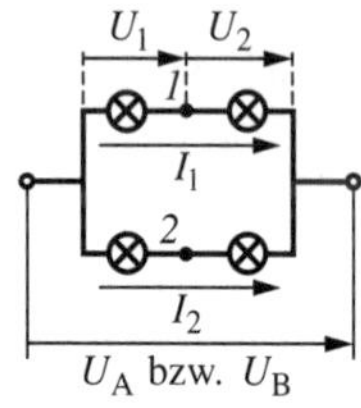

Bild 6.1.14

67. Welche Wirkleistung nehmen die in Aufgabe 66 dargestellten Lampen auf, wenn die Punkte *1* und *2* kurzgeschlossen werden?

6.2 Elektrisches Feld

1. Welcher Strom fließt aus einem Elektrometer mit der Kapazität 25 pF ab, wenn es anfänglich eine Spannung von 60 V anzeigt, die innerhalb von 24 s auf 42 V abfällt?

2. , **3.**, **4.** Es ist die Gesamtkapazität der auf den Bildern 6.2.1 bis 6.2.3 angegebenen Schaltungen zu berechnen.

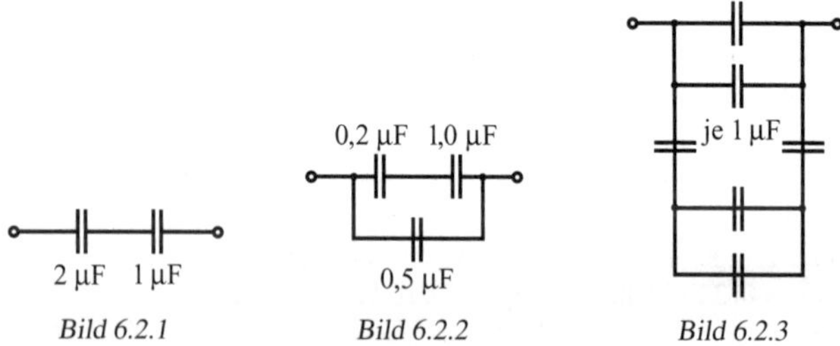

Bild 6.2.1 *Bild 6.2.2* *Bild 6.2.3*

5. Die Gesamtkapazität C der auf Bild 6.2.4 angegebenen Schaltung beträgt $5,2$ µF. Wird C_2 infolge Durchschlages kurzgeschlossen, so ist die Gesamtkapazität $C' = 6$ µF. Wird dagegen C_1 kurzgeschlossen, so ist die Gesamtkapazität $C'' = 7$ µF. Welche Werte haben C_1, C_2 und C_3?

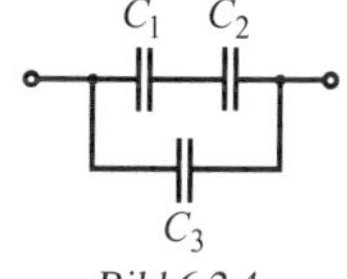

Bild 6.2.4

6. Welche Ladung enthält ein auf 220 V geladener Kondensator von $1,5\ \mu F$?

7. Zwei parallel geschaltete Kondensatoren, von denen der eine die Kapazität $C_1 = 2,8\ \mu F$ hat, liegen an der Spannung $22,7$ V und enthalten die Ladung $75\ \mu A \cdot s$. Welche Kapazität hat der andere Kondensator?

8. Zwei in Reihe geschaltete Kondensatoren von $C_1 = 1,5\ \mu F$ bzw. $C_2 = 3,5\ \mu F$ liegen an der Spannung 110 V. Auf welche Teilspannungen laden sie sich auf und welche Ladungsmengen enthalten sie?

9. Ein Fadenelektrometer hat die Kapazität 2 pF und ergibt bei $0,8$ V Spannung einen deutlichen Ausschlag. Wie viel Elektronen bewirken dies?

10. Zwei kreisförmige Platten von 20 cm Durchmesser stehen einander im Abstand von $1,2$ cm isoliert gegnüber und sind mit einer Spannungsquelle von 220 V verbunden. Wie groß ist die Feldstärke im Zwischenraum und welche Ladungsmenge befindet sich auf den Platten?

11. Wie ändern sich Feldstärke und Ladungsmenge in Aufgabe 10, wenn der Zwischenraum unter Aufrechterhaltung der Spannung mit Paraffinöl ($\varepsilon_r = 2,5$) ausgefüllt wird?

12. Ein Luftkondensator wird mit 80 V geladen, von der Spannungsquelle abgetrennt und mit einem Öl von $\varepsilon_r = 2,1$ gefüllt. Wie ändern sich Ladung und Spannung?

13. Drei Kondensatoren, von denen der eine die Kapazität $C_1 = 3\ \mu F$ hat, ergeben in Parallelschaltung $C' = 13\ \mu F$ und in Reihenschaltung $C'' = 1,33\ \mu F$. Welche Kapazitätswerte haben die beiden anderen Kondensatoren?

14. Zwei Kondensatoren von $C_1 = 2\ \mu F$ bzw. $C_2 = 5\ \mu F$ werden auf $U_1 = 100$ V bzw. $U_2 = 200$ V geladen und dann mit gleichen Vorzeichen parallel geschaltet. Welche gemeinsame Spannung stellt sich ein?

15. Die beiden Kondensatoren der Aufgabe 14 werden nach dem Aufladen in Reihe geschaltet, wobei der Pluspol des einen mit dem Minuspol des anderen verbunden wird. a) Welche Spannung besteht zwischen den freien Klemmen? b) Welche Ladung tragen die Kondensatoren und wie groß sind ihre Spannungen, wenn die freien Klemmen jetzt kurzgeschlossen werden?

16. Zwei in Reihe geschaltete Kondensatoren von $C_1 = 1\ \mu F$ bzw. $C_2 = 4\ \mu F$ werden an 200 V Spannung angeschlossen und nach dem Aufladen von der

Spannungsquelle getrennt. Welche gemeinsame Spannung stellt sich ein, wenn sie a) mit gleichen Vorzeichen und b) mit entgegengesetzten Vorzeichen parallel geschaltet werden?

17. Welche Einheiten ergeben sich bei der Vereinfachung folgender Ausdrücke:

a) $\frac{\mathrm{V \cdot m \cdot A^2 \cdot s^2}}{\mathrm{A \cdot s \cdot m^2}}$ b) $\sqrt{\frac{\mathrm{A^2 \cdot s^2 \cdot V \cdot m \cdot s^2}}{\mathrm{A \cdot s \cdot kg \cdot m}}}$ c) $\sqrt{\frac{\mathrm{N \cdot V}}{\mathrm{m \cdot A \cdot s}}}$

d) $\frac{\mathrm{kg \cdot m^4 \cdot V}}{\mathrm{s^3 \cdot A \cdot V^2}}$ e) $\frac{\mathrm{W \cdot s^3}}{\mathrm{kg \cdot m^2}}$ f) $\frac{\mathrm{kg \cdot m^2}}{\mathrm{A \cdot V \cdot s^2}}$

g) $\sqrt{\frac{\mathrm{W \cdot s^3}}{\mathrm{kg}}}$ h) $\frac{\mathrm{N \cdot m}}{\mathrm{A \cdot s}}$ i) $\frac{\mathrm{W^2 \cdot s^4}}{\mathrm{V \cdot m \cdot A \cdot s \cdot kg}}$

18. Auf welche Spannung muss ein Kondensator von $0,2\ \mu\mathrm{F}$ geladen werden, damit er die Energie $2\ \mathrm{W \cdot s}$ enthält?

19. Werden zwei verschieden große, ursprünglich in Reihe geschaltete geladene Kondensatoren parallel geschaltet, so nimmt die elektrische Feldenergie ab. Wie ist dies zu erklären?

20. Zwei in Reihe geschaltete Kondensatoren liegen an 120 V Spannung und enthalten die Energie $W_1 = 0{,}011\,57\ \mathrm{W \cdot s}$. Werden sie abgetrennt und mit gleichen Polen parallel geschaltet, so sinkt die Energie auf $W_2 = 0{,}010\,626\ \mathrm{W \cdot s}$. Wie groß sind ihre Kapazitäten?

21. Welche Spannung ist in einem horizontal aufgestellten Plattenkondensator (Plattenabstand $d = 10$ mm) erforderlich, um ein Öltröpfchen zum Schweben zu bringen? Das Tröpfchen (Dichte $\varrho = 0{,}8 \cdot 10^3\ \mathrm{kg/m^3}$, Durchmesser $d = 20\ \mu\mathrm{m}$) soll eine negative Ladung enthalten, welche 10 Elementarladungen entspricht.

22. Mit welcher Kraft stoßen sich zwei Metallkugeln von je $0{,}001$ m Radius im Mittelpunktsabstand $0{,}03$ m ab, wenn sie beide auf die Spannung 220 V gegen Erde aufgeladen werden?

23. Zwei durch Luftzwischenraum voneinander isolierte Platten sind an eine Spannungsquelle von 1 000 V angeschlossen und ziehen sich mit der Kraft 10 N an, wenn die Feldstärke 1 000 kV/m beträgt. Wie groß sind die Platten und welche Kapazität hat der von Ihnen gebildete Kondensator?

24. Welche Energie enthält ein Kondensator der Kapazität $5\ \mu\mathrm{F}$, wenn er mit der Spannung 220 V aufgeladen wird?

25. An einem Plattenkondensator liegt eine elektrische Spannung von $U = 220$ V. Der Plattenabstand beträgt $d = 2$ cm. Welche Geschwindigkeit erreicht ein Elektron im Kondensator längs einer Feldlinie auf einem Weg von 5 mm?

26. Ein Elektron erreicht in einer Kathodenstrahlröhre längs einer Strecke von $s = 5$ cm die Geschwindigkeit $v = 4 \cdot 10^7$ m/s. Senkrecht zu seiner Bahn wirkt ein Magnetfeld der Flussdichte $B = 0,3$ T. Berechnen Sie die a) lineare Beschleunigung a, b) Kraft F in Richtung der Flugbahn und c) Lorentz-Kraft F_L, die auf das Elektron wirken.

27. In einer elektrostatisch arbeitenden Filteranlage werden Staubteilchen entsprechend ihrer Ladung von Kondensatorplatten aufgenommen. Welche Beschleunigung erfahren Staubteilchen der Masse $m = 5 \cdot 10^{-12}$ kg und der Ladung $Q = 8 \cdot 10^{-18}$ C? ($U = \pm 5$ kV, Plattenabstand $d = 4$ cm)

28. Das Elektron im Wasserstoffatom befindet sich nach dem Bohr'schen Atommodell auf einer Kreisbahn mit dem Durchmesser $d = 1,1 \cdot 10^{-10}$ m. Berechnen Sie die Kraft, mit der das Elektron auf der Bahn gehalten wird. ($\varepsilon_r = 1$)

29. Welche abstoßende Kraft üben zwei Elektronen aufeinander aus, die sich im Abstand $s = 1$ nm befinden?

30. Mit welcher Kraft ziehen sich die zwei quadratischen Platten der Fläche $A = 1 \cdot 10^{-6}$ m^2 eines Kondensators an, wenn ihr Abstand $s = 5 \cdot 10^{-5}$ m, die anliegende Spannung $U = 500$ V und das Dielektrikum Luft ist?

31. (Bild 6.2.5) Mit welcher Kraft wird ein Glimmerdielektrikum ($\varepsilon_{rG} = 6,5$) in den mit Aufgabe 30 beschriebenen Kondensator hineingezogen, wenn a sein Abstand vom oberen Plattenrand ist?

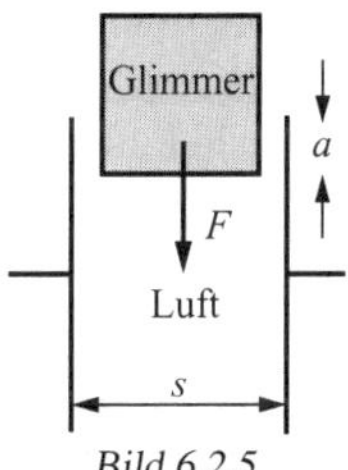

Bild 6.2.5

32. Welche Zeit benötigt ein einfach geladenes Ion, das die Beweglichkeit $u = 1,87 \cdot 10^{-4}$ m^2/(V · s) besitzt, um in einem luftgefüllten Kondensator aus einem Abstand von $s = 1$ mm eine der beiden Kondensatorplatten zu erreichen?

33. Wie groß ist die Anziehungskraft F auf 1 km Leitungslänge zwischen den beiden Kabeln einer Zweileiterfreileitung, zwischen denen eine Potentialdifferenz von $U = 50$ kV besteht? (Leiterradius $r = 5$ mm, Abstand $x = 1,75$ m)

34. Wie groß ist die Driftgeschwindigkeit von Ag-Ionen in einem elektrischen Feld mit $E = 1\,000$ V/m? [Die auf die Faraday-Konstante bezogene Ionenbeweglichkeit sei $u' = 46,2\ \text{m}^2/(\Omega \cdot \text{kmol}) \cdot F^{-1}$.]

35. An einen geschliffenen Marmorblock und eine polierte Metallplatte der Fläche $A = 6 \cdot 10^{-2}\ \text{m}^2$ im Abstand $s = 10\ \mu\text{m}$ wird eine Gleichspannung von $U = 220$ V angelegt. Wie groß ist entstehende Haftkraft F zwischen den beiden Materialien? ($\varepsilon_r = 1$)

36. Ein α-Teilchen ($m_\alpha = 6,645 \cdot 10^{-27}$ kg) nähert sich dem Kern eines Bleiatoms (Ordnungszahl von Blei $Z = 82$) mit der Geschwindigkeit $v = 1,5 \cdot 10^7$ m/s. Berechnen Sie die entstehende coulombsche Abstoßkraft für den Punkt seiner größten Kernannäherung r_{min}.

37. Eine Punktladung mit $Q_1 = 5 \cdot 10^{-8}$ C wird aus dem Unendlichen an eine geladene Kugel ($r_K = 5$ cm, $\sigma = 2 \cdot 10^{-5}\ \text{C/m}^2$) bis auf den Kugelabstand von 10 cm herangeführt. Berechnen Sie die aufzuwendende Arbeit.

38. Wie groß ist die Driftgeschwindigkeit der Elektronen bei einer an einem Kupferdraht der Länge 2,5 m anliegenden Potentialdifferenz von 2 V, wenn angenommen wird, dass jedes Kupferatom ein Leitungselektron enthält? (Dichte $\varrho' = 8,9 \cdot 10^3\ \text{kg/m}^3$, $\varrho = 0,017\ \Omega \cdot \text{mm}^2/\text{m}$)

39. Eine 5 mm dicke Quarzplatte wird einer Druckspannung von 1 MPa ausgesetzt. Auf welche Spannung laden sich die beiden anliegenden Elektroden der Fläche von je 1 cm^2 auf und welche elektrische Ladung wird auf ihnen erzeugt?
(Elastizitätsmodul $E' = 78,5$ GPa, Piezomodul $d_m = 2,25 \cdot 10^{-12}$ V/m)

40. Zwei Punktladungen befinden sich in Luft in 10 cm Entfernung. Berechnen Sie die Entfernung der Punktladungen, wenn diese in Öl ($\varepsilon_r = 5$) die gleiche Wechselwirkungskraft wie in Luft besitzen sollen.

41. Vergleichen Sie die Größe der elektrostatischen und der gravitativen Wechselwirkungskraft zwischen zwei Elektronen in Luft.
($m_e = 9,1094 \cdot 10^{-31}$ kg)

42. 10 mit je 10^{-9} C geladene Wassertröpfchen befinden sich in Luft und werden zu einem großen Tropfen vereint. Berechnen Sie das Potential des großen Tropfens. (Radius der kleinen Tropfen je $r = 1$ mm)

43. (Bild 6.2.6) An einem Punkt sind zwei Kugeln mit gleicher Masse an 30 cm langen Fäden aufgehängt und berühren sich. Sie erhalten gemeinsam die Ladung von $Q = 10^{-6}$ C. Wie groß ist die nach der einsetzenden Abstoßung auf die Kugeln wirkende Gewichtskraft, wenn die Aufhängungsfäden einen Winkel von 60° bilden?

44. (Bild 6.2.7) Ein Elektron mit der Geschwindigkeit $v = 10^7$ m/s tritt zentral in das elektrische Querfeld einer Fernsehablenkeinheit ein. Berechnen

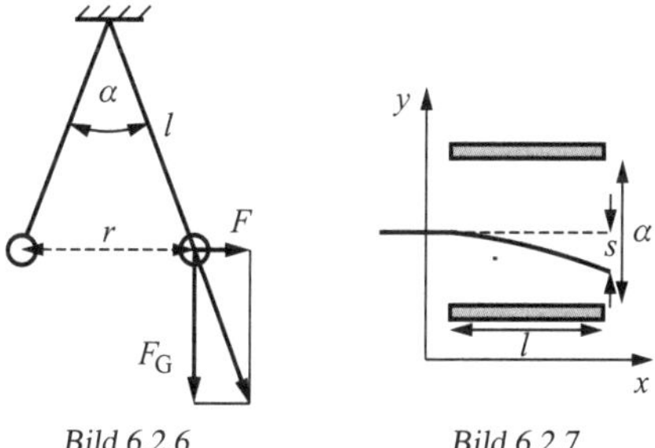

Bild 6.2.6 Bild 6.2.7

Sie die Bahnabweichung des Elektrons nach Passieren der Ablenkplatten, an denen die Spannung von 1 kV anliegt. ($a = l = 10$ mm)

6.3 Magnetisches Feld

1. Von zwei äußerlich gleich aussehenden Stahlstäben ist der eine magnetisch. Wie lässt sich dieser ohne weitere Hilfsmittel herausfinden?

2. Ein Elektromagnet wird durch 2800 Windungen erregt, durch die ein Strom von 3,2 A fließt. Welcher Strom würde bei nur 650 Windungen denselben magnetischen Fluss erzeugen?

3. Eine 25 cm lange, eisenlose Zylinderspule mit 240 Windungen hat im Innern denselben magnetischen Fluss wie eine halb so lange Spule mit 150 Windungen. In welchem Verhältnis stehen die Stromstärken zueinander?

4. (Bild 6.3.1) Weshalb ist die Gleichung $H_{Fe} = IN/l_{Fe}$ im Fall einer Zylinderspule ungültig, wenn ihr Inneres mit einem geraden Eisenkern ausgefüllt ist?

5. (Bild 6.3.2) Welcher Strom fließt durch die 450 Windungen (2 cm Durchmesser) einer eisenfreien Ringspule von 10 cm mittlerem Durchmesser, in deren Innerem ein magnetischer Fluss von $200 \cdot 10^{-8}$ V · s besteht?

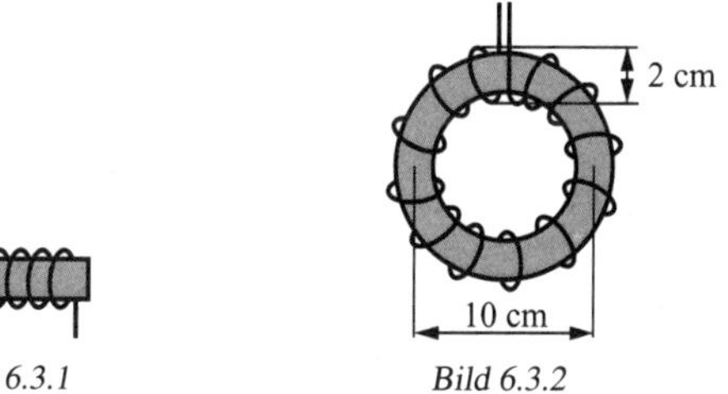

Bild 6.3.1 Bild 6.3.2

6. An den Enden einer 15 cm langen, eisenfreien Zylinderspule von 850 Windungen (mittlere Windungslänge 60 mm) aus $0,3$ mm dickem Kupferdraht ($\varrho = 0,0175\ \Omega \cdot \text{mm}^2/\text{m}$) liegt eine Spannung von 20 V. Welche magnetische Flussdichte herrscht im Spuleninnern?

7. (Bild 6.3.3) In dem angegebenen Eisenkern herrscht eine magnetische Flussdichte von $1,5$ T, wenn die aus 500 Windungen bestehende Spule von $1,2$ A durchflossen wird. Wie groß ist die relative Permeabilität des Eisens?

8. Auf welchen Betrag muss der Spulenstrom in Aufgabe 7 erhöht werden, wenn bei gleicher Eiseninduktion der Kern einen 1 mm breiten Luftspalt erhält?

9. Wie groß wird die Eiseninduktion in Aufgabe 7, wenn bei einer Stromstärke von $0,8$ A die Permeabilitätszahl den Wert $\mu_r = 668,6$ hat und kein Luftspalt vorhanden ist?

10. (Bild 6.3.4) Welche Durchflutung ist nötig, um in dem Kern einer Vorschaltdrossel mit Luftspalt die Flussdichte $1,2$ T zu erzeugen? ($\mu_r = 1470$)

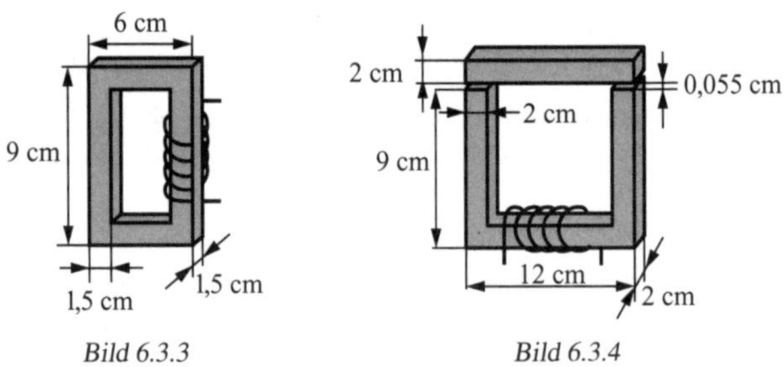

Bild 6.3.3 *Bild 6.3.4*

11. Welche Durchflutung ist für den Kern der Aufgabe 10 nötig, wenn die Flussdichte nur $0,8$ T betragen soll? ($\mu_r = 3185$)

12. Die Flussdichte des magnetisch gesättigten Eisenkerns einer Spule beträgt $2,1$ T bei einer Feldstärke von $5 \cdot 10^4$ A/m. Welchen Wert hat sie bei der Feldstärke $15 \cdot 10^4$ A/m?

13. Wie viel Windungen muss eine eisenfreie, 60 mm lange Zylinderspule von 6 mm Durchmesser tragen, damit ihre Induktivität 50 mH beträgt?

14. Wie viel Amperewindungen muss eine eisenfreie Ringspule von 10 cm mittlerem Ringradius und 2 cm^2 Windungsquerschnitt tragen, wenn ihr Magnetfeld die Energie $0,1$ W · s enthält?

15. Länge und Durchmesser einer eisenfreien Zylinderspule mit 50 Windungen werden auf die Hälfte verkleinert. Wie ist die Windungszahl zu ändern, damit die Induktivität erhalten bleibt?

16. Wie viel Windungen muss eine eisengefüllte Zylinderspule von 5 cm^2 Querschnitt und der Induktivität 1,5 H tragen, wenn die Stromstärke 0,3 A, die Feldstärke 500 A/m und die zugehörige Permeabilitätszahl 1 900 beträgt, und welche Länge muss die Spule haben?

17. Eine supraleitende Magnetspule weist folgende Daten auf: magnetische Flussdichte $B = 5$ T, Stromstärke $I = 100$ A, Windungszahl $N = 1\,000$, Spulenquerschnitt $A = 10\,\text{cm}^2$. Welche Energie speichert die Spule und wie groß ist ihre Induktivität?

18. Es soll eine eisenfreie Spule von der Induktivität 400 µH auf einen Kern von 3 cm^2 Querschnitt gewickelt werden. Wie viel Windungen sind auf 4 cm Spulenlänge zu verteilen?

19. Ein hufeisenförmiger Elektromagnet hat 100 N Tragkraft, 100 Windungen und zwei Polflächen zu je 10 cm^2. Zu berechnen sind die Stromstärke und die Induktivität unter Zugrundelegung einer Permeabilitätszahl von 3 400 und einer mittleren Länge der Feldlinien von 50 cm.

20. Welche Kraft üben zwei parallel laufende Leiter von vernachlässigbarem Drahtdurchmesser pro Meter Leiterlänge aufeinander aus, die den Abstand $a = 1$ m besitzen und vom Strom $I = 1$ A durchflossen werden? ($\mu_r = 1$)

21. Welches Drehmoment erzeugt ein Magnetfeld der Stärke $H = 1\,200$ A/m, das unter einem Winkel von 45° auf die Ebene einer Spule mit der Fläche 20 cm^2 und der Windungszahl $N = 1\,500$ einfällt. Der Spulenstrom beträgt $I = 3$ A.

22. Eine Drehspule mit 500 Windungen, der Fläche $A = 0,15\,\text{cm}^2$ und der Winkelrichtgröße $D^* = 6,5 \cdot 10^{-5}$ N·m/rad wird von einem Strom $I = 1$ mA durchflossen. Um welchen Winkel bewegt sich die Spule aus ihrer Ruhelage, wenn sie einem Magnetfeld von $H = 6 \cdot 10^5$ A/m ausgesetzt wird?

23. Welche Kraft erfährt ein Leiter der Länge $l = 0,2$ m, der von einem Strom $I = 50$ A durchflossen wird, wenn er einem Magnetfeld $H = 10^6$ A/m unter einem Winkel von $\alpha = 30°$ ausgesetzt ist?

24. Welches Drehmoment wirkt am Umfang des Trommelankers eines Gleichstrommotors bei einem Windungsdurchmesser von 10 cm? ($I = 8$ A, Drahtanzahl $N = 150$, Drahtlänge $l = 18$ cm, magnetische Flussdichte $B = 0,75$ T)

25. Wie groß ist der Strom, der durch die Rotation einer Ladung mit $Q = 10^{-15}$ C in einem Zyklotron mit dem Radius $R = 2$ m und der Geschwindigkeit $v = 0,01\,c$ entsteht?

26. Zwischen den Polen eines Elektromagneten mit der Flussdichte $B = 0,1$ T befindet sich ein geradliniger Leiter der Länge $l = 0,5$ m, durch welchen ein Strom $I = 70$ A fließt. Wie groß ist die auf den Leiter wirkende Kraft?

27. Durch den Potentialunterschied von $U = 1$ kV wird ein Elektron parallel zu einem in 4 mm Abstand befindlichen geradlinigen Leiter bewegt. Welche Lorentz-Kraft wirkt auf das Elektron, wenn im Leiter ein Strom von 5 A fließt und die Wirkung der Coulomb-Kraft vernachlässigt wird?

28. He-Kerne werden durch einen Potentialunterschied von 1 MV beschleunigt und durchfliegen rechtwinklig ein Magnetfeld der Feldstärke $H = 1{,}2 \cdot 10^6$ A/m. Welche Kraft wirkt auf jeden der He-Kerne?

29. Eine Nebelkammeraufnahme zeigt die Bahnkurve eines Elektrons mit einem Radius $r = 0{,}1$ m. Die Aufnahme wurde in einem Magnetfeld der Flussdichte $B = 10^{-2}$ T erhalten. Berechnen Sie die Energie des Elektrons mit relativistischem Geschwindigkeitsansatz (vgl. Kap. 7).

30. Berechnen Sie die Zugkraft eines hufeisenförmigen Elektromagneten mit je 2 cm^2 Polfläche und der magnetischen Flussdichte 1,42 T.

31. Ein im Sonnenwind enthaltenes Elektron der Geschwindigkeit 10^6 m/s tritt mit einer Feldlinie des Erdmagnetfeldes in Wechselwirkung und bildet dadurch eine Schraubenbahn. Berechnen Sie deren Durchmesser. (Einfallswinkel des Elektrons gegenüber der Feldlinie 30°, $B = 48\,000$ nT)

6.4 Induktionsvorgänge

1. Berechnen Sie die Induktivität L einer eisenfreien Spule ($\mu_r = 1$) mit der Länge $l = 0{,}25$ m, dem Durchmesser $d = 0{,}03$ m und der Windungszahl $N = 1\,500$.

2. Mit einer Maxwell-Wien-Brücke (Bild 6.4.1) ist die Induktivität L_x einer Spule zu bestimmen. (Festwiderstände: $R_1 = R_2 = 1$ kΩ, Messgrößen bei Brückenabgleich: $R = 200$ kΩ, $C = 15$ nF)

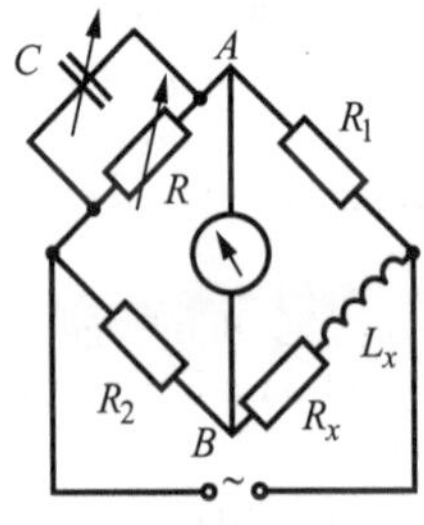

Bild 6.4.1

3. Ein Generator gibt 25 kW an das 220-V-Netz ab. Wie groß ist die vom Anker induzierte Quellenspannung, wenn dessen Widerstand $R = 0,06\ \Omega$ beträgt?

4. In der Ankerwicklung (Durchmesser 18 cm, $R = 0,2\ \Omega$) eines Gleichstrommotors befinden sich ständig 90 je 35 cm lange Drähte im Feld. Wie groß ist die magnetische Flussdichte, wenn der Motor bei einer Drehzahl von $600\ \text{min}^{-1}$ eine Leistung von $2,207$ kW bei einem Wirkungsgrad von $0,88$ abgibt und die Klemmenspannung 218 V beträgt?

5. Welche Leistung gibt der in Aufgabe 4 betrachtete Motor ab, wenn bei sonst gleichen Verhältnissen die magnetische Flussdichte zwischen Feld und Anker nur $0,8$ T und die Klemmenspannung 150 V beträgt?

6. Aus einer fest stehenden Zylinderspule von 300 Windungen wird ein permanenter Stabmagnet herausgezogen, wobei das im Stromkreis (Gesamtwiderstand 40 Ω) der Spule liegende ballistische Galvanometer einen Stoßausschlag von 150 μC anzeigt. Welchen magnetischen Fluss hat der Magnet?

7. Welche Quellenspannung wird in einer Spule von 75 Windungen induziert, während der die Spule durchsetzende magnetische Fluss innerhalb von 3 s gleichförmig um $5 \cdot 10^{-5}\ \text{V} \cdot \text{s}$ zunimmt?

8. Eine elektrische Maschine ist an ein 125 V führendes Netz angeschlossen. Ihre Erregung wird bei konstant gehaltener Drehzahl so eingestellt, dass im Anker ($R = 0,04\ \Omega$) die Spannung 123 V induziert wird. a) Arbeitet die Maschine als Motor oder als Generator? b) Welche Leistung nimmt die Maschine auf bzw. gibt sie ab?

9. Welche Spannung wird in jedem der 40 cm langen Ankerstäbe eines Generators induziert, wenn diese, am Umfang einer Trommel von 30 cm Durchmesser sitzend, mit der Drehzahl $800\ \text{min}^{-1}$ im Feld von $0,6$ T umlaufen?

10. (Bild 6.4.2) Die rechteckige Spule eines Drehspulinstrumentes ist $a = 10$ mm breit und $d = 15$ mm hoch, besteht aus $N = 300$ Windungen und befindet sich in einem Magnetfeld von $B = 0,2$ T. Welcher Stromstärke entspricht ein Zeigerausschlag von $\alpha = 90°$, wenn die Winkelrichtgröße der rückdrehenden Federn $D = 3 \cdot 10^{-6}\ \text{N} \cdot \text{m}/1°$ beträgt?

11. (Bild 6.4.3) Eine $d = 2$ mm dicke Aluminiumscheibe rotiert mit der Winkelgeschwindigkeit $\omega = 10\ \text{s}^{-1}$ zwischen zwei Magnetpolen in einem Feld von $0,4$ T. Die Pole haben quadratische Form von der Seitenlänge $a = 2$ cm und liegen im mittleren Abstand $r = 8$ cm von der Drehachse. Näherungsweise wird angenommen, dass der Widerstand der gesamten Strombahn gleich dem 2fachen Widerstandswert des im Feld liegenden Teiles der Scheibe ist. Zu berechnen sind die durch die Wirbelströme verursachte Bremsleistung in W und das bremsende Drehmoment in N · m.

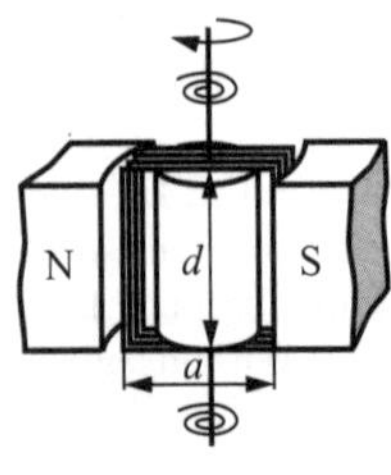

Bild 6.4.2

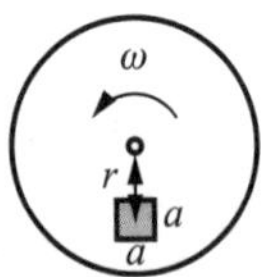

Bild 6.4.3

12. Wie groß ist der Abstand zweier von je 50 A durchflossener paralleler Leiter, die sich je 2 m Leitungslänge mit der Kraft 0,15 N anziehen?

6.5 Wechselstrom

6.5.1 Widerstände im Wechselstromkreis

1. Welcher Strom fließt durch eine Spule der Induktivität $L = 1,4$ H beim Anlegen einer Spannung von 220 V und 50 Hz bei Vernachlässigung des ohmschen Widerstandes?

2. Welche Kapazität muss ein Kondensator haben, wenn sein Wechselstromwiderstand bei 100 Hz 60 Ω betragen soll?

3. Wie groß muss die Kapazität eines Kondensators sein, der bei 48 Hz die Wirkung einer Induktivität von 2,3 H gerade aufheben soll?

4. Bei welcher Frequenz beträgt der Blindwiderstand einer Drosselspule von $L = 1,9$ H 600 Ω?

5. Liegt an einer Drosselspule eine Gleichspannung von 6 V, so ist die Stromstärke 0,3 A. Beim Anlegen einer Wechselspannung von 125 V fließen 0,75 A. Zu berechnen sind der Scheinwiderstand Z, Wirk- und Blindwiderstand R bzw. ωL, die Induktivität L sowie der Phasenwinkel φ bei $f = 50$ Hz.

6. Eine Glühlampe für 60 V und 30 W soll bei gleicher Leistung unter Zwischenschaltung eines Kondensators an 120 V Wechselspannung (50 Hz) angeschlossen werden. Welche Kapazität muss dieser haben?

7. Induktiver und ohmscher Widerstand einer Fernleitung betragen 18 Ω bzw. 15 Ω. Wie groß ist die Klemmenspannung am Leitungsausgang, wenn hier durch einen ohmschen Widerstand der Strom 0,5 A fließt und am Eingang 50 V (50 Hz) liegen?

8. Eine Leuchtstoffröhre, deren Brennspannung bei einer Stromstärke von 0,15 A 55 V beträgt, soll über eine Vorschaltdrossel an die Netzspannung von 220 V (50 Hz) angeschlossen werden. Wie groß muss deren Induktivität sein?

9. (Bild 6.5.1) Mit einer Spule von $R = 10\ \Omega$ und $L = 0,06$ H soll ein ohmscher Widerstand R_x in Reihe geschaltet werden, sodass sich ein Scheinwiderstand von $Z = 26\ \Omega$ ergibt. Wie groß muss R_x sein? ($f = 50$ Hz)

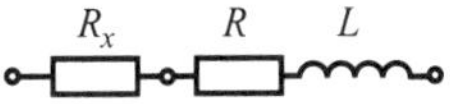

R_x R L

Bild 6.5.1

10. Die Induktivität L einer Reihenschaltung aus R und L wird um die Hälfte vergrößert. Auf welchen Bruchteil x muss R verkleinert werden, wenn der Scheinwiderstand Z konstant bleiben soll und R anfänglich gleich $2\omega L$ ist?

11. a) bis g) Für die in den Bildern 6.5.2 a) bis g) angegebenen Schaltungen sind die Stromstärken und die Verschiebungswinkel zwischen Strom und Spannung zu berechnen, wenn die Klemmenspannung $U = 200$ V und die Frequenz 50 Hz beträgt.

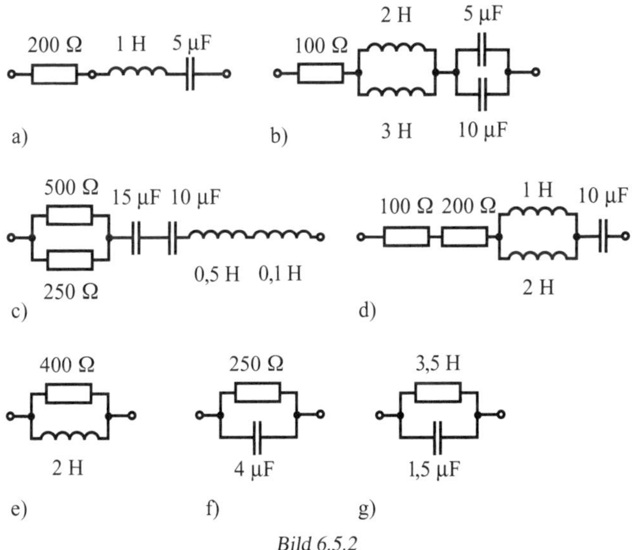

Bild 6.5.2

12. Welche Kapazität muss der Kondensator in der auf Bild 6.5.3 angegebenen Schaltung haben, wenn sich die Spannungen U_1 und U_2 wie 1 : 2 zueinander verhalten sollen, und welcher Strom fließt in diesem Fall? ($f = 50$ Hz)

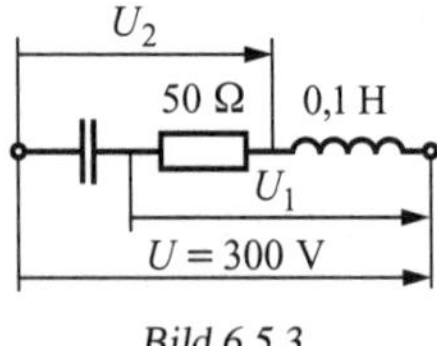

Bild 6.5.3

6.5.2 Leistung und Leistungsfaktor

13. Welcher Strom fließt in der Zuleitung zu einem Motor, der bei einem Leistungsfaktor von $\cos\varphi = 0,75$ und der Spannung 248 V 8,6 kW verbraucht?

14. Eine Drosselspule hat den Wirkwiderstand 4,3 Ω und die Induktivität 0,2 H. Wie groß ist der Leistungsfaktor? ($f = 50$ Hz)

15. Ein Motor nimmt bei 220 V Klemmenspannung einen Strom von 25 A auf und hat einen Leistungsfaktor von $\cos\varphi = 0,8$. Wie groß sind Wirk- und Blinstrom sowie Wirk-, Blind- und Scheinleistung?

16. Ein Motor verbraucht bei einer Klemmenspannung von 210 V und einer mittleren Stromstärke von 28 A in 2,5 Stunden 12,5 kWh. Wie groß sind Leistungsfaktor und Blindstrom?

17. Durch Verbesserung des Leistungsfaktors $\cos\varphi$ um 6,5 % vermindert sich die mittlere tägliche Blindleistung eines Industriebetriebes um 20 %. Wie groß ist der Leistungsfaktor $\cos\varphi$ vorher und nachher?

18. Durch Zuschaltung von Kondensatoren wird der durchschnittliche Leistungsfaktor eines Industriewerkes von 0,75 auf 0,92 verbessert. Um welchen Faktor vermindern sich dadurch die Stromwärmeverluste in der Zuleitung, wenn die Wirklast die gleiche bleibt?

19. Welchen gemeinsamen Leistungsfaktor ergeben zwei parallel geschaltete Motoren von 3,6 kW bzw. 6 kW, deren Leistungsfaktoren 0,6 bzw. 0,8 betragen? ($U = 380$ V)

20. Eine Leuchtstofflampe ist über einen Vorschaltdrossel an $U = 220$ V angeschlossen, wobei ein Betriebsstrom von 0,15 A fließt. Die Leistungsfaktoren der Drossel einschließlich Lampe bzw. der Lampe allein sind 0,39 bzw. 1,0. Wie viel Watt verbraucht die Lampe allein und welchen Leistungsfaktor hat die Drossel allein, wenn die Brennspannung $U_L = 66,67$ V beträgt?

21. Welcher prozentuale Anteil der in einem Leitungsnetz entstehenden Stromwärmeverluste entfällt auf den Blindstrom, wenn der durchschnittliche Leistungsfaktor der Verbraucher $\cos\varphi = 0,85$ beträgt?

22. Eine Bogenlampe hat eine Brennspannung von $U_1 = 45$ V und ist über eine Drossel an $U = 125$ V angeschlossen. Welche Induktivität hat die Drossel, wenn ihr ohmscher Widerstand $1,5\ \Omega$ beträgt und die Lampe eine Leistung von 400 W verbraucht? ($f = 50$ Hz)

23. Welche Wärmemenge wird je Minute in einer eisenlosen Drosselspule von $0,2$ H und $25\ \Omega$ Widerstand entwickelt, wenn diese an die Wechselspannung 220 V und $f = 50$ Hz angelegt wird?

24. Wie groß ist die Blindleistung, die ein zum Verbraucher parallel geschalteter Kondensator von 200 µF bei 220 V und $f = 50$ Hz vollständig kompensiert?

25. Wie groß muss ein Kondensator sein, der in Parallelschaltung bei 380 V und $f = 50$ Hz die Blindleistung 12 kvar voll kompensiert?

26. Der Leistungsfaktor eines Motors für 125 V und 15 kW beträgt $\cos\varphi_1 = 0,65$ und wird durch Parallelschalten eines Kondensators auf $\cos\varphi_2 = 0,85$ verbessert. Wie groß ist dessen Kapazität?

27. Ein Motor nimmt bei $U_1 = 220$ V den Strom $I = 20$ mA auf, hat den Leistungsfaktor $0,5$ und wird über einen Kondensator an die Spannung $U_2 = 120$ V angeschlossen ($f = 50$ Hz). Welche Kapazität hat der Kondensator bei unveränderter Leistung des Motors und bis zu welcher kleinsten Spannung lässt sich der Motor in dieser Weise betreiben?

6.6 Elektromagnetische Schwingungen und Wellen

1. Ein Schwingkreis besteht aus einer Spule und einem Kondensator. Berechnen Sie seine Resonanzfrequenz f_r für $n = 20$ Windungen, Spulenlänge $l = 4$ cm, Spulenfläche $A_L = 3\ \text{cm}^2$, Plattenfläche des Kondensators $A_C = 2\ \text{cm}^2$, Plattenabstand $d = 3$ mm, Dielektrikum mit Luft $\varepsilon_r = 1$.

2. Berechnen Sie die Resonanzfrequenz f_r eines elektrischen Schwingkreises, bestehend aus einem Kondensator mit $C = 15$ pF, einer Spule mit $L = 0,3$ mH und dem ohmschen Widerstand mit $R = 500\ \text{m}\Omega$ in Reihenschaltung. Nach welcher Zeit t ist die Amplitude der Schwingung auf den 1/e-ten Teil abgeklungen?

3. Wie groß ist die Bandbreite B in einem Parallelschwingkreis, der einen Kondensator mit $C = 300$ pF (Verlustfaktor $d_C = 1 \cdot 10^{-3}$), eine Spule mit $L = 20$ mH (Gütefaktor $Q_L = 125$) und einen ohmschen Widerstand mit $R = 600\ \text{k}\Omega$ enthält?

4. Ein Schwingkreis besteht aus einem Kondensator mit $C = 1$ µF und einer Spule. Er soll eine Resonanzfrequenz von $f_r = 1$ kHz besitzen. Wie groß ist die Induktivität L der Spule zu bemessen?

5. Ein Schwingkreis besteht aus einer Spule mit $L = 2 \cdot 10^{-5}$ H und einem Plattenkondensator. Seine Plattenoberfläche beträgt $A = 100$ cm^2 und der Plattenabstand $d = 1$ mm. Berechnen Sie die Permittivitätszahl ε_r des erforderlichen Dielektrikums, wenn die sich aus der Resonanzfrequenz ableitende Resonanzwellenlänge im Schwingkreis $\lambda = 500$ m betragen soll.

6. Wie groß ist in einem Schwingkreis der Potentialunterschied auf den Platten eines Kondensators nach einer Zeit von $t = T/8$ (T Periodendauer der Schwingung). Es betragen: Kapazität des Kondensators $C = 0{,}02$ µF, Ladung des Kondensators $Q = 2 \cdot 10^{-6}$ C, Induktivität der Spule $L = 1$ H. Der ohmsche Widerstand ist zu vernachlässigen.

7. Nach welcher Zeit beträgt in einem Schwingkreis der Spannungsverlust durch Dämpfung infolge seines ohmschen Widerstandes 90 %? Das logarithmische Dekrement beträgt $\Lambda = 5 \cdot 10^{-3}$. Im Kreis befinden sich ein Kondensator mit $C = 2$ nF und eine Spule mit $L = 5$ mH.

8. Ein Schwingkreis enthält einen Kondensator mit $C = 2$ nF und eine einlagige zylindrische Kupferspule ($\varrho = 1{,}78 \cdot 10^{-8}\ \Omega \cdot \mathrm{m}$), die eine Länge $l = 25$ cm, einen Durchmesser $d = 10$ mm und einen Drahtdurchmesser von $0{,}5$ mm besitzt. Wie groß ist das logarithmische Dekrement Λ des Schwingkreises, wenn die Spule keinen Kern enthält?

9. Ein Schwingkreis mit zu vernachlässigendem ohmschen Widerstand enthält einen Kondensator mit $C = 0{,}3$ µF und eine Spule mit $L = 4$ mH. Berechnen Sie das logarithmische Dämpfungsdekrement Λ, für welches im Kreis nach 10^{-3} s ein Potentialabfall am Kondensator auf 25 % erfolgt. Wie groß ist der ohmsche Widerstand im Kreis?

10. Ein Schwingkreis enthält einen ohmschen Widerstand mit $R = 2\ \Omega$, einen Kondensator mit $C = 0{,}405$ µF und eine Spule mit $L = 0{,}01$ H. Um wie viel Prozent ändert sich der Potentialunterschied im Kreis nach einer Schwingungsperiode?

11. Innerhalb eines ungedämpften Schwingkreises befinden sich ein Kondensator mit $C = 10^{-7}$ F und eine Spule. Die Kreisfrequenz im Kreis beträgt $\omega = 10^4 \cdot \pi\ \mathrm{s}^{-1}$. Berechnen Sie die Induktivität L der Spule und die Resonanzwellenlänge (vgl. Aufg. 5) im Schwingkreis.

12. Welche Zeit t vergeht in einem Schwingkreis mit $L = 90$ mH und $R = 20$ mΩ, bis der Strom I 90 % seines Maximalwertes erreicht hat?

13. Bei Abschluss des Einschaltvorgangs wird eine Spule kurzgeschlossen. Nach welcher Zeit t ist der Strom um die Hälfte abgesunken? Die Spule besitzt eine Induktivität von $L = 1$ mH und der ohmsche Widerstand im Kreis beträgt $R = 10$ kΩ.

14. (Bild 6.6.1) Ein ohmscher Widerstand mit $R = 5$ MΩ und ein Kondensator mit $C = 1$ µF sind in Reihe geschaltet. Parallel zum Kondensator liegt eine Glimmlampe mit der Zündspannung $U_Z = 170$ V. Nach welcher Zeit t leuchtet die Glimmlampe nach dem Einschalten auf, wenn zwischen A und B eine Klemmenspannung von $U_0 = 220$ V liegt?

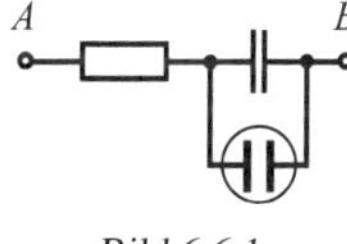

Bild 6.6.1

15. Wie groß ist der ohmsche Widerstand R zu bemessen, wenn die Glimmlampe von Aufgabe 14 nach 5 s zünden soll?

16. Eine Glimmlampe besitzt die Zündspannung $U_Z = 170$ V und die Löschspannung $U_L = 140$ V. Wie lang ist die Zeit zwischen dem Zünden und dem Verlöschen der Lampe und wie groß ist die Periode der entstehenden Kippschwingungen? Die Kapazität und der ohmsche Widerstand besitzen die Werte von Aufgabe 14.

17. Ein Schwingkreis enthält einen Kondensator mit $C = 1$ pF, einen ohmschen Widerstand mir $R = 35$ kΩ und eine Spule mit $L = 25$ mH. Berechnen Sie die Resonanzfrequenz ω des Schwingkreises. Wie groß ist die Abweichung Δf von der berechneten Frequenz, wenn mit der thomsonschen Formel gerechnet wird?

18. Das logarithmische Dekrement zweier Schwingkreise ist gleich groß ($\Lambda = 1,1$). Die Eigenfrequenzen stehen aber im Verhältnis 1 : 2. Bei welchem der beiden Kreise klingen die Schwingungen schneller ab?

19. Ein Kondensator mit $C = 10^4$ pF wird über eine Spule mit $L = 0,1$ mH entladen. Wie groß muss der ohmsche Widerstand der Spule sein, damit es nicht zu einem periodischen Entladungsvorgang des Kondensators, sondern zu einem asymptotischen Spannungsabfall kommt (aperiodischer Grenzfall)?

20. Eine Entladungsröhre mit der Zündspannung $U_Z = 100$ V und der Löschspannung $U_L = 50$ V ist mit einem Kondensator mit $C = 1$ µF verbunden. Die Klemmenspannung beträgt $U = 500$ V und der mit dem Kondensator in Reihe geschaltete Widerstand besitzt $R = 1$ MΩ. Bestimmen Sie die Frequenz f der auftretenden Kippschwingung.

21. In einem Schwingkreis werden elektromagnetische Wellen mit der Frequenz $f = 1,1 \cdot 10^8$ Hz erzeugt und mit einem Dipol abgestrahlt. Dieser hat die kürzeste Abstimmlänge von $l = 1,362\,7$ m. Berechnen Sie die Ausbreitungsgeschwindigkeit der abgestrahlten Wellen.

22. Berechnen Sie mit der in Aufgabe 21 ermittelten Ausbreitungsgeschwindigkeit elektromagnetischer Wellen die Frequenz des Senders, wenn die kleinste Abstimmungslänge des Sendedipols $l = 58$ cm beträgt.

23. Wie lang ist die Abstimmlänge l eines Schenkels in einem Lecher-System, wenn die Frequenz der abgestrahlten elektromagnetischen Schwingung $f = 2,5 \cdot 10^8$ Hz betragen soll?

24. Das von einem Sendedipol in Luft abgestrahlte elektromagnetische Feld bildet an einem Metallreflektor eine stehende Welle. Durch einen Empfangsdipol wird der Knotenabstand der Schwingung mit $a = 1,24$ m gemessen. Wie groß ist die Frequenz f des Senders?

25. Berechnen Sie die Dielektrizitätszahl ε_r von Paraffin, wenn ein Lecher-System in Luft eine Wellenlänge des elektromagnetischen Feldes von $\lambda = 1,2$ m und in Paraffin von $0,7589$ m ergibt.

26. Zwei elektromagnetische Wechselströme mit den Kreisfrequenzen $\omega_1 = 55\ \text{s}^{-1}$ und $\omega_2 = 50\ \text{s}^{-1}$ überlagern sich zu einer Schwebung. Wie groß sind die Kreisfrequenzen der entstehenden Schwebung und der Gesamtschwingung, wenn die Amplituden beider Einzelschwingungen I_0 betragen?

27. Eine Schwebungsschwingung besitzt eine Gesamtkreisfrequenz von $\omega_m = 80\ \text{s}^{-1}$ und eine Schwebungskreisfrequenz von $\Delta\omega = 2\ \text{s}^{-1}$. Berechnen Sie die Kreisfrequenzen der beiden zugrunde liegenden Einzelschwingungen.

28. Mit einer Empfangsantenne sollen Sinale mit der Wellenlänge $\lambda = 500$ m registriert werden. Die benötigte Antennlänge $l = \lambda/4$ verursacht eine unhandliche Bauform. Wie groß ist die Kapazität eines sog. Verkürzungskondensators zu bemessen, um die Antennenlänge auf $l' = 2$ m zu verkürzen, wenn die Antennenkapazität $C_A = 1$ nF beträgt?

29. Durch Zwischenschalten einer Induktivität ist die Länge einer Antenne zu vergrößern. Berechnen Sie die erforderliche Zusatzinduktivität L_Z, wenn die ursprüngliche Antennenlänge $l = 0,2$ m und ihre Induktivität $L = 1$ mH betragen und die vorgesehene neue Antennenlänge $l' = 0,5$ m gewünscht wird.

30. Bei der Amplitudenmodulation einer Trägerschwingung der Kreisfrequenz $\omega_T = 10$ kHz durch eine Signalschwingung mit der Kreisfrequenz $\omega_S = 0,4$ kHz kommt es zum Auftreten von sog. Seitenfrequenzen. Diese sind zu berechnen und daraus die Bandbreite B der Schwingung zu bestimmen.

31. Wie groß ist die Amplitude A der amplitudenmodulierten Trägerschwingung zum Zeitpunkt $t = 1$ s, wenn die Kreisfrequenzen der Schwingungen $\omega_T = 10$ kHz, $\omega_S = 0,4$ kHz und die Amplituden der Schwingungen $A_T = 100$ mV und $A_S = 80$ mV betragen? (Indizes: T Trägerschwingung, S Signalschwingung)

32. Eine frequenzmodulierte Schwingung mit der Kreisfrequenz ω und der Frequenzschwankung $\Delta\omega$ besitzt die Trägerfrequenz $\omega_T = 10$ kHz. Für welche Abschnitte t im Zeitbereich verursacht die Frequenzschwankung $\Delta\omega$ extreme Modulationen der Trägerschwingung?

33. Der Augenblickswert der Spannung einer phasenmodulierten Schwingung beträgt $U = U_0 \sin(\omega_T t + \Delta\varphi)$. Dabei ist $\Delta\varphi$ die durch die Signalschwingung mit der Kreisfrequenz ω_S eingetragene Phasenschwankung. Berechnen Sie den sog. Phasenhub $\Delta\varphi_0$ der sinusförmigen Trägerschwingung und daraus die maximale Phasenschwankung für einen Schwingkreis mit: $R = 10\ \Omega$, $C = 1\,010$ pF, $\omega = 3 \cdot 10^6$ Hz, $L = 0,1$ mH. Für welche Bedingung wird die Phasenschwankung zu null?

34. Ein amplitudenmodulierter Sender besitzt eine Trägerleistung von $P_T = 400$ kW, den Modulationsgrad $m = 0,8$ und einen Antennenfußpunktwiderstand $R_A = 60\ \Omega$. Berechnen Sie die Gesamt- und die Seitenbandleistung mit Modulation. Wie groß sind die Minimal- und die Maximalspannung an der Antenne?

35. Ein Schwingkreis in einem Rundfunksender mit der Trägerfrequenz $f_T = 100$ MHz wird durch eine Signalfrequenz von $f_S = 12$ kHz frequenzmoduliert. Bei einem Frequenzhub von $\Delta f = 60$ kHz wird an einem ohmschen Arbeitswiderstand von $R = 80\ \Omega$ eine Gesamtleistung von $P_{Ges} = 12$ kW verbraucht. Wie groß sind die Seitenbandleistung P_{SB} und die Trägerleistung P_T mit und ohne Frequenzmodulation?

36. Wie groß darf die Kreisfrequnz einer Trägerschwingung höchstens werden, wenn der Klirrfaktor der dritten Oberwelle nach einer Phasenmodulation den Wert 10^{-3} nicht überschreiten soll?

37. Eine Spule mit der Induktivität $L = 200$ mH und ein ohmscher Widerstand $R = 1$ kΩ sind in Reihe geschaltet. Parallel dazu liegt ein Kondensator mit der Kapazität $C = 1$ nF. Wie groß wird die Phasenverschiebung φ zwischen Strom und Spannung, wenn der entstehende Schwingkreis durch einen Wechselstrom mit der Frequenz $f = 50$ Hz zu erzwungenen Schwingungen angeregt wird?

38. Ein Sender besitzt vor dem Koppeln seines Schwingkreises mit der Antenne eine Frequenz $f = 0,1$ MHz. Nach dem Ankoppeln kommt es zum Auftreten von Koppelschwingungen mit $f_1 = 0,103$ MHz und $f_2 = 0,097$ MHz. Berechnen Sie den Koppelfaktor k für den Fall, dass die Dämpfungsdekremente Λ_1 und Λ_2 der Schwingungen vor dem Koppeln gleich sind.

39. Ein Telefonhörer hat einen ohmschen Widerstand von $R = 4$ kΩ und eine Induktivität von $L = 0,6$ H. Wie groß ist ein Kondensator zu bemessen, der bei $f = 1$ kHz zur Erzielung von Resonanz parallel geschaltet werden muss?

40. Wie groß ist die Energie der zuzuführenden elektromagnetischen Strahlung, welche einem in Luft befindlicher Kupferstab zugeführt wird, wenn dieser von einem Strom von 10 A durchflossen und dabei Wärme abgegeben wird? ($l = 1$ m, $r = 5$ mm, $\varrho = 17 \cdot 10^{-9}\ \Omega \cdot \text{m}$)

41. Welcher elektrischen Feldstärke ist der Nutzer eines Funktelefons ausgesetzt, das eine Sendeleistung von 5 W besitzt, die auf die Fläche des Kopfes von $0,1\ \text{m}^2$ einwirkt?

42. Berechnen Sie die elektrische Leistung, welche eine elektrische Ladung von 1 C abgibt, die auf $1\,000\ \text{m}/\text{s}^2$ beschleunigt wurde.

7 Spezielle Relativitätstheorie

Größen und Einheiten Spezielle Relativitätstheorie

Formel-zeichen	Größe	Einheit	Beziehung zu den Basiseinheiten
E	Energie, allgemein	J	$1\ \mathrm{J} = 1\ \mathrm{N} \cdot \mathrm{m} = 1\ \mathrm{kg} \cdot \mathrm{m}^2/\mathrm{s}^2$
f	Frequenz	Hz	$1\ \mathrm{Hz} = 1\ \mathrm{s}^{-1}$
l	Länge	m	
Δl	relativistische Längenverkürzung	m	
m	Impulsmasse	kg	
m_0	Ruhemasse	kg	
t	Zeit	s	
Δt	relativistische Zeitverkürzung	s	
U	elektrische Spannung	V	$1\ \mathrm{V} = 1\ \mathrm{m}^2 \cdot \mathrm{kg}/(\mathrm{s}^3 \cdot \mathrm{A})$
v	Geschwindigkeit	m/s	
c	Lichtgeschwin-digkeit	m/s	$c = 2{,}9979 \cdot 10^8\ \mathrm{m/s}$
e	elektrische Elementarladung	C	$e = 1{,}6022 \cdot 10^{-19}\ \mathrm{A} \cdot \mathrm{s}$
m_e	Ruhemasse des Elektrons	kg	$m_\mathrm{e} = 9{,}1094 \cdot 10^{-31}\ \mathrm{kg}$
m_p	Ruhemasse des Protons	kg	$m_\mathrm{p} = 1{,}6726 \cdot 10^{-27}\ \mathrm{kg}$

1. Auf das Wievielfache erhöht sich die Masse eines Körpers, wenn seine Geschwindigkeit a) 90 %, b) 99 % und c) 99,99 % der Lichtgeschwindigkeit beträgt?

2. Welche kinetische Energie hat die Masse 1 g, wenn sie sich mit der Geschwindigkeit $0,6c$ bewegt?

3. Bei welcher Geschwindigkeit hat die Masse 1 kg die kinetische Energie $4,5 \cdot 10^{16}$ J?

4. Bei welcher Geschwindigkeit beträgt die kinetische Energie eines Körpers 1 % seiner Ruheenergie?

5. Ein Körper hat die Geschwindigkeit v. Auf das Wievielfache ist diese zu erhöhen, wenn sich seine Masse verdoppeln soll?

6. a) Mit welcher Spannung sind Elektronen zu beschleunigen, wenn sich deren Ruhemasse m_e dabei verdreifacht? b) Wie groß ist dann ihre Geschwindigkeit?

7. Mit welcher Spannung sind Elektronen zu beschleunigen, wenn ihre Geschwindigkeit 20 % unter der des Lichtes liegen soll?

8. a) Welche Zeit benötigt ein Elektron, das zuvor mit der Spannung 0,5 MV beschleunigt wurde, zum Durchlaufen einer 10 m langen Strecke?
b) Wie lang erscheint diese Strecke im Bezugssystem des Elektrons?

9. Wie lange braucht ein Proton der Energie 10^{19} eV, dem beobachteten Höchstbetrag in der kosmischen Strahlung, zum Durchlaufen der Galaxis, deren Durchmesser rund 10^5 Lichtjahre beträgt, a) gemessen nach irdischem Zeitmaß, b) gemessen im Bezugssystem des bewegten Protons?

10. Im Zeitmaß eines utopischen Raumschiffes benötigt dieses für die einfache Fahrt bis zum nächsten Fixstern (Proxima Centauri, $s = 4,3$ Lichtjahre) 1 Jahr. a) Welche Geschwindigkeit muss es haben und b) welche Zeit verstreicht inzwischen auf der Erde?

11. Auf das Wievielfache der Ruhemasse wächst die Masse des Elektrons im Elektronensynchrotron an, wo es mit 6 GV beschleunigt wird?

12. Mit welcher Energie (in MeV) treffen Protonen gegen die Außenhaut eines Raumschiffes, das sich ihnen gegenüber mit $0,6c$ bewegt?

13. Welche Antriebsenergie wäre notwendig, um ein Raumschiff von $m_0 = 100$ t Masse auf die Geschwindigkeit $v = 0,9c$ zu beschleunigen? (Vergleichen Sie mit der Leistung eines Großkraftwerkes von 1 200 MW)

14. Wenn sich die Geschwindigkeit eines Teilchens verfünffacht, wächst seine Masse ebenfalls auf das Fünffache an. Bei welcher Geschwindigkeit ist dies der Fall?

15. Wie groß ist die relativistische Frequenzänderung eines Lichtquants, das sich entgegen dem Schwerevektor von der Erdoberfläche um 50 m nach oben bewegt?

16. Wie groß ist die relativistische Zeitdilatation in einem ruhenden Inertialsystem gegenüber einem Körper, der sich mit 80 % der Lichtgeschwindigkeit bewegt?

17. Eine Rakete der Länge $l = 10$ m fliegt mit 40 % der Lichtgeschwindigkeit. Wie groß erscheint ihre Länge einem ruhenden Beobachter?

18. In einem Teilchenbeschleuniger werden π-Mesonen mit einer mittleren Lebensdauer von $\tau = 2{,}56 \cdot 10^{-8}$ s auf eine Geschwindigkeit von $0{,}95\,c$ gebracht. Berechnen Sie, um welchen Faktor n sich ihre mittlere Lebenszeit verlängert.

19. Im Spektrum des Lichtes einer kosmischen Galaxie erscheint eine Rotverschiebung um den Faktor $2{,}5$. Berechnen Sie die Fluchtgeschwindigkeit des Objektes von der Erde.

20. Zwei von der Erde abgeschossene Laserblitze erfassen ein Überschallflugzeug der Länge $l = 25$ m und der Geschwindigkeit $v = 1\,600$ km/h zeitgleich am Bug und am Heck. Welche Zeitdifferenz zwischen beiden Blitzen wird in der Flugzeugmitte wahrgenommen?

8 Atom- und Kernphysik

Größen und Einheiten Atom- und Kernphysik

Formelzeichen	Größe	Einheit	Beziehung zu den Basiseinheiten
A	Aktivität	Bq	$1\ \mathrm{Bq} = 1\ \mathrm{s}^{-1}$
A_r	relative Atommasse	1	
A_s	spezifische Aktivität	Bq/kg	$1\ \mathrm{Bq/kg} = 1\ \mathrm{s}^{-1} \cdot \mathrm{kg}^{-1}$
$d_{1/2}$	Halbwertsdicke	m	
D	Energiedosis	Gy	$1\ \mathrm{Gy} = 1\ \mathrm{J/kg} = 1\ \mathrm{m}^2/\mathrm{s}^2$
$\dot{D}$	Energiedosisleistung	Gy/s	$1\ \mathrm{Gy/s} = 1\ \mathrm{W/kg} = 1\ \mathrm{m}^2/\mathrm{s}^3$
E	Energie	J	$1\ \mathrm{J} = 1\ \mathrm{N} \cdot \mathrm{m} = 1\ \mathrm{kg} \cdot \mathrm{m}^2/\mathrm{s}^2$
H	Äquivalentdosis	Sv	$1\ \mathrm{Sv} = 1\ \mathrm{J/kg} = 1\ \mathrm{m}^2/\mathrm{s}^2$
$\dot{H}$	Äquivalentdosisleistung	Sv/s	$1\ \mathrm{Sv/s} = 1\ \mathrm{J}/(\mathrm{s} \cdot \mathrm{kg}) = 1\ \mathrm{m}^2/\mathrm{s}^3$
J	Ionendosis	C/kg	$1\ \mathrm{C/kg} = 1\ \mathrm{A} \cdot \mathrm{s/kg}$
$\dot{J}$	Ionendosisleistung	A/kg	
m	Masse	kg	
M	molare Masse	kg/mol	
N	Molekülzahl	1	
N	Anzahl der Atomkerne	1	
p	Impuls	$\mathrm{kg} \cdot \mathrm{m/s}$	
r	materialunabhängige Reichweite	$\mathrm{kg/m}^2$	
R	Reichweite	m	
t	Zeit	s	
$T_{1/2}$	Halbwertszeit	s	

Formelzeichen	Größe	Einheit	Beziehung zu den Basiseinheiten
Z	Kernladungszahl	1	
Γ	Dosisleistungskonstante	$\mathrm{J \cdot m^2/kg}$	$1\ \mathrm{J \cdot m^2/kg} = 1\ \mathrm{m^4/s^2}$
λ	Zerfallskonstante	$\mathrm{s^{-1}}$	
μ	linearer Schwächungskoeffizient	$\mathrm{m^{-1}}$	
μ'	materialunabhängiger Schwächungskoeffizient	$\mathrm{m^2/kg}$	
ψ	Energieflussdichte	$\mathrm{W/m^2}$	$1\ \mathrm{W/m^2} = 1\ \mathrm{J/(s \cdot m^2)} = 1\ \mathrm{kg/s^3}$
R_∞	Rydberg-Konstante	$R_\infty = 1{,}097\,373\,1 \cdot 10^7\ \mathrm{m^{-1}}$	
u	atomare Masseneinheit	$1\ \mathrm{u} = 1{,}660\,54 \cdot 10^{-27}\ \mathrm{kg}$	

8.1 Quanten- und Atomphysik

1. Welche Wellenlänge hat eine γ-Strahlung von $1,8$ MeV?

2. Welche Energie (MeV) haben die Quanten einer γ-Strahlung der Wellenlänge $\lambda = 2,5 \cdot 10^{-13}$ m?

3. Wie viel Lichtquanten der Wellenlänge $\lambda = 589,3$ nm sendet eine Natriumdampflampe je Sekunde bei einem Strahlungsfluss von 3 W aus?

4. Auf eine verlustfrei reflektierende Fläche von 1 cm^2 wirkt eine Strahlung mit der Leistung 6 W. Wie groß ist der entstehende Strahlungsdruck?

5. Der Strahlungsdruck des senkrecht auf einen Spiegel fallenden Sonnenlichts beträgt etwa 10^{-5} Pa. Wie viel Joule strahlt hiernach die Sonne je Sekunde auf die Fläche von 1 m^2?

6. Wie viel kostet „1 Gramm Licht", wenn dieses mit Glühlampen bei einem Wirkungsgrad von $\eta = 4$ % erzeugt wird und 1 kWh mit $0,07$ € berechnet wird?

7. Eine Fotozelle wird in zwei Versuchen mit monochromatischem Licht der Wellenlänge $\lambda_1 = 350$ nm bzw. $\lambda_2 = 250$ nm bestrahlt. Durch Anlegen einer Gegenspannung $U_1 = 3,55$ V bzw. $4,97$ V wird der Fotostrom vollständig kompensiert. Hieraus ist die Planck-Konstante h zu berechnen.

8. Wie groß ist die Austrittsarbeit einer Fotokatode, wenn bei Bestrahlung mit Licht der Wellenlänge 220 nm der Fotoeffekt durch eine Gegenspannung von $1,85$ V vollständig unterdrückt wird?

9. Oberhalb welcher Wellenlänge des bestrahlenden Lichtes kann bei einer Kalium-Katode kein Fotoeffekt mehr eintreten, wenn die Austrittsarbeit $1,83$ eV beträgt?

10. Mit welcher Wellenlänge λ wird eine Fotokatode bestrahlt, wenn ihre Austrittsarbeit $2,8$ eV beträgt und Elektronen der Geschwindigkeit $1\,200$ km/s austreten?

11. Bei welchem Streuwinkel beträgt die durch Compton-Effekt bewirkte Änderung der Wellenlänge $\Delta\lambda = 3,5 \cdot 10^{-12}$ m?

12. a) Welche Wellenlänge haben die durch Compton-Effekt um den Winkel 150° gestreuten Röntgenquanten, wenn sie anfangs 10^{-12} m beträgt? b) Welche Energie haben die ausgelösten Rückstoßelektronen?

13. Welche Wellenlänge λ hat die primäre Strahlung, wenn die unter dem Winkel $\vartheta = 180°$ austretende Compton-Streustrahlung die Wellenlänge $\lambda' = 1,5 \cdot 10^{-11}$ m hat?

14. Das von einem Strahlungsquant der Wellenlänge $\lambda = 4,655 \cdot 10^{-12}$ m ausgelöste Rückstoßelektron hat die Energie $0,08$ MeV. Unter welchem Winkel tritt das gestreute Strahlungsquant aus, welche Wellenlänge hat es?

15. Wie groß ist die Wellenlänge der Primärstrahlung, wenn bei dem Streuwinkel $\vartheta = 90°$ die Compton-Elektronen die Energie $E = 1{,}5$ MeV haben?

16. Zwischen welchen Grenzen liegt die Energie der von einer primären Strahlung der Wellenlänge $\lambda = 10^{-12}$ m ausgelösten Compton-Elektronen (Austrittswinkel $\vartheta = 90°$)?

17. Welche maximale Änderung der Wellenlänge ist zu erwarten, wenn Lichtquanten an Protonen gestreut werden?

18. Welche De-Broglie-Wellenlänge haben Elektronen bei 50 % Lichtgeschwindigkeit?

19. Bei welcher Elektronengeschwindigkeit ergibt sich für die De-Broglie-Wellenlänge der doppelte Wert, wenn mit der Ruhemasse anstatt mit der relativistisch veränderten Masse des Elektrons gerechnet wird?

20. Mit welcher Spannung müssen Elektronen beschleunigt werden, damit ihre De-Broglie-Wellenlänge $5 \cdot 10^{-11}$ m beträgt?

21. Welche Grenzwellenlänge der Röntgenbremsstrahlung wird durch Elektronen der Geschwindigkeit $0{,}3\,c$ ausgelöst?

22. Welche Wellenlänge λ hat die K_β-Linie im Röntgenspektrum des Eisens?

23. Aus welchem Material besteht die Anode, wenn die Quanten der K_α-Linie einer Röntgenstrahlung die Energie 8 keV haben?

24. Es sind für die Vielfachen $n = 1, 2, 3, 4$ des Planck'schen Wirkungsquantums h die möglichen Radien der Elektronenbahnen des Wasserstoffatoms zu berechnen ($n = 1$: Grundzustand).

25. Berechnen Sie die Umlaufgeschwindigkeit des umlaufenden Elektrons beim Wasserstoffatom für den Grundzustand ($n = 1$)! Dazu ist der mit Aufgabe 24 berechnete Radius der ersten Kreisbahn zu verwenden.

26. Wie groß darf die Wellenlänge von Licht höchstens sein, damit durch den inneren Foto-Effekt in einem Germanium-Halbleiter bei einer Energielücke zwischen Valenz- und Leitungsband (Bandlückenenergie) von $E = 0{,}68$ eV Loch-Elektronen-Paare entstehen?

27. Welche Energie müssen Elektronen besitzen, damit bei ihrem Durchgang durch Wasser (Brechzahl $n = 1{,}34$) eine Tscherenkov-Strahlung entsteht? (Ruhemasse des Elektrons $m_e = 9{,}1094 \cdot 10^{-31}$ kg)

28. (Bild 8.1.1) Unter welchem Winkel δ wird ein an einem Kupfer-Atomkern vorbeifliegendes α-Teilchen abgelenkt, das von einer Radiumquelle erzeugt wird ($v_\alpha = 1{,}61 \cdot 10^7$ m/s)? Der Abstand zwischen dem Atomkern und dem α-Teilchen beträgt vor der Ablenkung $x = 1{,}4 \cdot 10^{-13}$ m. (Nutzung der Rutherford'schen Streuformel)

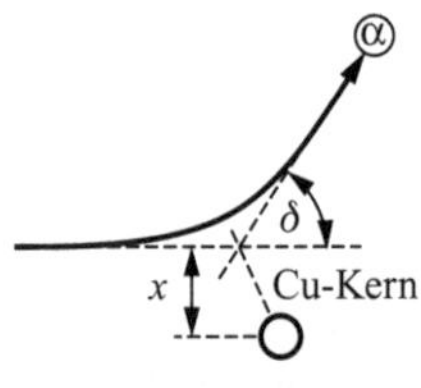

Bild 8.1.1

29. Welche Energie ist erforderlich, um aus einem Wasserstoffatom ein Wasserstoffion zu erzeugen (Abtrennung des Elektrons vom Kern), wenn sich das um den Kern im Abstand r kreisende Elektron im Grundzustand $n = 1$ befindet?

30. Bei welchem Abstand x zwischen einem Natriumatom (Ionisationsenergie $E_{\mathrm{I}} = 5,11$ eV) und einem Chloratom (Elektronenaffinität $E_{\mathrm{A}} = 3,77$ eV) springt das Elektron der äußeren Schale zum Chloratom über, wenn nur Ionenbindung angenommen wird?

31. Wie groß ist die Dichte eines Atomkerns, wenn von einem mittleren Kernradius von $r_{\mathrm{K}} = 1,4 \cdot 10^{-15} \sqrt[3]{A_{\mathrm{r}}}$ m ausgegangen und ungefähre Massengleichheit der Protonen und Neutronen vorausgesetzt wird?

32. Mit einer Aluminiumplatte soll eine γ-Strahlung auf den halben Wert ihrer Primärenergie E_0 abgebremst werden. Wie groß ist die Schichtdicke d der Platte zu bemessen, wenn für die Strahlung der lineare Schwächungskoeffizient für Aluminium mit $\mu = 14,9\ \mathrm{m}^{-1}$ gilt?

33. Wie groß ist die Ungenauigkeit der Geschwindigkeit des im Wasserstoffatom kreisenden Elektrons für den Grundzustand $n = 1$, wenn seine Aufenthaltsgenauigkeit mit $\Delta x = 10^{-10}$ m (entspricht etwa dem Atomdurchmesser) angenommen wird?

34. Ein α-Teilchen besitzt die Geschwindigkeit $v = 10\,000$ km/s. Wie groß ist die Energie, die es im Vorbeifliegen durch Ionisationsbremsung auf ein Elektron überträgt, das sich im Abstand $x = 10^{-13}$ m vom α-Teilchen befindet?

35. Ein Neutronenstrahl wird auf ein Kristallgitter gelenkt, welches als Spektrometer wirkt. Wie groß ist die Wellenlänge λ der entstehenden monochromatischen Neutronenstrahlung, wenn die Energie der einfallenden Neutronen $E_{\mathrm{n}} = 0,05$ eV beträgt? ($m_{\mathrm{n}} = 1,6749 \cdot 10^{-27}$ kg)

36. Berechnen Sie den Impuls und die Masse eines Lichtquants von gelbem Na-Licht der Linie D_2 mit einer Wellenlänge $\lambda = 589,59$ nm.

37. Welche Energie E ist erforderlich, um ein Elektron von der Bahn $m = 3$ auf die Bahn $n = 5$ innerhalb eines Atoms anzuheben?

8.2 Ionisierende Strahlung

1. Wie viel Zerfallsakte finden je Sekunde in 1 g reinem Radiocobalt Co 60 statt? ($T_{1/2} = 5,3$ a)

2. Wie viel Gramm reines Radioiod I 131 entspricht der Aktivität von 10^8 Bq? ($T_{1/2} = 8$ d)

3. Die Aktivität einer strahlenden Substanz sinkt innerhalb zweier Tage von $4 \cdot 10^7$ Bq auf $2,4 \cdot 10^7$ Bq. Wie groß ist die Aktivität nach weiteren 8 Tagen?

4. Die Aktivität einer strahlenden Substanz sinkt innerhalb von 3 Stunden von $3,5 \cdot 10^7$ Bq auf $3,1 \cdot 10^7$ Bq ab. Wie groß ist die Halbwertszeit?

5. Wie viel Gramm P 32 sind von 1 g Anfangsmasse nach 35 Tagen noch aktiv? (Halbwertszeit $T_{1/2} = 14,3$ d)

6. Innerhalb welcher Zeit klingt die Aktivität des Radionatriums Na 24 auf $1/10$ des Anfangswertes ab? ($T_{1/2} = 14,8$ h)

7. Welche Aktivität besitzen 2 mg reiner Radiokohlenstoff C 14? ($T_{1/2} =$ 5 700 a)

8. Wie groß ist die Halbwertszeit eines Radionuklids, wenn seine Aktivität innerhalb einer bestimmten Zeit auf $9/10$ und nach weiteren 5 Stunden auf $7/10$ des Anfangswertes abnimmt?

9. Die Aktivität zweier radioaktiver Substanzen beträgt anfänglich $8 \cdot 10^8$ Bq bzw. $5 \cdot 10^8$ Bq und ist nach 12 Tagen gleich groß. Wie groß ist die Halbwertszeit der zweiten Substanz, wenn die der ersten 5 Tage beträgt?

10. Die Aktivitäten zweier Radionuklide, die sich anfangs wie 2 : 1 verhalten, sind nach Ablauf von 6 Tagen gleich groß. Wie groß ist die Halbwertszeit des zweiten Nuklids, wenn die des ersten 4 Tage beträgt?

11. Eine Lösung von Na 24 ($T_{1/2} = 14,8$ h) liefert im Zählgerät anfänglich 12 500 Impulse/min. Welche Impulsrate wird nach 24 h festgestellt?

12. Nach wie viel Halbwertszeiten beträgt die Aktivität einer radioaktiven Substanz nur noch $1/100$ ihres Anfangswertes?

13. Wie viel kg reines $^{238}_{94}$Pu ($T_{1/2} = 86,4$ a) ist zum Betrieb einer Thermobatterie erforderlich, wenn eine anfängliche Wärmeleistung von 1 kW erzielt werden soll und die mittlere Energie eines α-Teilchens $E_\alpha = 5,48$ MeV beträgt?

14. Welche Energie liefert 1 g $^{226}_{88}$Ra ($T_{1/2} = 1\,600$ a) im Zeitraum eines Jahres, wenn nur die Energie der α-Strahlung ($E_\alpha = 4,78$ MeV) berücksichtigt wird?

15. Welche anfängliche Leistung kann eine mit 100 g $^{238}_{94}$Pu ($T_{1/2} = 86,4$ a) geladene Radionuklidbatterie maximal abgeben, wenn die Energie ihrer α-Strahlung $E_\alpha = 5,48$ MeV beträgt?

16. Welche Energie liefert eine mit $^{90}_{38}$Sr betriebene Radionuklidbatterie in 10 Jahren, wenn die Halbwertszeit $T_{1/2} = 28$ a und die Anfangsleistung 50 W beträgt?

17. Welche Energie (kWh) wird beim vollständigen Zerfall von Co 60 ($T_{1/2} = 5,3$ a) frei, wenn die Anfangsaktivität $A = 3,7 \cdot 10^{10}$ Bq beträgt und je Zerfallsakt zwei γ-Quanten mit zusammen 2,5 MeV und ein β-Teilchen mit 0,3 MeV frei werden?

18. Die Energiedosisleistung $\dot{D}$ eines punktförmigen γ-Strahlers beträgt in 0,6 m Abstand vom Präparat 10^{-9} W/kg. In welchem Abstand beträgt sie nur noch $0,2 \cdot 10^{-9}$ W/kg (Durchstrahlung von Luft)?

19. Welche Energiedosis D erzeugt Radium mit $A = 185$ MBq im Abstand $r = 1$ m innerhalb von $t = 30$ min, wenn die Dosisleistungskonstante $\Gamma = 7 \cdot 10^{-17}$ J · m²/kg beträgt?

20. Die Dosisleistungskonstante Γ des Co 60 ist $\Gamma = 10^{-16}$ J · m²/kg. Welche Aktivität A ergibt im Abstand von 0,5 m die höchstzulässige Energiedosisleistung von 10^{-3} Gy/Woche, wenn die Woche zu 40 Arbeitsstunden angenommen wird?

21. Welcher Arbeitsabstand r muss mindestens eingehalten werden, wenn drei Stunden mit der Aktivität $2,2 \cdot 10^{10}$ Bq Ir 192 gearbeitet wird und dabei die Energiedosis 10^{-3} Gy nicht überschritten werden darf?
($\Gamma = 3,5 \cdot 10^{-17}$ J · m²/kg)

22. Gegeben sei ein punktförmig zu betrachtendes Präparat Co 60 von der Aktivität $8 \cdot 10^7$ Bq, das je Zerfallsakt zwei γ-Quanten von je $E_\gamma = 1,25$ MeV abgibt. Wie viel γ-Quanten und welche Energieflussdichte (W/cm²) treffen im Abstand 0,8 m je Sekunde auf die Kugeloberfläche von 1 cm²?

23. Eine radioaktive Quelle gibt eine γ-Strahlung der Energie $E = 1$ MeV ab. Beim Transport der Quelle in einem Bleicontainer muss die Strahlung auf 1/16 ihrer Energie geschwächt werden. Wie groß ist die Wanddicke des Bleimantels zu bemessen, wenn die Halbwertsdicke für Blei $d_{1/2} = 8,8$ mm beträgt?

24. Welche Reichweite d_{max} hat eine β-Strahlung der Energie $E = 1,5$ MeV in Luft ($\varrho_L = 1,29$ kg/m³) und in Aluminium ($\varrho_{Al} = 2,7 \cdot 10^3$ kg/m³)?

25. Berechnen Sie die Gesamtmasse des Radionuklids C 14 auf der Erde, wenn die Masse der C-14-Neubildung durch die kosmische Strahlung mit 7 kg/a angenommen wird. (C-14-Halbwertszeit $T_{1/2} = 5\,730$ a)

26. Wie groß ist der Anteil von C 14 in frischem Holz, wenn hier von einer spezifischen β-Aktivität $A_s = 227\ \mathrm{Bq/kg}$ ausgegangen wird? Nutzen Sie dazu einen Vergleich mit der spezifischen Aktivität des Radiumnuklids Ra 226 mit $A_s = 3{,}63 \cdot 10^{13}\ \mathrm{Bq/kg}$. ($T_{1/2,\mathrm{Ra226}} = 1\,620$ a, $T_{1/2,\mathrm{C14}} = 5\,730$ a)

8.3 Kernenergie

1. Es sind folgende Reaktionsgleichungen zu ergänzen:

a) ${}^{10}_{5}\mathrm{B}(\mathrm{n},\alpha) \longrightarrow$

b) ${}^{40}_{18}\mathrm{Ar}(\alpha,\mathrm{n}) \longrightarrow$

c) ${}^{25}_{12}\mathrm{Mg}(\mathrm{d},\mathrm{p}) \longrightarrow$

2. Es sind folgende Reaktionsgleichungen zu ergänzen:

a) ${}^{1}_{0}\mathrm{n} + {}^{235}_{..}\mathrm{U} \longrightarrow {}^{145}_{57}\mathrm{La} + \ldots + 4{}^{1}_{0}\mathrm{n}$

b) ${}^{1}_{0}\mathrm{n} + {}^{235}_{..}\mathrm{U} \longrightarrow {}^{99}_{..}\mathrm{Zr} + {}^{135}_{..}\mathrm{Te} + \ldots {}^{1}_{0}\mathrm{n}$

c) ${}^{1}_{0}\mathrm{n} + {}^{232}_{..}\mathrm{Th} \longrightarrow \ldots + {}^{140}_{..}\mathrm{Xe} + 3{}^{1}_{0}\mathrm{n}$

d) ${}^{1}_{0}\mathrm{n} + {}^{\cdots}_{..}\mathrm{Pu} \longrightarrow {}^{80}_{..}\mathrm{Se} + {}^{157}_{..}\mathrm{Nd} + 3{}^{1}_{0}\mathrm{n}$

3. Welcher Energie (kWh) entspricht ein Massendefekt vom 3 mg?

4. Wie viel Megaelektronvolt entspricht ein Massendefekt von 1 u (atomare Masseneinheit $= 1{,}660\,54 \cdot 10^{-27}$ kg), wenn der genaue Betrag der Lichtgeschwindigkeit $c = 299\,792{,}4\ \mathrm{km/s}$ angenommen wird?

5. Welchem Massendefekt entspricht eine frei werdende Energie von 10 MWh?

6. Wie groß ist die Bindungsenergie für je ein Nukleon beim Kern a) ${}^{27}_{13}\mathrm{Al}$ ($A_r = 26{,}981\,5$) und b) ${}^{197}_{79}\mathrm{Au}$ ($A_r = 196{,}967$)?

7. Welche Energie (in MeV) wird bei der Spaltung eines Kernes ${}^{235}_{92}\mathrm{U}$ ($A_r = 235{,}044\,0$) durch ein Neutron insgesamt frei, wenn dabei zwei freie Neutronen und am Ende die stabilen Kerne ${}^{96}_{44}\mathrm{Ru}$ ($A_{r1} = 95{,}907\,6$) und ${}^{138}_{56}\mathrm{Ba}$ ($A_{r2} = 137{,}905\,2$) entstehen?

8. Welche Wärmeenergie wird in 1 kg ${}^{235}_{92}\mathrm{U}$ im Laufe von 100 Jahren frei, wenn es sich mit der Halbwertszeit $2{,}1 \cdot 10^{17}$ Jahren spontan spaltet und je Spaltakt die Energie 200 MeV frei wird?

9. Welche Energie liefert 1 g ${}^{235}_{92}\mathrm{U}$ bei vollständiger Spaltung, wenn je gespaltener Kern 200 MeV frei werden?

10. Bei der Spaltung des Kernes ${}^{235}_{92}\mathrm{U}$ entstehen zwei Bruchstücke mit den Massenzahlen $A_1 = 88$ und $A_2 = 148$. Wie verteilt sich die dabei frei werdende Energie $E = 165$ MeV auf die beiden Teile und mit welchen Geschwindigkeiten fliegen sie auseinander?

11. a) In welchem Verhältnis $m_1 : m_2$ stehen die beiden bei der Spaltung eines Urankernes entstehenden Bruchstücke zueinander, wenn ihre kinetischen Energien $E_1 = 110{,}4$ MeV bzw. $E_2 = 53{,}8$ MeV betragen?
b) Welche Massenwerte haben sie, wenn die des Zwischenkerns mit $A = 235$ angenommen wird?

12. Wie viel reines ${}^{235}_{92}\text{U}$ verbraucht ein Kernkraftwerk täglich, dessen thermische Leistung 300 MW beträgt, wenn mit 200 MeV je Spaltakt gerechnet wird?

13. Der Abstand der in einem Kernkraftwerk eingesetzten Brennelemente wird mit 17 400 MW · d/t angegeben (d: Tage). Wie viel kg ${}^{235}_{92}\text{U}$ je t Kernbrennstoff werden dabei verbraucht? Vergleiche damit die mittlere Anreicherung von 2,2 %.

14. Aus der Reaktionsgleichung ${}^{2}_{1}\text{D} + {}^{2}_{1}\text{D} \longrightarrow {}^{3}_{2}\text{He} + {}^{1}_{0}\text{n} + 3{,}25$ MeV ist die Masse des Atoms ${}^{3}_{2}\text{He}$ zu berechnen, wenn die genaue Masse des Atoms ${}^{2}_{1}\text{D}$ mit 2,014 10 u bekannt ist.

15. Wie viel Kilowattstunden würden bei der vollständigen Fusion von 1 g Wasserstoff zu Helium frei werden?

16. Welche Energie (MeV) wird bei der Kernverschmelzung ${}^{7}_{3}\text{Li} + {}^{1}_{1}\text{p} \longrightarrow 2\,{}^{4}_{2}\text{He}$ frei, wenn die Werte der relativen Atommassen für ${}^{7}_{3}\text{Li}$ 7,016 00, für p 1,007 28 und für ${}^{4}_{2}\text{He}$ 4,002 60 betragen?

17. Welche Energieänderung erfährt ein γ-Quant der Energie $E = 129$ keV durch den Rückstoß des emittierenden Kerns Ir 191?

18. Rutherfords erste Kernumwandlung: ${}^{14}_{7}\text{N}(\alpha,\text{p})\,{}^{17}_{8}\text{O}$. Mit welcher Energie (MeV) fliegen die Protonen davon, wenn α-Teilchen der Energie 6,8 MeV als Geschosse dienen? ($m_\text{N} = 14{,}003\,07$ u, $m_\alpha = 4{,}001\,51$ u, $m_\text{O} = 16{,}999\,13$ u, $m_\text{p} = 1{,}007\,28$ u)

19. In einem Neutronenzählrohr läuft die Reaktion ${}^{10}_{5}\text{B}(\text{n},\alpha)\,{}^{7}_{3}\text{Li}$ ab. Welche Energien haben das α-Teichen und der Rückstoßkern ${}^{7}_{3}\text{Li}$ in MeV?
($m_\text{B} = 10{,}012\,94$ u, $m_\text{Li} = 7{,}016\,00$ u, $m_\alpha = 4{,}001\,51$ u)

20. Welche Energie müssen Protonen mindestens haben, um bei der Reaktion ${}^{7}_{3}\text{Li}(\text{p},\text{n})\,{}^{7}_{4}\text{Be}$ Neutronen auszulösen?
($m_\text{Be} = 7{,}016\,93$ u, $m_\text{n} = 1{,}008\,66$ u)

LÖSUNGEN

1 Mechanik fester Körper

Lösungen 1.1 Statik

1. $d = \dfrac{V}{2lb} = \underline{0{,}03\ \text{mm}}$

2. $hA = \dfrac{(d_2^2 - d_1^2)}{4}\pi b;\ A = \underline{659{,}7\ \text{m}^2}$

3. $\dfrac{d_1^2\pi l_1}{4} = \dfrac{d_2^2\pi l_2}{4};\ d_2 = d_1\sqrt{\dfrac{l_1}{l_2}} = \underline{0{,}17\ \text{mm}}$

4. $\dfrac{d^2\pi l}{4} = \dfrac{4\pi r^3}{3};\ d = \sqrt{\dfrac{16r^3}{3l}} = \underline{0{,}075\ \text{mm}}$

5. $\dfrac{d_1^2\pi h}{4} = \dfrac{(d_1^2 - d_2^2)\pi(h + \Delta h)}{4}$; daraus folgt

$$d_1 = d_2\sqrt{\frac{h + \Delta h}{\Delta h}};\ V = \frac{d_1^2\pi h}{4} = \frac{d_2^2(h + \Delta h)\pi h}{4\Delta h} = \underline{2\,628\ \ell}$$

6. (Bild L1.1.1) $\tan\alpha = \dfrac{10}{45};\ \alpha = \underline{12{,}5^\circ}$

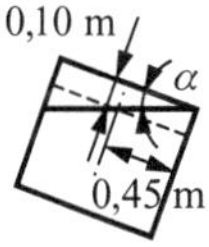

0,10 m, α, 0,45 m

Bild L1.1.1

7. $m = \dfrac{d^2\pi l\varrho}{4} = \underline{2{,}805\,4\ \text{kg}}$

8. $\varrho = \dfrac{m}{V_1 + V_2} = \dfrac{100}{\dfrac{33}{\varrho_1} + \dfrac{67}{\varrho_2}} = \underline{9\,577\ \text{kg/m}^3}$

9. $V = \dfrac{m}{\varrho} = \dfrac{4\ \text{kg}\cdot\text{m}^3}{11\,340\ \text{kg}} = \underline{0{,}352\,7\ \ell}$

10. $d = \dfrac{m}{1\,000\cdot A\cdot\varrho} = \underline{4{,}145\ \mu\text{m}}$

11. $m = \frac{d^2 \pi l \varrho}{4}$; $d = \sqrt{\frac{4m}{\pi l \varrho}} = \underline{0{,}34\ \text{mm}}$

12. Volumen des Bleis $V_1 = \frac{m}{\varrho}$; verdrängtes Volumen V; Dichte der Stoffprobe $\varrho_2 = \frac{m_2}{V_2} = \frac{m_2}{V - \frac{m_1}{\varrho}} = 760\ \text{kg/m}^3$; die Stoffprobe könnte aus Holz bestehen.

13. Volumen des Pyknometers $V = \frac{m_2 - m_1}{\varrho_1}$;
$m_4 = \left(V - \frac{m_3}{\varrho_2}\right) \varrho_1 + m_1 + m_3$; nach Einsetzen von V erhält man
$\varrho_2 = \frac{m_3 \varrho_1}{m_2 + m_3 - m_4} = \underline{21{,}2 \cdot 10^3\ \text{kg/m}^3}$

14. $m = 2Ad\varrho = \underline{0{,}178\,3\ \text{kg}}$

15. $m_0 + V\varrho_L = x$; $m_0 + V\varrho_G = y$; $m_0 + V\varrho_W = z$; paarweises Subtrahieren liefert die Gleichungen $V\varrho_W - V\varrho_L = z - x$; $V\varrho_L - V\varrho_G = x - y$; Isolieren von V und Gleichsetzen ergibt $\varrho_G = \underline{\frac{\varrho_W(x-y) - \varrho_L(z-y)}{x-z}}$

16. Es hätten 8 Pferde auf der einen Seite genügt; ein fester Widerhalt auf der anderen Seite hätte dieselbe Gegenkraft ergeben.

17. a) $G_1 = \frac{120\ \text{N}}{\cos 20°} = \underline{128\ \text{N}}$ b) $G_2 = \frac{85\ \text{N}}{\sin 20°} = \underline{249\ \text{N}}$

18. (Bild L1.1.2) $\tan\alpha = 1/3 = 0{,}333\,3$; $\alpha = 18{,}4°$; $\frac{G'}{2F_1} = \cos 18{,}4°$;
$F_1 = F_2 = \underline{448\ \text{N}}$

19. (Bild L1.1.3) Gegen die Kante wirkt die Resultierende F_R aus der Zugkraft F und der Gewichtskraft G. Es ist $F : G = a : b$, wobei $a = \sqrt{(0{,}6^2 - 0{,}55^2)\ \text{m}^2} = 0{,}24\ \text{m}$ und $b = 0{,}55\ \text{m}$; hieraus wird $F = \underline{13{,}1\ \text{kN}}$

20. (Bild L1.1.4) Das Krafteck ergibt $F_1 : G = 6 : 1$, wonach $F_1 = F_2 = \underline{900\ \text{N}}$; mit $a = \sqrt{(6^2 - 1^2)\ \text{m}^2} = 5{,}92\ \text{m}$ und $F_3 : G = 5{,}92 : 1$ wird $F_3 = \underline{888\ \text{N}}$

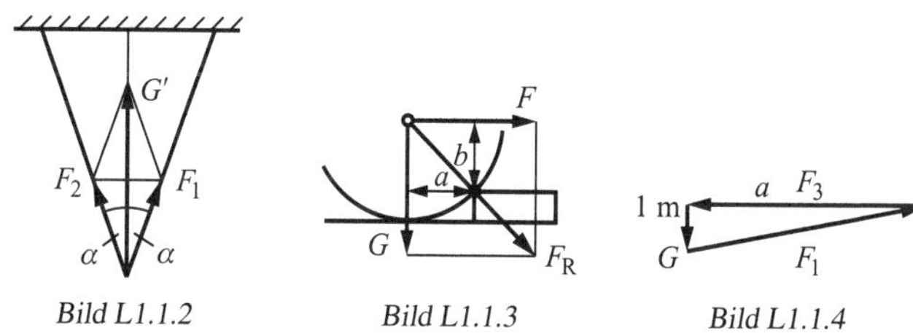

Bild L1.1.2 Bild L1.1.3 Bild L1.1.4

21. (Bild L1.1.5) Zugseil und Last ergeben die um 15° gegen die Vertikale geneigte Resultierende

$F_R = 2 \cdot 2\,000\ \text{N} \cdot \cos 15° = 3\,864\ \text{N}$;

F_R liefert $F'_R = F_R \cos 15° = \underline{3\,732\ \text{N}}$ und $F''_R = F_R \sin 15° = 1\,000\ \text{N}$;

F'_R liefert $F_1 = \dfrac{F'_R}{\sin 50°} = \underline{4\,872\ \text{N}}$ und $F'''_R = F_1 \cos 50° = 3\,132\ \text{N}$;

$F_2 = F'''_R - F''_R = \underline{2\,132\ \text{N}}$

22. (Bild L1.1.6) $F'_R = F_R = G\sqrt{2} = \underline{1\,697\ \text{N}}$; $F_1 : F'_R = \sin 45° : \sin 120°$;

$F_1 = \underline{1\,386\ \text{N}}$; $F_2 = \dfrac{F' \sin 15°}{\sin 120°} = \underline{507\ \text{N}}$

23. (Bild L1.1.7) $\cot \varphi = \dfrac{G}{F} = \dfrac{18\ \text{kN}}{10\ \text{kN}}$; mit $l = 6$ m wird

$h = l(1 - \cos \varphi) = \underline{0{,}76\ \text{m}}$

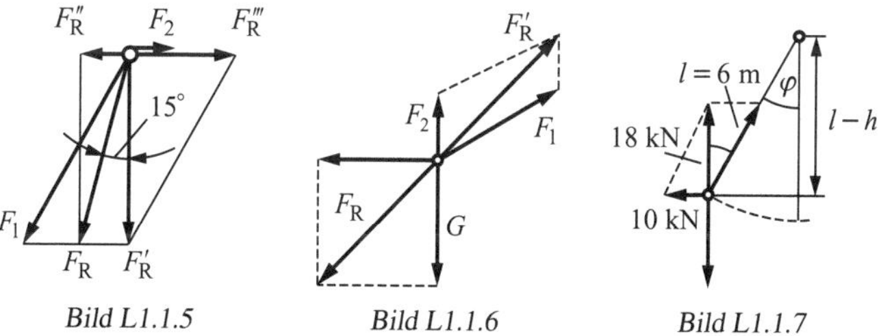

Bild L1.1.5 Bild L1.1.6 Bild L1.1.7

24. (Bild L1.1.8) An Stange *2* wirkt nach links die gleiche horizontale Kraft $F_H = 1\,000$ N;

$F_1 : 1\,000\ \text{N} = (3 - 2) : 4$; $F_1 = 250$ N;

$F'_2 = 250$ N; $F''_2 = 1\,000\ \text{N} \cdot \tan 60° = 1\,732$ N;

$F_2 = (F''_2 - F'_2) = \underline{1\,482\ \text{N}}$; $F = \dfrac{F''_2}{\sin 60°} = \underline{2\,000\ \text{N}}$

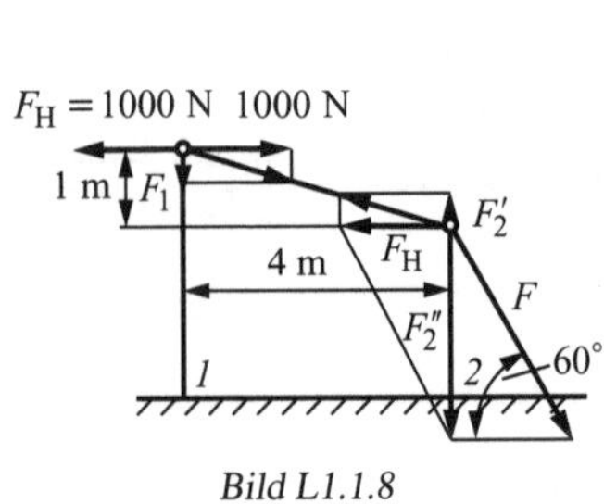

Bild L1.1.8

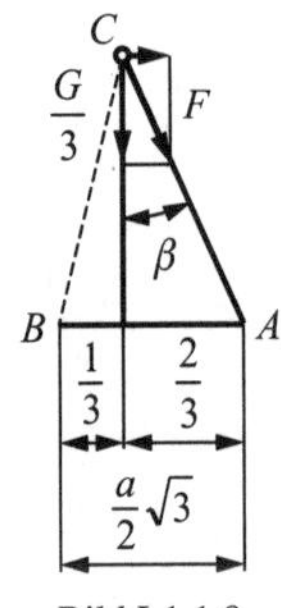

Bild L1.1.9

25. (Bild L1.1.9) Drückt man im Dreieck *ADC* den halben Winkel durch $\sin 15° = \frac{a/2}{b}$ aus, so gilt im Dreieck *ABC* $\sin\beta = \frac{2}{3}\frac{a}{2b\sqrt{3}}$; sodass $\sin\beta = \frac{2\sqrt{3}}{3}\sin 15°$ und $\beta = 17{,}4°$; $F = \frac{G}{3\cos\beta} = \underline{209{,}6\ \text{N}}$

26. (Bild L1.1.10) $F_2 = \frac{2\,400 \cdot 1{,}5\ \text{m}}{1\ \text{m}} = 3\,600$ N; mit dem Kosinussatz ist

$F_1 = \sqrt{G^2 + F_2^2 + 2F_2 G \cos 75°} = 4\,816$ N; $F_1/2 = \underline{2\,408\ \text{N}}$;

$F_3 = F_2 \cos 15° = \underline{3\,477\ \text{N}}$

27. (Bild L1.1.11)

$\frac{F/2}{F_1} = \frac{18}{24}$; $F_1 = 80$ N; $\frac{F/2}{F_2} = \frac{72}{24}$; $F_2 = 20$ N; $F' = F_1 + F_2 = \underline{100\ \text{N}}$

28. (Bild L1.1.12)

$F_H = F_{H2} - F_{H1} = (F_2 - F_1)\cos 45° = \underline{3\,500\ \text{N}}$;

$F_V = F_{V2} + F_{V1} = (F_2 + F_1)\cos 45° = \underline{3\,890\ \text{N}}$

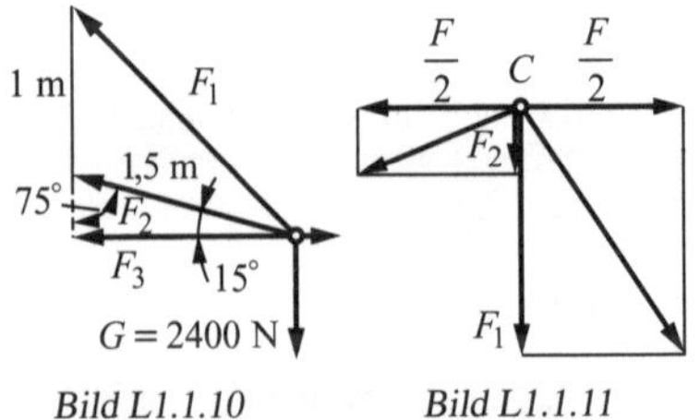

Bild L1.1.10 Bild L1.1.11

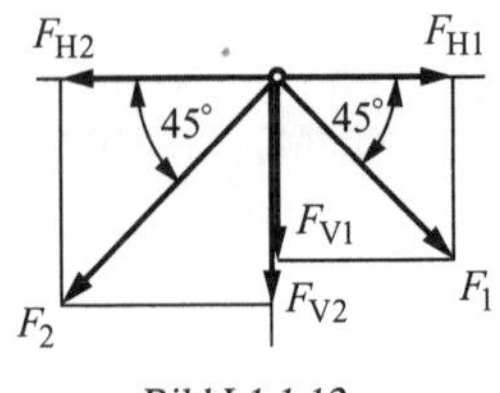

Bild L1.1.12

29. (Bild L1.1.13)

a) Kolbenkraft $F_1 = \dfrac{8 \cdot 10^5\ \text{N/m}^2 \cdot 0{,}068\ \text{m}^2 \cdot \pi}{4} = \underline{2905\ \text{N}}$

b) $a = 0{,}035\ \text{m} \cdot \sin\alpha = 0{,}0175\ \text{m}$; $\sin\beta = \dfrac{0{,}0175}{0{,}130} = 0{,}1346$;

$\beta = 7{,}7°$; Kraft im Pleuel $F_2 = \dfrac{F_1}{\cos\beta} = \underline{2931\ \text{N}}$

c) $\gamma = 30° + 7{,}7° = 37{,}7°$;
Kraft in der Kurbel $F_3 = F_2 \cos\gamma = \underline{2319\ \text{N}}$

d) Kraft rechtwinklig zur Kurbel $F_4 = F_2 \sin\gamma = \underline{1792\ \text{N}}$

30. a) tiefste Stellung (Bild L1.1.14a):

$h_1 = \sqrt{(0{,}05^2 - 0{,}045^2)\ \text{m}^2} = 0{,}0218\ \text{m}$

höchste Stellung (Bild L1.1.14b):

$h_2 = \sqrt{(0{,}09^2 - 0{,}045^2)\ \text{m}^2} = 0{,}0779\ \text{m}; h = h_2 - h_1 = \underline{0{,}0561\ \text{m}}$

b) Federkraft in höchster Stellung des Stößels

$F_2 = 2{,}5\ \text{N} + 0{,}0561\ \text{m} \cdot 1\ \text{N}/(0{,}01\ \text{m}) = 8{,}1\ \text{N}$;

kleinste Druckkraft $F_{D1} : 2{,}5\ \text{N} = 5 : 2{,}18$; $F_{D1} = \underline{5{,}7\ \text{N}}$

größte Druckkraft $F_{D2} : 8{,}1\ \text{N} = 9 : 7{,}79$; $F_{D2} = \underline{9{,}4\ \text{N}}$

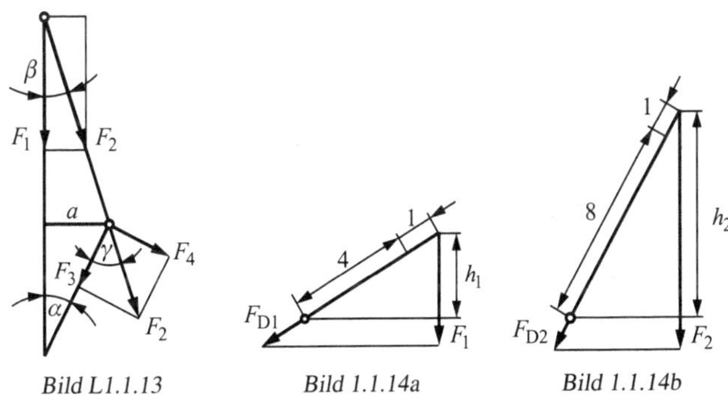

Bild L1.1.13 Bild 1.1.14a Bild 1.1.14b

31. (Bild L1.1.15) $F = \dfrac{400\ \text{kN}}{2\cos 10°} = 203\ \text{kN}$; die Resultierende der beiden Seilkräfte ist $F_R = F\sqrt{2} = 287\ \text{kN}$ und bildet mit der unteren Strebe den Winkel $55° - 45° = 10°$; für das Dreieck aus den Kräften F_R, F_O und F_U gilt mit dem Sinussatz $\dfrac{F_U}{F_R} = \dfrac{\sin 140°}{\sin 30°}$, wonach $F_U = \underline{369\ \text{kN}}$

(Druckkraft) sowie $\frac{F_O}{F_R} = \frac{\sin 10°}{\sin 30°}$, wonach $F_O = \underline{100\text{ kN}}$ (Zugkraft)

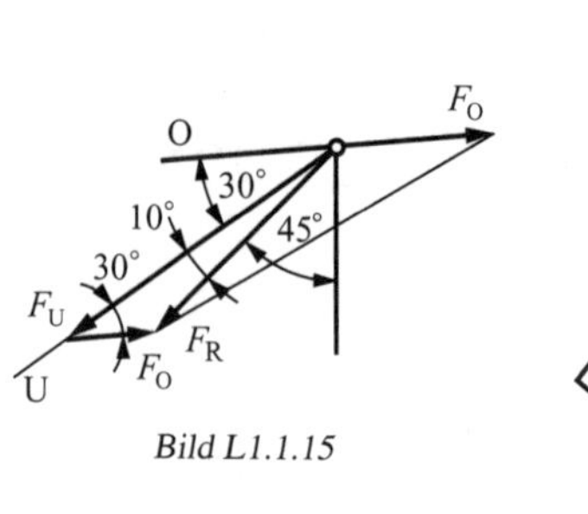

Bild L1.1.15

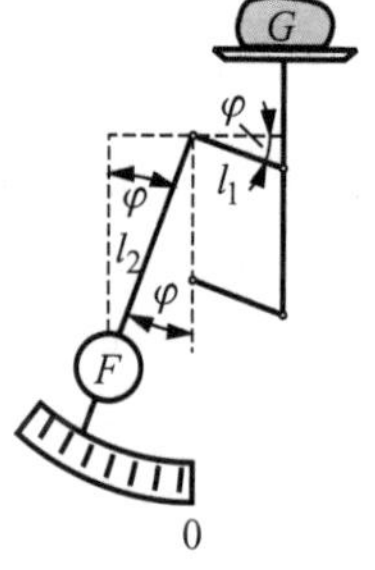

Bild L1.1.16

32. $F = \frac{1\,200\text{ N} \cdot 0,8\text{ m}}{2 \cdot 0,15\text{ m}} = \underline{3\,200\text{ N}}$

33. Am Lastarm des Nageleisens wirkt die Kraft

$F_3 = \frac{220\text{ N} \cdot 0,5\text{ m}}{0,08\text{ m}} = 1\,375\text{ N};$

haben die Nagelreihen vom Deckelrand den Abstand x, so gilt für den Deckel $F_3 \cdot 0,52\text{ m} = xF_2 + (0,60\text{ m} - x)F_2$, wonach $F_2 = \underline{1\,192\text{ N}}$

34. (Bild L1.1.16) Für die Drehmomente ergibt sich die Gleichung

$Fl_2 \sin\varphi = Gl_1 \cos\varphi;\ \tan\varphi = \underline{\frac{l_1 G}{l_2 F}}$

35. Die Gewichtskraft des Trägers greift im Schwerpunkt an:

$G = \frac{750\text{ N} \cdot 0,60\text{ m}}{1,10\text{ m}} = \underline{409\text{ N}}$

36. $500\text{ N} \cdot 0,80\text{ m} = \left(\frac{l}{2} - 0,80\text{ m}\right) G;\ 400\text{ N} \cdot 0,90\text{ m} = \left(\frac{l}{2} - 0,90\text{ m}\right) G;$ die Gleichungen ergeben $l = \underline{3,60\text{ m}}$ und $G = \underline{400\text{ N}}$

37. Momentengleichung bezogen auf S_1: $(0,50\text{ m} - l)G = 30F_2$; Momentengleichung bezogen auf S_2: $(0,20\text{ m} - l)G = 30F_1$; nach Division der Gleichungen wird $\frac{0,20\text{ m} - l}{0,50\text{ m} - l} = \frac{F_1}{F_2} = \frac{1}{3}$ und hieraus $l = \underline{0,05\text{ m}}$

38. (Bild L1.1.17) $2\text{ m} \cdot \cos\alpha = 0,5\text{ m} \cdot \cos(60° - \alpha)$;

$4\cos\alpha = 0,5\cos\alpha + 0,866\sin\alpha;\ \tan\alpha = \frac{3,5}{0,866};\ \alpha = \underline{76°}$

39. (Bild L1.1.18) $F \cdot l_2 = G \cdot l_1$; $F = \dfrac{80\ \text{N} \cdot 0{,}325\ \text{m} \cdot \cos 15°}{0{,}65\ \text{m} \cdot \cos 22{,}5°} = \underline{41{,}8\ \text{N}}$

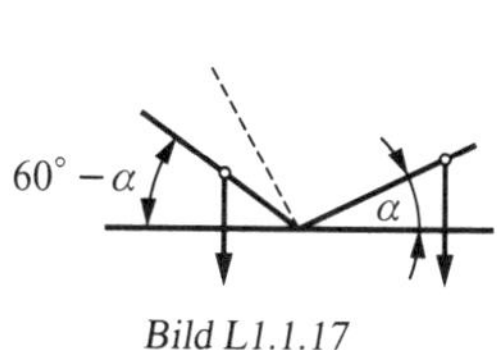

Bild L1.1.17

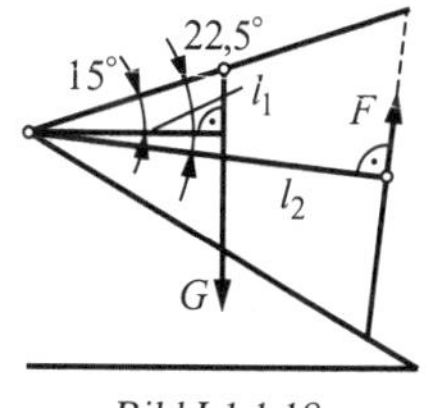

Bild L1.1.18

40. (Bild L1.1.19) Länge der Feder nach der Dehnung

$l = \sqrt{(0{,}05^2 + 0{,}11^2)\ \text{m}^2} = 0{,}120\,8\ \text{m}$;

Spannkraft $F = 15\ \text{N} + 800 \cdot 0{,}060\,8\ \text{N} = 63{,}6\ \text{N}$;

$M = F \cdot 0{,}05\ \text{m} \cdot \cos\alpha$;

$$M = \frac{63{,}6\ \text{N} \cdot 0{,}05\ \text{m} \cdot 0{,}11\ \text{m}}{0{,}120\,8\ \text{m}} = \underline{2{,}9\ \text{N} \cdot \text{m}}$$

41. (Bild L1.1.20) a) Nach erfolgter Drehung bis zum Gleichgewicht ergibt sich die Momentengleichung $1 \cdot l \cdot \cos(\varphi - \alpha) = 2 \cdot l \cdot \cos(\varphi + \alpha)$, woraus $\cos\alpha\cos\varphi + \sin\alpha\sin\varphi = 2\cos\alpha\cos\varphi - 2\sin\alpha\sin\varphi$ oder $3\sin\alpha\sin\varphi = \cos\alpha\cos\varphi$ und damit $\tan\varphi = \dfrac{\cot\alpha}{3} = \underline{\dfrac{e}{3h}}$ folgt.

b) $\tan\varphi = \underline{\dfrac{e}{5h}}$

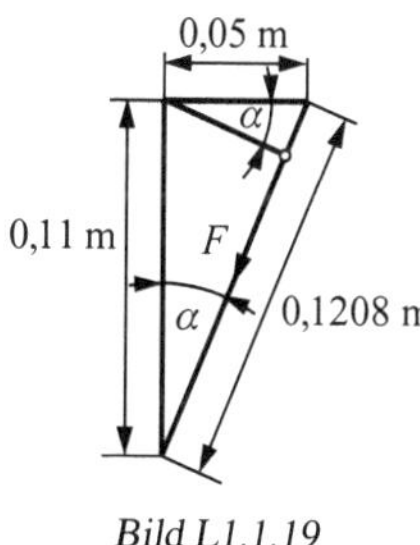

Bild L1.1.19

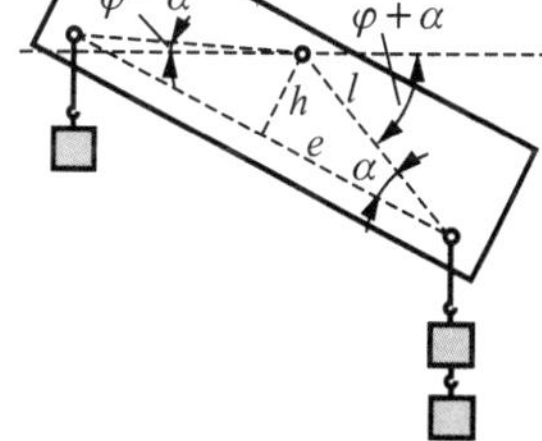

Bild L1.1.20

42. $F_1 = 3\ \text{m} \cdot 600\ \text{N} \cdot 1{,}9\ \text{m} + 820\ \text{N} \cdot 1{,}5\ \text{m}$; $F_1 = \underline{790\ \text{N}}$;

$F_2 = (1\,420 - 790)\ \text{N} = \underline{630\ \text{N}}$

43. In Bezug auf A als Drehpunkt gilt

$$F_B \cdot 0{,}37\ \text{m} = 60\ \text{N} \cdot 0{,}41\ \text{m} + 30\ \text{N} \cdot 0{,}27\ \text{m} + 80\ \text{N} \cdot 0{,}12\ \text{m} - 20\ \text{N} \cdot 0{,}12\ \text{m} + 50\ \text{N} \cdot 0{,}145\ \text{m},$$

sodass $F_B = \underline{127{,}4\ \text{N}}$; entsprechend ist $F_A = \underline{112{,}6\ \text{N}}$

44. In Bezug auf A bzw. B gilt die Gleichung

$$40\ \text{N} \cdot 0{,}28\ \text{m} + 200\ \text{N} \cdot 0{,}12\ \text{m} - x \cdot 60\ \text{N} + 80\ \text{N} \cdot 0{,}11\ \text{m}$$
$$= 60\ \text{N}(0{,}22\ \text{m} + x) + 200\ \text{N} \cdot 0{,}1\ \text{m} + 80\ \text{N} \cdot 0{,}11\ \text{m} - 40\ \text{N} \cdot 0{,}06\ \text{m},$$

woraus $x = \underline{0{,}0367\ \text{m}}$ folgt;

$$F_A = F_B = \frac{(40 + 200 + 60 + 80)\text{N}}{2} = \underline{190\ \text{N}}$$

45. (Bild L1.1.21) $\dfrac{Ga}{2} = Fl$; mit $l = a(1 + \tan\alpha)\cos\alpha$ wird die Kraft

$$F = \underline{\frac{G}{2(\sin\alpha + \cos\alpha)}}$$

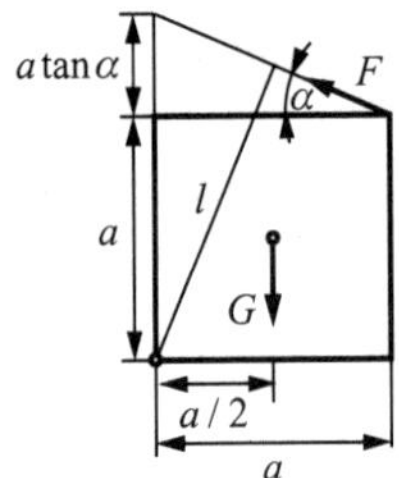

Bild L1.1.21

46. Die Momentengleichung wird zu $G_1 \dfrac{l}{2} \cos\alpha + G_2 h \cos\alpha = G_3 l \sin\alpha$.

Hieraus folgt $h = \dfrac{l}{G_2}\left(G_3 \tan\alpha - \dfrac{G_1}{2}\right)$ und nach Einsetzen der Zahlenwerte $h = \underline{3{,}23\ \text{m}}$

47. (Bild L1.1.22) In Bezug auf den Aufhängepunkt gilt

$\dfrac{G}{2}(l\sin\alpha) + \dfrac{G}{2}(l\sin\alpha - r) = \dfrac{G}{2}(l\cos\alpha - r)$; hieraus wird

$\dfrac{\sin\alpha}{\cos\alpha} = 0{,}5$; $\alpha = \underline{26{,}6^\circ}$

48. (Bild L1.1.23) $\dfrac{d}{0{,}5\ \text{m}} = \dfrac{0{,}5\ \text{m}}{\sqrt{(1{,}5^2 + 0{,}5^2)\ \text{m}^2}}$; $d = 0{,}158$ m;

$F \cdot 1\ \text{m} = Gd = \underline{15{,}8\ \text{N}}$

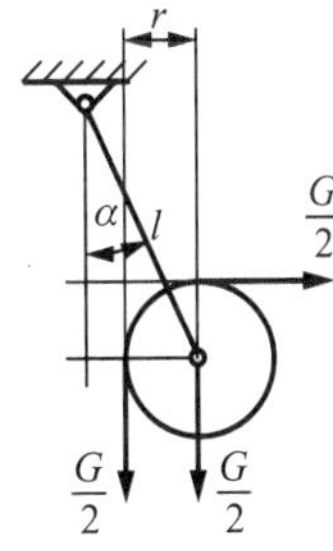

Bild L1.1.22

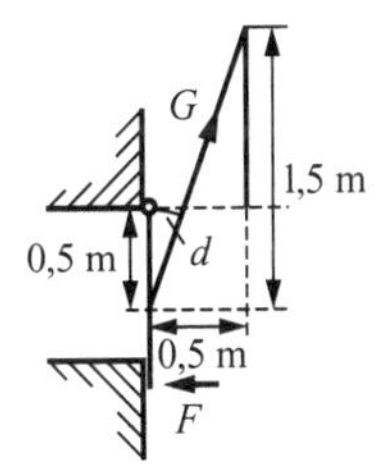

Bild L1.1.23

49. (Bild L1.1.24) In Bezug auf Punkt B gilt

$$F_A h = \frac{Ga}{2};\ F_A = \underline{81\ \mathrm{N}};\ F_B = \underline{81\ \mathrm{N}};\ F_R = \sqrt{G^2 + F_A^2} = \underline{253\ \mathrm{N}}$$

50. Die Schubstange überträgt die Kraft

$$F' = \frac{200\ \mathrm{N \cdot m}}{0,5\ \mathrm{m} \cdot \cos 20^\circ} = 425,7\ \mathrm{N};\ F = \frac{425,7\ \mathrm{N} \cdot 0,6\ \mathrm{m}}{3\ \mathrm{m}} = \underline{85,1\ \mathrm{N}}$$

51. (Bild L1.1.25) $a = \sqrt{(0,018^2 + 0,020^2)\ \mathrm{m}^2} = 0,0269\ \mathrm{m}$;

$b : 0,018\ \mathrm{m} = 0,018\ \mathrm{m} : a;\ b = 0,012\ \mathrm{m}$;

$$F' = \frac{Fa}{b} = \frac{20\ \mathrm{N} \cdot 0,0269\ \mathrm{m}}{0,012\ \mathrm{m}} = 44,8\ \mathrm{N};$$

$c = \sqrt{(0,018^2 - 0,012^2)\ \mathrm{m}^2} = 0,01342\ \mathrm{m}$;

$d = (0,045 - 0,01342)\ \mathrm{m} = 0,03158\ \mathrm{m}$;

$$\tan\alpha = \frac{b}{d} = \frac{0,012}{0,03158} = 0,3799;\ \alpha = 20,8^\circ;\ F_1 = F' \cdot \cos\alpha = \underline{42\ \mathrm{N}}$$

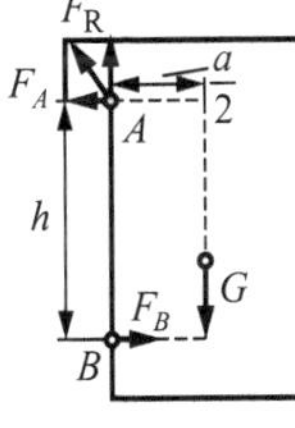

Bild L1.1.24

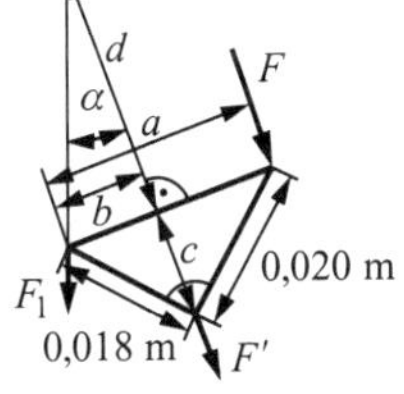

Bild L1.1.25

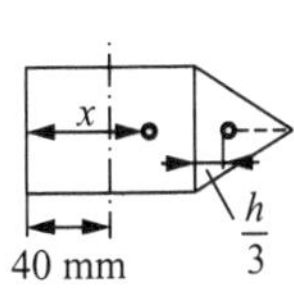

Bild L1.1.26

52. m_1(Holz) $= 0,150\,8$ kg; m_2(Eisen) $= 0,191$ kg; Gesamtmasse $m = 0,341\,8$ kg; $m \cdot x = m_1 \cdot 0,40\ \mathrm{m} + m_2 \cdot 0,20\ \mathrm{m}$; $x = \underline{0,288\ \mathrm{m}}$

53. (Bild L1.1.26) In der Draufsicht erkennt man die Flächeninhalte:

$4\,800\ \text{mm}^2$ (Rechteck) $+1559\ \text{mm}^2$ (Dreieck) $= 6\,359\ \text{mm}^2$

und die Momente in Bezug auf die linke Kante

$$6\,359\ \text{mm}^2 \cdot x = 4\,800\ \text{mm}^2 \cdot 40\ \text{mm} + 1\,559\ \text{mm}^2 \cdot (80 + 10 \cdot \sqrt{3})\ \text{mm}$$

und hieraus $x = \underline{54,1\ \text{mm}}$

54. Der Gesamtschwerpunkt liegt auf der Verbindungslinie $\overline{MP}$ und lotrecht unter A. Sein Abstand d von der Scheibenmitte M folgt aus

$$d \cdot 1,5m = r \cdot 0,5m, \text{ wonach } d = \frac{r}{3}; \tan\alpha = \frac{r/3}{r} = 0,333; \alpha = \underline{18,4°}$$

55. (Bild L1.1.27) Trägt jedes Bein die Teillast $G/4$, so wirkt im Mittelpunkt von $\overline{CD}$ und $\overline{AB}$ je die Last $G/2$. Der Angriffspunkt der Gesamtlast G muss mit dem Schwerpunkt S des Dreiecks zusammenfallen. Da der Schwerpunkt die Mittellinie im Verhältnis 2 : 1 teilt und $\overline{AB}$ parallel zu $\overline{CD}$ verlaufen soll, stehen die Beine A und B um je $1/3$ Seitenlänge von E entfernt.

56. (Bild L1.1.28) Zerlegt man das Trapez in 2 Dreiecke und 1 Rechteck, so gilt mit den Bezeichnungen von Bild L1.1.28 in Bezug auf die Seite a die Momentengleichung

$$s\left[\frac{h(c+2b+d)}{2}\right] = bh \cdot \frac{h}{2} + \frac{ch}{2} \cdot \frac{h}{3} + \frac{dh}{2} \cdot \frac{h}{3}.$$

Hieraus erhält man $s = \dfrac{2h(3b+c+d)}{6(2b+c+d)}$ und wegen $a = c+b+d$ die genannte Formel.

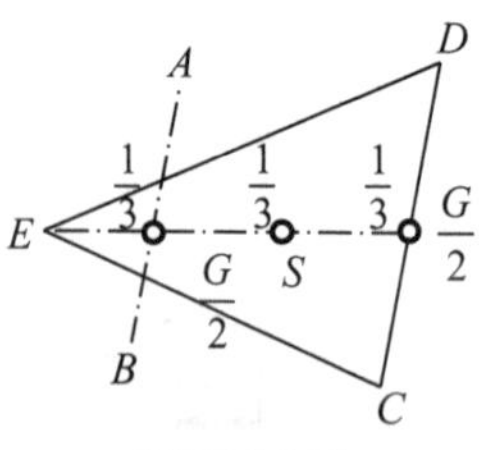

Bild L1.1.27

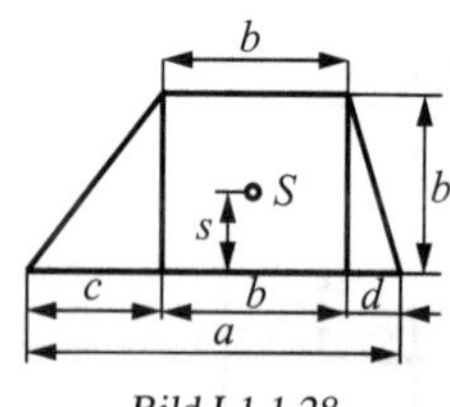

Bild L1.1.28

57. (Bild L1.1.29) Das Lot (Schwerlinie) halbiert die Gegenkathete;

$$\tan 30° = \frac{a}{b}; \tan\beta = \frac{a}{2b} = 0,288\,7; \beta = 16,1°; \alpha = \underline{13,9°}$$

58. (Bild L1.1.30) In Bezug auf die Bodenmitte gilt die Gleichung

$$b\left(d\pi h+\frac{d^2\pi}{4}\right)=\frac{h}{2}d\pi h;\ b=\frac{h^2}{2\left(h+\frac{d}{4}\right)}=\underline{0{,}514\ \text{m}}$$

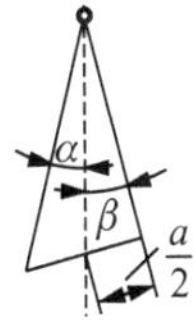

Bild L1.1.29

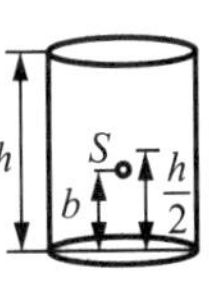

Bild L1.1.30

59. In Bezug auf die Bodenmitte gilt die Momentengleichung

$$\left(50+\frac{d^2\pi\varrho x}{4}\right)\ \text{kg}\cdot 0{,}544\ \text{m}=50\ \text{kg}\cdot 0{,}514\ \text{m}+\frac{d^2\pi\varrho x}{4}\ \text{kg}\cdot\frac{x}{2};$$

hieraus folgt mit $\varrho = 1\,000\ \text{kg/m}^3$: $x=\underline{1{,}094\ \text{m}}$

60. In Bezug auf die Bodenmitte gilt die Momentengleichung

$$h(2bc+2ac+ab)=\frac{c}{2}(2bc+2ac),\ \text{woraus}\ h=\frac{c^2(a+b)}{2bc+2ac+ab}\ \text{folgt.}$$

Die genannten Werte ergeben $h=\underline{1{,}36\ \text{cm}}$

61. (Bild L1.1.31) Der Schwerpunkt der beiden schrägen Seitenwände liegt bei $\frac{a}{4}\sqrt{3}$, derjenige der beiden Dreieckwände liegt bei $\frac{a}{3}\sqrt{3}$ über der Bodenkante. In Bezug auf die Bodenkante gilt die Momentengleichung $h\left(2ab+\frac{a^2}{2}\sqrt{3}\right)=\frac{a}{4}\sqrt{3}\cdot 2ab+\frac{a}{3}\sqrt{3}\cdot\frac{a^2}{4}\sqrt{3}\cdot 2$, wonach

$$h=\frac{a(a+b\sqrt{3})}{4b+a\sqrt{3}};$$ mit den gegebenen Werten beträgt $h=\underline{1{,}38\ \text{cm}}$

62. $\tan\alpha=\frac{2}{10};\ \alpha=\underline{11^\circ}$

63. (Bild L1.1.32) In Bezug auf den Mittelpunkt gilt die Momentengleichung $dr_1^2\pi = er_2^2\pi;\ e=\frac{dr_1^2}{r_2^2}=\underline{225\ \text{mm}}$

64. a) $E=\frac{Fl}{A\Delta l}=\frac{5\,000\ \text{N}\cdot 0{,}20\ \text{m}\cdot 4}{0{,}015^2\ \text{m}^2\cdot\pi\cdot 5\cdot 10^{-5}\ \text{m}}=\underline{1{,}13\cdot 10^5\ \text{N/mm}^2}$

b) $\alpha=\frac{1}{E}=\underline{8{,}85\cdot 10^{-6}\ \text{mm}^2/\text{N}}$

c) $\Delta l = \dfrac{\sigma_{zul} l}{E} = \underline{0,177\ \text{mm}}$

Bild L1.1.31

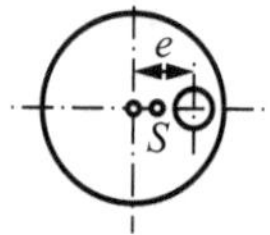

Bild L1.1.32

65. $F = \dfrac{AE\Delta l}{l} = \dfrac{(0,1\ \text{mm})^2 \cdot \pi \cdot 2,1 \cdot 10^5\ \text{N} \cdot 1,8\ \text{mm}}{4 \cdot 250\ \text{mm} \cdot \text{mm}^2} = \underline{11,90\ \text{N}}$

66. Mit $\dfrac{2d^2\pi}{4} = \dfrac{F}{\sigma_{zul}}$ wird $d = \sqrt{\dfrac{2F}{\sigma_{zul}\pi}} = \underline{30,4\ \text{mm}}$

67. (Bild L1.1.33) Mit $\tan\alpha = \dfrac{4}{3} = 1,33$ ist $\alpha = 53,1°$;
$F = 2\sigma_{zul} A \cos\alpha = 2 \cdot 140\ \text{N/mm}^2 \cdot 150\ \text{mm}^2 \cdot 0,6 = \underline{25,2\ \text{kN}}$

68. Die Kraft ist der Verlängerung proportional:

$$F = Dx,\ W = \int_0^{\Delta l} F\,\mathrm{d}x = \int_0^{\Delta l} Dx\,\mathrm{d}x = D\frac{\Delta l^2}{2};\ F_{max} = D\Delta l;$$

$$W = \frac{1}{2}F_{max}\Delta l;\ F_{max} = \sigma_{zul}A;\ \frac{\Delta l}{l} = \frac{\sigma_{zul}}{E};\ W = \underline{\frac{1}{2}\sigma_{zul}^2 A \frac{l}{E}}$$

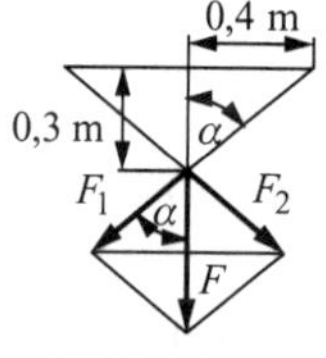

Bild L1.1.33

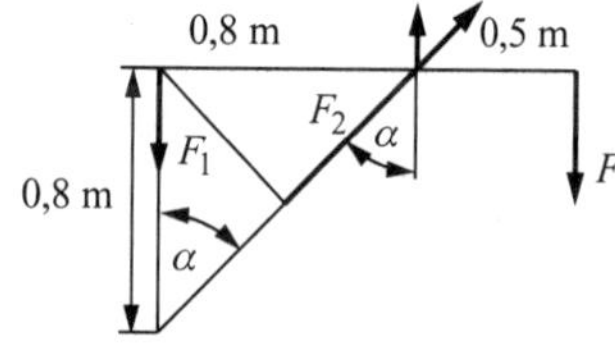

Bild L1.1.34

69. (Bild L1.1.34)

a) Aus der Gleichung der Kräfte $F_1 + F = \cos\alpha$ und der Momente $F(l_1 + l_2) = F_2 h \sin\alpha$ sowie mit $\alpha = 45°$ erhält man $F_1 = \underline{3\,125\ \text{N}}$ und $F_2 = \underline{11\,490\ \text{N}}$

b) Querschnitt der Streben $A_2 = \dfrac{F_2}{2\sigma_{zul}} = \underline{88\ \text{mm}^2}$

c) Kernquerschnitt der Schrauben $A_1 = \dfrac{F_1}{2\sigma_{zul}} = \underline{32,6\ \text{mm}^2}$;

es kommen Schrauben vom Typ M8 zum Einsatz.

70. $\sin\alpha = 0{,}6$; $\cos\alpha = \sqrt{1-0{,}6^2} = 0{,}8$; $F_Z = \sigma_{zul}A = 9\,425$ N;

aus der Momentengleichung $F_Z h = F_G \frac{l}{2}\cos\alpha + Fl\cos\alpha$ wird

$F = \dfrac{F_Z h - F_G l \cdot 0{,}4}{0{,}8l} = \underline{2\,630\ \text{N}}$

71. a) Kernquerschnitt einer Schraube $A = \dfrac{30\ \text{kN}\cdot\text{mm}^2}{48\ \text{N}} = 625\ \text{mm}^2$;

$d = \underline{28{,}2\ \text{mm}}$ (Es werden Schrauben vom Typ M36 ausgewählt.)

b) Mit diesem Durchmesser wird

$\Delta l = \dfrac{Fl}{AE} = \dfrac{30\ \text{kN}\cdot 50\ \text{mm}\cdot\text{mm}^2}{2{,}1\cdot 10^{-5}\ \text{N}\cdot 1\,018\ \text{mm}^2} = \underline{0{,}007\ \text{mm}}$

72. Aus der Gesamtkraft $F = 12\sigma_{zul}A_1$ und dem Zylinderquerschnitt

$A_2 = \dfrac{d_2^2\pi}{4}$ ergibt sich der Maximaldruck zu

$p = \dfrac{F}{A_2} = \dfrac{12\sigma_{zul}d_1^2}{d_2^2} = 0{,}666\ \text{N/mm}^2 = \underline{0{,}666\ \text{MPa}}$

73. Zulässige Kraft je Niet $F_1 = \dfrac{\tau\pi d^2}{4} = 566$ N; damit sind

$n = \dfrac{2\,000}{566} = \underline{4\ \text{Niete}}$ erforderlich; der durch die Bohrung geschwächte

Querschnitt ist nach Bild L1.1.35 $A = bs - ds$; $b = \dfrac{A + ds}{s}$;

mit $A = \dfrac{F}{\sigma} = 44{,}44\ \text{mm}^2$ ist $b = \underline{12{,}9\ \text{mm}}$

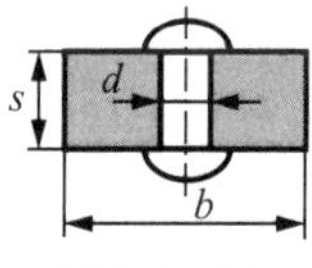

Bild L1.1.35

74. Schnittfläche $A = \pi(d_1 + d_2)s = 440\ \text{mm}^2$;
$F = 1{,}25A\tau = 1{,}25\cdot 440\ \text{mm}^2\cdot 60\ \text{N/mm}^2 = \underline{33\ \text{kN}}$;
$W = Fs = \underline{66\ \text{N}\cdot\text{m}}$

75. $F_1 = \tau A\cdot 1{,}3 = 171{,}5$ N; $n = \dfrac{550}{171{,}5} = 3{,}21 \approx \underline{3\ \text{Scheiben}}$

76. In A wirkt $\dfrac{G_1 + G_3}{2} = \underline{930\ \text{N}}$; ebenso ist $F = \underline{930\ \text{N}}$;

in B wirkt $2F + G_2 = \underline{1\,900\ \text{N}}$

77. Gesamtlast $2G_1 + G_2 + G_3 = 465$ N; $G = \dfrac{465\ \text{N} \cdot 4\ \text{m}}{2,5\ \text{m}} = \underline{744\ \text{N}}$

78. (Bild L1.1.36) Im Kräfteparallelogramm schließen die Kräfte $\vec{F}_1$ und $\vec{F}_2$ einen Winkel von $\beta = 120°(90° + 45° - 15°)$ ein. Da das Kräfteparallelogramm ein Rhombus ist, wird β halbiert. Infolge der Gleichsinnigkeit der Kräfte muss die Spannrolle S mit einer Kraft $F = \underline{320\ \text{N}}$ unter einem Winkel $\alpha = \underline{15°}$ bezogen auf die Waagerechte gegen den Antriebsriemen drücken.

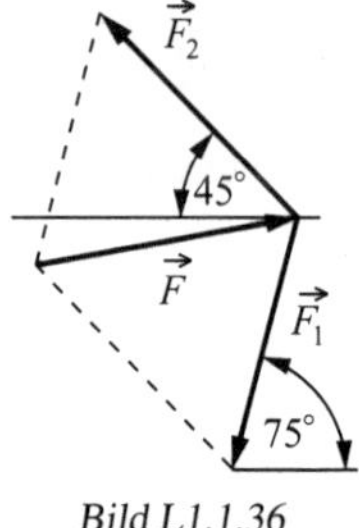

Bild L1.1.36

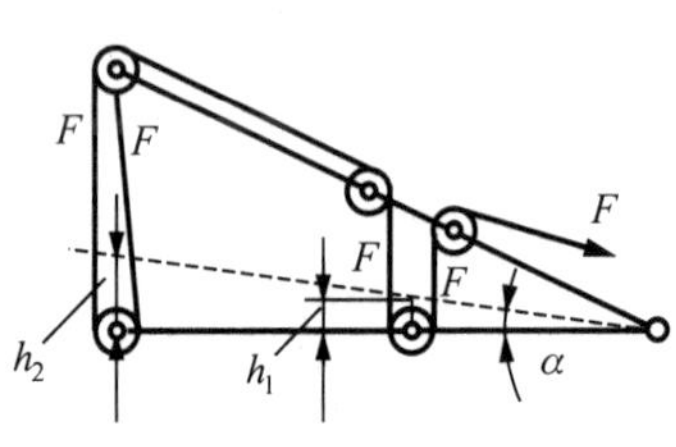

Bild L1.1.37

79. Wegen $F = F_1$ und $F_3 = F_4$ ist $F_4 = 2F$; wegen $F_2 = F_1$ ist $F_2 = F$. Es ist daher $G = F_1 + F_4 + F_2 = 4F$ bzw. $F = \underline{200\ \text{N}}$. Die Gewichtskräfte der Rollen wirken nicht auf F, da die beiden unteren Rollen von der oberen im Gleichgewicht gehalten werden.

80. Es ist $F = F_1$ und $F_1 = \dfrac{(900 + 30)\ \text{N}}{3} = \underline{310\ \text{N}}$

81. (Bild L1.1.37) In jedem Seilabschnitt wirkt die Kraft F. Dreht sich der Träger um einen Winkel α, so verrichten diese Kräfte zusammen die Arbeit $2F(h_2 + h_1)$, wobei $h_2 = 2h_1$. Der Schwerpunkt des Trägers wird dabei um h_1 gehoben, sodass $6Fh_1 = Gh_1$ und $F = \underline{\dfrac{G}{6}}$

82. $F = \sqrt{F_P^2 + F_S^2 + F_V^2} = \underline{8\,410\ \text{N}}$

83. Aus $Gr = (F_1 - F_2)R$ und $F_1 = 2,3F_2$ erhält man

$F_1 = \underline{708\ \text{N}}$ bzw. $F_2 = \underline{308\ \text{N}}$

84. Die Zugkraft des Motors ist $F = \dfrac{40\ \text{N} \cdot \text{m}}{0,05\ \text{m}} = 800$ N;

$(F_1 - F_2) \cdot 0,4\ \text{m} + (F_3 - F_4) \cdot 0,2\ \text{m} = 800\ \text{N} \cdot r$; $r = \underline{0,06\ \text{m}}$

85. $0,85\ \text{m} \cdot F = 160\ \text{N} \cdot 2\pi \cdot 0,35\ \text{m}$; $F = \underline{41,4\ \text{kN}}$

86. $12\,250\ \text{N} \cdot h = \dfrac{30\ \text{N} \cdot 2\pi \cdot 0{,}65\ \text{m}}{2}$; $h = \underline{5\ \text{mm}}$

87. Die Spindelmuttern schieben sich mit der Kraft
$F_1 = \dfrac{25\ \text{N} \cdot 2\pi \cdot 0{,}30\ \text{m}}{0{,}004\ \text{m}} = 11\,780\ \text{N}$ gegeneinander; jeder der beiden Hebel drückt senkrecht nach unten mit der Kraft $\dfrac{F}{2} = F_1 \dfrac{0{,}45\ \text{m}}{0{,}30\ \text{m}}$;
$F = \underline{35\,340\ \text{N}}$

88. $F = \dfrac{M \cdot 3{,}8}{r} = \dfrac{95\ \text{N} \cdot \text{m} \cdot 3{,}8}{0{,}32\ \text{m}} = \underline{1{,}13\ \text{kN}}$

89. $F_2 \cdot 2{,}9\ \text{m} = 5\ \text{kN} \cdot 4\ \text{m} \cdot \sin 65°$; $F_2 = \underline{6{,}25\ \text{kN}}$

Nach Bild L1.1.38 ist

$F_1' = G = 5\ \text{kN}$; $F_1'' = 6{,}25\ \text{kN}$;

$F_1 = \sqrt{(F_1')^2 + (F_2'')^2} = \underline{8{,}004\ \text{kN}}$

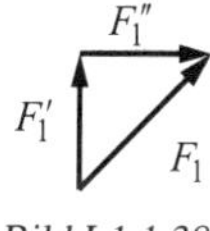

Bild L1.1.38

90. $\mu = \dfrac{F}{G} = \dfrac{3{,}75 \cdot 10^5\ \text{N}}{1{,}7 \cdot 10^6\ \text{N}} = \underline{0{,}22}$

91. $F_R = \mu F$; $F = \dfrac{F_R}{\mu} = \underline{16\ \text{kN}}$

92. Es sind zu überwinden die Hangabtriebskraft $G \cdot \sin\alpha$ und die der Normalkraft $G \cdot \cos\alpha$ proportionale Reibungskraft;
$F = \underline{G(\sin\alpha + \mu\cos\alpha)}$

93. Beim Bremsen mit nicht blockierten Rädern wirkt der Koeffizient der Haftreibung, während beim blockierten Rädersystem nur der Koeffizient der Gleitreibung wirkt, der stets kleiner ist als der Erstere.

94. F erzeugt die Normalkraft $F_1 = F\sin\alpha$, G erzeugt die Normalkraft $F_2 = G\cos\alpha$; beide ergeben die Reibungskraft $F_R = \mu(F_1 + F_2)$; die Hangabtriebskraft ist $F_3 = G\sin\alpha$; Zugkraft in Bahnrichtung

$F\cos\alpha = (F_1 + F_2)\mu + G\sin\alpha$; daraus folgt

$$F = \frac{(F_1 + F_2)\mu + G\sin\alpha}{\cos\alpha} = \underline{G\frac{\mu + \tan\alpha}{1 - \tan\alpha}}$$

95. Die Schraube repräsentiert eine aufgewickelte schiefe Ebene der Steigung $\tan\alpha = \dfrac{0,015\ \text{m}}{0,030\ \text{m}\cdot\pi} = 0,158$; entsprechend Aufgabe 94 ist

$$\frac{45\ \text{N}\cdot\text{m}}{0,015\ \text{m}} = F\,\frac{0,2+0,159}{1-0,2\cdot 0,159};\ F = \underline{8\,091\ \text{N}}$$

96. (Bild L1.1.39) Bei A wirkt nach links die Kraft $F = \dfrac{G}{2}\tan\alpha$, nach rechts die Reibungskraft $F_R = \dfrac{G}{2}\mu$. Im Fall des Gleichgewichts ist $F = F_R$, sodass $\mu = \tan\alpha$ und $\alpha = 16,7°$ bzw. der Spreizwinkel der Leiter $\alpha = \underline{33,4°}$

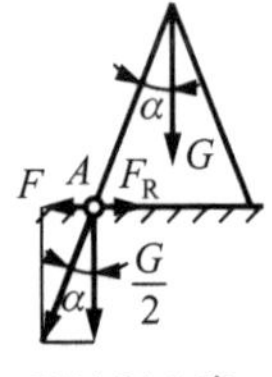

Bild L1.1.39

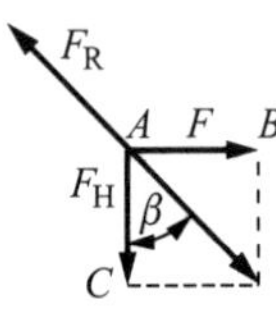

Bild L1.1.40

97. a) Am Hebel wirken das rechtsdrehende Moment F_l und die linksdrehenden Momente $F_B a$ und $F_B\mu c$, sodass $F = \underline{\dfrac{F_B a + F_B\mu c}{l}}$

b) Bei Linksdrehung ist $F = \dfrac{F_B a + F_B\mu c}{l}$, weil die Reibungskraft $F_B\mu$ ein rechtsdrehendes Moment ergibt.

98. (Bild L1.1.40) Bei konstanter Kraft ist die bewegliche Kraft gleich der Reibungskraft $F_R = \mu G\cos\alpha$, die wiederum gleich der Resultierenden aus der Querkraft F und der Hangabtriebskraft $F_H = G\sin\alpha$ ist;

$$\mu G\cos\alpha = \sqrt{F^2 + G^2\sin^2\alpha};$$

$$F = 20\ \text{N}\sqrt{0,5^2\cdot 0,940^2 - 0,342^2} = \underline{6,44\ \text{N}};$$

$$\tan\beta = \frac{F}{F_H} = 0,942;\ \beta = \underline{43,3°}$$

99. Für das Umkippen besteht die Beziehung $\tan\alpha = \dfrac{b}{h}$, für das Abgleiten gilt $\tan\alpha = \mu$; danach ist $h = \dfrac{b}{\mu} = \underline{1,43b}$

100. In Bezug auf den oberen Stützpunkt gilt die Momentengleichung

$$Gl\cos\alpha - Gl\mu\sin\alpha = \frac{Gl}{2}\cos\alpha;\ \tan\alpha = \underline{\frac{1}{2\mu}}$$

101. a) $\tan\alpha = 0{,}6$; $\alpha = \underline{31^\circ}$

b) Hangabtriebskraft $F_H = G\sin\alpha$; Reibungskraft $F_R = G\cdot 0{,}4\cos\alpha$; Resultierende $F'_H = G(\sin\alpha - 0{,}4\cos\alpha)$;

$$a = \frac{F'_H}{m} = g(\sin\alpha - 0{,}4\cos\alpha);$$

$$v = \sqrt{2as} = \sqrt{2\cdot 9{,}81\ \text{m/s}^2\cdot 15\ \text{m}(\sin 31^\circ - 0{,}4\cos 34^\circ)}$$

$$= \underline{7{,}12\ \text{m/s}}$$

102. Normalkraft links unten und rechts oben je F_N; Reibungskraft $F_R = 2F_N\mu$; Zugkraft $F = G + F_R$; in Bezug auf den Mittelpunkt des Aufzuges gilt im Ruhezustand die Momentengleichung $2F_N\cdot 1{,}05\ \text{m} - G\cdot 0{,}5\ \text{m} = 0$; $F_N = 1\,905$ N; $F_R = 3\,810\ \text{N}\cdot 0{,}15 = 571{,}5$ N; $F = \underline{8\,572\ \text{N}}$

103. Für die Momente bezüglich der linken oberen Führung gilt $F_N\cdot 1\ \text{m} = F\cdot 0{,}1$ m; Druckkraft gegen die Führung $F_N = 0{,}1F$; Reibungskraft $F_R = 2\cdot 0{,}1F\cdot\mu$; Hubkraft $F = F_R + G = 0{,}04F + G$;

$$F = \frac{G}{(1-0{,}04)} = \underline{520\ \text{N}}$$

Lösungen 1.2 Kinematik

1. $v_m = 2hn = \underline{8{,}28\ \text{m/s}} = \underline{29{,}8\ \text{km/h}}$

2. Um die Strecke $s = 90$ m zurückzulegen, braucht der Zug die Zeit $t = \dfrac{s}{v_1}$; mit $a = 30$ m ergibt sich $v_2 = \dfrac{av_1}{s} = \underline{6{,}48\ \text{m/s}}$

3. Für die vom Radfahrer durchfahrene Strecke gilt

$$s : 502\ \text{m} = 0{,}5\ \text{m} : 2\ \text{m}, \text{ sodass } s = \frac{502\ \text{m}\cdot 0{,}5\ \text{m}}{2\ \text{m}} = 125{,}5\ \text{m};$$

$$v = \frac{s}{t} = \frac{125{,}5\ \text{m}}{15\ \text{s}} = 8{,}37\ \text{m/s} = \underline{30{,}1\ \text{km/h}}$$

4. Die Flugzeit des Geschosses beträgt $t = \dfrac{e}{v_2} = \dfrac{250\ \text{m}}{800\ \text{m/s}} = 0{,}3125$ s. In dieser Zeit legt die Schießscheibe die Strecke $s = v_1 t = \dfrac{v_1 e}{v_2} = \underline{6{,}25\ \text{m}}$ zurück.

5. Für eine Umdrehung wird die Zeit $t = 1/n$ benötigt und dabei die Strecke $l/4$ zurückgelegt, sodass $v = \dfrac{l}{4t} = \dfrac{ln}{4} = \underline{900\ \text{m/s}}$

6. $t = \sqrt{\dfrac{2s}{a}} = \underline{3{,}72\ \text{s}}$; $v = \dfrac{2s}{t} = \underline{87{,}12\ \text{km/h}}$

7. $s = vt + \frac{a}{2}t^2 = \underline{2\,391 \text{ m}}$

8. $t = \frac{2s}{v_1 + v_2} = \underline{5{,}81 \text{ s}}; \; a = \frac{v_2 - v_1}{t} = \frac{v_1^2 - v_2^2}{2\text{ s}} = \underline{2{,}24 \text{ m/s}^2}$

9. $s = v_0 t + \frac{a}{2}t^2; \; a = \frac{2(s - v_0 t)}{t^2} = \underline{0{,}8 \text{ m/s}^2}$

10. Mittlere Geschwindigkeit $v_\text{m} = \frac{v_1 + v_2}{2}; \; t = \frac{2s}{v_1 + v_2} = \underline{40 \text{ s}}$

11. a) $a_1 = \frac{v_1}{t_1} = \underline{1{,}74 \text{ m/s}^2}; \; a_2 = \frac{v_2 - v_1}{t_1} = \underline{1{,}39 \text{ m/s}^2};$

$a_3 = \underline{0{,}79 \text{ m/s}^2}; \; a_4 = \underline{0{,}53 \text{ m/s}^2}$

b) $a_\text{m} = \frac{v_4}{t_1 + t_2 + t_3 + t_4} = \underline{0{,}89 \text{ m/s}^2}$

c) $s = s_1 + s_2 + s_3 + s_4;$

$$s = \frac{v_1 t_1}{2} + \frac{(v_1 + v_2)t_2}{2} + \frac{(v_2 + v_3)t_3}{2} + \frac{(v_3 + v_4)t_4}{2} = \underline{440 \text{ m}}$$

12. a) $s = \frac{v^2}{2a} + vt = \frac{20^2 \text{ m}^2/\text{s}^2}{2 \cdot 4{,}5 \text{ m/s}^2} + 20 \text{ m/s} \cdot 0{,}74 \text{ s} = \underline{59{,}24 \text{ m}}$

b) $s = 44{,}44 \text{ m} + 17{,}2 \text{ m} = \underline{61{,}64 \text{ m}}$

13. Aus $s = \frac{(v_1 + v_2)t}{2}$ und $t = \frac{v_1 - v_2}{a}$ folgt $s = \frac{v_1^2 - v_2^2}{2a}$ und hieraus

$v_2 = 4{,}85 \text{ m/s} = \underline{17{,}46 \text{ km/h}}; \; t = \underline{69{,}6 \text{ s}}$

14. Aus $a = \frac{v_2 - v_1}{t_1}$ und $t = \frac{v_3 - v_2}{a}$ folgt $t = \frac{(v_3 - v_2)t_1}{v_2 - v_1} = \underline{24 \text{ s}}$

15. $t = \frac{v_2 - v_1}{a} = \underline{5{,}56 \text{ s}}; \; s = \frac{(v_1 + v_2)t}{2} = \frac{v_2^2 - v_1^2}{2a} = \underline{83{,}3 \text{ m}}$

16. $s_2 = \frac{a_1 t^2}{2} - s'; \; a_2 = \frac{2s_2}{t^2} = a_1 - \frac{2s'}{t^2} = \underline{1{,}41 \text{ m/s}^2}$

17. $s = \sqrt{s_1^2 + s_2^2} = \sqrt{s_1^2 + (2s_1)^2} = s_1\sqrt{5};$

$v_1 = \frac{2s_1}{t} = \frac{2s}{t\sqrt{5}} = 11{,}9 \text{ m/s} = \underline{42{,}8 \text{ km/h}}; \; v_2 = \underline{85{,}7 \text{ km/h}}$

18. $v_2 = \frac{v_1}{2}; \; s_1 = r\pi = \frac{(v_1 + v_2)t}{2} = \frac{3v_2 t}{2};$

$$a = \frac{v_2 - v_1}{t} = -\frac{v_2}{t} = -\frac{3v_2^2}{2s_1};\ s_2 = -\frac{v_2^2}{2a} = \frac{v_2^2 \cdot 2s_1}{2 \cdot 3v_2^2} = \frac{2r\pi}{6}$$

d. h. $\underline{1/6 \text{ der Kreisbahn}}$

19. Aus $vt - vt_1 = s - s_1$ wird mit $\frac{vt_1}{2} = s_1$ die Gleichung

$$v = \frac{s + s_1}{t_1} = \frac{150\ \text{m}}{10{,}4\ \text{s}} = 14{,}4\ \text{m/s} = \underline{52\ \text{km/h}};\ a = \frac{v^2}{2s_1} = \underline{2{,}08\ \text{m/s}^2}$$

20. (Bild L1.2.1) $s_1 = \frac{a_1 t_1^2}{2};\ v_1 = a_1 t_1;\ t_3 = \frac{v_1}{a_2} = \frac{a_1 t_1}{a_2};$

$$s_3 = \frac{v_1 t_3}{2} = \frac{a_1 t_1 t_3}{2} = \frac{a_1^2 t_1^2}{2a_2};\ s_2 = s - s_1 - s_3;$$

$$t_2 = \frac{s_2}{v_1} = \frac{s}{a_1 t_1} - \frac{t_1}{2} - \frac{a_1 t_1}{2a_2};\ t = t_1 + t_2 + t_3 = \underline{12{,}29\ \text{s}}$$

21. (Bild L1.2.2) Länge der Baustelle s_2; Gesamtstrecke $s = s_1 + s_2 + s_3$; Gesamtfahrzeit $t = \frac{s}{v_1} + t_v = t_1 + t_2 + t_3$;

$$t_1 = \frac{v_1 - v_2}{a_1} = 75\ \text{s};\ t_3 = \frac{v_1 - v_2}{a_2} = 150\ \text{s};\ t_2 = \frac{s_2}{v_2};$$

$$s_1 = \frac{(v_1 + v_2)t_1}{2} = 937{,}5\ \text{m};\ s_3 = \frac{(v_1 + v_2)t_3}{2} = 1\,875\ \text{m};$$

$$\frac{s_1 + s_2 + s_3}{v_1} + t_v = t_1 + \frac{s_2}{v_2} + t_3;\ s_2 = \underline{637{,}5\ \text{m}}$$

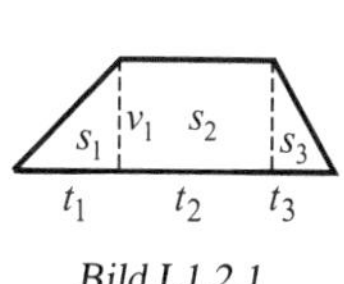

Bild L1.2.1

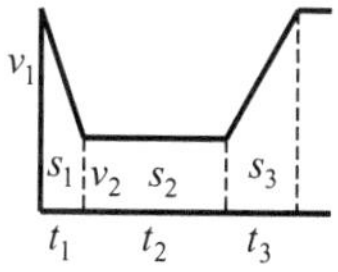

Bild L1.2.2

22. $s = \frac{(v_1 + v_2)t}{2};\ a = \frac{v_1 + v_2}{t};\ s = \frac{(v_1 + v_2)(v_1 - v_2)}{2a} = \frac{v_1^2 - v_2^2}{2a};$

$$v_1 = \sqrt{2as + v_2^2} = 18\ \text{m/s} = \underline{64{,}8\ \text{km/h}}$$

23. $s = \frac{(v_1 + v_2)t}{2};\ t = \frac{2s}{v_1 + v_2} = \underline{2{,}8\ \text{s}};\ a = \frac{v_1 - v_2}{t} = \underline{3\ \text{m/s}^2}$

24. (Bild L1.2.3) Aus $s = vt - \frac{v^2}{2a}$ erhält man
$v = at \pm a\sqrt{a^2t^2 - 2as}$; $v_1 = 17{,}16\ \text{m/s} = \underline{61{,}8\ \text{km/h}}$
(die zweite Lösung mit $v_2 = 582{,}8$ m/s ist nicht real)

25. Die Fahrstrecke des ersten PKW $s = s_1 + vt$ ist gleich der des zweiten Wagens $s = \frac{a}{2}t^2$; Gleichsetzen der beiden Beziehungen ergibt mit $s_1 = 100$ m, $v = 40$ km/h und $a = 1{,}2\ \text{m/s}^2$: $t = \underline{25{,}15\ \text{s}}$, $s = \underline{379{,}5\ \text{m}}$

26. Die Relativgeschwindigkeit ist $v_r = v_2 - v_1$; mit $s_1 = 400$ m wird
$t = \frac{s_1}{v_r} = \underline{80\ \text{s}}$; $s = v_2 t = \underline{1\,333{,}3\ \text{m}}$

27. Die Relativgeschwindigkeit ist $v_r = v_2 - v_1$; relative Überholstrecke $s_r = (20 + 8 + 20)\ \text{m} = 48$ m; Überholzeit $t = \frac{s_r}{v_r} = \frac{s_r}{v_2 - v_1} = \underline{17{,}28\ \text{s}}$;
$s = v_1 t = \underline{335{,}8\ \text{m}}$

28. Mit $h = \frac{g}{2}t^2$, $\Delta h = 12$ m und $\Delta t = 1$ s erhält man

$\left(\frac{g}{2}t^2 + \Delta h\right) = \frac{g}{2}(t + \Delta t)^2$ und hieraus $t = 0{,}723$ s; $h = \underline{2{,}56\ \text{m}}$;

$v_1 = \sqrt{2gh} = \underline{7{,}09\ \text{m/s}}$; $v_2 = \underline{16{,}90\ \text{m/s}}$

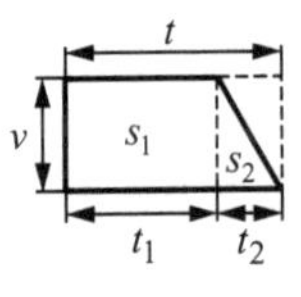

Bild L1.2.3

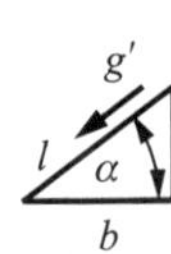

Bild L1.2.4

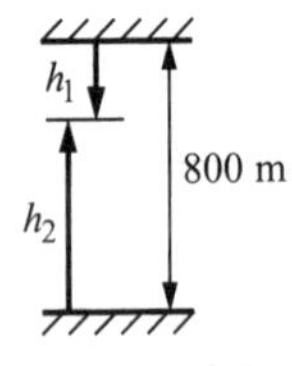

Bild L1.2.5

29. (Bild L1.2.4) Beschleunigung in Bahnrichtung $g' = g\sin\alpha$;

$l = \frac{g\sin\alpha}{2}t^2$; $l = \frac{b}{\cos\alpha}$; $t = \sqrt{\frac{2b}{g\sin\alpha\cos\alpha}} = \sqrt{\frac{4b}{g\sin 2\alpha}}$;

t ist am kleinsten, wenn $\sin 2\alpha$ am größten, d. h. gleich 1 ist. Dies entspricht einem Winkel $\alpha = \underline{45°}$

30. $\sin\alpha = \frac{v}{gt} = 0{,}637$; $\alpha = \underline{39{,}6°}$; $s = \frac{vt}{2} = \underline{50\ \text{m}}$

31. $v_1 = \sqrt{2gh} = 12{,}5\ \text{m/s}$; $v_2 = \frac{12{,}5\ \text{m/s} \cdot 1{,}0\ \text{m}}{2\ \text{m}} = \underline{6{,}25\ \text{m/s}}$

32. Aus $v = \sqrt{v_0^2 - 2gh}$ ergibt sich die Anfangsgeschwindigkeit
$v_0 = \underline{21{,}36\ \text{m/s}}$; $t = \dfrac{2v_0}{g} = \underline{4{,}36\ \text{s}}$

33. Der Ansatz $h = vt - \dfrac{g}{2}t^2$ liefert $t_1 = \underline{3{,}08\ \text{s}}$ und $t_2 = \underline{13{,}2\ \text{s}}$
t_2 repräsentiert den Aufstieg auf die maximale Höhe und anschließende Rückkehr bis auf 200 m Höhe.

34. a) $v = \sqrt{v_0^2 + 2gh} = \underline{2{,}35\ \text{m/s}}$; b) $a = \dfrac{v^2}{2s} = \underline{13{,}81\ \text{m/s}^2}$

35. (Bild L1.2.5) $h_1 = \dfrac{g}{2}t^2$; $h_2 = v_0 t - \dfrac{g}{2}t^2$; $h_2 = h - h_1$;
$h - \dfrac{g}{2}t^2 = v_0 t - \dfrac{g}{2}t^2$; $t = \dfrac{h}{v_0} = \dfrac{800\ \text{m}}{200\ \text{m/s}} = \underline{4\ \text{s}}$
$h_1 = \underline{78{,}5\ \text{m}}$; $h_2 = \underline{721{,}5\ \text{m}}$

36. Vertikale Endgeschwindigkeit $v = \sqrt{2gh}$;

a) Gesamtgeschwindigkeit $v_\text{g} = \sqrt{v_0^2 + 2gh} = \underline{11{,}08\ \text{m/s}}$;

b) $\tan\alpha = \dfrac{v_0}{v} = \dfrac{8\ \text{m/s}}{7{,}67\ \text{m/s}} = 1{,}043$; $\alpha = \underline{46{,}2^\circ}$

37. $v = \dfrac{V}{tA}$; $h = \dfrac{gs^2}{2v^2} = \dfrac{gs^2t^2A^2}{2V^2} = \underline{3{,}17\ \text{m}}$

38. Fallzeit $t = \sqrt{\dfrac{2h}{g}}$; $v = \dfrac{s}{t} = s\sqrt{\dfrac{g}{2h}} = \underline{2{,}52\ \text{m/s}}$

39. Fallzeit $t = \sqrt{\dfrac{2h}{g}}$; $s = v\sqrt{\dfrac{2h}{g}} = \underline{3{,}9\ \text{m/s}}$

40. $s_1 = \dfrac{2v^2 \sin 20^\circ \cos 20^\circ}{g} = 0{,}32$ m; Horizontalgeschwindigkeit
$v_\text{H} = v\cos 20^\circ = 2{,}067$ m/s; Wurfhöhe über dem oberen Ende
$h = \dfrac{v^2 \sin^2 20^\circ}{2g} = 0{,}029$ m; Fallzeit für diese Teilstrecke $t_\text{h} = 0{,}077$ s;
gesamte Fallhöhe 4,029 m; gesamte Fallzeit $t_\text{g} = 0{,}906$ s; die Fallzeit für 4 m ist $t = t_\text{g} - t_\text{h}$; $s_2 = v_\text{H} t = 1{,}71$ m; $s = s_1 + s_2 = \underline{2{,}03\ \text{m}}$

41. a) $s = \dfrac{2v_0^2 \sin 30^\circ \cos 30^\circ}{g} = \underline{198{,}63\ \text{km}}$; $h = \dfrac{v_0^2 \sin^2 30^\circ}{2g} = \underline{28{,}67\ \text{km}}$

b) $s_\text{max} = \dfrac{v_0^2}{g} = \dfrac{1\,500^2\ \text{m}^2/\text{s}^2}{9{,}81\ \text{m/s}^2} = 229\,360\ \text{m} = \underline{229{,}360\ \text{km}}$;

$$h_{max} = \frac{v_0^2 \sin^2 45^\circ}{2g} = \underline{57,340 \text{ km}}$$

42. Nach dem Energiesatz $mgh = \frac{1}{2}mv_0^2$ wird $v_0 = \sqrt{2gh} = 2,43$ m/s; bei elastischer Reflexion wird v_0 = Abprallgeschwindigkeit, d. h., die Kugel wird unter einem Winkel von 60° zur Horizontalen mit der Geschwindigkeit $v_H = v_0 \cos 60^\circ = \sqrt{2gh}\cos 60^\circ = 1,21$ m/s reflektiert; die Wurfzeit bis zum Erreichen der Wand wird $t = \frac{e}{v_H} = 0,165$ s; die Vertikalkomponente $v_V = v_0 \sin 60^\circ = 2,10$ m/s; die Sprunghöhe der Kugel wird damit zu $x = v_V t - \frac{g}{2}t^2 = \underline{0,213 \text{ m}}$

43. Springweite des Wassers $s = 40 \text{ m} \cdot \cos 50^\circ = 25,71$ m; Höhe des Wasserfalles $h = 40 \text{ m} \cdot \sin 50^\circ = 30,64$ m; Fallzeit $t = \sqrt{\frac{2h}{g}} = 2,50$ s; $v = \frac{s}{t} = \underline{10,28 \text{ m/s}}$

44. $h = v_0 t \sin\alpha - \frac{g}{2}t^2$; $s = v_0 t \cos\alpha$; die erste Gleichung liefert

$\sin\alpha = \frac{2h + gt^2}{2v_0 t}$; durch Einsetzen in die zweite Gleichung wird

$s = v_0 t \sqrt{1 - \left(\frac{2h + gt^2}{2v_0 t}\right)^2}$; für t ergeben sich die beiden Werte

$t_1 = 0,993$ s und $t_2 = 2,754$ s; aus $\cos\alpha = \frac{s}{v_0 t}$ erhält man die beiden möglichen Winkel $\alpha_1 = \underline{70,4^\circ}$ und $\alpha_2 = \underline{83,0^\circ}$

45. $n = \frac{v}{d\pi} = \frac{225 \text{ m/s}}{1,80 \text{ m} \cdot \pi} = \underline{2\,387 \text{ min}^{-1}}$

46. a) $\omega = 2\pi n = \frac{2\pi \cdot 400 \text{ s}^{-1}}{60} = \underline{41,89 \text{ s}^{-1}}$

b) $\omega = \frac{v}{r} = \frac{10 \text{ m/s}}{(14 \cdot 0,025\,4) \text{ m}} = \underline{28,1 \text{ s}^{-1}}$

c) $\omega = \frac{\varphi}{t} = \frac{2\pi}{3\,600 \text{ s}} = \underline{0,001\,75 \text{ s}^{-1}}$

d) $\omega = \frac{2\pi}{12 \cdot 3\,600 \text{ s}} = \underline{0,000\,145 \text{ s}^{-1}}$

47. Dauer einer Umdrehung $T = \frac{s}{v}$;

Drehzahl je Minute $n = \frac{1}{T} = \frac{v}{s} = \frac{420 \text{ m/s}}{3,6 \cdot 3,6 \text{ m}} = \underline{1944 \text{ min}^{-1}}$

48. $r = \dfrac{v}{\omega} = \dfrac{0{,}0015\ \mathrm{m/s} \cdot 3\,600}{2\pi\ \mathrm{s}^{-1}} = \underline{0{,}86\ \mathrm{m}}$

49. $\dfrac{v_1}{v_2} = \dfrac{8\ \mathrm{m/s}}{5\ \mathrm{m/s}} = \dfrac{d_1}{d_2}$; $d_2 = d_1 - 0{,}15\ \mathrm{m}$; $\dfrac{8\ \mathrm{m/s}}{5\ \mathrm{m/s}} = \dfrac{d_1}{d_1 - 0{,}15\ \mathrm{m}}$;
$d_1 = \underline{0{,}40\ \mathrm{m}}$; $d_2 = \underline{0{,}25\ \mathrm{m}}$; $n = \dfrac{v}{d\pi} = 6{,}37\ \mathrm{s}^{-1} = \underline{382\ \mathrm{min}^{-1}}$

50. $v = \sqrt{2gh}$; $n = \dfrac{v}{d\pi} = \dfrac{\sqrt{2gh}}{d\pi} = \underline{5\,684\ \mathrm{min}^{-1}}$

51. Mit dem Drehwinkel $\varphi = \dfrac{12°\pi}{180°}$ wird die Flugzeit
$t = \dfrac{\varphi}{\omega} = \dfrac{12°\pi}{180° \cdot 2\pi n} = \dfrac{1}{30n}$; $v = \dfrac{s}{t} = 0{,}8\ \mathrm{m} \cdot 30n = \underline{600\ \mathrm{m/s}}$

52. $\omega = \dfrac{2\pi}{(24 \cdot 3\,600)\ \mathrm{s}} = 7{,}272 \cdot 10^{-5}\ \mathrm{s}^{-1}$; Fallzeit $t = 14{,}28$ s; der Stein behält die am Erdumfang vorhandene Geschwindigkeit $v_1 = r_1\omega$, während sich der Boden des Schachtes mit $v_2 = (r_1 - h)\omega$ weiterbewegt; Relativgeschwindigkeit des Steines $v = v_1 - v_2$; seitliche Abweichung des Steines
$s = (v_1 - v_2)t = h\omega t = (1\,000 \cdot 7{,}272 \cdot 10^{-5})\ \mathrm{m/s} \cdot 14{,}28\ \mathrm{s} = \underline{1{,}04\ \mathrm{m}}$

53. $\dfrac{0{,}08\ \mathrm{m}}{0{,}96\ \mathrm{m}} = \dfrac{n_{II}}{n_I}$; $\dfrac{0{,}08\ \mathrm{m}}{0{,}88\ \mathrm{m}} = \dfrac{n_{II} + 5\ \mathrm{min}^{-1}}{n_I}$; aus diesen beiden Gleichungen erhält man $n_{II} = 55\ \mathrm{min}^{-1}$ und $n_I = \underline{660\ \mathrm{min}^{-1}}$

54. Das Rad wandert um 8 Zähne nach rechts, die bewegliche Stange um <u>16 Zähne</u> in gleicher Richtung.

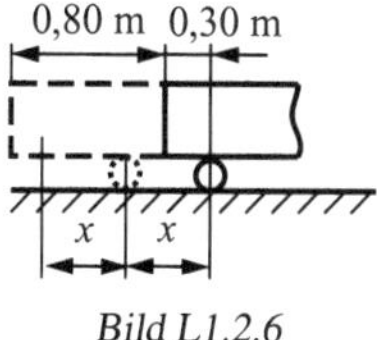

Bild L1.2.6

55. (Bild L1.2.6) Die Walze wickelt die Strecke x auf der Unterseite des Blockes nach rückwärts und die gleiche Strecke am Boden nach vorwärts ab. $(0{,}80 + 0{,}30)\ \mathrm{m} = 0{,}30\ \mathrm{m} + 2x$; $x = 0{,}40$ m; die Walze bewegt sich am Boden um $\underline{0{,}40\ \mathrm{m}}$ vorwärts, der Block ragt dann um $\underline{0{,}70\ \mathrm{m}}$ vor.

56. a) Wird überall der Faktor π weggelassen, so legt jede Kugel auf dem Innenring je Zeiteinheit die Kreisbogenstrecke $n_i D - n_W d$ zurück.

Auf den größeren Außenbogen bezogen ist diese Strecke $\dfrac{(n_i D_i - n_w d) D_a}{D_i}$ und gleich der Strecke $n_w d$, die die auf dem Außenring laufende Kugel zurücklegt.

Aus der Gleichung $\dfrac{(n_i D_i - n_w d) D_a}{D_i} = n_w d$ ergibt sich mit $D_i = D - d$ und $D_a = D + d$ die angegebene Formel.

b) Der Käfig legt je Zeiteinheit die Strecke $n_k(D+d)$ zurück, welche gleich $n_w d$ ist, womit die angegebene Formel definiert wird.

c) Der auf dem Innenring rollende Käfig legt die Strecke $n_k(D-d)$ zurück.

d) Wegen der viel kleineren Drehzahl im Fall b) ist der Verschleiß wesentlich geringer und die Bauart mit festem Außenring dauerhafter.

57. Mittlere Drehzahl $n_m = \dfrac{n_1 + n_2}{2}$;

$z = n_m t = \dfrac{(n_1 + n_2)t}{2} = \underline{417\ \text{Umdrehungen}}$

58. $z = \dfrac{n}{2} t_1 + n t_1;\ n = \dfrac{2z}{3t_1} = 37{,}33\ \text{s}^{-1} = \underline{2\,240\ \text{min}^{-1}}$

59. $\omega = \omega_0 + \alpha t;\ \omega_0 = 2\pi n_1 = 52{,}4\ \text{s}^{-1};\ \alpha t = 75\ \text{s}^{-1};\ \omega = 127{,}4\ \text{s}^{-1};$

$n_2 = \underline{1\,217\ \text{min}^{-1}}$

60. a) $\omega = \alpha t;\ n = \dfrac{\omega}{2\pi} = \dfrac{\alpha t}{2\pi} = 1{,}79\ \text{s}^{-1} = \underline{107\ \text{min}^{-1}}$

b) $z = \dfrac{\alpha t^2}{2 \cdot 2\pi} = \underline{4{,}03}$

61. a) $a = \dfrac{\Delta v}{\Delta t} = \dfrac{21\ \text{m/s}}{17\ \text{s}} = \underline{1{,}24\ \text{m/s}^2}$ b) $\alpha = \dfrac{a}{r} = \underline{0{,}292\ \text{s}^{-2}}$

c) $s = \dfrac{a}{2} t^2 = \underline{179{,}2\ \text{m}}$

62. $\varphi = \dfrac{(\omega_0 + 2\omega_0)t}{2};\ \omega_0 = \dfrac{2z2\pi}{3t} = \underline{100{,}53\ \text{s}^{-1}};\ \omega = \underline{201{,}06\ \text{s}^{-1}}$

63. $\varphi_1 = \dfrac{a}{2} t_1^2;\ \varphi_2 = \dfrac{a}{2} t_2^2;\ \alpha = \dfrac{2(\varphi_2 - \varphi_1)}{t_2^2 - t_1^2} = \dfrac{2\pi \cdot 2 \cdot 16}{(2^2 - 1)\ \text{s}^2} = \underline{67\ \text{s}^{-2}}$

64. $\alpha = \dfrac{\omega}{t} = \dfrac{2\pi n}{t} = \dfrac{2\pi \cdot 2\,400\ \text{min}^{-1}}{60\ \text{s/min} \cdot 1{,}5\ \text{s}} = \underline{174{,}5\ \text{s}^{-2}}$

65. Erreichte Drehzahl $n = \dfrac{v}{\pi d}$; mittlere Drehzahl $n_m = \dfrac{v}{2\pi d}$;

$$z = \frac{vt}{2\pi d} = \frac{30\ \text{m/s} \cdot 5\ \text{s}}{2{,}4\ \text{m} \cdot \pi} = \underline{19{,}9}$$

66. Zahl der Umdrehungen $z = \dfrac{h}{d\pi} = \underline{2,86}$; mittlere Drehzahl
$n_\text{m} = \dfrac{z}{t} = \dfrac{h}{d\pi t}$; Enddrehzahl $n = \dfrac{2h}{d\pi t} = \underline{28{,}6\ \text{min}^{-1}}$

67. a) $s = v_2 t = 0{,}023\ \text{km/s} \cdot 3\,600\ \text{s} = \underline{82{,}8\ \text{km}}$

b) $v = \sqrt{v_1^2 + v_2^2} = 102{,}6\ \text{m/s}$; Flugzeit je km
$t = \dfrac{1\,000\ \text{m}}{102{,}6\ \text{m/s}} = 9{,}75\ \text{s}$; $s' = 23\ \text{m/s} \cdot 9{,}75\ \text{s} = \underline{224\ \text{m}}$

68. $v = 264\ \text{km/h}$; $v_1 = 250\ \text{km/h}$; $v_2 = \sqrt{v^2 - v_1^2} = \underline{84{,}8\ \text{km/h}}$

69. $\dfrac{v_2}{v_1} = \tan 70°$; $v_2 = v_1 \cdot 2{,}747 = 21{,}98\ \text{m/s} = \underline{79{,}1\ \text{km/h}}$

70. a) Wurfzeit = Fallzeit; $t = \sqrt{\dfrac{2h}{g}} = 0{,}903\ \text{s}$;
Zuggeschwindigkeit $v_1 = \dfrac{l}{t} = 22{,}15\ \text{m/s} = \underline{79{,}74\ \text{km/h}}$;

b) Abwurfgeschwindigkeit $v_2 = \dfrac{b}{t} = \underline{8{,}86\ \text{m/s}}$;

c) Fallgeschwindigkeit $v_\text{f} = \sqrt{2gh}$; $v_\text{f}^2 = 78{,}48\ \text{m}^2/\text{s}^2$;
Horizontalgeschwindigkeit $v_\text{h} = \sqrt{v_1^2 + v_2^2} = 23{,}8\ \text{m/s}$;
Aufschlaggeschwindigkeit $v_3 = \sqrt{v_\text{f}^2 + v_\text{h}^2} = 25{,}4\ \text{m/s}$
$= \underline{91{,}44\ \text{km/h}}$

71. Da die Wurfzeit der von Aufgabe 70 entspricht, liegt die Auftreffstelle gemessen in Fahrrichtung ebenfalls 20 m vom Abwurfpunkt entfernt. Entfernung vom Bahnkörper $b = 12\ \text{m/s} \cdot 0{,}903\ \text{s} = \underline{10{,}84\ \text{m}}$

72. $v + v_\text{W} = \dfrac{s}{t_1}$; $v - v_\text{W} = \dfrac{s}{t_2}$; $v = \dfrac{s(t_1 + t_2)}{2t_1t_2} = \underline{116{,}67\ \text{m/s}}$;
$v_\text{W} = \dfrac{s(t_2 - t_1)}{2t_1t_2} = \underline{16{,}67\ \text{m/s}}$

73. (Bild L1.2.7) Mit dem Geschwindigkeitsmaßstab 3 km/h $\widehat{=}$ 1 mm ergibt sich $v = \underline{90\ \text{km/h}}$; $\beta = \underline{24°}$

74. a) $v_2 = v + v_3$; $v_1 = v - v_3$; $v_2 + v_1 = 2v$; $v = \dfrac{1}{2}(v_2 + v_1) = \underline{19\ \text{km/h}}$;

b) $v_2 - v_1 = 2v_3$; $v_3 = \dfrac{1}{2}(v_2 - v_1) = \underline{4\ \text{km/h}}$

75. $v_x = \frac{s_x}{t}$; $v_y = \frac{s_y}{t}$; $t = \frac{s_x}{v_x}$; $v_y = \frac{s_y}{s_x} v_x = \underline{0{,}325\ \text{m/s}}$;

$v_\text{r} = \sqrt{v_x^2 + v_y^2} = \underline{0{,}596\ \text{m/s}}$

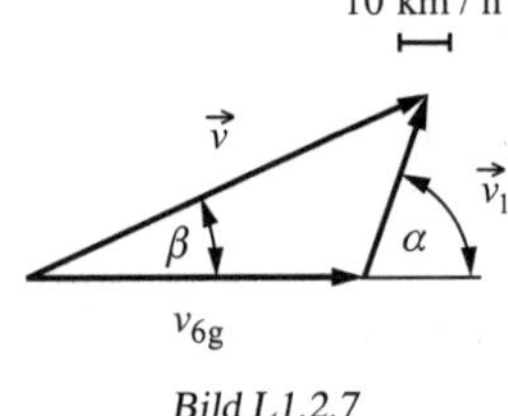

Bild L1.2.7

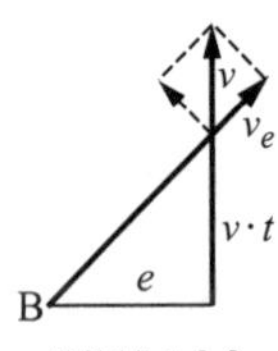

Bild L1.2.8

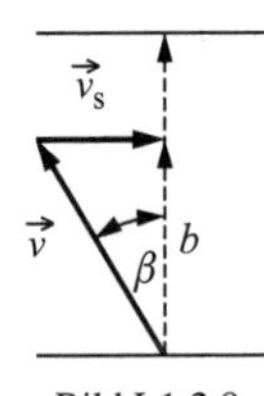

Bild L1.2.9

76. (Bild L1.2.8)

a) Die gesuchte Geschwindigkeit ist die Projektion von v auf den durch B und den momentanen Standort des Fahrzeuges gezogenen Strahl; $\frac{v_e}{v} = \frac{vt}{\sqrt{v^2t^2 + e^2}}$; $v_e = \underline{\frac{v^2}{\sqrt{v^2 + \frac{e^2}{t^2}}}}$

b) $v_e = \frac{v}{2}$; $t' = \underline{\frac{e}{3v}\sqrt{3}}$

77. (Bild L1.2.9) Die Resultierende muss quer zur Strömungsrichtung liegen, d. h. $\sin\beta = \frac{v_\text{s}}{v} = \frac{2{,}1\ \text{m/s}}{7\ \text{m/s}} = 0{,}30$; $\beta = \underline{17{,}5°}$

78. Steiggeschwindigkeit $v_1 = \frac{h}{t} = 8{,}33\ \text{m/s}$;

Horizontalkomponente $v_2 = \sqrt{v^2 - v_1^2} = 68{,}94\ \text{m/s}$;

a) Bahnlänge $s = vt = \underline{12{,}5\ \text{km}}$

b) Zeit für eine Schleife $t_1 = \frac{2\pi r}{v_2} = \underline{27{,}34\ \text{s}}$

c) Anzahl der Schleifen $z = \frac{t}{t_1} = \underline{6{,}58}$

d) Steighöhe je Schleife $h_1 = \frac{h}{z} = \underline{228\ \text{m}}$

79. Die Bahn ist schraubenförmig und die Geschwindigkeitskomponenten sind $v_1 = 100\ \text{m/s}$ und $v_2 = d\pi n = \frac{2\ \text{m} \cdot \pi \cdot 2\,500\ \text{min}^{-1}}{60\ \text{s/min}} = 261{,}8\ \text{m/s}$;

es resultiert $v = \sqrt{v_1^2 + v_2^2} = 280,25\ \text{m/s}$;

$s = vt = 280,25\ \text{m/s} \cdot 60\ \text{s} = 16\,815\ \text{m} = \underline{16,815\ \text{km}}$

80. (Bild L1.2.10)

a) Die Umfangsgeschwindigkeit des Flügelrades beträgt $v_\text{u} = v \tan\alpha$ und andererseits $v_\text{u} = d\pi n$, wonach die genannte Formel folgt;

b) $n = \dfrac{3,50\ \text{m/s} \cdot 1}{0,06\ \text{m} \cdot \pi} = \underline{18,57\ \text{s}^{-1}}$

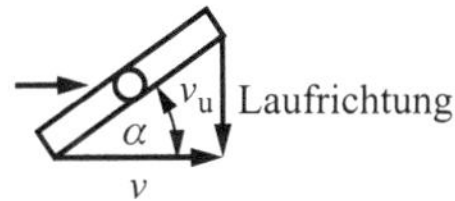

Bild L1.2.10

81. a) $v_x = v\cos\alpha = 50\ \text{km/h} \cdot \cos 9° = 50\ \text{km/h} \cdot 0,9876 = \underline{49,38\ \text{km/h}}$

b) Vertikalkomponente der Bewegung
$v_y = v\sin\alpha = 50\ \text{km/h} \cdot \sin 9° = 50\ \text{km/h} \cdot 0,1564 = 7,822\ \text{km/h}$; der PKW überwindet einen Höhenunterschied von $\underline{2,17\ \text{m}}$ je Sekunde.

82. $v_\text{M} - v_\text{W} = \dfrac{s}{t_1}$; $v_\text{M} + v_\text{W} = \dfrac{s}{t_2}$;

$$v_\text{W} = \frac{s}{2}\left(\frac{1}{t_2} - \frac{1}{t_1}\right) = \frac{5\,000\ \text{m}}{2}\left(\frac{1}{600\ \text{s}} + \frac{1}{1\,200\ \text{s}}\right) = \underline{12,5\ \text{m/s}}$$

83. Nach dem Prinzip der ungestörten Überlagerung der Teilbewegungen erreicht das Boot das andere Ufer in derselben kürzesten Zeit wie bei ruhendem Wasser, wenn es ohne Rücksicht auf die Abdrift rechtwinklig zum anderen Ufer gesteuert wird. Überfahrzeit $t = \dfrac{e}{v_1} = \underline{25\ \text{s}}$

84. Die resultierende Geschwindigkeit ergibt sich zu

$v = \sqrt{v_1^2 - v_2^2} = 2,646\ \text{m/s}$; $t' = \dfrac{e}{v} = \underline{37,8\ \text{s}}$

Lösungen 1.3 Dynamik

1. Am Umfang der angetriebenen Räder wirkt die Gesamtkraft $F = \dfrac{M}{r}$;

dann ist $a = \dfrac{M}{rm} = \dfrac{340\ \text{N} \cdot \text{m}}{0,31\ \text{m} \cdot 1\,250\ \text{kg}} = \underline{0,88\ \text{m/s}^2}$

2. Bei maximaler Belastung des Seils ist $10mg = mg + am$; $a = \underline{9g}$

3. Hangabtriebskraft $F_H = mg\sin\alpha$; Gesamtkraft $F = m(g\sin\alpha + a)$;
$a = \frac{F}{m} - g\sin\alpha = \underline{1{,}46\ \text{m/s}^2}$

4. a) $F = \frac{mv}{t} + mg\mu = \underline{2\,034\ \text{N}}$

b) $F = \frac{\mathrm{d}p}{\mathrm{d}t} = \frac{mv}{t} = \underline{562{,}5\ \text{N}}$

5. a) $F = ma = \underline{45\ \text{kN}}$ b) $F = (45\,000 + 14\,700)\ \text{N} = \underline{59{,}7\ \text{N}}$

6. $a = 0{,}025g = \underline{0{,}245\ \text{m/s}^2}$

7. a) $F_1 = m(g+a) = 1\,500\ \text{kg} \cdot 11{,}31\ \text{m/s}^2 = \underline{16\,965\ \text{N}}$

b) $F_2 = m(g-a) = \underline{12\,465\ \text{N}}$

8. $s_1 = \frac{a_1 t_1^2}{2}$; $a_1 = \frac{2s_1}{t_1^2} = 1{,}28\ \text{m/s}^2$; $a_2 = -1{,}28\ \text{m/s}^2$;

$F_1 = m(g+a_1) = \underline{2\,218\ \text{N}}$; $F_2 = m(g-a_2) = \underline{1\,706\ \text{N}}$

9. $(m_1 - m_2)g = (m_1 + m_2)a$; $a = \frac{(m_1 - m_2)g}{m_1 + m_2} = 5{,}45\ \text{m/s}^2$;
$v = \sqrt{2as} = \underline{10{,}4\ \text{m/s}}$

10. $F = ma = \frac{mv^2}{2s}$; $v = \sqrt{\frac{2Fs}{m}} = \sqrt{\frac{2 \cdot 196{,}2\ \text{N} \cdot 0{,}6\ \text{m}}{0{,}004\ \text{kg}}} = \underline{242{,}6\ \text{m/s}}$

11. $\tan\alpha \approx \sin\alpha = 0{,}05$; $F = m(g\sin\alpha + a) = \underline{2\,190\ \text{N}}$

12. Der Kraftaufwand ist bei konstanter Beschleunigung am geringsten.
Dann ist $a = \frac{2s}{t^2} = 0{,}24\ \text{m/s}^2$; die gesamte Kraft ergibt sich zu
$F = m(g+a) = \underline{1\,809\ \text{N}}$; $W = Fh = \underline{5\,427\ \text{J}}$

13. $F = (m_1 - m_2)g\sin\alpha = (m_1 + m_2)a$; $a = \frac{v^2}{2s}$;
$v = \sqrt{\frac{(m_1 - m_2)g\sin\alpha \cdot 2s}{m_1 + m_2}} = \underline{18{,}3\ \text{m/s}}$; die Hangabtriebskraft F wird um den Fahrwiderstand $(m_1 + m_2)g\mu$ verringert; $v = \underline{15{,}8\ \text{m/s}}$

14. a) $a = \frac{(m_1 - m_2)g}{m_1 + m_2} = \underline{0{,}316\ \text{m/s}^2}$

b) Aus dieser Gleichung folgt $m_1 = m_2 \frac{g + 2a}{g - 2a} = \underline{341\ \text{g}}$

c) Mit $a = 0{,}5g$ wird $m_1 : m_2 = \underline{3 : 1}$

15. $F = m(a+g);\ a = \dfrac{2s}{t^2} = \dfrac{F - mg}{m};\ t = \sqrt{\dfrac{2sm}{F - mg}} = \underline{2{,}93\ \text{s}}$

16. $F = m(g+a) = m\left(g + \dfrac{v^2}{h}\right);\ v = \sqrt{\left(\dfrac{F}{m} - g\right) \cdot 2h} = \underline{0{,}63\ \text{m/s}}$

17. Die in die Bahnrichtung fallende Komponente der Fallbeschleunigung (Hangabtriebskraft) entfällt, sodass allein die senkrecht zur Bahn wirkende Komponente verbleibt. Der Wasserspiegel stellt sich parallel zur schiefen Ebene ein.

18. a) $a = \dfrac{m_2 g}{m_1 + m_2} = \dfrac{1\,500\ \text{kg} \cdot 9{,}81\ \text{m/s}^2}{(12\,000 + 1\,500)\ \text{kg}} = \underline{1{,}09\ \text{m/s}^2}$

b) $v = \sqrt{2as} = \underline{3{,}62\ \text{m/s}}$

c) $a' = \dfrac{v^2}{2s} = 0{,}333\ \text{m/s}^2;\ m_2' = \dfrac{m_1 a'}{g - a'} = \underline{422\ \text{kg}}$

19. Auf die Laufkatze wirkt die Kraft $F = m_1(g-a)$; diese bewegt die Masse $m_1 + m_2$, sodass $(m_1+m_2)a = m_1(g-a)$;
mit $a = \dfrac{v^2}{2s} = 1{,}04\ \text{m/s}^2$ erhält man $m_1 = \underline{26{,}9\ \text{kg}}$

20. Der Kraft $F = ma$ wirkt die Hangabtriebskraft $mg \sin\alpha$ entgegen, sodass die resultierende Antriebskraft $ma' = m(a - g\sin\alpha)$ ist. Wegen $\sin\alpha \approx \tan\alpha$ gilt $a' = (1{,}8 - 9{,}81 \cdot 0{,}06)\ \text{m/s}^2 = \underline{1{,}21\ \text{m/s}^2}$

21. $ma \geqq mg\mu;\ a \geqq g\mu;\ a = \underline{5{,}4\ \text{m/s}^2}$

22. $F = m(g+a);\ a = \dfrac{F}{m} - g = 3{,}19\ \text{m/s}^2;\ v = at = \underline{9{,}57\ \text{m/s}}$

23. Zwischen den beiden Beschleunigungen $a_1 = \dfrac{v_1}{t} = 1{,}39\ \text{m/s}^2$ und $a_2 = \dfrac{v_2}{t} = 2{,}08\ \text{m/s}^2$ besteht die Beziehung $a_2 = a_1 + g\sin\alpha$; hieraus folgt $\sin\alpha = \dfrac{a_2 - a_1}{g} = 0{,}0707 \approx \tan\alpha$; das Gefälle beträgt $\underline{7^\circ}$

24. (Bild L1.3.1) Achsdruckkraft vorn $F_1 = mg \cdot 0{,}4 = \underline{3\,531{,}6\ \text{N}}$; Achsdruckkraft hinten $F_2 = mg \cdot 0{,}6 = \underline{5\,297{,}4\ \text{N}}$; das Moment der beim Bremsen auftretenden Trägheitskraft ma belastet die Vorderachse zusätzlich um F_3. Aus der Momentengleichung $mah = F_3 l$ folgt
$F_3 = \dfrac{mah}{l} = \dfrac{900\ \text{kg} \cdot 6{,}5\ \text{m/s}^2 \cdot 0{,}75\ \text{m}}{3{,}1\ \text{m}} = 1\,415{,}3\ \text{N}$; damit ergeben sich die neuen Achsdruckkräfte $F_1' = F_1 + F_3 = \underline{4\,946{,}9\ \text{N}}$ und
$F_2' = F_2 - F_3 = \underline{3\,882{,}1\ \text{N}}$

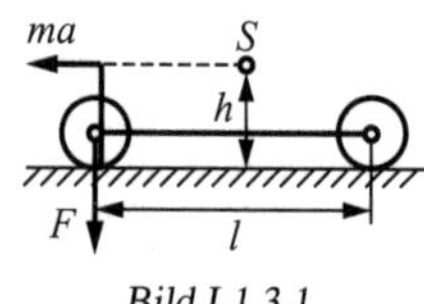

Bild L1.3.1

25. Die Münze erfährt die Beschleunigung $a = \dfrac{F}{m} = \mu g$; in der Zeit t darf sie höchstens die Strecke $s = 0{,}05$ m zurücklegen, sodass

$$\frac{a}{2}t^2 \leqq s;\ t = \frac{2s}{v};\ \frac{4\mu g s^2}{2v^2} \leqq s;\ v \geqq \underline{0{,}7\ \mathrm{m/s}}$$

26. a) $W_1 = mgh = 18\,000\ \mathrm{kg} \cdot 9{,}81\ \mathrm{m/s^2} \cdot 3\ \mathrm{m} = \underline{5{,}3 \cdot 10^5\ \mathrm{J}}$

b) mittlere Förderhöhe $h_\mathrm{m} = 1{,}50$ m; $W_2 = \underline{2{,}65 \cdot 10^5\ \mathrm{J}}$

27.
$$W = \int_{x_1}^{x_2} F\,\mathrm{d}x = \int_{x_1}^{x_2} Dx\,\mathrm{d}x = \frac{1}{2}D(x_2^2 - x_1^2)$$
$$= \frac{1}{2}D(x_2 + x_1)(x_2 - x_1) = \frac{1}{2}(F_2 + F_1)\Delta x;$$
$$F_2 = \frac{2W}{\Delta x} - F_1 = \underline{10\ \mathrm{N}}$$

28. a) $F = pA = \varrho g h A = \dfrac{10^3\ \mathrm{kg} \cdot 9{,}81\ \mathrm{m} \cdot 7{,}50\ \mathrm{m} \cdot \pi \cdot 0{,}12^2\ \mathrm{m}^2}{\mathrm{m}^3 \cdot \mathrm{s}^2 \quad 4} = \underline{832\ \mathrm{N}}$

b) Jeder Arbeitshub dauert $t = \dfrac{60\ \mathrm{s}}{80 \cdot 2} = 0{,}375$ s;

$$P = \frac{Fs}{t} = \frac{832\ \mathrm{N} \cdot 0{,}2\ \mathrm{m}}{0{,}375\ \mathrm{s}} = \underline{444\ \mathrm{W}}$$

c) $m = \dfrac{Pt'}{gh} = \dfrac{444\ \mathrm{W} \cdot 60\ \mathrm{s}}{9{,}81\ \mathrm{m/s^2} \cdot 7{,}5\ \mathrm{m}} = \underline{362\ \mathrm{kg}} \mathrel{\widehat{=}} \underline{362\ \ell}$

29. $P = Fv = mg\sqrt{2gh} = \underline{583\ \mathrm{W}}$

30. $P = Fv = pAv = \dfrac{pAV}{At} = \dfrac{pV}{t} = \dfrac{2{,}5 \cdot 10^5\ \mathrm{N/m^2} \cdot 4 \cdot 10^{-4}\ \mathrm{m}^3}{1\ \mathrm{s}} = \underline{100\ \mathrm{W}}$

31.
$$P = \frac{3 p_\mathrm{m} d^2 \pi s n}{4}$$
$$= \frac{3 \cdot 4{,}2 \cdot 10^5\ \mathrm{N/m^2} \cdot 0{,}07^2\ \mathrm{m^2} \pi \cdot 0{,}078\ \mathrm{m} \cdot 3\,600\ \mathrm{min}^{-1}}{4 \cdot 60\ \mathrm{s/min}} = \underline{22{,}7\ \mathrm{kW}}$$

32. Mit $P = 19\,000$ W ergibt sich aus dem letzten Ansatz
$p_\mathrm{m} = 35{,}2 \cdot 10^4\ \mathrm{N/m^2} = \underline{3{,}52 \cdot 10^5\ \mathrm{Pa}}$ Überdruck

33. $P = Fv = Fr\omega = M \cdot 2\pi n = \dfrac{75\ \text{N}\cdot\text{m}\cdot 2\pi \cdot 2\,500\ \text{min}^{-1}}{60\ \text{s/min}} = \underline{19{,}6\ \text{kW}}$

34. $F = \dfrac{P}{\pi d n} = \underline{2\,674\ \text{N}}$

35. $z = \dfrac{W}{M \cdot 2\pi} = \dfrac{90\,000\ \text{N}\cdot\text{m}}{2\pi \cdot 1\,500\ \text{N}\cdot\text{m}} = \underline{9{,}5\ \text{Umdrehungen}}$

36. $M = \dfrac{W}{2\pi n t} = \dfrac{45\,000\ \text{N}\cdot\text{m}\cdot 60\ \text{s}}{2\pi \cdot 4\,200 \cdot 15\ \text{s}} = \underline{6{,}82\ \text{N}\cdot\text{m}}$

37. $n = \dfrac{P}{2\pi M} = \dfrac{40\,000\ \text{N}\cdot\text{m/s}}{2\pi \cdot 95\ \text{N}\cdot\text{m}} = 67{,}0\ \text{s}^{-1} = \underline{4\,020\ \text{min}^{-1}}$

38. $(ma + F_R)v = P;\ a = \dfrac{\dfrac{P}{v} - F_R}{m} = \underline{1{,}36\ \text{m/s}^2}$

39. $\tan\alpha = 0{,}16;\ \alpha = 9{,}1°;$

$P = \dfrac{Fs}{t\eta} = \dfrac{mgs\sin\alpha}{t\eta} = \dfrac{(1\,600 \cdot 9{,}81)\ \text{N}\cdot 190\ \text{m}\cdot 0{,}1582}{150\ \text{s}\cdot 0{,}75}$

$= 4\,194\ \text{W} \approx \underline{4{,}2\ \text{kW}}$

40. $m = \dfrac{Pt\eta}{hg} = \dfrac{5\,500\ \text{N}\cdot\text{m/s}\cdot 90\ \text{s}\cdot 0{,}6}{17\ \text{m}\cdot 9{,}81\ \text{m/s}^2} = \underline{1\,781\ \text{kg}}$

41. $F = \dfrac{mgh}{\eta n \cdot 2\pi r} = \underline{119\ \text{N}}$

42. $F = F_1 - F_2 = \dfrac{P}{2\pi r n} = \dfrac{12\,000\ \text{W}\cdot 60\ \text{s/min}}{0{,}15\ \text{m}\cdot\pi\cdot 800\ \text{min}^{-1}} = 1\,910\ \text{N};$

$F_1 = \underline{3\,820\ \text{N}};\ F_2 = \underline{1\,910\ \text{N}}$

43. $\eta = \dfrac{P_{ab}}{P_{zu}} = \dfrac{mgh}{tP_{zu}} = \dfrac{(40 \cdot 9{,}81)\ \text{N}\cdot 30\ \text{m}}{60\ \text{s}\cdot 300\ \text{W}} = 0{,}654 = \underline{65{,}4\ \%}$

44. $m = \dfrac{P_{ab}t}{\eta h g} = \dfrac{10^7\ \text{W}\cdot 1\ \text{s}}{0{,}93 \cdot 9{,}81\ \text{m/s}^2 \cdot 6{,}5\ \text{m}} = 1{,}686 \cdot 10^5\ \text{kg} \mathrel{\widehat{=}} \underline{168{,}6\ \text{m}^3}$

45. $\eta_2 = \dfrac{P_{ab} + \Delta P_{ab}}{P_{zu}};\ P_{zu} = \dfrac{P_{ab}}{\eta_1};\ P_{ab} = \dfrac{\Delta P_{ab}\cdot\eta_1}{\eta_2 - \eta_1} = \underline{161\ \text{MW}}$

46. $P = Fv = mav = \dfrac{mv^2}{t} = \dfrac{1{,}32 \cdot 80\,000\ \text{kg}\cdot 40^2\ \text{m}^2/\text{s}^2}{3{,}6^2 \cdot 60\ \text{s}} = \underline{217{,}3\ \text{kW}}$

47. a) $P = (m_1 - m_2)gv = \underline{2{,}796\ \text{kW}}$

b) $F = (m_1 - m_2)g + (m_1 + m_2)a;\ P = ((m_1 - m_2)g + (m_1 + m_2)a)v;$

$a = \dfrac{v^2}{2s} = 0{,}083\,3\ \text{m/s}^2;\ P = \underline{2{,}840\ \text{kW}}$

48. $P = Fv = mav = \dfrac{mv^2}{t} = \dfrac{900\ \text{kg} \cdot 25^2\ \text{m}^2/\text{s}^2}{26\ \text{s}} = \underline{21{,}63\ \text{kW}}$

49. $P = Fv = mav = \dfrac{mv^2}{t};\ v = \sqrt{\dfrac{Pt}{m}} = \underline{17{,}3\ \text{m/s}}$

50. $P = mgv = \underline{981\ \text{W}}$

51. Die Schnittleistung P des Drehmeißels beträgt $P_s = Fv = 7\ \text{kW}$;
$\eta = \dfrac{P_{ab}}{P_{zu}} = \dfrac{P_s}{P_{Mot}};\ P_{Mot} = \dfrac{P_s}{\eta} = \underline{10{,}77\ \text{kW}}$

52. $\dfrac{mv^2}{2} = mgh;\ h = \dfrac{v^2}{2g} = \underline{19{,}3\ \text{m}}$

53. $F_{max} = cs;\ E_{pot} = \dfrac{F_{max}s}{2} = \dfrac{cs^2}{2} = \underline{1{,}875\ \text{N} \cdot \text{m}}$

54. $E = \dfrac{mv^2}{2};\ m = \dfrac{2E}{v^2} = \dfrac{480\ \text{kg} \cdot \text{m}^2/\text{s}^2}{20{,}25\ \text{m}^2/\text{s}^2} = \underline{23{,}7\ \text{kg}}$

55. Mit der Wurfhöhe $h_{max} = \dfrac{v_0^2 \sin^2 \alpha}{2g} = \dfrac{v_0^2}{8g}$ ist im höchsten Bahnpunkt
$E_{pot} = mgh_{max} = \dfrac{mv_0^2}{8}$; es verbleibt $\dfrac{mv^2}{2} = \dfrac{mv_0^2}{2} - \dfrac{mv_0^2}{8} = \dfrac{3mv_0^2}{8}$,
wonach $v = \underline{\dfrac{v_0}{2}\sqrt{3}}$

56. Mittlere treibende Kraft $F_m = \dfrac{cs}{2}$; Spannarbeit $W = \dfrac{cs^2}{2}$;
aus $\dfrac{cs^2}{2} = mgh$ wird $h = \dfrac{cs^2}{2mg} = \dfrac{150\ \text{N} \cdot 0{,}2^2\ \text{m}^2}{\text{m} \cdot 2 \cdot 0{,}1 \cdot 9{,}81\ \text{N}} = \underline{3{,}1\ \text{m}}$

57. Richtgröße (Federkonstante) $c = \dfrac{mg}{\Delta s}$; mittlere treibende Kraft
$F_m = \dfrac{mg(s+\Delta s)}{2\Delta s};\ mgh = \dfrac{mg(s+\Delta s)^2}{2\Delta s};\ h = \dfrac{(s+\Delta s)^2}{2\Delta s} = \underline{5{,}776\ \text{m}}$

58. Das Massestück gibt die Arbeit $W_1 = G(h+s)$ ab. Diese ist gleich der Arbeit $W_2 = \dfrac{c}{2}s^2$, die für das Zusammendrücken der Feder erforderlich ist. Aus $G(h+s) = \dfrac{c}{2}s^2$ ergibt sich $s = \underline{0{,}237\ \text{m}}$

59. $h = \dfrac{E}{mg} = \dfrac{850 \cdot 3\,600 \cdot 10^3\ \text{N} \cdot \text{m}}{6000 \cdot 10^3 \cdot 9{,}81\ \text{N}} = \underline{52\ \text{m}}$

60. $\dfrac{m}{2}v^2 + Gs = Fs;\ v = \sqrt{\dfrac{2s(F-mg)}{m}} = \underline{12\ \text{m/s}}$

61. $m = \dfrac{E}{gh} = \dfrac{5 \cdot 10^3 \cdot 3\,600\ \text{kg} \cdot \text{m}^2/\text{s}^2}{9{,}81\ \text{m/s}^2 \cdot 8\ \text{m}} = \underline{229\ \text{t}}$

62. $\dfrac{mv_0}{2} = \dfrac{mv^2}{2} + mgh = 2mgh$; $v_0 = \sqrt{4gh} = \underline{280\ \text{m/s}}$

63. a) $a = \dfrac{E}{ms} = \dfrac{15\,000\ \text{kg} \cdot \text{m}^2/\text{s}^2}{1\,200\ \text{kg} \cdot 50\ \text{m}} = \underline{0{,}25\ \text{m/s}^2}$ b) $v = \sqrt{2as} = \underline{5\ \text{m/s}}$

64. Aus $2\dfrac{m}{2}v_1^2 = \dfrac{m}{2}v_2^2$ folgt über $v = gt$ die Gleichung $\dfrac{2t_1^2}{2} = \dfrac{(t_1 + \Delta t)^2}{2}$;
$t_1 = 4{,}83$ s; $h_1 = \underline{114{,}43\ \text{m}}$; $h_2 = \underline{228{,}81\ \text{m}}$

65. Mit $mgh_2 = E_{\text{pot2}}$ und $mgh_1 = E_{\text{pot1}}$ wird $E_{\text{pot1}} + Fh_1 = E_{\text{pot2}}$;

$F = \dfrac{mg(h_2 - h_1)}{h_1} = \dfrac{392{,}4\ \text{N} \cdot 0{,}25\ \text{m}}{0{,}5\ \text{m}} = \underline{196{,}2\ \text{N}}$

66. $m(g+a)h_1 - mgh_1 = \dfrac{m}{2}v_1^2$; $v_1 = \sqrt{2gh_2}$;
damit wird $(g+a)h_1 - gh_1 = gh_2$ und $\underline{\dfrac{a}{g} = \dfrac{h_2}{h_1}}$

67. a) $F = m(g+a)$; $a = \dfrac{F}{m} - g = 2{,}19\ \text{m/s}^2$; $\dfrac{g+a}{g} = \dfrac{h}{h_1}$; nach Einsetzen von a erhält man $h_1 = \dfrac{mgh}{F} = \underline{1{,}23\ \text{m}}$

b) aus $h_1 = \dfrac{a}{2}t_1^2$ ergibt sich $t_1 = 1{,}06$ s; mit $h_2 = h - h_1 = 0{,}27$ m und wegen $h_2 = \dfrac{g}{2}t_2^2$ hat man $t_2 = 0{,}23$ s, sodass $t = \underline{1{,}29\ \text{s}}$

68. a) Wegen $h_1 = h_2$ ist $a = g$; $h_1 = h_2 = 0{,}75$ m; $F = m \cdot 2g = \underline{981\ \text{N}}$

b) $t_1 = t_2 = \sqrt{\dfrac{2h_1}{g}} = 0{,}39$ s; $t_{\text{ges}} = 2t_1 = \underline{0{,}78\ \text{s}}$

69. $E_{\text{kin}} = E_{\text{pot}} - E_{\text{reib}}$; $\dfrac{m}{2}v^2 = mgh - F_{\text{reib}}s$; mit $s = \dfrac{l}{\cos\alpha}$,
$F_{\text{reib}} = mg\cos\alpha\,\mu$ wird $v = \sqrt{2g(h - \mu\, l)} = \underline{4{,}429\ \text{m/s}}$

70. Aus $F = ma + mg\mu$ erhält man $a = 0{,}031\,6\ \text{m/s}^2$;

$v = \sqrt{2as} = \underline{1{,}12\ \text{m/s}}$; aus $\dfrac{mv^2}{2} = mg\mu\, s'$ wird $s' = \underline{12{,}9\ \text{m}}$

71. $mg\mu\, s = \dfrac{mv^2}{2}$ (Reibungsarbeit = kinetische Energie)

a) $s = \underline{\dfrac{v^2}{2g\mu}}$ b) $s = \underline{\dfrac{v^2}{1,2g\mu}}$

72. a) Die Bremskraft darf höchstens gleich der Reibungskraft sein, sodass $F = \mu G = \mu mg$; die mögliche Verzögerung beträgt

$a = \dfrac{F}{m} = \mu g$; $t = \dfrac{v}{a} = \underline{7,6\ \text{s}}$; $s = \dfrac{v}{2}t = \underline{84,4\ \text{m}}$

b) Bei Annahme gleicher Lastverteilung kommt für die zulässige Bremskraft F nur die halbe Wagengewichtskraft in Betracht; hieraus ergeben sich die halbe Beschleunigung a, die doppelte Bremszeit $t = \underline{15,2\ \text{s}}$ und der doppelte Bremsweg $s = \underline{168,8\ \text{m}}$

73. $a = \dfrac{2s}{t^2}$; $ma = mg\mu$; $\mu = \dfrac{2s}{gt^2} = \underline{0,102}$

74. Die kinetische Energie des PKW setzt sich in Reibungsarbeit (Reibungskraft · Weg) um; $\dfrac{mv^2}{2} = \mu mgs$; $s = \dfrac{v^2}{2\mu g} = \underline{354\ \text{m}}$;

$t = \dfrac{2s}{v} = \dfrac{v}{\mu g} = \underline{42,5\ \text{s}}$

75. Ansatz entsprechend Aufgabe 43;

$v = \sqrt{2\mu gs} = 2,94\ \text{m/s} = \underline{10,6\ \text{km/h}}$

76. Potentielle Energie = kinetische Energie + Reibungsarbeit;

$mgh = \dfrac{m}{2}v^2 + mg\mu s\cos\alpha$; $\mu = \underline{0,21}$

77. Verlust an potentieller Energie = Reibungsarbeit;
$mgs\sin\alpha - mgx\sin\alpha = mg\mu\,(s+x)\cos\alpha$;
$s\tan\alpha - x\tan\alpha = \mu\,(s+x)$;

mit $\tan\alpha = 0,04$ ist $x = \dfrac{s(\tan\alpha - \mu)}{\tan\alpha + \mu} = \underline{28,6\ \text{m}}$

78. a) $ma = mg\mu$; $a = \underline{1,96\ \text{m/s}^2}$

b) bezüglich der Kippkante ist das Moment der Trägheitskraft = Kippmoment; $\dfrac{ma\cdot 1,6}{2} = \dfrac{mg\cdot 0,4}{2}$; $a = \underline{2,45\ \text{m/s}^2}$

79. (Bild L1.3.2) $F = F_\text{N}\dfrac{\mu}{\cos\alpha} = \dfrac{F_\text{N} - G}{\sin\alpha}$; $F_\text{N} = \dfrac{G}{1-\mu\tan\alpha} = \dfrac{mg}{1-\tan\alpha}$;

$W = F_\text{reib}s = s\mu\,\dfrac{mg}{1-\tan\alpha} = \underline{55,53\ \text{N}\cdot\text{m}}$

80. a) $M = 2F\mu r = 2\cdot 4\,000\ \text{N}\cdot 0,004\cdot 0,075\ \text{m} = \underline{2,4\ \text{N}\cdot\text{m}}$

b) $\omega = 2\pi n = 15\,708\ \text{min}^{-1}$; $P = M\omega = 628\ \text{W} = \underline{0,628\ \text{kW}}$

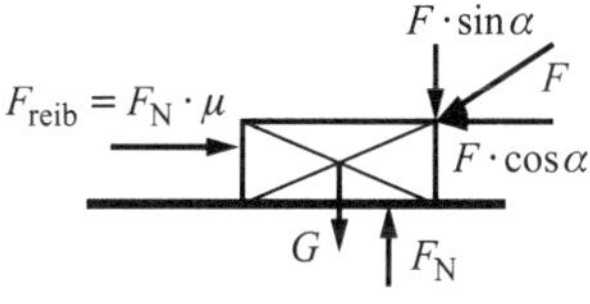

Bild L1.3.2

81. $\sin\alpha \approx \tan\alpha = 0{,}05$; $F = mg(\sin\alpha + \mu\cos\alpha) = 1\,025$ N; $P = Fv = \underline{1\,140\ \text{W}}$

82. $d = 2\sqrt{\dfrac{2J}{m}} = \underline{1{,}30\ \text{m}}$

83. $J = \dfrac{m(r_1^2 + r_2^2)}{2} = \dfrac{\pi b\varrho(r_1^2 - r_2^2)(r_1^2 + r_2^2)}{2}$;

$$\varrho = \frac{2J}{\pi b(r_1^4 - r_2^4)} = \underline{2\,700\ \text{kg/m}^3} \mathrel{\widehat{=}} \text{Aluminium}$$

84. Da die Stabmasse der Länge proportional ist, gilt $J \sim \dfrac{l_2^3}{12} = \dfrac{l_1^3}{12}$, sodass $l_2 = l_1\sqrt[3]{2} = 0{,}945$ m; $l = l_2 - l_1 = \underline{0{,}195\ \text{m}}$

85. Für den Holzzylinder ergibt sich $J_1 = 0{,}010\,8\ \text{kg}\cdot\text{m}^2$; für den Hohlzylinder aus Blei ist $J_2 = 2J_1$; mit $J_2 = \dfrac{r_1^2 + r_2^2}{2}$ und $m = l\varrho\pi(r_2^2 - r_1^2)$ wird $J_2 = \dfrac{l\varrho\pi(r_2^4 - r_1^4)}{2} = 0{,}021\,6\ \text{kg}\cdot\text{m}^2$; die gegebenen Werte liefern $r_2 = 0{,}061\,4$ m; die Dicke des Bleimantels beträgt $d = \underline{1{,}4\ \text{mm}}$

86. $\dfrac{\varrho\pi d r_1^4}{2} - \dfrac{\varrho\pi d\cdot 0{,}9 r_1^4}{2} = \dfrac{\varrho\pi d r_1^4(1 - 0{,}9^4)}{2}$; $1 - 0{,}656 \mathrel{\widehat{=}} \underline{34{,}4\ \%}$

87. $J = \dfrac{mr^2}{2}$; $\omega = 2\pi n = 52{,}36\ \text{s}^{-1}$; $E = \dfrac{J\omega^2}{2} = \dfrac{mr^2\omega^2}{4} = \underline{342{,}7\ \text{J}}$

88. $E_{\text{ges}} = \dfrac{mv^2}{2} + \dfrac{mr^2}{2}\omega^2 = mv^2$; <u>die Hälfte</u> davon entfällt auf Rotationsenergie.

89. $E = \dfrac{J\omega^2}{2} = \dfrac{mr^2\omega^2}{4} = \underline{18\ \text{kg}\cdot\text{m}^2/\text{s}^2}$ (J)

90. $\dfrac{mr^2\omega^2}{2} + \dfrac{2mr^2\omega^2}{5\cdot 2} = mgh$; $r\omega = v = \underline{\sqrt{\dfrac{10gh}{7}}}$

91. Gesamtenergie $\frac{m}{2}v^2$, Rotationsenergie $\frac{m_1 r^2 \omega^2}{4}$; $v = r\omega$; die Masse ist daher scheinbar um $\frac{m_1 \cdot 2}{4m} = \frac{100}{800} = 0{,}125$ oder $\underline{12{,}5\ \%}$ vergrößert.

92. Rotationsenergie der Schwungscheibe + kinetische Energie des Gewichtsstückes = Abnahme der potentiellen Energie des Gewichtsstückes; $\omega^2\left(\frac{m_1 r_1^2}{4} + \frac{m_2 r_2^2}{2}\right) = m_2 g h$

a) $\omega = 20{,}8\ \text{s}^{-1}$; $n = \underline{198{,}6\ \text{min}^{-1}}$

b) $v = 20{,}8 \cdot 0{,}02\ \text{m/s} = \underline{0{,}42\ \text{m/s}}$

93. a) $m = \pi r_1^2 l \varrho$; $J = \frac{m r_1^2}{2}$; $\omega = 18{,}85\ \text{s}^{-1}$; $\alpha = \frac{\omega}{t}$;

$F = \frac{J\alpha}{r_2} = \frac{r_1^4 \pi l \varrho \omega}{2 r_2 t} = \underline{24{,}0\ \text{N}}$

b) $P = Fv = F r_2 \omega = \underline{67{,}9\ \text{W}}$

94. a) $\alpha = \frac{Fr}{J}$; $t = \frac{\omega}{\alpha} = \frac{J\omega}{Fr} = \underline{20{,}9\ \text{s}}$

b) $z = \frac{\omega t}{2\pi \cdot 2} = \underline{52{,}2}$

95. $W = P_1 t_1 = 12\,000\ \text{W} \cdot 30\ \text{s} = 360\ \text{kJ}$; $\omega = 52{,}36\ \text{s}^{-1}$;

aus $E = \frac{m(r_\text{i}^2 + r_\text{a}^2)\omega^2}{2 \cdot 2}$ erhält man $m = \underline{861\ \text{kg}}$

b) $t_2 = \frac{E}{P_2} = \frac{P_1 t_1}{P_2} = \frac{12 \cdot 30\ \text{s}}{3} = 120\ \text{s} = \underline{2\ \text{min}}$

96. a) Zugkraft $F = m(g-a)$; $mr(g-a) = J\alpha$; mit $\alpha = \frac{a}{r}$ wird

$a = \frac{mr^2 g}{J + mr^2} = \underline{2{,}84\ \text{m/s}^2}$

b) $F = 15\ \text{kg} \cdot 6{,}97\ \text{m/s}^2 = \underline{104{,}6\ \text{N}}$

97. a) $\frac{mr^2\omega^2}{4} + \frac{mr^2\omega^2}{2} = mgh$; $\omega = \sqrt{\frac{4gh}{3r^2}} = \underline{102{,}3\ \text{s}^{-1}}$

b) Endgeschwindigkeit $v = r\omega$; wegen $h = \frac{v}{2}t$ ist $t = \frac{2h}{r\omega} = \underline{0{,}78\ \text{s}}$

98. Gesamter Drehwinkel $\varphi = 12 \cdot 2\pi = 75{,}4$; Winkelgeschwindigkeit am Anfang $\omega_1 = \frac{2\varphi}{t_1}$; $\alpha_1 = \frac{\omega_1}{t_1} = \frac{2\varphi}{t_1^2}$; $\omega_2 = \frac{2\varphi}{t_2}$; $\alpha_2 = \frac{\omega_2}{t_2} = \frac{2\varphi}{t_2^2}$;

wegen der gleichen Lagerbelastung ist das Reibungsmoment in beiden Fällen gleich groß, sodass

$$M = J_1\alpha_1 = J_2\alpha_2;\ mr_1^2\frac{2\varphi}{t_1^2} = mr_2^2\frac{2\varphi}{t_2^2};\ r_2 = 0{,}3\ \text{m};\ a = \underline{0{,}60\ \text{m}}$$

99. Potentielle Energie des Schwerpunktes = Rotationsenergie:

$$\frac{mgl}{2} = \frac{ml^2v^2}{3\cdot 2l^2};\ \text{hieraus folgt } v = \sqrt{3gl} = \underline{8{,}58\ \text{m/s}}$$

100. $$Fs = \frac{mv^2}{2} + \frac{J\omega^2}{2};\ s = \frac{(mr^2+J)\omega^2}{2\cdot 0{,}04mg} = \underline{730\ \text{m}}$$

101. $$J = \frac{ml^2}{12} + m\left(\frac{l}{2}+\frac{l}{3}\right)^2 = \frac{31}{48}ml^2 = \underline{0{,}65ml^2}$$

102. $$E_{\text{pot}} = mg\frac{l}{2} + mgl = \frac{3}{2}mgl;$$

$$J = J_{\text{Stab}} + J_{\text{Punktmasse}} = \int_0^l x^2\,\mathrm{d}m + ml^2$$

$$= qp\int_0^l x^2\,\mathrm{d}x + ml^2 = qp\frac{1}{3}l^3 + ml^2 = \frac{4}{3}ml^2;$$

$$E_{\text{kin}} = \frac{1}{2}J\omega^2 = \frac{1}{2}J\frac{v^2}{l^2};\ E_{\text{pot}} = E_{\text{kin}};\ \frac{3}{2}mgl = \frac{1}{2}\frac{v^2}{l^2}\cdot\frac{4}{3}ml^2;$$

$$l = \frac{4}{9}\frac{v^2}{g} = \underline{0{,}41\ \text{m}}$$

103. $F = F_1$ (halbe Eigengewichtskraft) $+F_2$ (Drehkraft); für den Drehwinkel gilt $\sin\varphi = \frac{1}{6} = 0{,}1667;\ \varphi = 9{,}6°;\ \alpha = \frac{2\varphi}{t^2}$; aus $F_2 l = J\alpha$ wird $F_2 = \frac{ml\cdot 2\varphi}{3t^2} = 13{,}4\ \text{N};\ F = (98{,}1+13{,}4)\ \text{N} = \underline{111{,}5\ \text{N}}$

104. Ausgehend von $M = J\alpha$ wird das Drehmoment zu

$$M = \frac{m_1gl_1}{2} - \frac{m_2gl_2}{2} = \frac{\varrho Ag(l_1^2-l_2^2)}{2};$$ das Trägheitsmoment ist

$$J = \frac{m_1l_1^2}{3} + \frac{m_2l_2^2}{3} = \frac{\varrho A(l_1^3+l_2^3)}{3};\ t = \sqrt{\frac{2\varphi}{\alpha}} = \sqrt{\frac{2\varphi J}{M}};\ \varphi \approx \frac{h}{l_1};$$

$$t = \sqrt{\frac{2\cdot 2h(l_1^3+l_2^3)}{gl_1(l_1^2-l_2^2)}} = \underline{0{,}65\ \text{s}}$$

105. a) Mit $F_Z = mr\omega^2$, dem wirksamen Radius
$r = 3{,}0\ \text{m} + 0{,}175\ \text{m} = 3{,}175\ \text{m}$ sowie mit $\omega = 2\pi n$ bzw. mit
$\omega = \dfrac{\pi n}{30}$ (Drehzahl n in min^{-1})$= 10{,}472\ \text{s}^{-1}$ ergibt sich
$F_Z = 300\ \text{kg} \cdot 3{,}175\ \text{m} \cdot (10{,}472\ \text{s}^{-1})^2 = \underline{104\,453\ \text{N}}$

b) $\omega = \alpha t$; $\alpha = \underline{1{,}047\,2\ \text{s}^{-2}}$

106. (Bild L1.3.3) Der Neigungswinkel α der Fahrbahn muss so groß sein, dass die Resultierende aus der Fliehkraft F_Z und der Gewichtskraft G senkrecht in Richtung Fahrbahn weist; mit $\tan\alpha = \dfrac{F_Z}{G}$, $G = mg$,

$$F_Z = mr\omega^2,\ F_Z = ma_Z = m\frac{v^2}{r} \text{ wird } \tan\alpha = \frac{m\frac{v^2}{r}}{mg} = \frac{v^2}{gr};\ \alpha = \underline{56{,}5^\circ}$$

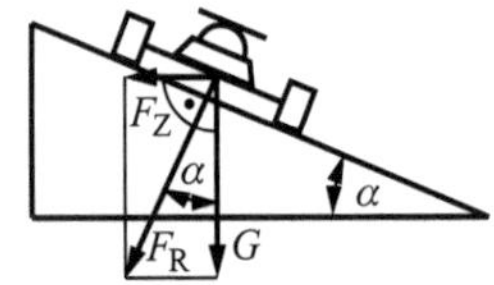

Bild L1.3.3

107. Geschwindigkeit im tiefsten Punkt $v = \sqrt{2rg}$;
Fliehkraft $F_Z = \dfrac{mv^2}{r} = 2mg$; unter Berücksichtigung der Gewichtskraft wird $F = 3mg = \underline{3\,826\ \text{N}}$

108. $mg = mr\omega^2 = mr \cdot 4\pi^2 n^2$; $n = \dfrac{1}{2\pi}\sqrt{\dfrac{g}{r}} = 0{,}91\ \text{s}^{-1} = \underline{54{,}6\ \text{min}^{-1}}$

109. Gleichsetzen der Fliehkräfte von Mond und Erde ergibt
$m_1 r_1 \omega^2 = m_2 r_2 \omega^2$, wobei ω die gemeinsame Winkelbeschleunigung ist; hieraus folgt $\dfrac{m_1}{m_2} = 81 = \dfrac{r - r_1}{r_1}$; $r_1 = \dfrac{r}{82}$ oder $\dfrac{60}{82}$ Erdradien; die Entfernung des Drehzentrums vom Erdmittelpunkt beträgt etwa <u>3/4 Erdradien</u>, es liegt also im Erdinneren.

110. Es gelten die Gleichungen $\dfrac{mv^2}{r} = mg$ (Fliehkraft = Gewichtskraft) und $mgh = \dfrac{mv^2}{2}$ ($E_{\text{pot}} = E_{\text{kin}}$) oder vereinfacht $v^2 = rg$ bzw. $v^2 = 2gh$.
Nach Gleichsetzen erhält man $h = \dfrac{r}{2} = 1{,}50\ \text{m}$; Gesamthöhe über dem Boden $(6{,}00 + 1{,}50)\ \text{m} = \underline{7{,}50\ \text{m}}$

111. Für die Neigung der Schwellen gegen die Horizontale gilt

$$\tan\alpha = \frac{F_Z}{g} = \frac{v^2}{rg} = 0{,}0472;$$
$$h = b\sin\alpha = 1\,435\ \text{mm}\cdot 0{,}047\,1 = \underline{67{,}6\ \text{mm}}$$

112. $\frac{mv^2}{r} = mg;\ v = \sqrt{gr} = 7{,}9\cdot 10^3\ \text{m/s} = \underline{7{,}9\ \text{km/s}}$

113. $mr\omega^2 = mg;\ \omega = \sqrt{\frac{g}{r}} = 1{,}240\cdot 10^{-3}\ \text{s}^{-1}$; Zahl der Umdrehungen je Tag $z = \frac{\omega t}{2\pi} = \frac{1{,}240\cdot 10^{-3}\ \text{s}^{-1}\cdot 86\,400\ \text{s}}{2\pi} = \underline{17}$

114. Dies kommt zustande, wenn Haftreibung < Fliehkraft ist; mit dem Achsabstand l gilt bezüglich der festbleibenden Achse

$$\frac{mg\mu\,l}{2} - \frac{mv^2 l}{2r} = 0 \text{ und } v = \sqrt{rg\mu} = 9{,}9\ \text{m/s} = \underline{35{,}6\ \text{km/h}}$$

115. (Bild L1.3.4) Zentripetalbeschleunigung rechtwinklig zur Erdachse $a' = r'\omega^2$; ihre Komponente zum Erdmittelpunkt hin $a'' = r'\omega^2\cos\alpha$; $r' = r\cos\alpha$; $a'' = r\omega^2\cos^2\alpha$; mit $\omega = \frac{2\pi}{86\,400\ \text{s}}$ und $\cos^2\alpha = 0{,}5$ wird $a'' = 1{,}7\cdot 10^{-2}\ \text{m/s}^2$; $g_{45^\circ} = (9{,}83 - 0{,}017)\ \text{m/s}^2 = \underline{9{,}813\ \text{m/s}^2}$

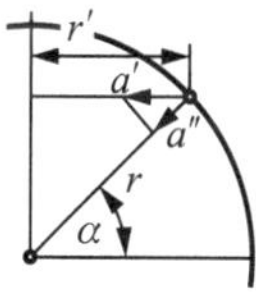

Bild L1.3.4

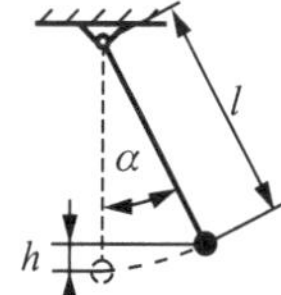

Bild L1.3.5

116. (Bild L1.3.5) Höhenverlust der Pendelmasse $h = l - l\cos\alpha$;

$$\frac{mv^2}{2} = mgh;\ mv^2 = 2mgl(1-\cos\alpha);\ F_Z = \frac{mv^2}{l} = \underline{2mg(1-\cos\alpha)}$$

117. Die Pendel stellen sich in Richtung der Resultierenden aus der Gewichtskraft $G = mg$ und der Fliehkraft $F_Z = mr\omega^2 = ml\sin\alpha\,\omega^2$ ein, sodass $\tan\alpha = \frac{F_Z}{G}$ und $\cos\alpha = \frac{g}{l\omega^2} = 0{,}2982$; danach ist $\alpha = 72{,}65^\circ$ und der Gesamtwinkel $\underline{145{,}3^\circ}$

118. (Bild L1.3.6) $s = \frac{v^2}{2g}$ (Fallgesetz); Fliehkraft $F_Z = \frac{mv^2}{r} = \frac{2msg}{r}$; im Zeitpunkt der Ablösung ist die Radialkomponente der Gewichtskraft $mg\cos\alpha$ gleich der Fliehkraft; $\cos\alpha = \frac{r-s}{r}$; somit wird

$$\frac{2msg}{r} = mg\frac{r-s}{r}\text{; woraus } s = \underline{\frac{r}{3}} \text{ folgt.}$$

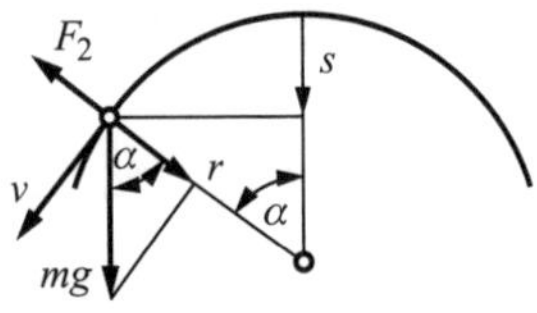

Bild L1.3.6

119. a) $2lmg = \frac{J\omega^2}{2} = \frac{ml^2v^2}{2l^2}$; $v = \sqrt{4gl} = \underline{6,86 \text{ m/s}}$

b) $F = \frac{mv^2}{l} + mg = 5mg = \underline{147 \text{ N}}$

120. Die Pendel heben sich, wenn $mr\omega^2 l = mgr$ ist;

$$l = \frac{g}{\omega^2} = \frac{9,81 \text{ m/s}^2}{\text{s}^2 4\pi 1,44} = \underline{0,173 \text{ m}}$$

121. a) Dem Impuls des Luftstromes entspricht ein gleich großer Impuls des Schiffes, das sich demzufolge rückwärts bewegt.

b) Gebläse, Segel und Kahn bilden ein abgeschlossenes System, dessen Gesamtimpuls sich zu null ergibt. Das Schiff bewegt sich nicht.

c) Der Impuls des Luftstromes überträgt sich über das Windrad auf die Schiffsschraube. Das Schiff bewegt sich vorwärts.

122. Bezeichnet man die Auslaufgeschwindigkeit mit v_1, so hat das Wasser im unteren Gefäß die Geschwindigkeit $v_2 = v_1 + gt$ (t Fallzeit des Wasserstrahles). Multipliziert man mit der in der Zeit t abfließenden Masse m des Wassers und dividiert durch die Zeit t, so wird $\frac{mv_2}{t} - \frac{mv_1}{t} - mg = 0$. Hierbei ist $\frac{mv_2}{t}$ bzw. $\frac{mv_1}{t}$ die auf das untere bzw. obere Gefäß wirkende Kraft (zeitliche Änderung des Impulses) und mg die Gewichtskraft des Wasserstrahles. Die Waage bleibt im Gleichgewicht.

123. $E = \frac{pv}{2}$; $v = \frac{2E}{p}$;

$$h = \frac{v^2}{2g} = \frac{4E^2}{2p^2g} = \frac{4 \cdot 25 \cdot 10^4 \text{ kg}^2 \cdot \text{m}^4/\text{s}^4}{2 \cdot 10^4 \text{ kg}^2 \cdot \text{m}^2/\text{s}^2 \cdot 9,81 \text{ m/s}} = \underline{5,10 \text{ m}};$$

$$m = \frac{p}{v} = \frac{p^2}{2E} = \underline{10 \text{ kg}}$$

124. Auf A wirkt schlagartig ein Impuls p nach unten, sodass der Faden F_2 zerreißt.

125. $E = \frac{pv}{2}$; $m = \frac{p}{v} = \frac{p^2}{2E} = \underline{180\ \text{kg}}$; $E = Fs$; $F = \frac{250\ \text{N} \cdot \text{m}}{5\ \text{m}} = \underline{50\ \text{N}}$

126. $s = \frac{E}{F} = \underline{0{,}50\ \text{m}}$; $t = \frac{mv}{F} = \underline{0{,}83\ \text{s}}$

127. $v_1 = \sqrt{2gh_1}$; $m = \frac{p}{v_1} = \frac{20\ \text{kg} \cdot \text{m/s}}{10{,}85\ \text{m/s}} = \underline{1{,}843\ \text{kg}}$;

aus $mgh = E_{\text{kin}}$ erhält man $h = \underline{22{,}12\ \text{m}}$

128. Energiesatz: $\frac{m_1 v_1^2}{2} + \frac{m_2 v_2^2}{2} = E$; Impulssatz $m_1 v_1 = m_2 v_2$; zusammengefasst $\frac{m_1 v_1^2}{2} + \frac{m_1^2 v_1^2}{2m_2} = E$; $v_1 = \underline{7{,}72\ \text{m/s}}$; $v_2 = \underline{3{,}09\ \text{m/s}}$

129. $v_2 = \frac{m_1 v_1}{m_1 + m_2} = \frac{2\ \text{m/s} \cdot 4\,500\ \text{kg}}{(4\,500 + 2\,500)\ \text{kg}} = \underline{1{,}29\ \text{m/s}}$

130. a) Aus $\frac{v_1}{v_2} = \frac{m_1 - m_2}{2m_1}$ wird $m_1 = \frac{-v_2 m_2}{2v_1 - v_2} = \underline{17\,500\ \text{kg}}$

b) $v = \frac{v_1(m_1 + m_2)}{m_1 - m_2} = \underline{1{,}8\ \text{m/s}}$

131. Das Pendel erfährt die Geschwindigkeit $v_\text{p} = \frac{vm_1}{m_1 + m_2} = \sqrt{2gh}$; der Schwerpunkt des Pendels hebt sich um $h = l(1 - \cos\alpha) = 0{,}0152\ \text{m}$; $v = \frac{m_1 + m_2}{m_1}\sqrt{2gh} = \underline{910{,}7\ \text{m/s}}$

132. Auftreffgeschwindigkeit $v = \sqrt{2gh} = 6{,}26\ \text{m/s}$; Geschwindigkeit nach dem unelastischen Stoß $v_1 = \frac{vm_1}{m_1 + m_2} = 3{,}91\ \text{m/s}$; Energie nach dem Stoß $E_{\text{kin}} + E_{\text{pot}} =$ Reibungsarbeit, d. h.

$$\frac{(m_1 + m_2)v_1^2}{2} + (m_1 + m_2)gs = Fs;\ F = \frac{3\,293\ \text{N} \cdot \text{m}}{0{,}06\ \text{m}} = \underline{54\,883\ \text{N}}$$

133. a) Nach dem Stoß sind beide Massen in Ruhe, die Gesamtenergie $2\frac{mv^2}{2} = \underline{mv^2}$ steht zur Deformation der Fahrzeuge zur Verfügung.

b) Beide Fragmente der Fahrzeuge bewegen sich mit der gemeinsamen Geschwindigkeit v weiter. Zur Deformation verbleibt die Energie $\frac{4mv^2}{2} - \frac{2mv^2}{2} = \underline{mv^2}$. Die Wirkung beider Varianten ist gleich.

134. $v_1 = \frac{vm_1}{m_1 + m_2}$; kinetische Energie = Reibungsarbeit;

$\frac{(m_1 + m_2)v_1^2}{2} = (m_1 + m_2)g\mu s$; nach Einsetzen von v_1 wird

$v = \frac{m_1 + m_2}{m_1}\sqrt{2g\mu s} = \underline{401\ \text{m/s}}$

135. a) Der Quotient aus der Reibungsarbeit $(m_1 + m_2)g\mu s$ und der Anfangsenergie des Geschosses $\frac{m_1 v_1^2}{2}$ ergibt

$\frac{m_1}{m_1 + m_2} = 0{,}016 \mathrel{\widehat{=}} \underline{1{,}6\ \%}$

b) $100 - 1{,}6 \mathrel{\widehat{=}} \underline{98{,}4\ \%}$

136. a) Die Geschwindigkeiten nach dem Stoß sind $v_1' = -v_2'$, sodass $v_1 \frac{m_1 - m_2}{m_1 + m_2} = -v_1 \frac{2m_1}{m_1 + m_2}$, wonach $\frac{m_1}{m_2} = \underline{\frac{1}{3}}$

b) $v_2' = 3v_1'$; $v_1 \frac{2m_1}{m_1 + m_2} = 3v_1 \frac{m_1 - m_2}{m_1 + m_2}$; $\frac{m_1}{m_2} = \underline{\frac{3}{1}}$

c) $v_1' = -\frac{v_1}{3}$; $v_1 \frac{m_1 - m_2}{m_1 + m_2} = -\frac{v_1}{3}$; $\frac{m_1}{m_2} = \underline{\frac{1}{2}}$

137. Mit dem Energiesatz $\frac{1}{2}m_1 v_1^2 = \frac{1}{2}m_1 v_1'^2 + \frac{1}{2}m_2 v_2^2$ und dem Impulssatz $m_1 v_1 = m_1 v_1' + m_2 v_2$ (v_1' = Geschwindigkeit des Hammers nach dem Stoß) sowie Auflösen nach v_1' und Einsetzen in den Impulssatz ergibt

$v_2 = \frac{2m_1 v_1}{m_1 + m_2}$; wegen $m_1 \gg m_2$ wird $v_2 \approx \underline{2v_1}$

138. $v_2 = v_1 \frac{2m_1}{m_1 + \frac{m_1}{2}} = \frac{4v_1}{3}$; $v_3 = v_2 \frac{2m_2}{m_2 + \frac{m_2}{2}} = \underline{\frac{16v_1}{9}}$

139. Die stoßende Kugel hat die Geschwindigkeit $v_1 = \sqrt{2gh}$; mit $m_1 = 2m_2$ wird nach dem Stoß $v_1' = \frac{1}{3}\sqrt{2gh}$ und $v_2' = \frac{4}{3}\sqrt{2gh}$; die kinetischen Energien setzen sich in potentielle um. Dabei gilt für die schwerere Kugel $\frac{m_1 v_1'^2}{2} = m_1 g h_1$ und $h_1 = \underline{\frac{1}{9}}h$; für die leichtere Kugel gilt $\frac{m_2}{2}v_2'^2 = m_2 g h_2$; $h_2 = \underline{\frac{16}{9}}h$

140. Nach dem Drehimpulssatz (Flächensatz) ist $mv_0r_0 = mvr$; am Faden wirkt die Fliehkraft $F - \frac{mv^2}{r}$; mit $v - \frac{v_0r_0}{r}$ wird

$$F = \frac{mv_0^2r_0^2}{r^3} = \underline{\frac{mv_0^2r_0^2}{(r_0 - v_1t)^3}}$$

141. Da die Anziehungskraft der Erde mit dem Quadrat des Abstandes vom Erdmittelpunkt abnimmt, gilt $\frac{9,81\ \mathrm{m/s^2}}{g'} = \frac{(6\,378+900)^2}{6\,378^2}$; wonach $g' = \underline{7,53\ \mathrm{m/s^2}}$

142. $\frac{\gamma m_0 m}{r^2} = m_0 g'$;

$$g' = \frac{\gamma m}{r^2} = \frac{6,67\cdot 10^{-11}\ \mathrm{m^3/(kg\cdot s^2)}\cdot 1,99\cdot 10^{30}\ \mathrm{kg}}{6,953^2\cdot 10^{16}\ \mathrm{m^2}} = \underline{275\ \mathrm{m/s^2}}$$

143. Die von einer Masse m_0 auf der Erdoberfläche hervorgerufene Kraft ist $m_0 g = \frac{\gamma m_0 m_1}{r_1^2}$. Mit der Sonnenmasse $m_2 = xm_1$ ist

$\frac{\gamma m_1 x m_1}{r_2^2} = m_1 r_2 \omega^2$; mit der ersten Gleichung ergibt sich $x = \frac{\omega^2 r_2^3}{g r_1^2}$;

$\omega = \frac{2\pi}{T}$; $T = 3,1557\cdot 10^7$ s; $m_2 \approx \underline{332\,000\ \text{Erdmassen}}$

144. Es gilt $F = \gamma\frac{m_0 m_1}{r_1^2} = \gamma\frac{m_0 m_2}{r_2^2}$, sodass $\frac{m_1}{m_2} = \frac{r_1^2}{(r-r_1)^2} = 81$;

$r_1 = 0,9r = \underline{346\,000\ \mathrm{km}}$

145. Für die Erde gilt $F_1 = \gamma\frac{m_0 m_1}{r_1^2}$, für den Mond $F_2 = \gamma\frac{m_0 m_1}{r_2^2}$, sodass

$\frac{F_1}{F_2} = \frac{m_1 r_2^2}{m_2 r_1^2}$; mit $F_1 = 9,81$ N folgt hieraus $F_2 = \underline{1,64\ \mathrm{N}}$

146. Fliehkraft F_Z = Schwerkraft G; $mr\omega^2 = mg'$, wobei g' der Wert der Schwerebeschleunigung ist, der in Aufgabe 141 mit $7,53\ \mathrm{m/s^2}$ berechnet wurde; $r = (6\,378+900)\ \mathrm{km} = 7\,278\ \mathrm{km}$;

$$T = \frac{2\pi}{\omega} = 2\pi\sqrt{\frac{r}{g'}} = 6\,177\ \mathrm{s} = \underline{1\ \mathrm{h}\,43\ \mathrm{min}}$$

147. Aus $F = \frac{\gamma mm}{d^2}$ erhält man mit $d = 2r$ und $m = \frac{4}{3}\pi r^3 \varrho$;

$$r = \sqrt[4]{\frac{9F}{\gamma 4\pi^2\varrho^2}} = 0,719\ \mathrm{m};\ d = \underline{1,44\ \mathrm{m}}$$

148. $\omega = \frac{2\pi}{T} = \frac{2\pi}{(365 \cdot 86\,400)\text{ s}} = 1{,}9924 \cdot 10^{-7}\text{ s}^{-1}$; Zentripetalbeschleunigung $a = r\omega^2 = 0{,}005\,935\text{ m/s}^2$; $s = \frac{at^2}{2} = \underline{10{,}7\text{ m}}$

149. $T = (27{,}322 \cdot 24)\text{ h}\sqrt{\frac{7\,278^3}{384\,400^3}} = 1{,}708\text{ h} = \underline{1\text{ h}\,42{,}5\text{ min}}$

150. Mit dem Bahnradius r' gilt $mr'\omega^2 = mg'$, wobei $g' = \frac{gr^2}{r'^2}$; daraus

$r' = \sqrt[3]{\frac{gr^2}{\omega^2}} = 7\,420\text{ km}$; $h = (7\,420 - 6\,378)\text{ km} = \underline{1\,042\text{ km}}$

151. Bedeutet r' die Entfernung des Satelliten vom Erdmittelpunkt, g' seine Schwerebeschleunigung, ω die Winkelgeschwindigkeit und T die Umlaufzeit, so gilt die Beziehung $mr'\omega^2 = mg'$, wobei $g' = g\frac{r^2}{r'^2}$, $\omega = \frac{2\pi}{T}$ und $T = 86\,400$ s; dies ergibt $r' = \sqrt[3]{\frac{gr^2T^2}{4\pi^2}} = 42\,256$ km;
Höhe über der Erde $h = (42\,256 - 6\,378)\text{ km} = \underline{35\,878\text{ km}}$

152. Nach dem Drehimpulserhaltungssatz gilt $J_0\omega_0 = J_1\omega_1$; mit $\omega = 2\pi n$ wird $J_0 n_0 = J_1 n_1$; $n_1 = n_0\frac{J_0}{J_1} = 950\text{ min}^{-1} \cdot \frac{2{,}8\text{ kg}\cdot\text{m}^2}{0{,}5\text{ kg}\cdot\text{m}^2} = \underline{5\,320\text{ min}^{-1}}$

153. $(J_1 + J_2)\omega = J_2\omega_2$; $n = \frac{J_2 n_2}{J_1 + J_2} = \frac{m_2 d_2^2 n_2}{m_1 d_1^2 + m_2 d_2^2} = \underline{45{,}71\text{ min}^{-1}}$

154. a) $\omega = 2\pi n = \underline{104{,}7\text{ s}^{-1}}$

b) $\Delta L = 2\pi J(n_1 - n_0)$; mit $n_0 = 0$ wird
$\Delta L = \omega J = 104{,}7\text{ s}^{-1} \cdot 0{,}34\text{ kg}\cdot\text{m}^2 = \underline{35{,}60\text{ kg}\cdot\text{m}^2/\text{s}}$

c) $\Delta L = Mt$; $t = \frac{\Delta L}{M} = \frac{35{,}60\text{ kg}\cdot\text{m}^2/\text{s}}{250\text{ kg}\cdot\text{m}^2/\text{s}^2} = \underline{0{,}1424\text{ s}}$

155. $M = \frac{J\omega}{t} = \frac{0{,}04\text{ kg}\cdot\text{m}^2\left(2\pi \cdot \frac{4\,000}{60}\right)\text{ s}^{-1}}{15\text{ s}} = \underline{1{,}117\text{ N}\cdot\text{m}}$

156. Werden beide Arme zur Seite ausgestreckt, wird das Trägheitsmoment beträchtlich vergrößert und die Rotation entsprechend verlangsamt. Die umgekehrte Wirkung tritt ein, wenn die Hanteln gegen die Brust gezogen werden. Infolge des Drehimpulssatzes muss jede Veränderung des Massenträgheitsmomentes eine gegenläufige Veränderung der Winkelgeschwindigkeit nach sich ziehen.

157. Nach $M = \dfrac{\mathrm{d}L}{\mathrm{d}t}$ ergibt sich

$$\omega = \frac{Mt}{J} = \frac{Frt}{J} = \frac{Frt \cdot 2}{mr^2} = \frac{10\ \mathrm{kg \cdot m \cdot 1\ m \cdot 60\ s \cdot 2}}{\mathrm{s^2 \cdot 10\ kg \cdot 1\ m^2}} = \underline{120\ \mathrm{s^{-1}}}$$

158. $J = \dfrac{Mt}{\omega_1 - \omega_2}$; $\omega_1 - \omega_2 = 115{,}19\ \mathrm{s^{-1}}$; $J = \underline{0{,}032\ \mathrm{kg \cdot m^2}}$

159. Nach $\alpha = \dfrac{\Delta\omega}{\Delta t}$ beträgt die Anlaufzeit $t = \dfrac{\omega}{\alpha}$; im Zähler steht die am Schluss erreichte Winkelgeschwindigkeit $\omega = 2\pi n$ und im Nenner die Winkelbeschleunigung $\alpha = \dfrac{M}{J}$;

$$t = \frac{2\pi nJ}{M} = \frac{2\pi \cdot 320 \cdot 637\ \mathrm{kg \cdot m^2}}{60\ \mathrm{s} \cdot 147\ \mathrm{N \cdot m}} = \underline{145\ \mathrm{s}}$$

160. a) $\omega = 2\pi n$; mit $n = \dfrac{1}{T}$ wird $\omega = \underline{7{,}2936 \cdot 10^{-5}\ \mathrm{s^{-1}}}$

b) $J_{\mathrm{Kugel}} = \dfrac{2}{5}mr^2 = \underline{9{,}7255 \cdot 10^{37}\ \mathrm{kg \cdot m^2}}$

c) $E_{\mathrm{rot}} = \dfrac{1}{2}J\omega^2 = 258{,}68 \cdot 10^{27}\ \mathrm{N \cdot m} = \underline{71{,}856 \cdot 10^{21}\ \mathrm{kWh}}$

Lösungen 1.4 Schwingungen

1. a) $\dfrac{y}{y_{\max}} = \sin 2\pi ft = 0{,}2$; $2\pi ft = 11{,}5° = 0{,}20071$;

$$f = \frac{0{,}20071}{2\pi \cdot 0{,}001\ \mathrm{s}} = \underline{31{,}9\ \mathrm{Hz}}$$

b) $\underline{83{,}3\ \mathrm{Hz}}$ c) $\underline{178\ \mathrm{Hz}}$

2. a) $\dfrac{y}{y_{\max}} = \dfrac{1}{20} = 0{,}05 = \sin 2\pi ft$; $2\pi ft = 2{,}9° = 0{,}05061$; $t = \underline{161\ \mu\mathrm{s}}$

b) $\underline{804\ \mu\mathrm{s}}$ c) $\underline{2{,}70\ \mathrm{ms}}$

3. Aus $f_1 - f_2 = \dfrac{3}{15}$ Hz folgen mit $\dfrac{f_1}{f_2} = \dfrac{20}{19}$ die Werte $f_1 = \underline{4\ \mathrm{Hz}}$ und $f_2 = \underline{3{,}8\ \mathrm{Hz}}$ bzw. $T_1 = \underline{0{,}25\ \mathrm{s}}$ und $T_2 = \underline{0{,}26\ \mathrm{s}}$

4. Die Komponente der Umfangsgeschwindigkeit in senkrechter Richtung ist

a) $v = 2\pi rn \sin\alpha = \dfrac{2\pi \cdot 0{,}18\ \mathrm{m} \cdot 210\ \mathrm{s^{-1}}}{60} \sin 15° = \underline{1{,}025\ \mathrm{m/s}}$

b) $\underline{1{,}979\ \mathrm{m/s}}$ c) $\underline{2{,}799\ \mathrm{m/s}}$ d) $\underline{3{,}428\ \mathrm{m/s}}$ e) $\underline{3{,}958\ \mathrm{m/s}}$

5. $\sin 2\pi ft = \dfrac{y}{y_{max}} = 0,75$; $2\pi ft = 48,6° = 0,848\,2$;

$f = \underline{0,67\ \text{Hz}}$; $T = \underline{1,49\ \text{s}}$

6. $\sin \omega t_1 = 0,5$; $\omega t_1 = 30° = 0,523\,6$; $\sin \omega (t_1 + \Delta t) = \sin(\pi - \omega t_1)$;

$\omega = \dfrac{\pi - 2\omega t_1}{\Delta t}$; $f = \underline{333,3\ \text{Hz}}$

7. (Bild L1.4.1) Betrachtet man die entsprechenden Kreisbewegungen, so sind die Elongationen das erste Mal gleich, wenn $\sin \omega_1 t = \sin(\pi - \omega_2 t)$, wonach $\omega_1 t = \pi - \omega_2 t$; wegen $\omega_2 = 2\omega_1$ wird $3\omega_1 t = \pi$ und hiernach $f_1 = \underline{1,67\ \text{s}}$ sowie $f_2 = \underline{3,33\ \text{s}}$

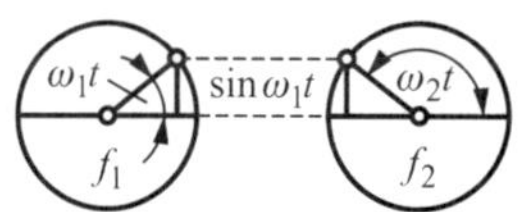

Bild L1.4.1

8. Wie in Aufgabe 7 ist $\omega t_1 = \pi - \omega_2 t$ und $t = \dfrac{\pi}{2\pi(50+60)\ \text{s}^{-1}} = \underline{\dfrac{1}{220}\ \text{s}}$

9. $\dfrac{y_1}{y_{max}} = \sin \omega t_1$;

$$\frac{y_2}{y_{max}} = \sin \omega (t_1 + \Delta t) = \sin \omega t_1 \cos \omega \Delta t + \cos \omega t_1 \sin \omega \Delta t$$

$$= \frac{y_1}{y_{max}} \cdot 0,809\,0 + \sqrt{1 - \left(\frac{y_1}{y_{max}}\right)^2} \cdot 0,587\,8;$$

aus $\dfrac{y_2 - 0,809\,0 y_1}{y_{max}} = 0,587\,8\sqrt{1 - \left(\dfrac{y_1}{y_{max}}\right)^2}$ erhält man

$y_{max} = \underline{0,090\,4\ \text{m}}$

10. $\omega t_1 = 11,5° = 0,200\,7$; $\omega (t_1 + \Delta t) = 53,1° = 0,926\,8$;

$\omega (t_1 + \Delta t) - \omega t_1 = 0,726\,1$; $\omega = \dfrac{0,726\,1}{\Delta t} = 726,1\ \text{s}^{-1}$;

$f = \underline{115,6\ \text{Hz}}$; $T = \underline{8,7 \cdot 10^{-3}\ \text{s}}$

11. $\omega = 0,314\,2\ \text{s}^{-1}$; $\omega t_1 = 0,201\,4$; $\omega (t_1 + \Delta t) = 0,269\,9$;
$\omega \Delta t = 0,269\,9 - 0,201\,4 = 0,068\,5$; $\Delta t = \underline{0,218\ \text{s}}$

12. $T = 2\pi\sqrt{\dfrac{m}{c}}$; $m = \dfrac{T^2 c}{4\pi^2} = \dfrac{60^2\ \text{s}^2 \cdot 25\ \text{N}}{25^2 \cdot 4\pi^2\ \text{m}} = \underline{3,65\ \text{kg}}$

13. $\omega = \dfrac{v}{y_{max}} = \sqrt{\dfrac{c}{m}}$; $m = \dfrac{{y_{max}}^2 c}{v^2} = \dfrac{0,05^2\ \text{m}^2 \cdot 30\ \text{kg/s}^2}{0,8^2\ \text{m}^2/\text{s}^2} = \underline{0,117\ \text{kg}}$

14. Federkonstante $c = \dfrac{(0,3 \cdot 9,81)\ \text{N}}{0,12\ \text{m}} = 24,5\ \text{N/m}$;

$T = 2\pi\sqrt{\dfrac{m}{c}} = \underline{0,695\ \text{s}}$; $f = \dfrac{1}{T} = \underline{1,44\ \text{Hz}}$

15. Dividiert man die Gleichungen $T = 2\pi\sqrt{\dfrac{m}{c}}$ und $2T = 2\pi\sqrt{\dfrac{m+m_0}{c}}$ miteinander, so findet man $2 = \sqrt{\dfrac{m+m_0}{m}}$ und $m = \underline{0,020\ \text{kg}}$

16. $m\ddot{x} + cx = 0$; $x = x_0\,\mathrm{e}^{\mathrm{j}\omega t}$; $\ddot{x} = -\omega^2 x$; $\omega = \sqrt{\dfrac{c}{m}}$; $T = 2\pi\sqrt{\dfrac{m}{c}}$;

$c = \dfrac{(2\pi)^2}{T^2}m = \underline{2,377\ \text{N/m}}$

17. a) $T = 2\pi\sqrt{\dfrac{(m_1+m_2)s}{m_1 g}} = 2\pi\sqrt{\dfrac{2\,600\ \text{kg} \cdot 0,06\ \text{m}}{1\,800\ \text{kg} \cdot 9,81\ \text{m/s}^2}} = \underline{0,59\ \text{s}}$

b) $T' = 2\pi\sqrt{\dfrac{m_2 s}{m_1 g}} = \underline{0,33\ \text{s}}$

c) $4\pi\sqrt{\dfrac{m_2 s}{m_1 g}} = 2\pi\sqrt{\dfrac{(m_2+x)s}{m_1 g}}$; $x = 3m_1 = \underline{2\,400\ \text{kg}}$

18. Zur Dehnung notwendige maximale Kraft

$F = \dfrac{2W}{s}$; $c = \dfrac{F}{s} = \dfrac{2W}{s^2}$;

$T = 2\pi\sqrt{\dfrac{ms^2}{2W}} = 2\pi\sqrt{\dfrac{0,05\ \text{kg} \cdot 0,08^2\ \text{m}^2}{2 \cdot 2 \cdot 10^{-3}\ \text{kg} \cdot \text{m}^2/\text{s}^2}} = \underline{1,78\ \text{s}}$

19. Die Federkonstante wird zu $c = \dfrac{4\pi^2 m}{T^2} = 3,869\ \text{N/m}$;

$l = \dfrac{mg}{c} = \dfrac{0,2 \cdot 9,81\ \text{N}}{3,869\ \text{N} \cdot \text{m}} = \underline{0,507\ \text{m}}$

20. Es liegt die Formel $f = \dfrac{1}{2\pi}\sqrt{\dfrac{c}{m}}$ zugrunde; die schwingende Wassermasse ist $m = Al\varrho$; die Federkonstante $c = \dfrac{F}{s}$, wobei $F = pA\varrho g$; diese Kraft ruft die Verschiebung der Wassersäule $s = \dfrac{V}{A}$ hervor; also ist $f = 2\pi\sqrt{\dfrac{gpA\varrho A}{lA\varrho V}}$, wonach die angegebene Formel folgt.

21. Wird der Quader um das Stück Δh tiefer in das Wasser gedrückt, so erfordert das die Kraft $F = A\Delta h \varrho_{\text{Wasser}} g$ (Auftrieb);

Federkonstante $c = \dfrac{F}{\Delta h} = A\varrho_{\text{Wasser}} g$; schwingende Masse $m = Ah\varrho_{\text{Qu}}$;

$$T = 2\pi\sqrt{\frac{h\varrho_{\text{Qu}}}{g\varrho_{\text{Wasser}}}}$$

22. Wegen des veränderlichen Querschnitts ist die Auftriebskraft nicht proportional der Eintauchtiefe .

23. Wenn der Körper bis zur Erdoberfläche ausgelenkt würde, wäre die rücktreibende Kraft gleich seiner Gewichtskraft; $mg = cr$; $c = \dfrac{mg}{r}$;

mit der Schwingungsgleichung $m\ddot{x} + cx = 0$ und $m\ddot{x} + \dfrac{mg}{r}x = 0$ wird

$$\omega = \sqrt{\frac{g}{r}};\ T = \frac{2\pi}{\omega} = 2\pi\sqrt{\frac{r}{g}} = 5\,066\ \text{s} = \underline{84{,}4\ \text{min}}$$

24. $m = 2lA\varrho$; Federkonstante $c = \dfrac{hA\varrho g}{\frac{h}{2}} = 2A\varrho g$; $T = \underline{2\pi\sqrt{\dfrac{l}{g}}}$

25. Da sich die Pendellängen wie die Quadrate der Periodendauern verhalten, gilt $50 : x = 12^2 : 11{,}5^2$, wonach $x = \underline{0{,}459\ \text{m}}$ ist.

26. Die Pendellänge ist gleich dem Abstand vom Stab, d. h. $l\sin 30°$. Wirksame Beschleunigung $g\cdot\cos 30°$; $T = 2\pi\sqrt{\dfrac{l}{g}\tan 30°} = \underline{1{,}28\ \text{s}}$

27. $T = 2\pi\sqrt{\dfrac{l}{g}}$; $l = \dfrac{T^2 g}{4\pi^2} = \dfrac{\left(\frac{25}{2}\right)^2 \text{s}^2\cdot 9{,}81\ \text{m/s}^2}{4\pi^2} = \underline{38{,}8\ \text{m}}$

28. $\Delta f = 10^{-1}$ Hz; $\dfrac{\Delta l}{l} = 10^{-1}$; $T = 2\pi\sqrt{\dfrac{l}{g}}$; $f = \dfrac{1}{2\pi}\sqrt{\dfrac{g}{l}} = \dfrac{1}{2\pi}\sqrt{g}\,l^{-\frac{1}{2}}$;

$$\frac{\mathrm{d}f}{\mathrm{d}l} = \frac{1}{2\pi}\sqrt{g}\left(-\frac{1}{2}\right)l^{-\frac{3}{2}} = -\frac{1}{4\pi}\sqrt{g}\cdot\frac{1}{l\sqrt{l}} = \frac{\Delta f}{\Delta l};$$

$l = \dfrac{1}{16\pi^2}g = \underline{0{,}062\ \text{m}}$; $f = \underline{2\ \text{Hz}}$

29. Das Pendel schwingt je zur Hälfte einer Periode mit der vollen Länge $l_1 = 0{,}50$ m und mit der verkürzten Pendellänge $l_2 = 0{,}20$ m.

$$T = \frac{T_1}{2} + \frac{T_2}{2} = \pi(0{,}226 + 0{,}143)\ \text{s} = 1{,}159\ \text{s};\ n = \underline{51{,}8\ \text{min}^{-1}}$$

30. $T = 2\pi\sqrt{\frac{l}{g}}$; $xT = 2\pi\sqrt{\frac{0,75l}{g}}$; $x = \sqrt{0,75} = 0,866$; $\frac{T - xT}{T} = 0,134$ oder $\underline{13,4\ \%}$

31. $J = \frac{m}{4}\frac{l_1^2}{3} + \frac{3m}{4}\frac{l_2^2}{3} = m\left(\frac{l_1^2}{12} + \frac{l_2^2}{4}\right)$, mit $l_1 = 0,20$ m und $l_2 = 0,60$ m;

$$T = 2\pi\sqrt{\frac{\frac{l_1^2}{3} + l_2^2}{gl}} = \underline{1,37\ \text{s}}$$

32. $J = J_S + md^2 = (0,8 + 0,216)\ \text{kg}\cdot\text{m}^2 = 1,016\ \text{kg}\cdot\text{m}^2$;

$$T = 2\pi\sqrt{\frac{J}{mgd}} = \underline{1,5\ \text{s}}$$

33. $J = \frac{m}{2}r^2 + mr^2 = \frac{3m}{2}r^2$; $T = 2\pi\sqrt{\frac{3r}{2g}}$; $d = 2r = \frac{gT^2}{3\pi^2} = \underline{0,083\ \text{m}}$

34. $J = \frac{0,2\ \text{kg}\cdot 0,8^2\ \text{m}^2}{3} + 0,5\ \text{kg}\cdot 0,65^2\ \text{m}^2 = 0,2539\ \text{kg}\cdot\text{m}^2$; für den Abstand x des Gesamtschwerpunktes S von der Stabmitte M gilt $x : e = 0,5 : 0,2$ oder $(x + e) : x = 0,7 : 0,5$;

$x = \frac{0,5\cdot 0,25\ \text{m}}{0,7} = 0,1786$ m; Abstand des Gesamtschwerpunktes vom Aufhängepunkt $s = (0,4 + 0,1786)\ \text{m} = 0,5786$ m; Gesamtmasse $m = 0,7$ kg; $T = 2\pi\sqrt{\frac{J}{mgs}} = \underline{1,59\ \text{s}}$

35. $J = \frac{ml^2}{12} + m\left(\frac{3l}{2}\right)^2 = \frac{7}{3}ml^2$;

Schwerpunktsabstand $\frac{3l}{2}$; $T = 2\pi\sqrt{\frac{J}{mgr}} = 2\pi\sqrt{\frac{14l}{9g}} = \underline{1,94\ \text{s}}$

36. (Bild L1.4.2) Das Trägheitsmoment der beiden Massen ist $J = (m_1 + m_2)l^2$; $G = (m_1 + m_2)g$; für den Abstand des Schwerpunktes vom Drehpunkt gilt $m_1 : m_2 = l_2 : l_1$; $(m_1 : m_2) : m_1 = 2l : l_2$;

$$l_2 = \frac{2m_1 l}{m_1 + m_2};\ l_2 - l = \frac{l(m_1 - m_2)}{m_1 + m_2};\ T = \underline{2\pi\sqrt{\frac{l(m_1 + m_2)}{g(m_1 - m_2)}}}$$

37. Aus $T = 2\pi\sqrt{\frac{J}{mge}}$ wird $J = mge\left(\frac{T}{2\pi}\right)^2 = 14,0\ \text{kg}\cdot\text{m}^2$;

$J_S = J - me^2 = (14,0 - 12,8)\ \text{kg}\cdot\text{m}^2 = \underline{1,2\ \text{kg}\cdot\text{m}^2}$

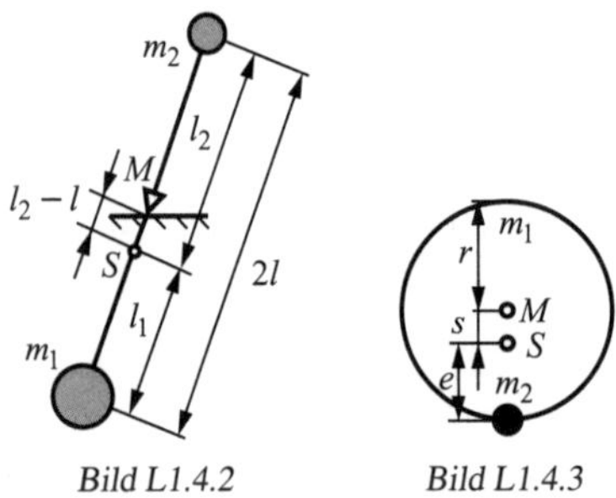

Bild L1.4.2 Bild L1.4.3

38. (Bild L1.4.3) $J = (m_1 + m_2)r^2$; $G = (m_1 + m_2)g$; für den Schwerpunktsabstand s gilt $m_1 : m_2 = e : s$; $(m_1 + m_2) : m_1 = r : e$;

$$s = r - e = \frac{m_2 r}{m_1 + m_2};\; \underline{T = 2\pi\sqrt{\frac{r}{g}\frac{(m_1 + m_2)}{m_2}}}$$

39. Allgemeine Gleichung $T = 2\pi\sqrt{\frac{\sum J}{sg\sum m}}$; s Abstand des Schwerpunktes vom Aufhängepunkt

a) $\sum J = \frac{ml^2}{3} + \left(\frac{ml^2}{12} + ml^2\right) = \frac{17ml^2}{12}$; $s = \frac{3l}{4}$; $\underline{T = 2\pi\sqrt{\frac{17l}{18g}}}$

b) $\sum J = \frac{2ml^2}{3}$; $s = \frac{l}{2}$; $T = \underline{2\pi\sqrt{\frac{2l}{3g}}}$

c) $\sum J = ml^2$; $s = \frac{l}{2}$; $T = \underline{2\pi\sqrt{\frac{2l}{3g}}}$

d) $\sum J = \frac{11ml^2}{6}$; $s = \frac{l}{2}$; $T = \underline{2\pi\sqrt{\frac{11l}{12g}}}$

40. (Bild L1.4.4) Wird der Abstand Schwerpunkt–Aufhängepunkt zu x, so ergibt sich aus dem Ansatz $T = 2\pi\sqrt{\frac{\frac{ml^2}{12} + mx^2}{mgx}}$ mit $c = \frac{T^2}{4\pi^2}$ die Gleichung $x = \frac{cg}{2} \pm \sqrt{\frac{c^2g^2}{4} - \frac{l^2}{12}}$; die Lösung ist nur reell, wenn

$\frac{l^2}{12} \leqq \frac{c^2 g^2}{4}$ bzw. $l \leqq \underline{0,43 \text{ m}}$; im Grenzfall $l = 0,43$ m ist $x = \underline{0,124 \text{ m}}$

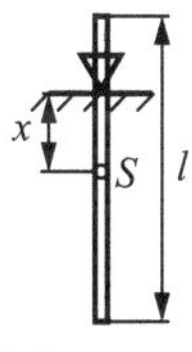

Bild L1.4.4

41. Mit $J = \frac{ml^2}{3} + \frac{ml^2}{4}$ und dem Schwerpunktsabstand $r = \frac{l}{2}$ wird aus $T = 2\pi\sqrt{\frac{J}{2mgr}}$ die Länge $l = \frac{12gT^2}{7 \cdot 4\pi^2} = \underline{10,65 \text{ m}}$

42. Das Trägheitsmoment der vier Stäbe in Bezug auf den Aufhängepunkt ist $J = 2m\left(\frac{l^2}{3} + \frac{l^2}{12} + \frac{5l^2}{4}\right) = \frac{10ml^2}{3}$; aus

$T = 2\pi\sqrt{\frac{J}{4m\frac{lg}{\sqrt{2}}}} = 2\pi\sqrt{\frac{5l\sqrt{2}}{6g}}$ ergibt sich $l = \frac{T^2 \cdot 6g}{4\pi^2 \cdot 5\sqrt{2}} = \underline{0,21 \text{ m}}$

43. Die Trägheitsmomente sind $J_1 = \frac{1}{12}m(b^2 + h^2) + \frac{mh^2}{4}$ bzw.

$J_2 = \frac{1}{12}m(h^2 + b^2) + \frac{mb^2}{4}$; durch Gleichsetzen von

$T_1 = 2\pi\sqrt{\frac{J_1}{mg\frac{h}{2}}}$ und $T_2 = 2\pi\sqrt{\frac{J_2}{mg\frac{b}{2}}}$ ergibt sich

$4hb(h-b) = h^3 - b^3$ und hieraus $\frac{h}{b} = \frac{3+\sqrt{5}}{2} = \underline{2,62 : 1}$

44. (Bild L1.4.5) Dreht sich die Uhr um den Winkel α, so bewegen sich die Aufhängepunkte um das Stück $r\alpha$ zur Seite; für die rücktreibende Kraft gilt $\frac{F}{mg} \approx \frac{r\alpha}{l}$; dies ergibt mit der Winkelrichtgröße $D = \frac{Fr}{\alpha}$ und dem Trägheitsmoment $J = \frac{mr^2}{2}$ die Periodendauer

$T = 2\pi\sqrt{\frac{J}{D}} = 2\pi\sqrt{\frac{l}{2g}}$; hieraus $l = \underline{0,08 \text{ m}}$

45. (Bild L1.4.6) Die Amplituden y zweier aufeinander folgender Schwingungen stehen im gleichen Verhältnis wie deren Dämpfungsverhältnis

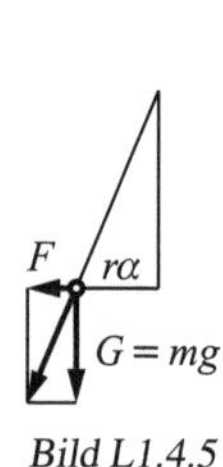

Bild L1.4.5

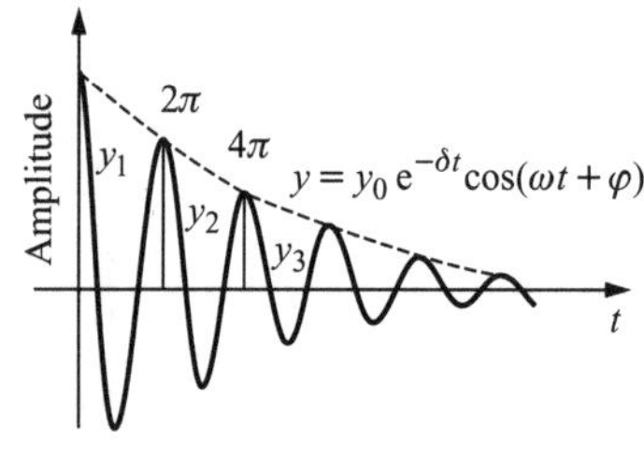

Bild L1.4.6

ϑ zueinander; d. h. $y_1 : y_2 : y_3 \ldots = y_1 : \frac{y_1}{\vartheta} : \frac{y_1}{\vartheta^2} \ldots$ bzw. die Amplitude der x-ten gedämpften Schwingung $y_x = \frac{y_1}{\vartheta^{x-1}}$;
$y_2 = \frac{y_1}{\vartheta} = \underline{33{,}3\ \text{mm}}$; $y_5 = \frac{y_1}{\vartheta^4} = \underline{9{,}88\ \text{mm}}$; $y_{10} = \underline{1{,}30\ \text{mm}}$

46. Nach Aufgabe 45 wird das Dämpfungsverhältnis

$$\vartheta = \sqrt{\frac{y_1}{y_3}} = 1{,}0299;\ y_8 = \frac{y_1}{\vartheta^7} = \frac{10{,}5}{1{,}0299^7} = \underline{8{,}54}\ \text{Skalenteile}$$

47. Nach Aufgabe 45 $\vartheta = \sqrt[19]{\frac{y_1}{y_{20}}}$; $\lg\vartheta = 0{,}0051$; die Amplitude der x-ten Schwingung ist $y_x = \frac{y_1}{\vartheta^{x-1}}$, wonach $(x-1)\lg\vartheta = \lg\frac{12}{6}$ wird; $x = \underline{60}$

48. Mit der allgemeinen Lösung der Differentialgleichung für gedämpfte Schwingungen $y = y_0\,\mathrm{e}^{-\delta t}\cos(\omega t + \varphi)$ mit $\omega = \sqrt{\omega_0^2 - \delta^2}$ (ω_0 Kreisfrequenz der ungedämpften Schwingung, φ Phasenwinkel) und $t = 50T$ wird $y = \frac{1}{2}y_0$; nach $y_0\,\mathrm{e}^{-\delta\cdot 50T} = \frac{1}{2}y_0$ wird $\delta = \frac{\ln 2}{50T}$;

$$y(t = 10T) = y_0\,\mathrm{e}^{-\ln 2\cdot\frac{10T}{50T}} = \underline{0{,}87 y_0}$$

49. Nach Aufgabe 45 wird $\vartheta = \frac{y_4}{y_5} = 1{,}09$ und $\vartheta^3 = \frac{y_1}{y_4}$;

$$y_1 = 0{,}12\ \text{m}\cdot 1{,}09^3 = \underline{0{,}1554\ \text{m}}$$

50. Nach $\Lambda = \ln\frac{y_x}{y_{x+1}} = \delta T = \ln\vartheta$ folgt $\vartheta = \mathrm{e}^{\Lambda} = \underline{1{,}015}$;
$\delta = f\Lambda = \underline{0{,}75\ \text{s}^{-1}}$

51. a) Mit der Kreisfrequenz für gedämpfte Schwingungen

$\omega = \sqrt{\omega_0 - \delta}$ wird $\delta = 2\pi\sqrt{f_0^2 - f^2} = \underline{88{,}64\ \text{s}^{-1}}$

b) $\Lambda = \delta\, T = \dfrac{\delta}{f} = \underline{0{,}895\ \text{s}}$

c) nach Aufgabe 50 wird $\vartheta = \text{e}^{\Lambda} = \underline{2{,}45}$

52. $\Lambda = \ln\vartheta = \delta\, T = 0{,}742;\ \delta = 1{,}48\ \text{s}^{-1};$

$\omega_0 = \sqrt{\omega^2 + \delta^2} = 12{,}65\ \text{s}^{-1};\ T_0 = \dfrac{2\pi}{\omega} = \underline{0{,}497\ \text{s}}$

53. $y = \sqrt{y_1^2 + y_2^2 + 2y_1y_2\cos\alpha} = \underline{0{,}1119\ \text{m}}$

54. $y_2 = -y_1\cos\alpha \pm \sqrt{y^2 - y_1^2 + y_1^2\cos^2\alpha} = \underline{0{,}165\ \text{m}}$

55. Aus $y = \sqrt{y^2 + y^2 + 2y^2\cos\alpha}$ wird $\cos\alpha = -0{,}5$ und $\alpha = \underline{120^\circ}$

56. $y_{R1} = \sqrt{y_1^2 + y_2^2} = \underline{0{,}0721\ \text{m}};$

$\alpha_1 = \arctan\dfrac{y_2}{y_1} = \underline{56{,}31^\circ};\ \alpha_2 = 120^\circ - \alpha_1 = 63{,}69^\circ;$

$y_{R2} = \sqrt{y_3^2 + {y_{R1}}^2 + 2y_3y_{R1}\cos\alpha_2} = \underline{0{,}1293\ \text{m}}$

57. $T_2 = \dfrac{T_1T_s}{T_s - T_1} = \underline{0{,}022\ \text{s}}$

58. Die Frequenzen sind $f_1 = \dfrac{350}{300\ \text{s}} = 1{,}167\ \text{s}^{-1}$ und

$f_2 = \dfrac{315}{300\ \text{s}} = 1{,}050\ \text{s}^{-1}$; nach $f_s = f_1 - f_2 = 0{,}117\ \text{s}^{-1}$ beträgt die

Dauer einer Schwebung $T = \dfrac{1}{f_s} = \underline{8{,}55\ \text{s}}$

2 Mechanik der Flüssigkeiten und Gase

Lösungen 2.1 Mechanik der Flüssigkeiten

1. $p_1A_1 = p_2A_2$; $p_2 = \dfrac{p_1A_1}{A_2} = \underline{240 \cdot 10^5 \text{ Pa}}$

2. $p = p_0 + h\varrho g = (98\,700 + 6\,300) \text{ N/ m}^2 = \underline{105 \text{ kPa}}$

3. $h = \dfrac{p}{\varrho g} = \dfrac{5 \cdot 10^5 \text{ N} \cdot \text{m}^3 \cdot \text{s}^2}{\text{m}^2 \cdot 10^3 \text{ kg} \cdot 9{,}81 \text{ m}} = \underline{51 \text{ m}}$

4. $p = h\varrho g = 0{,}78 \text{ m} \cdot 6900 \cdot 9{,}81 \text{ N/m}^2 = \underline{52{,}8 \text{ kPa}}$

5. Im Gleichgewichtsfall gilt $0{,}04\,\ell \cdot 0{,}72 \cdot 10^3 \text{ kg/m}^3$
$= 0{,}01\,\ell \cdot 0{,}72 \cdot 10^3 \text{ kg/m}^3 + ((0{,}04 - 0{,}01)\,\ell - V) \cdot 10^3 \text{ kg/m}^3$;
$V = 8{,}4 \text{ m}\ell$; $h = \underline{84 \text{ mm}}$

6. $\Delta p = h\Delta\varrho g = \underline{51{,}8 \text{ Pa}}$

7. $\dfrac{V + \Delta V}{V} = \dfrac{10}{9}$; $\Delta V = 2 \cdot 10^6 \text{ m}^3$; $V = \underline{18 \cdot 10^6 \text{ m}^3}$

8. Beim Schwimmen gilt $hA\varrho_H g = h_1 A\varrho_W g = h_2 A\varrho_B g$; hieraus folgt

$\varrho_H = \dfrac{h_2 - h_1}{h\left(\dfrac{1}{\varrho_B} - \dfrac{1}{\varrho_W}\right)}$; mit $h_2 - h_1 = 8$ mm wird $\varrho_H = \underline{467 \text{ kg/m}^3}$

9. Auftriebskraft = Gewichtskraftdifferenz: $V \cdot \varrho_1 g = (m - m')g$; Dichte der Bronze $\varrho = \dfrac{m}{V} = \dfrac{m\varrho_1}{m - m'} = 8{,}44 \cdot 10^3 \text{ kg/m}^3$; aus der Gleichung $\varrho = \dfrac{m}{V_2 + V_3}$ mit $V_{2\,(\text{Kupfer})} = \dfrac{m_2}{\varrho_2}$ und $V_{3\,(\text{Zinn})} = \dfrac{m - m_2}{\varrho_3}$ folgt die Masse des Kupfers $m_2 = \dfrac{m\varrho_2(\varrho - \varrho_3)}{\varrho(\varrho_2 - \varrho_3)} = 34{,}6$ g oder $\underline{76{,}9\ \%}$; Masse des Zinns 10,4 g oder $\underline{23{,}1\ \%}$

10. Der Schlauch erfährt keinen Auftrieb, weil weder auf die Basis noch auf die Deckfläche des eintauchenden Volumens ein hydrostatischer Druck einwirkt.

11. Der Quader bleibt liegen, weil auf seine Unterseite kein hydrostatischer Druck wirkt.

12. Mit zunehmendem Abbrand wird der Einfluss des Nagels immer größer, bis die Gewichtskraft der Kerze größer wird als die verdrängte Wassermenge. Dann müsste die Kerze eigentlich untergehen. Am Grunde der Flamme bildet sich aber eine Mulde im Kerzenkörper, die die Kerze dennoch schwimmen lässt.

13. Das Schiff verdrängt im Fluss $6,5\ \mathrm{m}^3$ Wasser. Damit es im Meer ebenso viel verdrängt, muss seine Masse auf das 1,03fache, d. h. 6,695 t anwachsen. Die Zuladung beträgt $\underline{0,195\ \mathrm{t}}$.

14. $m'g = \dfrac{4\pi r^2(\varrho_{\mathrm{Al}} - \varrho_{\mathrm{B}})g}{3}$; $r = 13,4\ \mathrm{mm}$; $d = \underline{26,8\ \mathrm{mm}}$

15. a) $G = 4\pi r^2 d\varrho_{\mathrm{M}} g = 0,331\ \mathrm{N}$; $F_{\mathrm{A}} = \dfrac{4\pi r^3 \varrho_{\mathrm{B}} g}{3} = 0,462\ \mathrm{N}$;

$F = F_{\mathrm{A}} - G = \underline{0,131\ \mathrm{N}}$

b) Volumen der Kugel $V = \dfrac{4\pi r^3}{3}$; eintauchendes Volumen

$V_1 = \dfrac{G}{\varrho_{\mathrm{B}} g} = \dfrac{4\pi r^2 d\varrho_{\mathrm{M}}}{\varrho_{\mathrm{B}}}$; $\dfrac{V_1}{V} = \dfrac{3d\varrho_{\mathrm{M}}}{r\varrho_{\mathrm{B}}}$; $V_1 = \underline{0,72V}$

16. Aus $\varrho_{\mathrm{Al}}\left(\dfrac{4\pi r_1^3}{3} - \dfrac{4\pi r_2^3}{3}\right) g = \dfrac{4\pi r_1^3 \varrho_{\mathrm{W}} g}{3\cdot 2}$ erhält man

$r_2 = r_1\sqrt[3]{\dfrac{2,2}{2,7}} = 28\ \mathrm{mm}$; $d = r_1 - r_2 = \underline{2\ \mathrm{mm}}$

17. $F_{\mathrm{A}} = \dfrac{4\pi r_1^3 \varrho_{\mathrm{W}} g}{3} = (5000 \cdot 9,81)\ \mathrm{N}$; $r_1 = \sqrt[3]{\dfrac{3F_{\mathrm{A}}}{4\pi\varrho_{\mathrm{W}} g}} = 1,06\ \mathrm{m}$;

$D = \underline{2,12\ \mathrm{m}}$; $G = \dfrac{4\pi}{3}\left(r_1^3 - r_2^3\right)\varrho_{\mathrm{S}} g$;

$r_2 = \sqrt[3]{\left(\dfrac{F_{\mathrm{A}}\varrho_{\mathrm{S}}}{\varrho_{\mathrm{W}}} - G\right)\dfrac{3}{4\pi\varrho_{\mathrm{S}} g}} = 0,924\ \mathrm{m}$;

$d = (1,060 - 0,925)\ \mathrm{m} = \underline{0,135\ \mathrm{m}}$

18. a) Flächeninhalt des Bleches $30,4\ \mathrm{m}^2$; Masse des Pontons $m = 2,28\ \mathrm{t}$; mit der eintauchenden Höhe h_1 ist $h_1 A\varrho_{\mathrm{W}} g = mg$ und $h_1 = 0,285\ \mathrm{m}$; es ragen $\underline{0,915\ \mathrm{m}}$ heraus.

b) $mg + h_2 A\varrho_{\mathrm{W}} g = hA\varrho_{\mathrm{W}} g$; $h_2 = \dfrac{hA\varrho_{\mathrm{W}} - m}{A\varrho_{\mathrm{W}}} = \underline{0,915\ \mathrm{m}}$

19. $(m_1+m_2)g = \left(\frac{m_1\varrho_W}{\varrho_K} + \frac{5m_2\varrho_W}{6\varrho_s}\right)g;\ m_1 = \underline{5,4\ \text{kg}}$

20. $\frac{\pi d^2}{4}(h-x)\varrho g = mg;\ x = \underline{31\ \text{mm}}$

21. $m' + (30\cdot 0,15\ \text{t}) = (60\cdot 1,03)\ \text{t};\ m' = \underline{57,3\ \text{t}}$

22. $Vg(\varrho_2-\varrho_1) = m'g;\ V = \frac{m'}{\varrho_2-\varrho_1};\ m = V\varrho_2 = \frac{m'\varrho_2}{\varrho_2-\varrho_1} = \underline{634,6\ \text{kg}}$

23. a) $\varrho = 0,5\cdot 10^3\ \text{kg/m}^3$; Kraft bei vollem Eintauchen

$F = \left(\frac{m\varrho_W}{\varrho} - m\right)g$; mittlere Kraft $F_m = \frac{F}{2}$;

$W_1 = \left(\frac{\varrho_W}{\varrho} - 1\right)\frac{mg}{2}\cdot\frac{h}{2} = \underline{0,39\ \text{N}\cdot\text{m}}$

b) Hierzu kommt noch die Arbeit

$W_2\left(\frac{\varrho_W}{\varrho} - 1\right)mg(s-h) = 2,35\ \text{N}\cdot\text{m};\ W = W_1 + W_2 = \underline{2,74\ \text{N}\cdot\text{m}}$

24. $1,2(mg - V\varrho_W g) = mg - V\varrho_B g;\ V = \frac{0,2\ \text{m}}{1,2\varrho_W - \varrho_B} = \underline{40\ \text{m}\ell}$

25. Wasserfüllung $(7\,200 - 750)\ \text{kg} = \underline{6\,450\ \text{kg}}$;

$W = \frac{mgh}{2} = \frac{7\,200\ \text{kg}\cdot 0,9\ \text{m}\cdot 9,81\ \text{m/s}^2}{2} = \underline{31\,780\ \text{N}\cdot\text{m}}$

26. Der Schwimmer verdrängt $m = 0,15$ kg Flüssigkeit; durchschnittliche Ausflussmenge je Minute $Q = \frac{m}{t} = \frac{0,15\ \text{kg}\cdot 60\ \text{s}}{6,5\ \text{s}\cdot\text{min}} = \underline{1,38\ \text{kg/min}}$

Lösungen 2.2 Mechanik der Gase

1. $p = (0,5+0,95)\cdot 10^5\ \text{N/m}^2 = \underline{1,45\cdot 10^5\ \text{Pa}}$

2. $h = \frac{\Delta p}{\varrho g} = \frac{16\cdot 10^2\ \text{N}\cdot\text{s}^2\cdot\text{m}^3}{\text{m}^2\cdot 9,81\ \text{m}\cdot 13,595\cdot 10^3\ \text{kg}} = \underline{12\ \text{mm}}$

3. $p = p_1 - \Delta p = (97\,500 - 90\,000)\ \text{Pa} = \underline{7\,500\ \text{Pa}}$

4. $\Delta p = \varrho gh = \frac{1\,000\ \text{kg}\cdot 9,81\ \text{m}\cdot 0,3\ \text{m}}{\text{m}^3\cdot\text{s}^2} = 2\,943\ \text{Pa}$;

$p = p_1 - \Delta p = (101\,300 - 2\,943)\ \text{Pa} = \underline{0,983\,6\cdot 10^5\ \text{Pa}}$

5. Sinkt der Wasserspiegel im Trinkgefäß, so fließt das Wasser aus der Flasche so lange nach unten, bis ihre Öffnung wieder verschlossen ist und der äußere Luftdruck dem Gegendruck von Luft und Wasser in der Flasche wieder das Gleichgewicht hält.

6. Es gelten die Zahlenwertgleichungen a) für den Druck der Luft in der Röhre $p_x = \frac{760 \cdot 2}{V_x}$; b) für das Druckgleichgewicht $\frac{760 \cdot 2}{V_x} + x = 760$; c) für das Luftvolumen in der Röhre $V_x = 5 + 760 - x$; hieraus erhält man $\underline{x = 723,4 \text{ mm}}$

7. $p = (980 - 20) \cdot 10^2 \text{ Pa} = 0,96 \cdot 10^5 \text{ N/m}^2$; $F = pA = \underline{544,8 \text{ N}}$

8. Bei fallendem Luftdruck, weil dann die in den Flözen eingeschlossenen Gase ihren Überdruck verstärken.

9. $F = \frac{\pi d^2 p}{4} = \frac{\pi \cdot 575^2 \text{ mm}^2 \cdot 1,013 \cdot 10^5 \text{ N/m}^2}{4} = \underline{26\,305 \text{ N}}$

10. $p_2 = p_1 - \frac{F}{A} = \left(95\,000 - \frac{200}{50,27 \cdot 10^{-4}}\right) \text{ Pa} = \underline{0,552 \cdot 10^5 \text{ Pa}}$

11. Druck der Ölsäule $\Delta p = \varrho g h = 6\,670$ Pa;
$p = p_1 + p_2 - \Delta p = \underline{3,33 \cdot 10^5 \text{ Pa}}$

12. Der Druckunterschied ist gleich demjenigen zweier gleich langer Gassäulen; $p_2 - p_1 = h(\varrho_2 - \varrho_1)g = \underline{133,3 \text{ Pa}}$;

Manometeranzeige $\underline{13,59 \text{ mm Wassersäule}}$

13. $h = \frac{p}{\varrho g} = \frac{1,013 \cdot 10^5 \text{ N} \cdot \text{m}^3 \cdot \text{s}^2}{\text{m}^2 \cdot 1,293 \text{ kg} \cdot 9,81 \text{ m}} = \underline{7\,986 \text{ m}}$; die Abnahme des Luftdrucks mit zunehemender Höhe wurde nicht berücksichtigt.

14. Druck der eingeschlossenen Quecksilbersäule
$p_2 = \varrho g h = 0,267 \cdot 10^5$ Pa; aus $(p_1 + p_2)h_1 = (p_1 - p_2)h_2$ wird

$$h_2 = \frac{(0,99 + 0,267) \cdot 10^5 \text{ Pa} \cdot 0,2 \text{ m}}{(0,99 - 0,267) \cdot 10^5 \text{ Pa}} = \underline{0,35 \text{ m}}$$

15. $p_1 V_1 = p_2 V_2$; $V_2 = \frac{p_1 V_1}{p_2} = \frac{1,5 \cdot 10^5 \text{ Pa} \cdot 35\,000 \text{ m}^3}{60 \cdot 10^5 \text{ Pa}} = \underline{875 \text{ m}^3}$

16. $Vp = (V - \Delta V) \cdot 3p$; $V = \underline{7,5\,\ell}$

17. $V_x p_0 = V(p_2 - p_1)$; $V_x = \frac{800\,\ell \cdot 5 \cdot 10^5 \text{ Pa}}{1 \cdot 10^5 \text{ Pa}} = \underline{4\,000\,\ell}$

18. Aus $(p_x + \Delta p)V_2 = p_x V_1$ wird $p_x = \frac{\Delta p V_2}{V_1 - V_2} = \underline{3 \cdot 10^5 \text{ Pa}}$

19. a) $p_2 = (5 + 1{,}013) \cdot 10^5$ Pa $= 6{,}013 \cdot 10^5$ Pa;

$$\varrho_2 = \frac{p_2 \varrho_1}{p_1} = \underline{5{,}34\ \text{kg/m}^3}$$

b) $p_2' = \dfrac{\varrho_2' p_1}{\varrho_1} = \underline{1\,126 \cdot 10^2\ \text{Pa}}$

20. $p_1 = \dfrac{1 \cdot 10^5\ \text{Pa} \cdot 50\ \text{cm}^3}{30\ \text{cm}^3} = 1{,}667 \cdot 10^5$ Pa;

$p = p_1 + \varrho g h = (1{,}667 + 0{,}267) \cdot 10^5\ \text{Pa} = \underline{1{,}934 \cdot 10^5\ \text{Pa}}$

21. a) $h_2 = \dfrac{p_1 h_1}{p_1 + \Delta p} = \dfrac{0{,}95 \cdot 10^5\ \text{Pa} \cdot 400\ \text{mm}}{2{,}95 \cdot 10^5\ \text{Pa}} = \underline{129\ \text{mm}}$

b) $\underline{77\ \text{mm}}$ c) $\underline{55\ \text{mm}}$

22. Aus $p = \dfrac{p_1 + p_2}{2}$ und $\Delta p = p_1 - p_2$ folgt

$p_1 = \dfrac{2p + \Delta p}{2} = \underline{5{,}25 \cdot 10^5\ \text{Pa}}$ und $p_2 = \underline{3{,}75 \cdot 10^5\ \text{Pa}}$

23. $V_2 = \dfrac{p_1 V_1}{p_2} = \dfrac{3{,}5\ \text{m}^3 \cdot 16{,}03 \cdot 10^5\ \text{Pa}}{1{,}03 \cdot 10^5\ \text{Pa}} = 54{,}5\ \text{m}^3$; hiervon bleiben $3{,}5\ \text{m}^3$ im Behälter, sodass $\underline{51\ \text{m}^3}$ entweichen.

24. $p_2 = \dfrac{p_1 V_1}{V_2} = \dfrac{2\ \text{m}^3 \cdot 950 \cdot 10^5\ \text{Pa}}{0{,}04\ \text{m}^3} = 47{,}5 \cdot 10^5$ Pa;

$(47{,}5 - 0{,}95) \cdot 10^5\ \text{Pa} = \underline{46{,}55 \cdot 10^5\ \text{Pa}}$ Überdruck

25. Mittlerer Druck $p_\text{m} = \underline{3{,}5 \cdot 10^5\ \text{Pa}}$; der Inhalt des Gefäßes mit dem höheren Druck expandiert nach der Gleichung

$p_1 V = p_\text{m}(V + V')$; $V' = \dfrac{V(p_1 - p_\text{m})}{p_\text{m}} = \underline{0{,}43 \cdot V}$

26. Das entwichene Gas nahm in der Flasche ein Volumen von $V' = \dfrac{p_2 V_2}{p_1} =$ $15{,}7\ \ell$ ein; bezüglich des Restes gilt mit $p_1 = 51 \cdot 10^5$ Pa,
$p_1(V_1 - V') = pV_1$; $p = 31 \cdot 10^5$ Pa, d. h. $\underline{30 \cdot 10^5\ \text{Pa}}$ Überdruck

27. Aus den Gleichungen $(p_x + \Delta p_1)(V_x - \Delta V_1) = p_x V_x$ und $(p_x + \Delta p_2)(V_x - \Delta V_2) = p_x V_x$ erhält man mit $\Delta p_1 = 2 \cdot 10^5$ Pa, $\Delta p_2 = 4{,}5 \cdot 10^5$ Pa, $\Delta V_1 = 60\ \ell$ und $V_2 = 90\ \ell$; $V_x = \underline{150\ \ell}$ und $p_x = \underline{3 \cdot 10^5\ \text{Pa}}$

28. Mit dem Niveauanstieg im offenen Schenkel $(180 - x)$ und dem Niveauunterschied $300 - 2(180 - x)$ wird die Zahlenwertgleichung $730 \cdot 180 = (730 + 300 - 360 + 2x)x$, woraus sich $x = \underline{139\ \text{mm}}$ ergibt.

29. Ist der Luftdruck gleich p_0, so herrscht am Boden der Flasche der Druck $p_1 = p_0 + h\varrho g$; $V_2 = \left(\frac{h\varrho g + p_0}{p_0}\right) V_1 = \underline{1{,}68 \cdot V_1}$

30. Bezeichnet p den äußeren Luftdruck, V das Volumen der Luftblase, p_1 den Druck und $V_1 = l_1 A$ das Volumen der aufgestiegenen Luft nach der Ausdehnung sowie p_2 den Druck der dadurch gesunkenen Quecksilbersäule, so gilt $p = p_1 + p_2$ und $p_1 = \frac{pV}{V_1}$ und somit $p = \frac{pV}{l_2 A} + p_2$. Setzt man $p = \varrho g l$ und $p_2 = \varrho g l_2$, so wird durch Kürzen

$$l = \frac{lV}{l_1 A} + l_2 = \frac{lV}{l_1 A} + l + l_0 - l_1.$$

Hieraus erhält man $l_1 = \frac{l_0}{2} + \sqrt{\frac{lV}{A} + \frac{l_0^2}{4}} = \underline{41{,}8\text{ mm}}$

31. Mit $V = hA$ und dem Enddruck p_1 ist $p_0 hA = p_1(h - \Delta h)A$;

Kolbendruck $\frac{G}{A} = p_1 - p_0 = \frac{p_0 hA}{(h - \Delta h)A} - p_0$; $G = \frac{p_0 \Delta h A}{h - \Delta h} = 49\text{ N}$;

$$m = \frac{G}{g} = \frac{49\text{ N}}{9{,}81\text{ m/s}^2} = \underline{5{,}0\text{ kg}}$$

32. Der Auftrieb beruht auf dem mit zunehmender Höhe abnehmenden Luftdruck.

33. a) Steigkraft $F = F_A - G = V\varrho g - \left(mg + \frac{V'\varrho g}{5{,}25}\right) = \underline{237\text{ N}}$

b) Bei Ausdehnung des Gasinhaltes in großer Höhe ist der Gasdruck $p_1 = \frac{V' p_0}{V} = 977 \cdot 10^2$ Pa; rechnet man mit $1 \cdot 10^2$ Pa Druckabnahme je 7,9 m Anstieg, so ergibt sich die Höhe

$h = 7{,}9 \cdot (1\,013 - 977)\text{ m} = \underline{284\text{ m}}$

34. Aristoteles übersah den Auftrieb. Die mit Luft gefüllte Blase wird, in der Luft gewogen, durch den Auftrieb um ebenso viel leichter, wie ihr Volumen Luft verdrängt.

35. Die linke Seite würde sich senken, weil wegen des größeren Volumens des Holzes auch die Auftriebskraft größer ist als rechts.

36. Die Waage ist im Gleichgewicht, wenn die scheinbaren Gewichtskräfte beiderseits gleich sind. Diese sind die wahren Gewichtskräfte, vermindert um die Auftriebskräfte

$$m'g - \frac{m'\varrho_L g}{\varrho_M} = mg - \frac{m\varrho_L g}{\varrho_W};\ m' = m\frac{(\varrho_W - \varrho_L)\varrho_M}{\varrho_W(\varrho_M - \varrho_L)} = \underline{99{,}885\text{ g}}$$

37. Da der menschliche Körper im Wasser eben noch schwimmt, kann man die Dichte von etwa $1 \cdot 10^3$ kg/m^3 annehmen und demnach auf ein Volumen von 0,070 m^3 schließen. Da Luft die Dichte von etwa 1,290 kg/m^3 hat, bewirkt der Auftrieb eine scheinbare Verringerung der Masse um $0,070\ \text{m}^3 \cdot 1,29\ \text{kg/m}^3 = 0,090\,3$ kg. Um ebenso viel ist die wahre Masse des Körpers größer.

38. $\varrho = \dfrac{m_2 \varrho_L}{m_2 - m_1} = \underline{8,331 \cdot 10^3\ \text{kg/m}^3}$

39. $V = \dfrac{m}{\varrho_L - \varrho_G} = \underline{11,364\ \ell}$

Lösungen 2.3 Strömungen

1. $A = \dfrac{V}{vt} = \dfrac{70,8\ \text{m}^3}{16,9\ \text{m/s} \cdot 60\ \text{s}} = 0,069\,82\ \text{m}^2;\ d = \underline{298\ \text{mm}}$

2. Aus $\dfrac{v_1}{v_2} = \dfrac{A_2}{A_1}$ mit $v_2 = 2v_1$ folgt $d_2 = \dfrac{80\ \text{mm}}{\sqrt{2}} = \underline{56,6\ \text{mm}}$

3. Nach dem Fallgesetz wird seine Geschwindigkeit immer größer, während sie oben konstant bleibt. Der durchströmte Querschnitt muss daher immer kleiner werden.

4. a) $V = tA\mu\sqrt{2gh} = 1\ \text{s} \cdot 250\ \text{mm}^2 \cdot 0,62\sqrt{2 \cdot 9\,810\ \text{mm/s}^2 \cdot 3\,500\ \text{mm}}$ $= \underline{1,284\ \ell}$

b) $\underline{0,908\ \ell}$ c) $\underline{0,642\ \ell}$

5. Aus $p = \dfrac{\varrho}{2}v^2$ wird $v = \mu\sqrt{\dfrac{2p}{\varrho}} = \underline{34,3\ \text{m/s}}$

6. $V = Av\mu t;\ t = \dfrac{V}{a\mu\sqrt{2gh}} = 466\ \text{s} = \underline{7\ \text{min}\ 46\ \text{s}}$

7. Wegen $\dfrac{\varrho_1}{\varrho_2} = \dfrac{2}{3}$ und $\dfrac{\Delta p_1}{\Delta p_2} = \dfrac{1}{2}$ wird $\dfrac{v_2}{v_1} = \sqrt{\dfrac{4}{3}}$ und damit $V_2 = \underline{3,5\ \text{m}^3}$

8. $v = \dfrac{V}{tA} = \dfrac{25 \cdot 10^{-3}\ \text{m}^3}{15\ \text{s} \cdot 3,14 \cdot 10^{-4}\ \text{m}^2} = 5,31\ \text{m/s};\ h = \dfrac{v^2}{2g\mu^2} = \underline{1,53\ \text{m}}$

9. Fallzeit des Strahles $t = \sqrt{\dfrac{2h}{g}}$; Ausströmgeschwindigkeit $v = \dfrac{s}{t}$;

Dampfdruck $p = \dfrac{\varrho v^2}{2} = \dfrac{\varrho s^2 g}{4h} = \underline{491\,740\ \text{Pa}}$

10. a) $v = \sqrt{\dfrac{2p}{\varrho}} = \underline{5{,}48\ \text{m/s}}$ b) $\underline{154\ \text{m/s}}$

11. $c_\text{W} = \dfrac{2F}{A\varrho v^2} = \dfrac{2 \cdot 1\,050\ \text{N/m}^2}{1{,}25\ \text{kg/m}^3 \cdot 2\,500\ \text{m}^2/\text{s}^2} = \underline{0{,}67}$

12. Luftwiderstand = Gewichtskraft; hieraus folgt

$$v_\text{max} = \sqrt{\frac{2mg}{c_\text{W} A \varrho}} = \underline{3{,}38\ \text{m/s}}$$

13. Aus $\dfrac{c_\text{W} r^2 \pi \varrho_\text{L} v^2}{2} = mg = \dfrac{4r^3 \pi \varrho_\text{W} g}{3}$ wird $r = \dfrac{3 c_\text{W} \varrho_\text{L} v^2}{8 \varrho_\text{W} g} = 76 \cdot 10^{-5}\ \text{m}$;
$d = \underline{1{,}5\ \text{mm}}$

14. $F = \dfrac{c_\text{W} A \varrho_\text{L} v^2}{2} = \underline{18\,227\ \text{N}}$; $P = Fv = \underline{546{,}8\ \text{kW}}$

15. (Bild L 2.3.1) Kippmoment = Moment der Windlast;
$mg \cdot 0{,}75\ \text{m} = F \cdot 1{,}1\ \text{m}$; $F = 0{,}682 mg$;

$$v = \sqrt{\frac{2 \cdot 0{,}682 mg}{c_\text{W} A \varrho_\text{L}}} = \underline{31{,}27\ \text{m/s}}$$

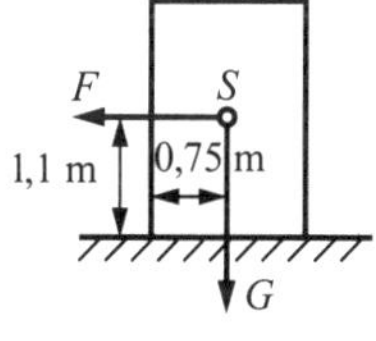

Bild L2.3.1

16. Bei still stehendem Schiff ist $v = 14\ \text{m/s}$ und $F = \dfrac{c_\text{W} A \varrho_\text{L} v^2}{2} = \underline{3\,469\ \text{N}}$

17. Relativgeschwindigkeit $v_\text{r} = (14 - 3{,}5)\ \text{m/s} = 10{,}5\ \text{m/s}$;

$$P = F v_\text{r} = \frac{c_\text{W} A \varrho_\text{L} v_\text{r}^3}{2} = \underline{20{,}5\ \text{kW}}$$

18. Antrieb = Bewegungsgröße; $mgt = \varrho_\text{L} V v$; mit der Ausströmgeschwindigkeit $v = \dfrac{V}{At}$ ergibt sich $G = mg = \dfrac{\varrho_\text{L} V^2}{At^2} = 3{,}74 \cdot 10^{-2}\ \text{N}$; $m = \underline{3{,}8\ \text{g}}$

19. Die Leistungsformel $P = \dfrac{c_\text{W} A \varrho v^3}{2}$ nimmt mit dem Widerstandsbeiwert $c_\text{W} = 1$ und der mittleren Luftdichte $\varrho = 1{,}25\ \text{kg/m}^3$ die Form

$P = 1 \cdot A \cdot 1{,}25v^3$ an. Dies ergibt nach Division durch 1 000 die genannte Formel.

20. $p_1 - p_2 = \dfrac{\varrho v^2}{2}$; $v = \sqrt{\dfrac{2(1{,}013 - 0{,}014) \cdot 10^5\ \mathrm{N/m^2}}{1\,000\ \mathrm{kg/m^3}}} = \underline{14{,}1\ \mathrm{m/s}}$

21. $\dfrac{\varrho v^2}{2} = \dfrac{p_0}{2}$; $v = \sqrt{\dfrac{p_0}{\varrho}} = \sqrt{\dfrac{100 \cdot 9{,}81\ \mathrm{N/m^2}}{1\,000\ \mathrm{kg/m^3}}} = \underline{0{,}99\ \mathrm{m/s}}$

22. $P = \dfrac{Fv}{\eta} = \dfrac{\Delta p A v}{\eta} = \dfrac{\Delta p V}{\eta t}$; $\Delta p = 1\,962\ \mathrm{N/m^2}$; $P = \underline{4{,}53\ \mathrm{kW}}$

23. $v_2 = \dfrac{v_1 d_1^2}{d_2^2}$;

$$\Delta p = \frac{\varrho}{2}\left(v_2^2 - v_1^2\right) = \frac{\varrho v_1^2}{2}\left(\frac{d_1^4}{d_2^4} - 1\right) = 73\,125\ \mathrm{N/m^2} = \underline{0{,}73 \cdot 10^5\ \mathrm{Pa}}$$

24. $A_1 v_1 = A_2 v_2$; aus $P = \dfrac{\varrho A_1 v_1}{2}\left(v_1^2 - v_2^2\right)$ wird

$P = \dfrac{\varrho A_1 v_1^3}{2}\left[1 - \left(\dfrac{A_1}{A_2}\right)^2\right]$ und mit $P = 250\,000\ \mathrm{N \cdot m/s}$ wird

$$v_1 = \sqrt[3]{\frac{2 \cdot 250\,000\ \mathrm{N \cdot m/s}}{0{,}03\ \mathrm{m^2} \cdot 1\,000\ \mathrm{kg/m^3} \cdot 0{,}8163}} = 27{,}33\ \mathrm{m/s};\ v_2 = 11{,}71\ \mathrm{m/s};$$

$$\Delta p = \frac{\varrho}{2}\left(v_1^2 - v_2^2\right) = 304\,900\ \mathrm{N/m^2};\ h = \frac{\Delta p}{\varrho g} = \underline{31{,}1\ \mathrm{m}}$$

25. In der Zeit t fließt die Masse $m = \varrho A v t$ ab. Rückstoßkraft = zeitliche Impulsänderung, d. h. $F = \dfrac{mv}{t} = \varrho A v^2$; mit $v = \sqrt{2gh}$ wird $F = 2gh\varrho A = \underline{1{,}57\ \mathrm{N}}$

Lösungen 2.4 Ausbreitung von Wellen

1. Mit $\lambda = \dfrac{c}{f} = \dfrac{3 \cdot 10^8\ \mathrm{m \cdot s}}{100 \cdot 10^6\ \mathrm{s}} = 3\ \mathrm{m}$ beträgt die Länge der Antenne $l = \dfrac{\lambda}{4} = \underline{0{,}75\ \mathrm{m}}$

2. $s = \dfrac{ct}{2} = \dfrac{3 \cdot 10^8\ \mathrm{m} \cdot 1{,}3 \cdot 10^{-3}\ \mathrm{s}}{2\ \mathrm{s}} = \underline{195\ \mathrm{km}}$

3. Mit der Schallgeschwindigkeit von $c_{\text{Luft (19 °C)}} = 340\ \text{m/s}$ und $c = \lambda f$ wird

$$\lambda_1 = \frac{c_{\text{Luft}}}{f_1} = \frac{340\ \text{m} \cdot \text{s}}{30 \cdot 10^3\ \text{s}} = \underline{11,3\ \text{mm}} \text{ bzw. } \lambda_2 = \frac{c_{\text{Luft}}}{f_2} = \underline{6,8\ \text{mm}}$$

4. Mit $s = s_0 \sin \omega \left(t - \frac{x}{c}\right)$, $\omega = 2\pi f$, $c = f\lambda$ und $f = \frac{1}{T}$ ergibt sich

$$s = s_0 \sin 2\pi \left(\frac{t}{T} - \frac{x}{\lambda}\right) = 0,05\ \text{m} \cdot \sin 2\pi \left(\frac{0,5\ \text{s}}{0,8\ \text{s}} - \frac{0,20\ \text{m}}{0,05\ \text{m}}\right)$$
$$= \underline{18,5\ \text{mm}}$$

5. Nach Bild 2.4.1 ist $l = 2\lambda$; mit $\lambda = \frac{l}{2} = 2$ m wird

$$c = \lambda f = 2\ \text{m} \cdot 8\ \text{s}^{-1} = \underline{16\ \text{m/s}}$$

6. Ein Knotenabstand der stehenden Welle in der Röhre beträgt $\frac{\lambda}{2}$; 10 Knoten verteilt auf eine Länge $l = 2,6$ m ergibt mit $10\frac{\lambda}{2} = l$ eine Wellenlänge von $\lambda = \frac{2,6\ \text{m}}{5} = 0,52$ m und die Schallgeschwindigkeit in CO_2 $c = \lambda f = 0,52\ \text{m} \cdot 500\ \text{s}^{-1} = \underline{260\ \text{m/s}}$

7. Die Ausbreitungsgeschwindigkeit von Wasserwellen beträgt $c_{\text{Wasser}} = \frac{g}{2\pi f}$; mit $f = \frac{1}{T}$ wird $c_{\text{Wasser}} = \frac{gT}{2\pi} = \frac{9,81\ \text{m} \cdot 2\ \text{s}}{2\pi \cdot \text{s}^2} = 3,12\ \text{m/s}$; mit $c_{\text{Wasser}} = \lambda f$ bzw. $\lambda = c_{\text{Wasser}} \cdot f$ wird $\underline{\lambda = 6,24\ \text{m}}$

8. $c = 2sf = 2 \cdot 1,80\ \text{m} \cdot 3\ \text{s}^{-1} = \underline{10,80\ \text{m/s}}$

9. $s = n_1\lambda_1 = n_2\lambda_2$; für das ganzzahlige Verhältnis $n_1 : n_2$ gilt

$$\frac{n_1 c}{f_1} = \frac{n_2 c}{f_2} \text{ bzw. } n_1 : n_2 = f_1 : f_2 = 5 : 4;$$

$$s = \frac{5 \cdot 340\ \text{m} \cdot \text{s}}{300\ \text{s}} = \frac{4 \cdot 340\ \text{m} \cdot \text{s}}{240\ \text{s}} = \underline{5,6667\ \text{m}};\ t = \frac{s}{c_{\text{Luft}}} = \underline{0,0167\ \text{s}}$$

10. $c = \frac{n\lambda}{t} = \frac{nc}{ft}$; $f = \frac{n}{t} = \underline{0,6250\ \text{Hz}}$

11. $c = \frac{n\lambda}{t}$; $n = \frac{ct}{\lambda} = \underline{100}$

12. Die Laufstrecke ist $s = n\lambda_1 = (n + \Delta n)\lambda_2$; $n = \frac{\lambda_1}{\lambda_2} = n + \Delta n$;

$$n = \frac{\Delta n}{\lambda_1/\lambda_2 - 1} = 21;\ \lambda_1 = \frac{s}{n} = \underline{0{,}238\ \text{m}};\ \lambda_2 = \frac{s}{n + \Delta n} = \underline{0{,}208\ \text{m}}$$

13. Aus $f_1 - f_2 = f_s$ und $f_m = \dfrac{f_1 + f_2}{2}$ folgen $f_1 = 8$ Hz und $f_2 = 6$ Hz;

$$\lambda_1 = \frac{c_1}{f_1} = \frac{s_1}{t_1/f_1} = \underline{0{,}03\ \text{m}} \text{ bzw. } \lambda_2 = \underline{0{,}04\ \text{m}}$$

14. $t_{AB} = \dfrac{\Delta s}{c} = 0{,}02$ s; $0{,}333\,3 = \sin 19{,}5° = \sin 0{,}340\,3 = \sin\omega \cdot \dfrac{t}{2}$;

$$2\pi f \cdot \frac{t}{2} = 0{,}340\,3;\ \lambda = \frac{\pi c t}{0{,}340\,3} = \underline{62{,}8\ \text{m}}$$

15. $0{,}25 = \sin\omega\left(t - \dfrac{s}{c}\right);\ \omega\left(t - \dfrac{s}{c}\right) = 0{,}2527;\ \lambda = \dfrac{2\pi(ct - s)}{0{,}2527} = \underline{497\,3\ \text{m}}$

16. $0{,}05\ \text{m} = 0{,}1\ \text{m} \cdot \sin 2\pi f\left(t - \dfrac{s}{c}\right);\ 2\pi f\left(t - \dfrac{s}{c}\right) = \dfrac{\pi}{6}$; mit $f = \dfrac{c}{\lambda}$ wird

$$s = ct - \frac{\lambda}{12} = 0{,}6\ \text{m/s} \cdot 5\ \text{s} - 0{,}06\ \text{m}/12 = \underline{2{,}995\ \text{m}}$$

17. (Bild L2.4.1)

a) $0{,}05\ \text{m} = 0{,}1\ \text{m} \cdot \sin\omega\left(t - \dfrac{x}{c}\right)$;

$$0{,}05\ \text{m} = 0{,}1\ \text{m} \cdot \sin\omega\left(t + \Delta t - \frac{x}{c}\right) = 0{,}1\ \text{m} \cdot \sin\left[\pi - \omega\left(t - \frac{x}{c}\right)\right];$$

mit $\omega\left(t - \dfrac{x}{c}\right) = \dfrac{\pi}{6}$ folgt $\Delta t = \dfrac{2\pi}{3\omega} = \underline{0{,}006\,667\ \text{s}}$

b) $\Delta x = c\Delta t = \lambda f \Delta t = \underline{0{,}200\ \text{m}}$

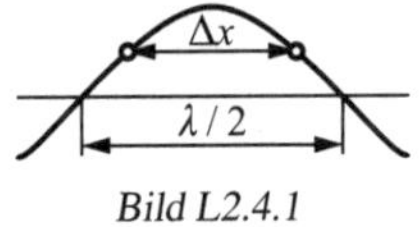

Bild L2.4.1

18. $0{,}75 = \sin 2\pi f\left(t - \dfrac{x}{c}\right);\ 0{,}75 = \sin 0{,}848\,1;\ 2\pi f\left(t - \dfrac{x}{c}\right) = 0{,}848\,1$;

$$t = \frac{0{,}848\,1}{2\pi f} + \frac{x}{c} = \underline{0{,}314\,2\ \text{s}}$$

19. Für den Punkt der Begegnung gilt $\dfrac{s_1}{s_1} = \dfrac{c_1}{c_2}$ und $s_1 = 0{,}514\,3$ m; im Fall der Auslöschung ist $y_1 = -y_2$;

$$\sin\omega_1\left(t - \frac{x_1}{c_1}\right) = \sin\left[\omega_2\left(t - \frac{x_2}{c_2}\right) - \pi\right];\ t = \underline{4{,}2\ \text{s}}$$

20. Bei sich entfernender Strahlungsquelle wird

$$\lambda' = \frac{(c+v)}{f} = \frac{(c+v)\lambda}{c} \text{ und } \lambda' - \lambda = \Delta\lambda = \frac{v\lambda}{c};$$

$$\frac{\Delta\lambda}{\lambda} = \frac{15,4}{300} = \underline{0,0513}$$

$$\Delta\lambda = 0,0513 \cdot 587,56 \text{ nm} = 30,1418 \text{ nm}; \lambda' = \underline{617,7018 \text{ nm}}$$

21. Mit $f = \dfrac{f_0}{1+v/c}$ und $f = \dfrac{c}{\lambda}$ wird

$$v = c\left(\frac{\lambda}{\lambda_0} - 1\right) = \underline{1221,1669 \cdot 10^3 \text{ m/s}}$$

22. Die von der Rakete „empfangene" Frequenz $f' = f_0(1 - v/c)$ wird mit dem Wert $f = \dfrac{f'}{1+v/c}$ vom Radargerät registriert; damit wird

$$f = f_0 \frac{c-v}{c+v} \text{ und } f_s = f_0 - f = \frac{2f_0 v}{c+v}; v = \underline{562,54 \text{ m/s}}$$

3 Akustik

Lösungen 3.1 Schallausbreitung

1. Mit der Schallgeschwindigkeit in Wasser

$$c_{\text{Wasser}} = \sqrt{\frac{1}{\chi\varrho}} = \sqrt{\frac{1\ \text{N}\cdot\text{m}^3}{51\cdot 10^{-11}\ \text{m}^2\cdot 10^3\ \text{kg}}} = 1\,400\ \text{m/s wird}$$

$$t = \frac{s}{c_{\text{Wasser}}} = \underline{7{,}41\ \text{s}}$$

2. Die Schallgeschwindigkeit in dünnen Stäben ergibt sich näherungsweise zu $c = \sqrt{\frac{E}{\varrho}}$; aus $c = \frac{s}{t}$ ergibt sich

$$t = \frac{s}{c_{\text{Kupfer}}} = \frac{5{,}0\cdot 10^3\ \text{m}}{\sqrt{\frac{120\cdot 10^9\ \text{N}\cdot\text{m}^3}{8\,939\ \text{kg}\cdot\text{m}^2}}} = \underline{1{,}365\ \text{s}}$$

3. Nein. Druck und Dichte sind im evakuierten Gefäß gegenüber der Außenluft verändert, die Temperatur ist aber identisch mit der der Umgebung. Nach $c_{\text{Gase}} = \sqrt{\chi RT}$ bleibt c_{Luft} unverändert.

4. Mit der Schallgeschwindigkeit in Flüssigkeiten $c = \sqrt{\frac{1}{\chi\varrho}}$ und der Kompressibilität $\chi = \frac{\Delta V}{V_0 \Delta p}$ sowie dem Schweredruck in Flüssigkeiten $p = h\varrho g$ wird $\Delta V = V_0 \frac{gh}{c^2} = \underline{42{,}5\ \ell}$

5. Die Schallintensität repräsentiert die Energiedichte (Schallleistung durch Kugeloberfläche); mit $A = 4\pi r^2$ wird $J = \frac{P_{\text{Schall}}}{4\pi r^2}$; Schallintensität $J \sim \underline{\frac{1}{r^2}}$

6. Mit $J = \dfrac{p^2}{2\varrho_{\text{Luft}}c_{\text{Luft}}}$ ist

$$p = \sqrt{2\varrho_{\text{Luft}}c_{\text{Luft}}J} = \sqrt{\frac{2 \cdot 1{,}3\ \text{kg} \cdot 331\ \text{m} \cdot 10^{-2}\ \text{W}}{\text{m}^3 \cdot \text{s} \cdot \text{m}^2}} = 2{,}93\ \text{N/m}^2$$

$$= \underline{2{,}93\ \text{Pa}}$$

Mit $p = \varrho_{\text{Luft}}c_{\text{Luft}}v$ wird

$$v = \frac{p}{\varrho_{\text{Luft}}c_{\text{Luft}}} = \frac{2{,}93\ \text{N} \cdot \text{m}^3 \cdot \text{s}}{\text{m}^2 \cdot 1{,}3\ \text{kg} \cdot 331\ \text{m}} = \underline{6{,}81 \cdot 10^{-3}\ \text{m/s}}$$

$$\text{Mit } \Pi = \frac{\varrho_{\text{Luft}}v^2}{2} = \frac{1{,}3\ \text{kg} \cdot 6{,}81^2 \cdot 10^{-6}\ \text{m}^2}{\text{m}^3 \cdot 2\ \text{s}^2} = \underline{30{,}1 \cdot 10^{-6}\ \text{Pa}}$$

7. Nach dem Brechungsgesetz $\dfrac{c_1}{c_2} = \dfrac{\sin\alpha_1}{\sin\alpha_2}$ und der nach Aufgabe 1 ermittelten Ausbreitungsgeschwindigkeit des Schalls in Wasser $c_{\text{Wasser}} =$ 1 400 m/s ergibt sich nach $\sin\alpha_2 = \dfrac{c_2}{c_1}\sin\alpha_1 \quad \alpha_2 = \underline{4{,}6°}$

8. Da auf je zwei Umdrehungen des Propellers ein Auspuffausstoß entfällt, beträgt

$$f_{\text{Motor}} = \frac{2\,100 \cdot 12\ \text{s}^{-1}}{60 \cdot 2} = \underline{210\ \text{Hz}} \text{ bzw.}$$

$$f_{\text{Propeller}} = \frac{2\,100 \cdot 3\ \text{s}^{-1}}{60} = \underline{105\ \text{Hz}}$$

9. Mit der reinen Fallzeit t_1 wird $h = \dfrac{g}{2}t_1^2$; Laufzeit t_2 des Schalls $t_2 = \dfrac{h}{c_{\text{Schall}}}$; registrierte Zeit $t = t_1 + t_2$; damit wird

$$h = \frac{g}{2}\left(t - \frac{h}{c_{\text{Schall}}}\right)^2 \text{ bzw. } h = \underline{54{,}8\ \text{m}}$$

10. $t_A = \dfrac{e_1}{c}$; $t_B = \dfrac{e - e_1}{c}$; $\Delta t = \dfrac{e_1 - (e - e_1)}{c}$; $e_1 = \dfrac{\Delta t c + e}{2} = \underline{117{,}5\ \text{m}}$;
$e_2 = \underline{32{,}5\ \text{m}}$

Lösungen 3.2 Doppler-Effekt

1. Annäherung: $f' = f\dfrac{1}{1 - \dfrac{v}{c_{\text{Luft}}}} = 1\,000\ \text{s}^{-1}\dfrac{1}{1 - \dfrac{22{,}2\ \text{m} \cdot \text{s}}{331\ \text{m} \cdot \text{s}}} = \underline{1072\ \text{Hz}}$

Entfernung: $f'' = f\dfrac{1}{1+\dfrac{v}{c_{\text{Luft}}}} = 1\,000\ \text{s}^{-1}\dfrac{1}{1+\dfrac{22{,}2\ \text{m}\cdot\text{s}}{331\ \text{m}\cdot\text{s}}} = \underline{937\ \text{Hz}}$

2. a) $f = f_0\left(1+\dfrac{v}{c}\right) = \underline{2f_0}$ b) $f = \dfrac{f_0}{1-\dfrac{c}{c}} = \underline{\infty}$

3. Mit der Umfangsgeschwindigkeit $v_1 = 7{,}539\,8$ m/s der Kreisscheibe werden

$$f_1 = \frac{f_0}{1+\dfrac{v_1}{c_{\text{Luft}}}} = \frac{440\ \text{Hz}}{1+\dfrac{7{,}539\,8}{340}} = \underline{430{,}45\ \text{Hz}}\ \text{bzw.}\ f_1 = \underline{449{,}98\ \text{Hz}}$$

4. $\dfrac{f_1}{f_2} = \dfrac{c_{\text{Luft}}+v}{c_{\text{Luft}}-v} = \dfrac{4}{3}$; mit $c_{\text{Luft (19 °C)}} = 340$ m/s wird $v = \underline{175{,}86\ \text{km/h}}$

5. Bei bewegter Schallquelle und ruhendem Beobachter wird

$$f = f_0\frac{1}{1\pm\dfrac{v_{\text{Quelle}}}{c_{\text{Schall}}}};$$

mit der Schallgeschwindigkeit in Luft $c_{\text{Luft (19 °C)}} = 340$ m/s wird die Frequenz bei Annäherung des Geschosses zu $f_1 = f_0\cdot 8{,}50$ bzw. beim Entfernen des Projektils zu $f_2 = f_0\cdot 0{,}53$; das Frequenzverhältnis ergibt sich zu $\dfrac{f_1}{f_2} = 16$.

Lösungen 3.3 Physiologische Akustik

1. Mit $J_0 = 1$ pW (Hörschwelle) beträgt

$J_1 = J_0\cdot 10^{\frac{L}{10}} = 10^{-6}\ \text{W/m}^2 = 1\ \mu\text{W/m}^2$.

In 4 m Entfernung wird $J_2 = J_1\dfrac{r_1^2}{r_2^2} = 1\ \mu\text{W/m}^2\cdot 0{,}25 = \underline{0{,}25\ \mu\text{W/m}^2}$

und $L_2 = 10\lg\dfrac{J_2}{J_0} = \underline{54\ \text{dB(A)}}$

2. Mit $p_0 = 20\ \mu$Pa (Hörschwelle) ergibt sich der Schalldruckpegel zu

$$L = 20\frac{p}{p_0} = 20\lg\left(\frac{230\cdot 10^{-3}\ \text{N}\cdot\text{m}^2}{20\cdot 10^{-6}\ \text{N}\cdot\text{m}^2}\right) = 20\lg 11\,500 = \underline{81{,}2\ \text{dB}}$$

3. Nach $L_{\text{ges}} = 10\lg\sum_{i=1}^{n} 10^{\frac{L_i}{10}}$ beträgt der resultierende Gesamtlärmpegel

$$L_{\text{ges}} = 10\lg\left(10^{\frac{74}{10}}+10^{\frac{80}{10}}+10^{\frac{84}{10}}+10^{\frac{83}{10}}\right)\ \text{dB(A)} = \underline{87{,}6\ \text{dB(A)}}$$

4. Nach $L_{\text{eq}} = \dfrac{10}{3} q \lg \left\{ \dfrac{1}{T} \left(\sum_{i=1}^{n} 10^{\frac{3L_i}{10q}} t_i \right) \right\}$ dB(A) wird

$L_{\text{eq}} = \underline{75,9 \text{ dB(A)}}$

5. Mit der Schallgeschwindigkeit in Luft $c_{\text{L}} = 340$ m/s und einer Verzögerungszeit des menschlichen Ohres von $t_{\text{v}} = \dfrac{2 \text{ Silben}}{10 \text{ Silben/s}} = 0,2$ s errechnet sich der Abstand beider Personen zu

$$a = 2\sqrt{(t_{\text{v}} c_{\text{L}})^2 - x^2} = 2\sqrt{(68 \text{ m})^2 - (60 \text{ m})^2} = \underline{64 \text{ m}}$$

6. $\dfrac{J_1}{J_2} = \dfrac{r_1^2}{r_2^2};\ J_2 = \dfrac{9J_1}{64};\ L_1 - L_0 = 10 \lg \dfrac{64}{9} = \underline{9 \text{ dB}}$

7. $L_1 = 10 \lg \dfrac{10^{-7}}{10^{-10}} \text{ dB} = \underline{30 \text{ dB}};\ L_2 = \underline{90 \text{ dB}}$

8. Subtrahiert man von der Gleichung $80 \text{ dB} = 10 \lg \dfrac{J_1}{J_0}$ dB die Gleichung

$x = 10 \lg \dfrac{3J_1}{J_0}$ dB, ergibt sich

$80 \text{ dB} - x = 10 \lg \dfrac{J_1 J_0}{3J_1 J_0} \text{ dB} = 10 \lg \dfrac{1}{3} \text{ dB} = -10 \lg 3 \text{ dB} = -4,77 \text{ dB};$

$x = (80 + 4,8) \text{ dB} = \underline{84,5 \text{ dB}}$

b) Entsprechend ergibt sich $80 \text{ dB} - x = 10 \lg \dfrac{1}{50}$ dB; $x = \underline{97 \text{ dB}}$

c) Als zweite Gleichung setzt man $130 \text{ dB} = 10 \lg \dfrac{xJ_1}{J_0}$ dB; subtrahiert man sie von der ersten, so wird

$80 - 130 = 10 \lg \dfrac{J_1 J_0}{xJ_1 J_0} = 10 \lg \dfrac{1}{x} = -10 \lg x;\ \lg x = \dfrac{-50}{-10} = 5;$

$x = \underline{100\,000 \text{ Motoren}}$

9. $t = \dfrac{s_1}{v_{\text{Flugzeug}}} = \dfrac{s_2}{c_{\text{Luft}}};$

$v_{\text{Flugzeug}} = \dfrac{s_1}{s_2} c_{\text{Luft}} = c_{\text{Luft}} \tan\alpha = 340 \text{ m/s} \cdot 0,839\,1 = \underline{1\,027 \text{ km/h}}$

10. Nach Bild L3.3.1 ist $s'^2 = s^2 + e^2;\ s'^2 - s^2 = (s' - s)(s' + s) = e^2$; mit $s' - s = \Delta s$ und $s' + s = 2s$ wird $\Delta s \cdot 2s = e^2;\ \Delta s = e^2/(2s);$

$\tan\alpha = \dfrac{e/2}{s} = \dfrac{e}{2s};\ \Delta s = e \tan\alpha = 0,008\,385 \text{ m};$

$$\Delta t = \frac{\Delta s}{c_{\text{Schall}}} = \underline{2{,}47 \cdot 10^{-5}\ \text{s}}$$

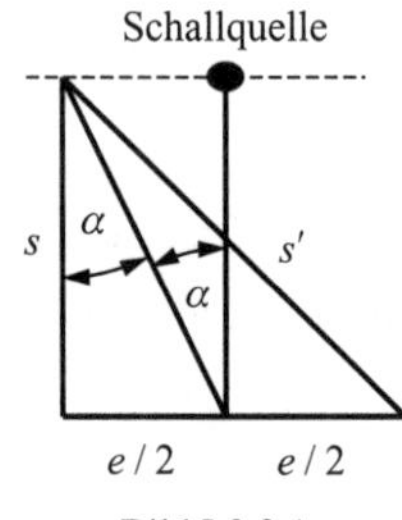

Bild L3.3.1

Lösungen 3.4 Raumakustik

1. Die Schallintensität J verringert sich auf den 10. Teil. Damit wird $J_2/J_1 = 0{,}1$. Die Änderung des Schallintensitätspegels berechnet sich nach

$$\Delta L = L_2 - L_1 = 10\ \text{dB}\left(\lg\frac{J_2}{J_0} - \lg\frac{J_1}{J_0}\right) = 10\ \text{dB} \cdot \lg\frac{J_2}{J_1} = \underline{-10\ \text{dB}}$$

2. Aus den Gleichungen $(45+15) = 10\lg\frac{J_1 x}{J_0}$ und $45 = 10\lg\frac{J_1}{J_0}$ erhält man $\lg x = 1{,}5$ und $x = \underline{32\ \text{Matrixdrucker}}$

3. a) Die Schallstärke nimmt mit dem Quadrat der Entfernung ab, sodass $J_2 = J_1\frac{100}{10\,000} = \underline{\frac{J_1}{100}}$ ist.

b) Es gelten die Gleichungen $L_1 = 10\lg\frac{J_1}{J_0}$ und $L_2 = 10\lg\frac{J_1}{100 J_0}$; die Abnahme des Schallpegels ist $L_1 - L_2 = 10\lg 100 = \underline{20\ \text{dB}}$

4. $95\ \text{dB} - x = 10\lg\frac{10J}{J}$; $x = \underline{85\ \text{dB}}$

5. Unter der Annahme, dass auf $1\ \text{cm}^2$ die Schallenergie E_0 fällt, wirken auf die gesamte Türfläche $20\,000 \cdot E_0$; nach $R = 10\lg\frac{J_1}{J_2}$ ergibt sich $30 = 10\lg(20\,000/x)$; damit wird die auf die andere Seite der Tür gelangende Energie zu $x = 20E_0$; der Gesamtquerschnitt der Ritze wird zu $60\ \text{cm}^2$, unter Berücksichtigung der 50fachen Wirksamkeit ergibt sich, dass $3\,000 \cdot E_0$ ungehindert die Tür passieren; das wirksam werdende Schalldämmmaß beträgt demnach
$R' = 10\lg(20\,000/3\,020) = \underline{8{,}2\ \text{dB}}$

Lösungen 3.5 Technische Akustik

1. $\alpha_{\text{Granit}} = \pi \dfrac{\Delta f}{v_{\text{Granit}}} = \dfrac{\pi s}{1{,}5 \cdot 10^3\ \text{m}} \cdot 1{,}7\ \text{s}^{-1} = 3{,}56 \cdot 10^{-3}\ \text{m}^{-1}$

$\mathrel{\widehat{=}} \underline{0{,}4099\ \text{dB/m}}$

2. Nach Bild L3.5.1 beträgt der Laufweg des Impulses

$$s = 2\sqrt{(x/2)^2 + h^2} = ct;\ 4\frac{x^2}{4} + 4h^2 = c^2t^2;$$

$$h = \frac{1}{2}\sqrt{c^2t^2 - x^2} = \frac{1}{2}\sqrt{0{,}84 \cdot 10^4\ \text{m}^2} = \underline{45{,}8\ \text{m}}$$

3. $E = c_{\text{D}}^2 \varrho;\ c_{\text{D}} = \sqrt{E/\varrho} = 2l f_{\text{R}};$

$$E = \varrho(2l f_{\text{R}})^2 = 52{,}85 \cdot 10^3\ \frac{\text{kg} \cdot \text{m}}{\text{s}^2 \cdot \text{m}^2} = \underline{52{,}85\ \text{kPa}}$$

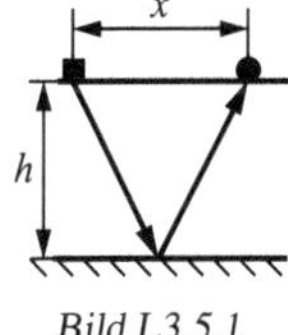

Bild L3.5.1

4. $c_{\text{L}} = \dfrac{d}{t_{\text{L}}} = \underline{1{,}3 \cdot 10^3\ \text{m/s}};\ c_{\text{T}} = \underline{0{,}7 \cdot 10^3\ \text{m/s}};$

$$\mu = \frac{(c_{\text{L}}/c_{\text{T}})^2 - 2}{2\left[(c_{\text{L}}/c_{\text{T}})^2 - 1\right]} = \underline{0{,}296}$$

5. Entsprechend dem Hooke'schen Gesetz $\sigma = E\varepsilon$ ergibt sich mit der Dehnung $\varepsilon = \dfrac{\Delta l}{l}$ und der Zugspannung $\sigma = \dfrac{F}{A} = \dfrac{mg}{A}$ die gesuchte Deformation $\Delta l = l\varepsilon = \dfrac{lmg}{EA}$; mit der Ausbreitungsgeschwindigkeit von longitudinalen Schallwellen in festen Medien $c = \sqrt{\dfrac{E}{\varrho}} = \dfrac{l}{t}$ berechnet sich der Elastizitätsmodul zu $E = \dfrac{\varrho l^2}{t^2}$; $\Delta l = \dfrac{mgt^2}{\varrho l A} = \underline{1{,}104 \cdot 10^{-5}\ \text{m}}$

6. Der zu Boden sinkende Zucker absorbiert die hohen Frequenzen (Oberschwingungen) der Schallwellen. Nach dem Auflösen des Zuckers stellt sich der alte Zustand wieder ein.

4 Thermodynamik

Lösungen 4.1 Ausdehnung durch Erwärmung

1. $l = l_0(1 - \alpha_l) = 50\ \text{cm}(1 - 18 \cdot 10^{-6}\ \text{K}^{-1} \cdot 45\ \text{K}) = \underline{49{,}96\ \text{cm}}$;
$d = d_0(1 - \alpha\Delta T) = \underline{19{,}98\ \text{mm}}$

2. $\Delta l = l(\alpha_{l2} - \alpha_{l1})\Delta T = 3\ \text{mm} \cdot 11 \cdot 10^{-6}\ \text{K}^{-1} \cdot 225\ \text{K} = \underline{0{,}0084\ \text{mm}}$

3. $(l + x)\alpha_{l1}\Delta T = x\alpha_{l2}\Delta T;\ x = \dfrac{l\alpha_{l1}}{\alpha_{l2} - \alpha_{l1}};\ x = \underline{30\ \text{cm}}$

4. Die Rolle legt die Strecke $\dfrac{\pi d\varphi}{360°} = 0{,}1745$ mm zurück, die Ausdehnung des Rohres beträgt $0{,}3490$ mm; aus
$0{,}3490\ \text{mm} = 500\ \text{mm} \cdot \alpha_l \cdot 82\ \text{K}$ ergibt sich $\alpha_l = \underline{8{,}5 \cdot 10^{-6}\ \text{K}}$

5. $\Delta l = l(\alpha_{l2} - \alpha_{l1})\Delta T = 0{,}264$ mm; $\tan\delta = 0{,}264$; $\delta = \underline{14{,}8°}$

6. $l = \dfrac{0{,}010\ \text{m}}{(11 + 5 - 2) \cdot 10^{-6}\ \text{K}^{-1} \cdot 1000\ \text{K}} = \underline{0{,}714\ \text{m}}$

7. Die Einzellängen der neutralen Faser nach der Erwärmung sind $l_1 = l(1 + \alpha_{l1}\Delta T) = 10{,}018$ cm bzw. $l_2 = 10{,}007$ cm; hinsichtlich der Bogenlängen gilt dann $\dfrac{l_1}{l_2} = \dfrac{(r + a/2)\varphi}{(r - a/2)\varphi}$, woraus sich mit $a = 1$ mm $r = 91$ cm ergibt.

Für den zugehörigen Winkel folgt $\varphi = \dfrac{l_1}{r + a/2} = \dfrac{10{,}018}{91{,}05} = 0{,}11$ oder $6{,}3°$; Abstand $d = (r + a)(1 - \cos\varphi/2) = \underline{1{,}4\ \text{mm}}$

8. (Bild L4.1.1) Die relative Vergrößerung des unteren Durchmessers ist $\Delta d = 3\ \text{cm} \cdot 9 \cdot 10^{-6}\ \text{K}^{-1} \cdot 160\ \text{K} = \underline{0{,}0432\ \text{mm}}$; dadurch hebt sich das untere Ende des Konus um $h_1 = \dfrac{\Delta d/2}{\tan 2°} = 0{,}62$ mm; die Eigenhöhe des Konus verändert sich gegenüber der des Kupfers um
$h_2 = 40\ \text{mm} \cdot 9 \cdot 10^{-6}\ \text{K}^{-1} \cdot 160\ \text{K} = 0{,}06$ mm; herausragendes Stück $h = h_1 + h_2 = \underline{0{,}68\ \text{mm}}$

9. Da die Ausdehnung der Temperaturdifferenz proportional ist, gilt
$0{,}3 : 1 = \Delta T_1 : \Delta T_2;\quad \Delta T_2 = \dfrac{\Delta T_1}{0{,}3} = \dfrac{15\ \text{K}}{0{,}3} = 50\ \text{K};\ \vartheta = \underline{55\ °\text{C}}$;
$\Delta l = l\alpha_l\Delta T = \underline{1{,}75\ \text{cm}}$

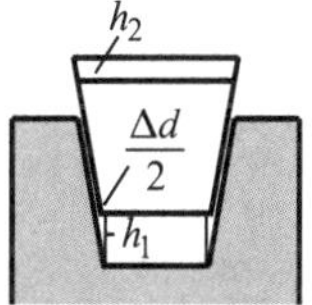

Bild L4.1.1

10. $\varrho_1 = \varrho_2(1+3\alpha_V \Delta T) = 1{,}0389 \cdot 7{,}3 \cdot 10^3\ \mathrm{kg/m^3} = \underline{7{,}58 \cdot 10^3\ \mathrm{kg/m^3}}$

11. Da die Grundfläche konstant bleiben soll, ist

$h_2 = h_1(1+\alpha_V \Delta T) = 4{,}12$ m; Niveauanstieg <u>22 cm</u>;

neue Dichte $\dfrac{\varrho}{1+\alpha_V \Delta T} = \underline{0{,}83 \cdot 10^3\ \mathrm{kg/m^3}}$

12. Volumina bei 20 °C:
Eisen $64{,}52\ \mathrm{dm^3}$, Kupfer $55{,}99\ \mathrm{dm^3}$, Öl $179{,}49\ \mathrm{dm^3}$;
Volumina bei 60 °C:
Eisen $64{,}61\ \mathrm{dm^3}$, Kupfer $56{,}08\ \mathrm{dm^3}$, Öl $186{,}38\ \mathrm{dm^3}$ und Behälter $300{,}43\ \mathrm{dm^3}$; die überlaufende Ölmenge ergibt sich als Differenz der Volumenzunahme des Inhalts und der des Behälters zu $\underline{6{,}64\ \mathrm{dm^3}}$.

13. $V(1+\alpha_V \Delta T) = V + lA;\ A = 0{,}00008\ \mathrm{cm^2} = \underline{0{,}008\ \mathrm{mm^2}}$

14. Für das spezifische Volumen gilt $v_t = v_0(1+\alpha_V \Delta T)$ oder auch

$\dfrac{1}{\varrho_t} = \dfrac{1}{\varrho_0}(1+\alpha_V \Delta T)$, d. h. $\varrho_t = \dfrac{\varrho_0}{1+\alpha_V \Delta T}$;

erweitert man mit $(1-\alpha_V \Delta T)$, so wird der Nenner $(1-\alpha_V^2 \Delta T^2)$; das quadratische Glied kann wegfallen, da α eine sehr kleine Zahl ist.

15. $A_0 = A(1-2\alpha_l \Delta T) = 25\ \mathrm{mm^2}(1 - 2 \cdot 18{,}5 \cdot 10^{-6}\ \mathrm{K} \cdot 332\ \mathrm{K})$
$= \underline{24{,}7\ \mathrm{mm}}$

16. a) $\dfrac{\Delta d}{d} = \alpha_l \Delta T = 0{,}00184 = \underline{0{,}18\ \%}$

b) $\dfrac{\Delta A}{A} = 2\alpha_l \Delta T = \underline{0{,}37\ \%}$

c) $\dfrac{\Delta V}{V} = 3\alpha_l \Delta T = \underline{0{,}55\ \%}$

17. Aus den Gleichungen $V_{10} = V_{20}(1-3\alpha_l \Delta T_1)$ und
$V_{100} = V_{10}[1+(\alpha_V - 3\alpha_l)\Delta T_2]$ wird mit $\Delta T_1 = 10$ K und $\Delta T_2 = 90$ K;
$\alpha_V = \underline{469 \cdot 10^{-6}\ \mathrm{K}}$

18. $\varrho_2 = \frac{\varrho_1 T_1}{T_2} = \frac{1{,}33\ \text{kg/m}^3 \cdot 273{,}2\ \text{K}}{(273{,}2 + 200)\ \text{K}} = 0{,}768\ \text{kg/m}^3;$

$\Delta p = h\Delta\varrho g = 50\ \text{m} \cdot (1{,}29 - 0{,}768)\ \text{kg/m}^3 \cdot 9{,}81\ \text{m/s}^2 = \underline{256\ \text{Pa}}$

19. a) $\varrho_2 = \frac{\varrho_1 T_1}{T_2} = \underline{3{,}00\ \text{kg/m}^3}$ b) $\underline{3{,}47\ \text{kg/m}^3}$

20. $T_2 = \frac{T_1 p_2}{p_1} = \frac{259{,}2\ \text{K} \cdot 7{,}6\ \text{MPa}}{6{,}3\ \text{MPa}} = 312{,}7\ \text{K} \mathrel{\widehat{=}} \underline{39{,}5\ ^\circ\text{C}}$

21. Je Sekunde müssen abziehen

$V = \frac{V_1 T_2}{t T_1} = \frac{(300 \cdot 12)\ \text{m}^3 (273 + 250)\ \text{K}}{3\,600\ \text{s} \cdot 273\ \text{K}} = 1{,}916\ \text{m}^3;$

$A = \frac{V}{vt} = 0{,}479\ \text{m}^2;\ d = \underline{0{,}78\ \text{m}}$

22. $p_2 = \frac{p_1 T_2}{T_1} = \frac{15{,}1\ \text{MPa} \cdot 323\ \text{K}}{283\ \text{K}} = 17{,}23\ \text{MPa}$ oder $\underline{17{,}13\ \text{MPa}}$ Überdruck

23. $V = \frac{\Delta m}{\Delta\varrho};\ \Delta\varrho = \frac{\varrho_0 T_0}{T_{15}} - \frac{\varrho_0 T_0}{T_{80}};\ V = \underline{1{,}11\ \text{dm}^3}$

24. $p_2 = \frac{p_1 T_2}{T_1} = \frac{250\ \text{Pa} \cdot 393{,}2\ \text{K}}{288{,}2\ \text{K}} = \underline{341\ \text{Pa}}$

25. $\frac{1}{1{,}1} = \frac{273{,}2\ \text{K} + \vartheta_1}{273{,}2\ \text{K} + 1{,}5\vartheta_1};\ \vartheta_1 = \underline{68{,}3\ ^\circ\text{C}}$

26. $\frac{V}{xV} = \frac{(273{,}2 + 117{,}1)\ \text{K}}{(273{,}2 + 234{,}2)\ \text{K}};\ x = 1{,}3;$ die Volumenzunahme beträgt $\underline{30\ \%}$

27. $R_\text{s} = \frac{pV}{mT} = \frac{1{,}027 \cdot 10^5\ \text{N/m}^2 \cdot 50\ \text{m}^3}{288{,}2\ \text{K} \cdot 41{,}5\ \text{kg}} = \underline{429{,}3\ \text{J/(kg} \cdot \text{K)}}$

28. $m = \frac{pV}{R_\text{s} T} = \frac{0{,}965 \cdot 10^5\ \text{Pa} \cdot 81{,}9\ \text{m}^3}{286{,}8\ \text{J/(kg} \cdot \text{K)} \cdot 297{,}2\ \text{K}} = \underline{92{,}7\ \text{kg}}$

29. Die Anzahl der Moleküle folgt aus dem Gesetz von Boyle-Mariotte für isobare Zustandsänderungen

$N = \frac{pV}{RT} = \frac{250\ \text{Pa} \cdot 300 \cdot 10^{-6}\ \text{m}^3}{8{,}315 \cdot 10^3\ \text{J/(kmol} \cdot \text{K)} \cdot 288\ \text{K}} = 31{,}32 \cdot 10^{-9}\ \text{kmol}.$

Aus der molaren Masse $M = 39{,}944$ kg/kmol von Argon folgt $m = MN = 39{,}944\ \text{kg/kmol} \cdot 31{,}22 \cdot 10^{-9}\ \text{kmol} = \underline{1{,}251\ \text{mg}}$

30. Masse der verdrängten Luft $m_1 = \frac{pV}{R_\text{s} T_1} = 191\ \text{kg};$

Masse der erhitzten Luft $m_2 = (191 - 45)\ \text{kg} = 146\ \text{kg}$;

$$T_2 = \frac{pV}{m_2 R_s} = \frac{m_1 T_1}{m_2} = 370,6\ \text{K} \mathrel{\hat{=}} \underline{97,4\ ^\circ\text{C}}$$

31. Sättigungsdruck des Dampfes 2 070 Pa bei $f = 65\ \%$ ist

$p_D = 2\,070\ \text{Pa} \cdot 0,65 = 1\,345\ \text{Pa}$;

$p = (99\,000 - 1\,345)\ \text{Pa} = 97\,655\ \text{Pa}$; $V_n = \dfrac{pVT_n}{p_n T} = \underline{2,1\ \text{m}^3}$

32. Es entweicht $V_x = V_2 - V_1 = V_1 \left(\dfrac{p_1 T_2}{T_1 p_2} - 1 \right)$; bzw. im Normzustand

$$V_n = V_1 \frac{T_n}{p_n} \left(\frac{p_1}{T_1} - \frac{p_2}{T_2} \right) = \underline{11,6\ \text{m}^3}$$

33. Aus $Q = mc_p \Delta T$ mit $Q = 3,5\ \text{W} \cdot 3\,600\ \text{s} = 12,6\ \text{kJ}$ folgt

$m = \dfrac{Q}{c_p \Delta T} = 1,065\ \text{kg}$ bzw. mit $\varrho = \dfrac{p_1 \varrho_n T_n}{p_n T_1} = 2,89\ \text{kg/m}^3$ die stündliche Menge $V = \dfrac{m}{\varrho} = \dfrac{1,065\ \text{kg}}{2,89\ \text{kg/m}^3} = \underline{0,369\ \text{m}^3}$

34. Die Dichten der beiden Bestandteile verhalten sich wie 28 : 64 (molare Massen);

a) mittlere spezifische Gaskonstante

$$R_{sm} = \frac{0,8 \cdot 28 \cdot 296,8 + 0,2 \cdot 64 \cdot 129,9}{0,8 \cdot 28 + 0,2 \cdot 64}\ \text{J/(kg} \cdot \text{K)} = \underline{236,1\ \text{J/(kg} \cdot \text{K)}}$$

b) $\varrho = \dfrac{p}{R_{sm} T} = \underline{0,353\ \text{kg/m}^3}$

35. $m_1 = \dfrac{pV_1}{R_s T_1}$; $m_2 = \dfrac{pV}{R_s T_2}$; Mischtemperatur

$$T_m = \frac{m_1 T_1 + m_2 T_2}{m_1 + m_2} = \frac{(V_1 + V_2) T_1 T_2}{V_1 T_2 + V_2 T_1} = 306,87\ \text{K} \mathrel{\hat{=}} \underline{33,7\ ^\circ\text{C}};$$

das Volumen bleibt mit $(3 + 8)\ \text{m}^3 = \underline{11\ \text{m}^3}$ konstant.

36. $V_0 = \dfrac{pVT_n}{p_n T} = \underline{433\ \text{cm}^3}$

37. $T_2 = \dfrac{p_2 V_2 T_1}{p_1 V_1} = 256,9\ \text{K} \mathrel{\hat{=}} \underline{-16,3\ ^\circ\text{C}}$

38. $V_2 = \dfrac{p_1 V_1 T_2}{p_2 T_1} = \underline{470\ \text{m}^3}$

39. $R_{\text{sm}} = \dfrac{(296,8 \cdot 40 + 296,8 \cdot 60)\ \text{J/(kg} \cdot \text{K)}}{100} = 296,8\ \text{J/(kg} \cdot \text{K)};$

$m = \dfrac{pV}{R_{\text{sm}} T} = \underline{598\ \text{kg}}$

40. Aus den Gleichungen $m_1 = \dfrac{p_1 V_1}{R_s T_1}$, $m_2 = \dfrac{p_2 V_2}{R_s T_1}$ und $m_1 - m_2 = \dfrac{p_x V_1}{R_s T_1}$

folgt $p_x = \dfrac{p_1 V_1 - p_2 V_2}{V_1} = \dfrac{70 \cdot 10^5\ \text{Pa} \cdot 40\ \ell - 10^5\ \text{Pa} \cdot 80\ \ell}{40\ \ell} = \underline{6,8\ \text{MPa}}$

41. Nach den Beziehungen von Aufgabe 40 ist

$V_x = \dfrac{p_1 V_1 - p_2 V_1}{p_3} = \dfrac{10\ \text{MPa} \cdot 20\ \ell - 9,5\ \text{MPa} \cdot 20\ \ell}{0,1\ \text{MPa}} = \underline{100\ \ell}$

42. $\dfrac{p_1 V_1}{T_1} = \dfrac{p_1 V_2}{T_2};\ V_2 = V_1 \dfrac{T_2}{T_1} = \underline{38\ \ell}$

Lösungen 4.2 Wärmeenergie

1. Abgegebene Wärme = aufgenommene Wärme;

$m_1 c_1 (\vartheta_1 - \vartheta_{\text{m}}) = m_{\text{W}} c_{\text{W}} (\vartheta_{\text{m}} - \vartheta_2);$

$\vartheta_1 = \dfrac{m_{\text{W}} c_{\text{W}} (\vartheta_{\text{m}} - \vartheta_2)}{m_1 c_1} + \vartheta_{\text{m}} = \underline{1\,020\ °\text{C}}$

2. $m_1 c (\vartheta_1 - \vartheta_{\text{m}}) = (m_{\text{W}} c_{\text{w}} + m_2 c)(\vartheta_{\text{m}} - \vartheta_2);$

$c_{\text{Ku}} = \dfrac{m_{\text{W}} c_{\text{W}} (\vartheta_{\text{m}} - \vartheta_2)}{m_1 (\vartheta_1 - \vartheta_{\text{m}}) - m_2 (\vartheta_{\text{m}} - \vartheta_2)} = \underline{0,382\ \text{kJ/(kg} \cdot \text{K)}}$

3. $m_1 c_{\text{W}} (\vartheta_1 - \vartheta_{\text{m}}) = m_2 c_{\text{W}} (\vartheta_{\text{m}} - \vartheta_2);$

$m_2 = \dfrac{m_1 (\vartheta_1 - \vartheta_{\text{m}})}{\vartheta_{\text{m}} - \vartheta_2} = \underline{142\ \text{kg}} \mathrel{\hat{=}} \underline{142\ \ell}$

4. Bedeutet m die im Alkohol enthaltene Wassermenge und c_{W} die spezifische Wärmekapazität des Wassers, so gilt

$[m c_{\text{W}} + (m_1 - m) c_1](\vartheta_1 - \vartheta_{\text{m}}) = m_2 c_{\text{W}} (\vartheta_{\text{m}} - \vartheta_2);\ m = 60,3$ g Wasser,

d. i. $\underline{30,2\ \%}$

5. $Qx = m_{\text{W}} c_{\text{W}} \Delta T;\ x = 0,32 = \underline{32\ \%}$

6. Aus $\Delta T = \dfrac{\Delta l}{l \alpha_l}$ und $Q = c \varrho l A \Delta T$ folgt $l = \dfrac{l \alpha_l Q}{c \varrho A \Delta l} = \underline{0,905\ \text{m}}$

7. $m(25,1 + 333,7)\ \text{kJ} = 8\ \text{kg} \cdot 600\ \text{kJ};\ m = \underline{13,4\ \text{kg}}$

8. $0{,}9m_1c_1(\vartheta_1 - \vartheta_m) = m_2c_2(\vartheta_m - \vartheta_2)$; $m_1 = \underline{160{,}8\ \text{kg}}$

9. $m_1c_1(\vartheta_1 - 100\ °\text{C}) = m_2c_W(100\ °\text{C} - \vartheta_2) + mr$; $m = \underline{1{,}02\ \text{kg}}$

10. $m_2c_2(\vartheta_1 - \vartheta_m) + (m - m_2)c_1(\vartheta_1 - \vartheta_m) = m_3c_W(\vartheta_m - \vartheta_3)$;
$m_2 = \underline{0{,}413\ \text{kg Kupfer}}$ und $m_1 = \underline{0{,}237\ \text{kg Aluminium}}$

11. $q_s = 333{,}7\ \text{kJ/kg}$; $\Delta T = 8\ \text{K}$; $mq_s = 2\ \text{kg} \cdot c_W\Delta T$; $m = \underline{0{,}201\ \text{kg}}$

12. $m_1[c_1(\vartheta_1 - \vartheta_2) + q_{s1}] = m_2[q_{sw} + c_W(\vartheta_2 - \vartheta_0)]$; $m_2 = \underline{5{,}9\ \text{kg}}$

13. $w(\vartheta_m - \vartheta_1) = m_2c_2(\vartheta_2 - \vartheta_m)$; $w = \underline{3{,}26\ \text{J/K}}$

14. $c = \dfrac{H_2 - H_1}{m(\vartheta_2 - \vartheta_1)} = \dfrac{122\ \text{kJ}}{1\ \text{kg} \cdot 230\ \text{K}} = \underline{0{,}530\ \text{kJ/(kg} \cdot \text{K)}}$

15. $q_s = \dfrac{h}{m} - c\Delta T = 871\ \text{kJ/kg} - 0{,}50\ \text{kJ/(kg} \cdot \text{K)} \cdot 1\,250\ \text{K} = \underline{246\ \text{kJ/kg}}$

16. $h = c_1m(\vartheta_2 - \vartheta_1) + mq_s + c_0m(\vartheta_1 - \vartheta_0)$;
$c_0 = \dfrac{h - c_1m(\vartheta_2 - \vartheta_1) - mq_s}{m(\vartheta_1 - \vartheta_0)} = \underline{0{,}703\ \text{kJ/(kg} \cdot \text{K)}}$

17. $\eta = \dfrac{4\,000\ \text{N} \cdot \text{m}}{11\,700\ \text{N} \cdot \text{m}} = 0{,}34 = \underline{34\ \%}$

18. $mgh = mc_W\Delta T$; $\Delta T = \dfrac{9{,}81\ \text{m/s}^2 \cdot 15\ \text{m} \cdot \text{kg} \cdot \text{K}}{4\,190\ \text{J}} = \underline{0{,}035\ \text{K}}$

19. $\eta = \dfrac{Pt}{mq_H} = 0{,}21 = \underline{21\ \%}$

20. $E = Q = \dfrac{mv^2}{2} = \dfrac{1{,}2 \cdot 10^6\ \text{kg} \cdot (50/3{,}6)^2\ \text{m}^2/\text{s}^2}{2} = \underline{115{,}7\ \text{MJ}}$

21. $Q = (c_p - c_V)m\Delta T$; $\Delta T = \dfrac{Q}{(c_p - c_V)m} = \dfrac{Q}{R_sm} = 52{,}9\ \text{K}$;
$\vartheta_2 = \underline{62{,}9\ °\text{C}}$

22. Wegen $V = \text{const}$ ist $\Delta p = \dfrac{mR_s\Delta T}{V}$; aus $Q = c_Vm\Delta T$ wird daher
$Q = \dfrac{c_VV\Delta p}{R_s} = \underline{49{,}0\ \text{kJ}}$

23. Aus $p\Delta V = mR_s\Delta T$ und $m = \varrho V$ wird
$R_s = \dfrac{p\Delta V}{\varrho V\Delta T} = \underline{283{,}5\ \text{N} \cdot \text{m/(kg} \cdot \text{K)}}$

24. $Q = c_p\varrho V\Delta T = 1{,}009\ \text{kJ/(kg} \cdot \text{K)} \cdot 1{,}25\ \text{kg/m}^3 \cdot 90\ \text{m}^3 \cdot 18\ \text{K}$
$= 2\,043\ \text{kJ} \mathrel{\hat{=}} \underline{0{,}82\ \text{kg}}$ Braunkohle

25. Aus $Q = mc_V \Delta T = E$ wird $\vartheta_2 = \dfrac{E-Q}{mc_V} + \vartheta_1 = \underline{69\ °\mathrm{C}}$;

$$p_2 = \frac{p_1 V_1 T_2}{T_1 V_2} = \underline{0{,}94\ \mathrm{MPa}}$$

26. Stündlich abzuführende Wärmemenge $Q = c_p m \Delta T$; mit $m = \dfrac{pV}{R_s T}$ wird $V = \dfrac{Q R_s T}{c_p p \Delta T} = \underline{8\,920\ \mathrm{m}^3}$

27. Mit der abgeführten Wärme $-Q_2$ und dem Arbeitsaufwand $-W$ lautet der erste Hauptsatz $-Q_2 = c_V m \Delta T - W$ bzw.

$$Q_2 = W - \frac{c_V p V \Delta T}{R_s T} = 350\ \mathrm{kJ} - 305{,}1\ \mathrm{kJ} = \underline{44{,}9\ \mathrm{kJ}}$$

28. $W = m R_s \Delta T = m(c_p - c_V)\Delta T = \underline{930\ \mathrm{J}}$

29. $V_2 = Ah + V_1 = 0{,}003\,178\ \mathrm{m}^3$;

$$T_2 = \frac{V_2 T_1}{V_1} = 469{,}1\ \mathrm{K} \mathrel{\widehat{=}} \underline{195{,}9\ °\mathrm{C}};$$

$$p_1 = p_2 + \frac{mg}{A} = 0{,}175\ \mathrm{MPa};$$

$$Q = c_p m (T_2 - T_1) = \frac{c_p p_1 V_1 (T_2 - T_1)}{R_s T_1} = \underline{0{,}722\ \mathrm{kJ}}$$

30. $W = p_2 V_2 \ln \dfrac{p_2}{p_1} = 12 \cdot 10^5\ \mathrm{N/m^2} \cdot 12\ \mathrm{m}^3 \cdot 2{,}303\ \lg \dfrac{12}{1{,}1}$

$$= \underline{3{,}44 \cdot 10^7\ \mathrm{N \cdot m}}$$

31. Aus $W = p_1 V_1 \ln \dfrac{p_2}{p_1}$ folgt mit $W = (20\,000 \cdot 3\,600)\ \mathrm{N \cdot m}$:

$$\lg \frac{p_2}{p_1} = \frac{W}{2{,}3 p_1 V_1} = \frac{7{,}2 \cdot 10^7\ \mathrm{N \cdot m}}{2{,}3 \cdot 1{,}1 \cdot 10^5\ \mathrm{N/m^2} \cdot 500\ \mathrm{m}^3} = 0{,}569;$$

$$p_2 = 3{,}71 p_1 = \underline{0{,}41\ \mathrm{MPa}}$$

32. $W = p_1 V_1 \ln \dfrac{p_2}{p_1} = \underline{2{,}437 \cdot 10^6\ \mathrm{N \cdot m}}$; $Q = \underline{2{,}437\ \mathrm{MJ}}$

33. $\ln \dfrac{p_2}{p_1} = \dfrac{\eta P t}{p_1 V_1} = 2{,}049$; $p_2 = 7{,}76 \cdot 1{,}12 \cdot 10^5\ \mathrm{Pa} = \underline{870\ \mathrm{kPa}}$

34. $W = p_1 V_1 \ln \dfrac{p_1}{p_2} = 6{,}44\ \mathrm{MJ} = \underline{1{,}79\ \mathrm{kWh}}$

35. $V_2 = \dfrac{Pt}{p_2 \ln \dfrac{p_2}{p_1}} = \dfrac{15\,000\ \mathrm{N \cdot m/s} \cdot 3\,600\ \mathrm{s}}{7 \cdot 10^5\ \mathrm{N/m^2} \cdot 2{,}3 \cdot 0{,}845\,1} = \underline{39{,}7\ \mathrm{m}^3}$

36. Wegen $p_2 V_2 \ln \frac{p_2}{p_1} = p_3 V_3 \ln \frac{p_3}{p_2}$ und $p_2 V_2 = p_3 V_3$ ist $\frac{p_2}{p_1} = \frac{p_3}{p_2}$ und

$p_2 = \sqrt{2 \cdot 0,1} \cdot 10^6\ \text{Pa} = \underline{447\ \text{kPa}}$

37. $p_1 = 10^2\ \text{kPa}$; $V_1 = Ah = 1,2\ \text{dm}^3$;

$p_2 = (1 + 0,05) \cdot 10^2\ \text{kPa} = 1,05 \cdot 10^2\ \text{kPa}$ (doppelte Niveauänderung);

$W_1 = p_1 V_1 \ln \frac{p_1}{p_2} = -58,6\ \text{N} \cdot \text{m}$; $|W_1| = 58,6\ \text{N} \cdot \text{m}$;

zum Heben des Wassers $W_2 = 49\ \text{N} \cdot 0,25\ \text{m} = 12,25\ \text{N} \cdot \text{m}$;

$W = Q = (58,6 + 12,25)\ \text{N} \cdot \text{m} = \underline{70,85\ \text{J}}$

38. Mischtemperatur $T_\text{m} = \frac{m_1 T_1 + m_2 T_2}{m_1 + m_2}$; nach Einsetzen von $m_1 = \frac{pV}{R_\text{s} T_1}$

und $m_2 = \frac{pV}{R_\text{s} T_2}$ folgt

$$T_\text{m} = \frac{2 T_1 T_2}{T_1 + T_2} = \frac{2 \cdot 273,2 \cdot 373,2}{273,2 + 373,2}\ \text{K} = \underline{315,5\ \text{K}} \mathrel{\widehat{=}} \underline{42,3\ ^\circ\text{C}};$$

gemeinsamer Druck $p_\text{m} = \frac{(m_1 + m_2) R_\text{s} T_\text{m}}{2V}$; Einsetzen von m_1, m_2 und T_m liefert $p_\text{m} = p$, d. h., der Druck bleibt konstant.

39. $m = \frac{p_1 V_1}{R_\text{s} T_1} = 12,85\ \text{kg}$; $W = m c_V \Delta T = \underline{156,8\ \text{kJ}}$

40. Aus $\frac{T_1}{T_2} = \left(\frac{V_2}{V_1}\right)^{\varkappa - 1}$ erhält man $V_2 = 2,5 \left(\frac{305,2}{288,2}\right)^{\frac{1}{0,4}} = \underline{2,89\ \text{m}^3}$;

$p_2 = \frac{p_1 V_1 T_2}{T_1 V_2} = \underline{368\ \text{kPa}}$

41. $\frac{V_1}{V_2} = \left(\frac{T_2}{T_1}\right)^{\frac{1}{\varkappa - 1}} = \left(\frac{923,2}{348,2}\right)^{2,5} = \underline{11,45 : 1}$

42. Für die Entfernung des Kolbens vom Zylinderboden gilt

a) $\frac{h_2}{h_1} = \frac{p_1}{p_2}$; $h_2 = h_1 \frac{p_1}{p_2} = 0,8\ \text{m} \cdot \frac{1}{6} = \underline{0,13\ \text{m}}$

b) $\frac{h_2}{h_1} = \left(\frac{p_1}{p_2}\right)^{\frac{1}{\varkappa}}$; $h_2 = \underline{0,22\ \text{m}}$;

Kolbenweg $s_\text{a} = (0,80 - 0,13)\ \text{m} = \underline{0,67\ \text{m}}$; $s_\text{b} = \underline{0,58\ \text{m}}$

43. $T_2 = 291,2\ \text{K} \left(\frac{1}{1,5}\right)^{\frac{1,3-1}{1,3}} = 265,2\ \text{K} \mathrel{\widehat{=}} \underline{-8\ ^\circ\text{C}}$

44. $T_2 = 333{,}2\ \text{K} \cdot 15^{1{,}4-1} = 984{,}3\ \text{K} \mathrel{\widehat{=}} \underline{711{,}1\ °\text{C}}$;

$$p_2 = \frac{p_2' T_2}{T_1} = \frac{15 \cdot 10^5\ \text{Pa} \cdot 984{,}3\ \text{K}}{333{,}2\ \text{K}} = \underline{4{,}43\ \text{MPa}}$$

45. $\left(\frac{p_2}{p_1}\right)^{0{,}286} = \frac{T_2}{T_1}$; $T_2 = 273{,}2\ \text{K} \cdot 1{,}22 = 333{,}3\ \text{K} \mathrel{\widehat{=}} \underline{60{,}1\ °\text{C}}$;

$T_3 = 273{,}2\ \text{K} \cdot 4^{0{,}268} = 406{,}1\ \text{K} \mathrel{\widehat{=}} \underline{132{,}9\ °\text{C}}$

46. $\frac{1}{2} = \left(\frac{V_1 - \Delta V}{V_1}\right)^{1{,}4}$; $\Delta V = (20 \cdot 400)\ \text{cm}^3 = 8\ \ell$; $V_1 = \underline{20{,}49\ \ell}$

47. Mit $T_\text{n} = 273{,}2\ \text{K}$ ist $\frac{T_\text{n} + t}{T_\text{n} + t/2} = 2^{1{,}4-1}$

Anfangstemperatur $\vartheta = \underline{257{,}0\ °\text{C}}$

48. a) $p_2 = \frac{p_1 T_2}{T_1}$; $T_3 = T_1$;

$$\frac{T_2}{T_3} = \left(\frac{p_2}{p_3}\right)^{\frac{\varkappa-1}{\varkappa}} = \left(\frac{p_1 T_2}{p_3 T_1}\right)^{\frac{\varkappa-1}{\varkappa}};\ T_2^{\frac{1}{\varkappa}} = T_3 \left(\frac{p_1}{p_3 T_1}\right)^{\frac{\varkappa-1}{\varkappa}};$$

$$T_2 = T_1 \left(\frac{p_1}{p_3}\right)^{\varkappa-1} = \underline{401\ \text{K}} \mathrel{\widehat{=}} \underline{127{,}8\ °\text{C}};\ p_2 = \underline{109\ \text{kPa}}$$

b) $Q = m c_V (T_2 - T_1) = \underline{232\ \text{kJ}}$

49. Aus dem Volumenverhältnis $\frac{V_2}{V_1} = 7$ ergibt sich die Endtemperatur $T_2 = 134{,}5\ \text{K}$; eingeschlossene Luftmasse $m_\text{L} = 0{,}467\ \text{g}$; frei werdende Energie $E = \frac{m_\text{L} R_\text{s} \Delta T}{\varkappa - 1} = 53{,}6\ \text{N} \cdot \text{m}$; $v = \underline{84{,}5\ \text{m/s}}$

50. $\left(\frac{3}{1}\right)^{0{,}286} = \frac{283{,}2\ \text{K}}{T_2}$; $T_2 = 206{,}8\ \text{K}$;

$$p_3 = \frac{10^5\ \text{Pa} \cdot 283{,}2\ \text{K}}{206{,}8\ \text{K}} = \underline{137\ \text{kPa}}$$

Lösungen 4.3 Dämpfe

1. Masse des Kondensats $m_2 = \varrho V = 7{,}641\ \text{kg}$; aus den Wärmemengen vor dem Mischen folgt: $Q = m_1 c_\text{W} \vartheta_1 + m_2 h_\text{D} = 62{,}86\ \text{MJ}$;

$$\vartheta_\text{m} = \frac{Q}{(m_1 + m_2) c_\text{W}} = \underline{7{,}5\ °\text{C}}$$

2. $Q = m(h_D - c_W \vartheta_W) = 10\,250\text{ kg} \cdot (3\,188 - 360)\text{ kJ/kg} = 29 \cdot 10^6\text{ kJ}$;
$\eta = \frac{29}{35} = \underline{0,83}$

3. Mit der Dampfdichte ϱ, der Dichte des Wassers ϱ_W und der spezifischen Verdampfungswärme r gilt $[(2/3)V - V_W]\varrho = V_W \varrho_W$; daraus folgen $V_W = \underline{13,4\text{ cm}^3}$; $Q = [(2/3)V - V_W]\varrho r = \underline{29,6\text{ kJ}}$

4. $m_1(\vartheta_2 - \vartheta_1)c_W = m_2(h_D - h_W)$; $m_2 = \underline{455\text{ kg}}$

5. $m_1 h_D + m_2 \vartheta_2 c_W = (m_1 + m_2)\vartheta_1 c_W$; $m_2 = \underline{35,8\text{ kg}}$

6. $m = \frac{Q}{r} = \underline{604,9\text{ kg}}$; $\frac{V}{t} = \frac{m}{\varrho t} = \underline{185,6\text{ m}^3/\text{h}}$;

$A = 113,1\text{ cm}^2$; $\quad v = \frac{V}{tA} = \underline{4,56\text{ m/s}}$

7. $P_{zu} = \frac{m}{t}(h_D - h_W) = 1,64 \cdot 10^6\text{ kJ/h}$; $P_{ab} = \eta P_{zu} = \underline{61,5\text{ kW}}$

8. $Q = \frac{m(h_D - h_W)}{\eta} = 1,55 \cdot 10^6\text{ kJ}$; $m' = \frac{Q}{q_W} = \underline{54,4\text{ kg}}$

9. a) $m = V\Delta\varrho = \underline{0,291\text{ kg}}$

b) Differenz der Flüssigkeitswärmen

$Q = 2\,000\text{ kg} \cdot (150 - 140) \cdot 4,19\text{ kJ/kg} = \underline{83,8\text{ MJ}}$;

die Differenz der Dampfwärmen wird vernachlässigt.

c) $m' = \frac{Q}{r} = \underline{39\text{ kg}}$

10. $m_1 h_{W1} = (m_1 - m_2)h_{W2} + m_2 h_{D1}$; $\quad m_2 = \underline{9\,540\text{ kg}}$

11. Aus der Proportion $(r_0 - r_{100}) : 100 = (r_{20} - r_{100}) : 80$ folgt

$r_{20} - r_{100} = 195,12\text{ kJ/kg}$; $r_{20} = 195,12\text{ kJ/kg} + r_{100} = \underline{2\,451,8\text{ kJ/kg}}$

12. Partialdruck der Luft $p_L = \frac{p_1 T_2}{T_1} = \frac{96\text{ kPa} \cdot 373,2\text{ K}}{293,2\text{ K}} = 122\text{ kPa}$;

Partialdruck des Dampfes $p_D = 101,3$ kPa; Gesamtdruck 223 kPa; Überdruck $(223 - 96)$ kPa $= \underline{127\text{ kPa}}$

13. Die maximale absolute Feuchte $\varrho_{W\,max}$ ist temperaturabhängig. Nach Tabellen, z. B. Lindner, Physik für Ingenieure (1993), S. 238, ist bei $\vartheta = 17\text{ °C}$ $\varrho_{W\,max} = 14,5 \cdot 10^{-3}\text{ kg/m}^3$. Daraus folgt

$\varrho_W = \varrho_{W\,max} \cdot 0,55 = \underline{7,98 \cdot 10^3\text{ kg/m}^3}$

14. $\varrho_W = \varrho_{W\,max\,16\,°C} = \underline{13,6 \cdot 10^{-3}\text{ kg/m}^3}$;

$\varrho_{\mathrm{W\,max\,19\,°C}} = 16{,}35 \cdot 10^{-3}\ \mathrm{kg/m^3}$;

$$f = \frac{\varrho_{\mathrm{W}} \cdot 100\ \%}{\varrho_{\mathrm{W\,max\,19\,°C}}} = \underline{83{,}2\ \%}$$

15. $\varrho_{\mathrm{W}} = \frac{m}{V} = \frac{0{,}82\ \mathrm{g}}{0{,}075\ \mathrm{m^3}} = \underline{10{,}93 \cdot 10^{-3}\ \mathrm{kg/m^3}}$;

$$f = \frac{10{,}93 \cdot 100\ \%}{19{,}4} = \underline{56{,}3\ \%}$$

16. Bei 19 °C ist $\varrho_{\mathrm{W\,max\,1}} = 16{,}35 \cdot 10^{-3}\ \mathrm{kg/m^3}$,

bei 4 °C $\varrho_{\mathrm{W\,max\,2}} = 6{,}4 \cdot 10^{-3}\ \mathrm{kg/m^3}$;

Wassermenge bei 19 °C $m_1 = \varrho_{\mathrm{W\,max\,1}} V f = 3{,}065$ kg; maximale Wassermenge $m_2 = \varrho_{\mathrm{W\,max\,2}} V = 1{,}6$ kg; $m_1 - m_2 = \underline{1{,}466\ \mathrm{kg}}$

17. $m_1 = V \varrho_{\mathrm{W\,max}} \Delta f$
$= 180\ \mathrm{m^3} \cdot 21{,}8 \cdot 10^{-3}\ \mathrm{kg/m^3} (0{,}70 - 0{,}25) = \underline{1{,}766\ \mathrm{kg}}$

18. a) Sättigungsdruck bei 20 °C laut Tabelle bei Lindner (1993), S. 238, $p' = 2{,}34$ kPa, bei 60 % Sättigung $p_1 = p' \cdot 0{,}6 = 1{,}4$ kPa; Partialdruck der Luft $p_2 = p - p_1 = 94{,}6$ kPa; Wassermenge laut Tabelle bzw. nach Rechnung $m_1 = 10{,}4$ g; Masse der Luft
$m_2 = \frac{p_2 V}{R_{\mathrm{s}} T} = 1{,}124$ kg; Gesamtmasse $m = m_1 + m_2 = \underline{1{,}134\ \mathrm{kg}}$

b) $m = \frac{pV}{R_{\mathrm{s}} T} = \underline{1{,}142\ \mathrm{kg}}$

19. a) $\varrho_{\mathrm{W}} = \frac{m}{V} = \frac{0{,}4\ \mathrm{g}}{0{,}06\ \mathrm{m^3}} = 6{,}67 \cdot 10^{-3}\ \mathrm{kg/m^3}$;

$\varrho_{\mathrm{W\,max}} = 10{,}7 \cdot 10^{-3}\ \mathrm{kg/m^3}$;

$$f = \frac{\varrho_{\mathrm{W}} \cdot 100\ \%}{\varrho_{\mathrm{W\,max}}} = \underline{62{,}3\ \%}$$

b) Dem Sättigungswert $6{,}67 \cdot 10^{-3}\ \mathrm{kg/m^3}$ entspricht die Temperatur (Interpolation nach Tabelle bei Lindner (1993), S. 238) $\underline{4{,}6\ °\mathrm{C}}$.

20. Partialdruck des Dampfes bei −5 °C ist laut Tabelle bei Lindner (1993), S. 238, 0,401 kPa.

Hieraus Partialdruck der Luft $(98{,}1 - 0{,}401)\ \mathrm{kPa} = 97{,}7\ \mathrm{kPa}$;

Partialdruck der Luft bei 22 °C ist $\frac{97{,}7 \cdot 295{,}2}{268{,}2}\ \mathrm{kPa} = 107{,}54\ \mathrm{kPa}$;

Partialdruck des Dampfes bei 22 °C $(109{,}1 - 107{,}54)\ \mathrm{kPa} = 1{,}56\ \mathrm{kPa}$;

Sättigungsdruck bei 22 °C laut Tabelle bei Lindner (1993), S. 238, 2,64 kPa;

$$f = \frac{1{,}56 \cdot 100\,\%}{2{,}64} = \underline{59{,}1\,\%}$$

Lösungen 4.4 Kinetische Gastheorie

$k = 1{,}3807 \cdot 10^{-23}$ J/K Boltzmann-Konstante

1. $n = \dfrac{p}{kT} = \dfrac{10^{-6}\ \mathrm{N/m^2}}{1{,}38 \cdot 10^{-23}\ \mathrm{N \cdot m/K} \cdot 288{,}15\ \mathrm{K}} = \underline{2{,}51 \cdot 10^{14}\ \mathrm{m^{-3}}}$

2. $T = \dfrac{p}{nk} = \dfrac{10^{-8}\ \mathrm{N/m^2}}{10^{12} \cdot 1/\mathrm{m^3} \cdot 1{,}38 \cdot 10^{-23}\ \mathrm{N \cdot m/K}} = \underline{725\ \mathrm{K}}$

3. Aus $p = \dfrac{\varrho v^2}{3}$ folgt $v = \sqrt{\dfrac{3p}{\varrho}} = \underline{1\,310\ \mathrm{m/s}}$

4. $E = \dfrac{3}{2} m R_\mathrm{s} T = \dfrac{3}{2} pV = \underline{0{,}75\ \mathrm{J}}$

5. Mit der Teilchendichte n ergibt sich aus $E = \dfrac{3}{2} VnkT$

$$T = \frac{2E}{3Vnk} = \frac{2E}{3Nk} = \frac{2 \cdot 5\ \mathrm{N \cdot m}}{3 \cdot 6{,}474 \cdot 10^{20} \cdot 1{,}38 \cdot 10^{-23}\ \mathrm{N \cdot m/K}} = \underline{373{,}1\ \mathrm{K}};$$

$$p = \frac{mv^2}{3V} = \frac{2E}{3V} = \underline{166{,}7\ \mathrm{kPa}}$$

6. Nach Dividieren der beiden Gleichungen $p_1 = n_1 k T_1$ und $p_2 = n_2 k T_2$ ist das Verhältnis der Teilchendichten $n_1 : n_2 = 1 : 0{,}74$; es sind demnach $\underline{26\,\%}$ der Moleküle entwichen.

7. Aus $\dfrac{m_0 v^2}{2} = E$ und dem Impuls $I = m_0 v$ folgt $N_\mathrm{A} = \dfrac{1}{m_0} = \dfrac{2E}{I^2}$ und

hieraus $M_\mathrm{r} = \dfrac{6{,}022 \cdot 10^{26} I^2}{\mathrm{kg} \cdot 2E} = \underline{83{,}8}$, d. h. Krypton

8. $p = \dfrac{kT}{\pi \sqrt{2} \lambda\, d_\mathrm{m}^2} = \underline{99\ \mathrm{mPa}}$

9. $E = \dfrac{3kT}{2} = 4{,}14 \cdot 10^{-16}\ \mathrm{J} = \underline{2{,}58\ \mathrm{keV}};$

$p = nkT = \underline{138\ \mathrm{TPa}}$

10. Mit $kT = \frac{2E}{3}$ wird $p = \frac{2E}{3\pi\sqrt{2}\lambda\, d_\mathrm{m}^2} = \underline{2,67\ \mathrm{Pa}}$

11. Mit $n = \varrho N_\mathrm{A}$ wird $\lambda = \frac{1}{\pi\sqrt{2}d_\mathrm{m}^2 \varrho N_\mathrm{A}} = \underline{0,40\ \mathrm{m}}$

12. Aus $\frac{2}{1} = \sqrt{\frac{3RT_2}{3RT_1}}$ wird $4 \cdot 293 = 273 + \vartheta_1$ und $\vartheta_1 = \underline{899\ °\mathrm{C}}$

13. Aus $z = \pi\sqrt{2}r^2 vn$ folgt durch Einsetzen $z = \pi\sqrt{2}r^2\sqrt{3RT}\,\varrho N_\mathrm{A}$; mit $\varrho = \frac{p}{RT}$ und $\frac{R}{N_\mathrm{A}} = k$ wird schließlich

$$z = \frac{\pi\sqrt{2}r^2 p\sqrt{3R}}{k\sqrt{T}} = \underline{1,36 \cdot 10^{10}\ \mathrm{s}^{-1}}$$

Lösungen 4.5 Ausbreitung der Wärme

1. $Q = mc_\mathrm{W}\Delta T = 5\ \mathrm{kg} \cdot 4,18\ \mathrm{kJ/(kg \cdot K)} \cdot (20 - 18)\ \mathrm{K} = 41,8\ \mathrm{kJ}$

$$\lambda = \frac{Ql}{At(\vartheta_1 - \vartheta_2)};$$

$$\lambda = \frac{41,8\ \mathrm{kJ} \cdot 0,06\ \mathrm{m}}{\frac{1}{60}\ \mathrm{h} \cdot 0,25\ \mathrm{m}^2 (85 - 19)\ \mathrm{K}} = \underline{9,12\ \mathrm{kJ(m \cdot h \cdot K)}}$$

2. $Q = \frac{\lambda\,\Delta T A t}{l} = \underline{83,72\ \mathrm{MJ}}$

3. $\Delta T = \frac{Q}{\alpha t A} = 14,1\ \mathrm{K}$; $\vartheta_2 = \underline{29,1\ °\mathrm{C}}$

4. $\frac{1}{k} = \left(\frac{1}{20} + \frac{1}{50} + \frac{0,004}{3}\right)\ \mathrm{m}^2 \cdot \mathrm{h} \cdot \mathrm{K/kJ} = 0,071\ \mathrm{m}^2 \cdot \mathrm{h} \cdot \mathrm{K/kJ}$;

$$Q = kAt(\vartheta_1 - \vartheta_2) = \frac{8\ \mathrm{m}^2 \cdot 8\ \mathrm{h} \cdot (18 + 5)\ \mathrm{K}}{0,071\ \mathrm{m}^2 \cdot \mathrm{h} \cdot \mathrm{K/kJ}} = \underline{20,73\ \mathrm{MJ}}$$

5. a) $\frac{1}{k} = \left(\frac{1}{20} + \frac{1}{60} + \frac{0,25}{2}\right)\ \mathrm{m}^2 \cdot \mathrm{h} \cdot \mathrm{K/kJ} = 0,192\ \mathrm{m}^2 \cdot \mathrm{h} \cdot \mathrm{K/kJ}$;

$k = \underline{5,21\ \mathrm{kJ/(m^2 \cdot h \cdot K)}}$

b) Für den Wärmefluss gilt $Q = kAt(\vartheta_1 - \vartheta_2) = \alpha_1 At(\vartheta_1 - \vartheta_1')$; hieraus folgt $\vartheta_1' = \underline{15,1\ °\mathrm{C}}$;

$Q = kAt(\vartheta_1 - \vartheta_2) = \alpha_2 At(\vartheta_2' - \vartheta_2)$; $\vartheta_2' = \underline{5,3\ °\mathrm{C}}$

6. Absolute Feuchte
$\varrho_W = (15{,}4 \cdot 0{,}7) \cdot 10^{-3}\ \mathrm{kg/m^3} = 10{,}78 \cdot 10^{-3}\ \mathrm{kg/m^3}$;
Taupunkt nach Tabellen, z. B. in Lindner, Physik für Ingenieure (1993), S. 238, $\vartheta_1' = 12\ °\mathrm{C}$;

$$\frac{1}{k} = \frac{1}{20} + \frac{1}{50} + \frac{0{,}003}{3} = 0{,}071;$$

Wärmedurchgangskoeffizient $k = 14{,}08\ \mathrm{kJ/(m^2 \cdot h \cdot K)}$;

$$Q = kAt(\vartheta_1 - \vartheta_2) = \alpha_1 At(\vartheta_1 - \vartheta_1');\ \vartheta_2 = \underline{9{,}5\ °\mathrm{C}}$$

7. $$l_1 = \frac{\lambda_1 l_2}{\lambda_2} = \underline{0{,}235\ \mathrm{m}}$$

8. Drahtquerschnitt $A = \pi d^2/4$; Drahtoberfläche $A' = \pi dl$; umgesetzte Leistung $P = I^2 R = \dfrac{I^2 \varrho l}{A}$;

$$\alpha = \frac{P}{A'\Delta T} = \frac{4I^2 \varrho l}{\pi d^2 \pi dl \Delta T} = \frac{4I^2 \varrho}{\pi^2 d^3 \Delta T} = \underline{42{,}9\ \mathrm{W/(m^2 \cdot K)}}$$
$$= \underline{154{,}4\ \mathrm{kJ/(m^2 \cdot h \cdot K)}}$$

9. $$\frac{1}{k} = \left(\frac{1}{105} + \frac{1}{25} + 0{,}05 + \frac{2 \cdot 0{,}004}{2{,}7}\right) \frac{\mathrm{m^2 \cdot h \cdot K}}{\mathrm{kJ}}$$
$$= 0{,}1025\ \mathrm{m^2 \cdot h \cdot K/kJ};$$

$$Q = kAt\Delta T = \underline{1{,}112\ \mathrm{MJ}}$$

10. (Bild L4.5.1)

$$Q_1 = \alpha_1 At(\vartheta_1 - \vartheta_1');\ \vartheta_1' = \underline{26{,}5\ °\mathrm{C}}$$

$$Q_2 = \frac{\lambda}{d} At(\vartheta_1' - \vartheta_2');\ \vartheta_2' = \underline{26{,}0\ °\mathrm{C}}$$

$$Q_3 = \alpha_2 At(\vartheta_4' - \vartheta_2);\ \vartheta_4' = \underline{6{,}8\ °\mathrm{C}}$$

$$Q_4 = \frac{\lambda}{d} At(\vartheta_3' - \vartheta_4');\ \vartheta_3' = \underline{7{,}4\ °\mathrm{C}}$$

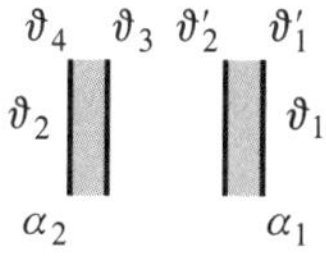

Bild L4.5.1

11. Für den Wärmedurchgangskoeffizienten k gilt $\dfrac{1}{k} = \dfrac{1}{\alpha_1} + \dfrac{1}{\alpha_2}$;

$$k = 305\ \mathrm{kJ/(m^2 \cdot h \cdot K)};\ Q = kAt\Delta T = \underline{76{,}24\ \mathrm{MJ}}$$

12. $$\alpha = \frac{Q}{At(\vartheta_1 - \vartheta_2)} = \underline{6{,}25\ \mathrm{MJ/(m^2 \cdot h \cdot K)}}$$

13. $$\alpha_1 = \frac{Q}{At(\vartheta_1 - \vartheta_2)} = \frac{480\ \mathrm{MJ/(m^2 \cdot h)}}{1{,}6\ \mathrm{K}} = \underline{300\ \mathrm{MJ/(m^2 \cdot h \cdot K)}};$$

$$\alpha_2 = \underline{6{,}88\ \mathrm{MJ/(m^2 \cdot h \cdot K)}};$$

$$\lambda = \frac{4{,}8 \cdot 10^5\ \mathrm{kJ/(m^2 \cdot h)} \cdot 10^{-3}\ \mathrm{m}}{6\ \mathrm{K}} = \underline{80\ \mathrm{kJ/(m \cdot h \cdot K)}}$$

14. Mit $\vartheta = \vartheta_{\text{Messung}} - A\,\mathrm{e}^{-Bt}$ ergibt sich für die zeitliche Temperaturänderung $\dfrac{\mathrm{d}\vartheta}{\mathrm{d}t} = AB\,\mathrm{e}^{-Bt} \approx \dfrac{\Delta\vartheta}{\Delta t}$. Die Berechnung von B erfolgt aus zwei aufeinander folgenden Messwerten der Temperatur und der Zeit durch $B = \dfrac{1}{t_2 - t_1} \ln\left[\dfrac{\Delta\vartheta_1}{\Delta t_1} : \dfrac{\Delta\vartheta_2}{\Delta t_2}\right]$ und die wahre Gebirgstemperatur aus $\vartheta = \vartheta_{\text{Messung}} - \dfrac{1}{B}\dfrac{\Delta\vartheta}{\Delta t}$. An beiden Messpunkten folgen:

$z_A = 91{,}5$ m: $\quad B_A = 0{,}0785\ \mathrm{min^{-1}}$, $\vartheta_A = 9{,}65$ °C

$z_B = 134$ m: $\quad B_B = 0{,}231\ \mathrm{min^{-1}}$, $\vartheta_B = 10{,}92$ °C

Geothermische Wärmestromdichte

$$q_{th} = \lambda\,\frac{\Delta(\vartheta_B - \vartheta_A)}{\Delta(z_B - z_A)} = 2{,}64\,\frac{\mathrm{W}}{\mathrm{m \cdot K}}\,\frac{1{,}27\ \mathrm{K}}{42{,}5\ \mathrm{m}} = \underline{0{,}079\ \mathrm{W/m^2}}$$

15. Aus $\ln\dfrac{\Delta\vartheta_0}{\Delta\vartheta} = Kt$ folgt $K = \dfrac{\ln(180/100)}{5\ \mathrm{min}} = \underline{0{,}118\ \mathrm{min^{-1}}}$

16. $\Delta\vartheta = \Delta\vartheta_0\,\mathrm{e}^{-Kt} = 65\ \mathrm{K} \cdot 0{,}30 = 19{,}5\ \mathrm{K}$; $\vartheta = \underline{34{,}5\ °\mathrm{C}}$

17. Aus $\ln\dfrac{\Delta\vartheta_1}{\Delta\vartheta_0} = -Kt_1$ sowie $\ln\dfrac{\Delta\vartheta_2}{\Delta\vartheta_0} = -Kt_2$ folgt durch Dividieren $\dfrac{\ln\Delta\vartheta_0/\Delta\vartheta_2}{\ln\Delta\vartheta_0/\Delta\vartheta_1} = \dfrac{t_2}{t_1}$; $t_2 = t_1\,\dfrac{\ln(75/15)}{\ln(75/55)} = \underline{51{,}9\ \mathrm{min}}$

18. Aus dem in Aufgabe 15 genannten Ansatz folgt die Gleichung

$$\frac{\vartheta_0}{2} - \vartheta_u = (\vartheta_0 - \vartheta_u)\,\mathrm{e}^{-Kt_{1/2}}; \quad t_{1/2} = \frac{1}{K}\ln\frac{\vartheta_0 - \vartheta_u}{\vartheta_0/2 - \vartheta_u}$$

19. Der Emmisionsgrad für blankes Kupfer ist kleiner als für angestrichenes. Daher erhitzt sich die blanke Schiene bei gleicher Wärmezufuhr stärker.

20. Da $(100 - 86)\ \% = 14\ \%$ aller Strahlen absorbiert werden, ist der Absorbtionsgrad $\alpha' = 0{,}14$; wegen $\dfrac{\varepsilon}{\alpha'} = \varepsilon_s = 1$ ist $\varepsilon = \underline{0{,}14}$

21. Oberfläche $A = 251\ \mathrm{cm^2}$; $P = \dfrac{Q}{t} = \varepsilon\sigma A(T_1^4 - T_2^4) = \underline{1{,}04\ \mathrm{kW}}$

22. $2\sigma T^4 = 0{,}138\ \mathrm{J/(cm^2 \cdot s)} = 1380\ \mathrm{W/m^2}$; $T = 332{,}1\ \mathrm{K} \mathrel{\hat{=}} \underline{58{,}9\ °\mathrm{C}}$

23. Die abgestrahlte Leistung ist $P = \varepsilon\sigma A(T_1^4 - T_2^4)$; hieraus ergibt sich mit $A = 314\ \text{cm}^2$ und $T_2 = 291{,}2\ \text{K}$:

$$T_1 = \sqrt[4]{\frac{P}{\varepsilon\sigma A} + T_2^4} = 986\ \text{K oder } \underline{713\ °\text{C}}$$

24. Aufgenommene Leistung $P = \dfrac{U^2}{R} = \dfrac{U^2 d^2 \pi}{4\varrho l}$; abgestrahlte Leistung $P = \varepsilon\sigma d\pi l(T_1^4 - T_2^4)$; durch Gleichsetzen ergibt sich

$$d = \frac{\varepsilon\sigma l^2(T_1^4 - T_2^4)4\varrho}{U^2} = \underline{1{,}1\ \text{mm}}$$

25. Je Längeneinheit und Stunde werden aufgenommen $Q = I^2Rt = 25{,}5\ \text{kJ}$ und abgestrahlt $Q = \varepsilon\sigma d\pi lt(T_1^4 - T_2^4) = 3{,}8\ \text{kJ}$; für den Wärmeübergang verbleiben $21{,}7\ \text{kJ}$; hieraus folgt

$$\alpha = \frac{Q}{At\Delta T} = \underline{131{,}6\ \text{kJ}/(\text{m}^2 \cdot \text{h} \cdot \text{K})}$$

26. Aus dem Gesetz von Stefan-Boltzmann folgt

$$T_1 = \sqrt[4]{\frac{P}{\varepsilon\sigma A} + T_1^4} = 978{,}0\ \text{K} \mathrel{\widehat{=}} \underline{704{,}8\ °\text{C}}$$

27. Durchmesser des Sonnenbildes $d = 20\ \text{cm} \cdot \tan 32' = 1{,}862\ \text{mm}$; Oberfläche der Kugel $A = 4\pi r^2 = 1{,}09 \cdot 10^{-5}\ \text{m}^2$; Linsenoberfläche $A_\text{L} = 78{,}54\ \text{cm}^2$; A_L empfängt die Leistung

$$P = 1{,}37 \cdot 10^3\ \text{W/m}^2 \cdot 78{,}5 \cdot 10^{-4}\ \text{m}^2 = 10{,}75\ \text{W};$$

$$T_1 = \sqrt[4]{\frac{P}{\varepsilon\sigma A} + T_2^4} = 2\,760\ \text{K} \mathrel{\widehat{=}} \underline{2\,487\ °\text{C}}$$

28. Stündliche Strahlung der Kohle: $Q_1 = \varepsilon_1\sigma A_1 t(T_2^4 - T_1^4) = 420\ \text{MJ}$;
stündliche Strahlung der Flamme: $Q_2 = \varepsilon_2\sigma A_2 t(T_3^4 - T_1^4) = 307\ \text{MJ}$;
stündlicher Wärmeübergang: $Q_3 = \alpha A_3 t(T_3 - T_1) = 69\ \text{MJ}$;
Gesamtstrahlung: $Q = Q_1 + Q_2 + Q_3 = \underline{796\ \text{MJ}}$

29.
$$\begin{aligned} Q &= \varepsilon\sigma At(T_1^4 - T_2^4) \\ &= 5{,}67 \cdot 10^{-8}\ \text{W/m}^2 \cdot 3\,600\ \text{s} \cdot 0{,}06\ \text{m}^2(1\,623^4 - 298^4)\ \text{K}^4 \\ &= \underline{84{,}9\ \text{MJ}} \end{aligned}$$

Lösungen 4.6 Zweiter Hauptsatz

1.
$$S = \int \frac{\text{d}Q}{T} = cm \int \frac{\text{d}T}{T} = cm \ln \frac{T_2}{T_1} = \frac{4{,}187\ \text{kJ} \cdot 5\ \text{kg}}{\text{kg} \cdot \text{K}} \ln \frac{298}{273} = \underline{1{,}83\ \text{kJ/K}}$$

2. Aus $s = c\ \ln(T/T_0)$ wird $T = T_0\,e^{s/c}$; $s/c = 0{,}293\,06$;
$T = 366{,}2\ \text{K} \mathrel{\widehat{=}} \underline{93\ °\text{C}}$

3. $m_1\ \ln(T_1/T_0) = m_2\ \ln(T_2/T_0)$; $m_2 = \dfrac{500 \cdot 0{,}1364\ \text{g}}{1{,}2425} = \underline{266\ \text{g}}$

4. Mischtemperatur $\vartheta_m = \dfrac{c_1 m_1 \vartheta_1 + c_2 m_2 \vartheta_2}{c_1 m_1 + c_2 m_2} = 74{,}7\ °\text{C} \mathrel{\widehat{=}} 347{,}9\ \text{K}$;

Entropie vor dem Mischen:

$$\begin{aligned} \text{Wasser } S_{W1} &= c_1 m_1\ \ln(T_1/T_0) = 1{,}3069\ \text{kJ/K} \\ \text{Alkohol } S_{A2} &= c_2 m_2\ \ln(T_2/T_0) = \underline{0{,}1373\ \text{kJ/K}} \\ S_I &= 1{,}4442\ \text{kJ/K} \end{aligned}$$

Entropie nach dem Mischen:

$$\begin{aligned} S_{Wm} &= c_1 m_1\ \ln(T_m/T_0) = 1{,}0127\ \text{kJ/K} \\ S_{Am} &= c_2 m_2\ \ln(T_m/T_0) = \underline{0{,}4699\ \text{kJ/K}} \\ S_{II} &= 1{,}4826\ \text{kJ/K} \end{aligned}$$

$$\Delta S = (1{,}4826 - 1{,}4442)\ \text{kJ/K} = \underline{0{,}0384\ \text{kJ/K}}$$

5. $2cm\ \ln(T/T_0) = cm\ \ln(1{,}2T/T_0)$;
$2\ \ln(T/T_0) = \ln 1{,}2 + \ln(T/T_0)$; $T/T_0 = 1{,}2$;
$T = 327{,}8\ \text{K} \mathrel{\widehat{=}} \underline{54{,}6\ °\text{C}}$

6. $s = s_{Fl} + s_{verd} = c \displaystyle\int \frac{dT}{T} + \frac{r}{T}$;
$s = c\ \ln(431/273) = 1{,}912\ \text{kJ/(kg} \cdot \text{K)}$
$r = (s - s_{Fl})T = \dfrac{(6{,}762 - 1{,}912)\ \text{kJ} \cdot 431\ \text{K}}{\text{kg} \cdot \text{K}} = \underline{2090\ \text{kJ/kg}}$

7. $\Delta S = \displaystyle\int \frac{dQ}{T}$; nach dem 1. Hauptsatz ist $dQ = p\,dV$ und mit der zweiten Form der Zustandsgleichung idealer Gase $T = \dfrac{pV}{mR_s}$ folgt

$$\Delta S = \frac{p\,dV\,mR_s}{pV} = mR_s \int_{V_1}^{V_2} \frac{dV}{V} = mR_s\ \ln 2 = \underline{198{,}8\ \text{J/K}}$$

8. $\Delta S = \displaystyle\int \frac{dQ}{T} = mc_p \int \frac{dT}{T}$; aus der zweiten Form der Zustandsgleichung folgt $T = \dfrac{pV}{mR_s}$ sowie $dT = \dfrac{p\,dV}{mR_s}$; dies eingesetzt ergibt

$$\Delta S = c_p m \int_{V_1}^{V_2} \frac{\mathrm{d}V}{V} = c_p m \ln(V_2/V_1);$$

$$\Delta S = -\frac{2\ \text{kg} \cdot 1{,}038\ \text{kJ} \cdot \ln 10}{\text{kg} \cdot \text{K}} = \underline{-4{,}78\ \text{kJ/K}}$$

9. Die Entropieänderung zwischen den zwei Zuständen *1* und *2*

$$S_2 - S_1 = \int_1^2 \frac{\mathrm{d}Q}{T} \text{ ergibt:}$$

beim Erwärmen: $\mathrm{d}Q = mc\,\mathrm{d}T$, d. h.: $\Delta S = mc \ln \dfrac{T_2}{T_1}$

beim Schmelzen und Verdampfen: $\displaystyle\int \frac{\mathrm{d}Q}{T} = \frac{mq}{T}$

Damit folgt für die Gesamtentropieänderung (mit $\vartheta_3 = 0\ °\text{C}$)

$$\Delta S = m\left(c_{\text{Eis}} \ln \frac{T_3}{T_1} + \frac{q_{\text{s}}}{T_3} + c_{\text{Wasser}} \ln \frac{T_2}{T_3} + \frac{r}{T_2}\right) = \underline{87{,}4\ \text{J/K}}$$

10. Entropiezunahme beim Erwärmen:

$$\Delta S_1 = mc_{\text{Wasser}} \ln \frac{T_2}{T_1} = 10^{-3}\ \text{kg} \cdot 4{,}182 \cdot 10^3\ \frac{\text{J}}{\text{kg} \cdot \text{K}} \cdot \ln \frac{373\ \text{K}}{273\ \text{K}}$$

$$= 1{,}31\ \text{J/K}$$

Entropiezunahme beim Verdampfen:

$$\Delta S_2 = \frac{mr}{T_2} = \frac{10^{-3}\ \text{kg} \cdot 2{,}256 \cdot 10^6\ \text{J/kg}}{373\ \text{K}} = 6{,}05\ \text{J/K}$$

Gesamte Entropiezunahme: $\Delta S = \underline{7{,}35\ \text{J/K}}$

11. Aus der Entropieänderung beim Verdampfen $\Delta S = \dfrac{mr}{T}$ ergeben sich $mr = 4{,}2959\ \text{J}$. Mit $\ln \dfrac{p_2}{p_1} = \dfrac{r_0(T_2 - T_1)}{RT_1 T_2}$ folgt $p_2 = \underline{0{,}56\ \text{kPa}}$

12. Aus $\ln \dfrac{p_2}{p_1} = \dfrac{r_{\text{m}}(T_2 - T_1)}{RT_1 T_2} = 1{,}3415$ folgt $r_{\text{m}} = 42{,}5 \cdot 10^6\ \text{J/kmol}$.

Mit $r = \dfrac{r_{\text{m}}}{M} = \dfrac{42{,}5 \cdot 10^6\ \text{J/kmol}}{46\ \text{kg/kmol}} = 0{,}924 \cdot 10^6\ \text{J/kg}$ ergibt sich aus $Q = mr = 924\ \text{J}$ die Entropieänderung $\Delta S = \underline{2{,}86\ \text{J/K}}$

13. Die aufzuwendende innere molare Energie ist $\Delta U_{\text{m}} = r_{\text{m}} - W_{\text{m}}$. Mit $W_{\text{m}} = RT = 8{,}31 \cdot 10^3\ \dfrac{\text{J}}{\text{kmol} \cdot \text{K}} \cdot 350\ \text{K} = 2{,}91 \cdot 10^6\ \dfrac{\text{J}}{\text{kmol}}$ und der molaren Verdampfungswärme $r_m = 3{,}98 \cdot 10^5$ J/kg · 78 kg/kmol = $310{,}4 \cdot 10^5$ J/kmol ergibt sich $\Delta U_m = 28{,}13 \cdot 10^6$ J/kmol, d. h., auf 2 g Benzol entfallen $\underline{0{,}721\ \text{kJ}}$ innere Energie.

14. $x = \frac{\Delta U_m}{r_m} = \frac{r_m - W_m}{r_m} = 1 - \frac{RT}{r_m} = 1 - \frac{8{,}31 \cdot 10^3\ \text{J/(kmol} \cdot \text{K)} \cdot 373\ \text{K}}{22{,}6 \cdot 10^5\ \text{J/kg} \cdot 18\ \text{kg/kmol}}$
$= \underline{92{,}4\ \%}$

15. Lösung mit der Gleichung von Claudius-Clapeyron

$$\frac{\mathrm{d}p}{\mathrm{d}T} = \frac{q_{\text{s Eis}}}{T(1/\varrho_{\text{Wasser}} - 1/\varrho_{\text{Eis}})},$$

danach beträgt die Veränderung des Gefrierpunktes

$$\Delta T = \frac{T(1/\varrho_{\text{Wasser}} - 1/\varrho_{\text{Eis}})}{q_{\text{s Eis}}} \Delta p$$
$$= \frac{273\ \text{K}(-0{,}11 \cdot 10^{-3}\ \text{kg}^{-1}/\text{m}^{-3})}{334\ \text{kJ/kg}} 1 \cdot 10^7\ \text{Pa} = \underline{-0{,}89\ \text{K}}$$

16. Es entsteht der Druck $\Delta p = \frac{70\ \text{kg} \cdot 9{,}81\ \text{m/s}^2}{0{,}009\ \text{m}^2} = 76{,}3$ kPa. Mit dem Ansatz von Aufgabe 15 ergibt sich $\vartheta = \underline{-0{,}0069\ °\text{C}}$

17. Dem Wasser wird zunächst die Schmelzwärme des Eises entzogen

$Q_{\text{sm}} = q_s m = 334 \cdot 10^3\ \text{J/kg} \cdot 0{,}03\ \text{kg} = 10{,}02 \cdot 10^3\ \text{kJ}$

Die Temperatur im Wasser beträgt nach dem Schmelzen des Eises

$$\Delta T = \frac{Q_{\text{sm}}}{C} = \frac{10{,}02 \cdot 10^3\ \text{kJ}}{4\,182\ \text{J/(kg} \cdot \text{K)} \cdot 0{,}2\ \text{kg}} = \underline{11{,}98\ \text{K}},\ \text{d. h. } 18{,}02\ °\text{C}.$$

Das anschließende Vermischen der der beiden Wasseranteile mit 0 °C bzw. 18,02 °C ergibt die Endtemperatur von 15,67 °C. Die Mischtemperatur bei Zugabe von Wasser der Temperatur von 0 °C anstelle von Eis beträgt nur $\underline{26{,}1\ °\text{C}}$.

18. Am Tripelpunkt sind alle Phasen im Gleichgewicht. Aus dem Energieerhaltungssatz und der Gleichung von Clausius-Clapeyron folgen:

$$\frac{p_n - p_1}{\vartheta - \vartheta_1} = \frac{p_2 - p_1}{\vartheta_1 - \vartheta_2} + \frac{q_{\text{s Eis}}}{T(v_{\text{Eis}} - v_{\text{Wasser}})}$$
$$= \frac{46{,}26\ \text{Pa}}{1\ \text{K}} + \frac{334\ \text{kJ/kg}}{273\ \text{K}(0{,}091 \cdot 10^{-3}\ \text{m}^3/\text{kg})}$$

und $\vartheta = \underline{0{,}00749\ °\text{C}}$;

$$\frac{p - p_1}{\vartheta - \vartheta_1} = \frac{p_2 - p_1}{\vartheta_2 - \vartheta_1} \text{ und } p = \underline{610{,}71\ \text{Pa}}$$

19. Lösung über das 2. Raoult'sche Gesetz: $\Delta T = \dfrac{T^2 R}{\varrho_L q_s} \dfrac{M_L}{M_x} c'$.

Beide Schmelzkurven sind als Funktion der Dichte für die Konzentration $c' = 1 \cdot 10^3$ kg/m^3 zu berechnen (M_L molare Masse Lösungsmittel, M_x molare Masse des Gelösten). Dann folgen die Schmelzpunkterniedrigungen und die Schmelzpunktfunktionen
($\Delta\varrho$ ist auf $\varrho = 0,88 \cdot 10^3$ kg/m^3 bezogen):

Benzol	Chlorbenzol
$M = 78$ kg/mol	$M = 112,5$ kg/mol
$\Delta T = 51,6$ K $T = 5,5 - 0,478\Delta\varrho$	$\Delta T = 76,6$ K $T = -45 + 0,298(\Delta\varrho - 226)$

Durch Gleichsetzen der Funktionen ergibt sich der eutektische Punkt bei $\varrho = 1,03 \cdot 10^3$ kg/m^3 und $\vartheta = \underline{-67\ °\mathrm{C}}$

20. (Bild L4.6.1)

21. (Bild L4.6.2)

22. (Bild L4.6.3)

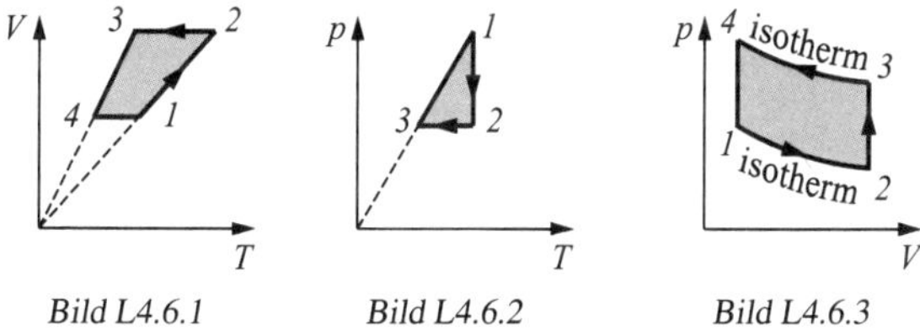

Bild L4.6.1 Bild L4.6.2 Bild L4.6.3

23. Die Adiabate *2 – 3* liefert $\dfrac{T_1}{T_2} = \left(\dfrac{V_3}{V_2}\right)^{\varkappa - 1}$ und daraus folgen

$$V_3 = V_2 \left(\frac{T_1}{T_2}\right)^{2,5} = \underline{9,76\ \mathrm{m}^3};\ p_3 = p_2 \left(\frac{V_2}{V_3}\right)^{1,4} = \underline{0,115\ \mathrm{MPa}};$$

Adiabate *4 – 1* liefert $\dfrac{T_1}{T_2} = \left(\dfrac{V_4}{V_1}\right)^{0,4}$ und daraus folgen

$$V_4 = V_1 \left(\frac{T_1}{T_2}\right)^{2,5} = \underline{4,88\ \mathrm{m}^3};$$

die untere Isotherme *3 – 4* ergibt $p_4 = \dfrac{p_3 V_3}{V_4} = \underline{0,23\ \mathrm{MPa}};$

$Q_1 = p_1 V_1 \ln \frac{p_1}{p_2} = \underline{1,11\ \text{MJ}};$

$Q_2 = p_3 V_3 \ln \frac{p_4}{p_3} = \underline{0,778\ \text{MJ}};\ \eta = \frac{T_1 - T_2}{T_1} = \underline{0,3}$

24. Nach der zweiten Form der Zustandsgleichung ist

$T_2 = \frac{V_2 T_1}{V_1} = \underline{1\,200\ \text{K}}$; in entsprechender Weise sind $T_3 = \underline{600\ \text{K}}$ und $T_4 = \underline{300\ \text{K}}$

25. a) Auf dem Weg *1 – 2* wird für 1 kg Luft die Wärme zugeführt $Q_{1,2} = c_p m(T_2 - T_1) = +603$ kJ; $Q_{2,3} = -430,8$ kJ; $Q_{3,4} = -301,5$ kJ; $Q_{4,1} = +215,4$ kJ; insgesamt sind zuzuführen $Q_1 = 818,4$ kJ und abzuführen $Q_2 = -732,3$ kJ; $\eta_{\text{therm}} = \frac{Q_1 + Q_2}{Q_1} = \underline{0,105}$

b) $\eta_{\text{rev}} = \frac{T_2 - T_4}{T_2} = \underline{0,75}$

26. Die beiden Isochoren ergeben $\frac{T_1}{T_2} = \frac{p_1}{p_4} = \frac{p_2}{p_3}$; hiernach ist $T_2 = \frac{p_4 T_1}{p_1} = \underline{200\ \text{K}}$; die Isothermen ergeben $\frac{V_2}{V_1} = \frac{p_1}{p_2} = \frac{p_4}{P_3}$; danach ist $p_2 = \frac{p_1 V_1}{V_2} = \underline{0,112\,5\ \text{MPa}}$ und $p_3 = \frac{p_4 V_1}{V_2} = \underline{37,5\ \text{kPa}};$

$\eta_{\text{rev}} = \underline{0,67}$

27. Auf dem Weg *1 – 2* wird die Wärme zugeführt $Q_1 = mR_s T_1 \ln(p_2/p_1)$; auf dem Weg *3 – 4* wird die Wärme abgegeben $Q_2 = mR_s T_2 \ln(p_3/p_4)$; wegen $p_2/p_1 = p_3/p_4$ ist $Q_1/Q_2 = T_1/T_2$; damit folgt

$\eta_{\text{therm}} = \frac{T_1 - T_2}{T_1} = \underline{0,67}$ und $\eta_{\text{therm}} = \eta_{\text{rev}}$ (Carnot-Prozess)

28. Aus $\eta = \frac{Q_1 - Q_2}{Q_1}$ wird $Q_2 = Q_1(1 - \eta) = \underline{800\ \text{J}};$

aus $\eta = \frac{T_1 - T_2}{T_1}$ folgt $T_2 = T_1(1 - \eta) = \underline{360\ \text{K}}$

29. a) $\eta_{\text{therm}} = \frac{h_1 - h_2}{h_1} = \underline{0,394}$ b) $\eta_{\text{rev}} = \frac{T_1 - T_2}{T_1} = \underline{0,602}$

30. $\eta_1 = \frac{(393 - 313)\ \text{K}}{393\ \text{K}} = 0,203\,6$; $\eta_2 = 0,407\,2$; aus $\eta_2 = \frac{T_x - T_2}{T_x}$ wird

$T_x = \frac{T_2}{1 - \eta_2} = 528\ \text{K} \mathrel{\hat=} \underline{255\ °\text{C}}$

31. a) Beim idealen Carnot-Prozess gilt

$$\eta = \frac{Q_1 - Q_2}{Q_1} = \frac{T_1 - T_2}{T_1} = \frac{290 - 263}{290} = \underline{0{,}093}$$

b) $Q_2 = W_1 - W = W\dfrac{1-\eta}{\eta} = \underline{369{,}84\ \text{kJ}}$

c) $Q_1 = Q_2 + W = \underline{397{,}84\ \text{kJ}}$

32. a) $\eta_3 = \dfrac{300 - 275}{300} = \underline{0{,}083}$

b) $\eta_2 = \dfrac{1 - \eta_3}{\eta_3} = \underline{11{,}0}$

c) $\eta_1 = \dfrac{1}{1 - \eta_3} = \underline{1{,}091}$

33. Mit Q_0 kann die Arbeit $W = \eta_2 Q_0$ verrichtet werden. Der Wirkungsgrad der Wärmemaschine beträgt $\eta_2 = \dfrac{T_1 - T_2}{T_1} = \dfrac{373 - 273}{373} = 0{,}268$. Die dem Raum zugeführte Wärmemenge ergibt sich aus dem Wirkungsgrad der Kältemaschine mit $Q_1 = W/\eta_3$;

$$\eta_3 = \frac{T_3 - T_4}{T_3} = \frac{289 - 263}{289}.$$

Daraus folgt für das Verhältnis der beiden Wärmemengen

$$\frac{Q_1}{Q_0} = \frac{\eta_2}{\eta_3} = \frac{0{,}268}{0{,}090} \approx \underline{3}$$

34. Temperatur durch adiabatische Kompression

$$T_3 = T_2\left(\frac{p_2}{p_1}\right)^{\frac{\varkappa - 1}{\varkappa}} = 477\ \text{K}$$

Temperatur nach adiabatischer Entspannung

$$T_1 = T_4\left(\frac{p_1}{p_2}\right)^{\frac{\varkappa - 1}{\varkappa}} = 176\ \text{K}$$

Wärmemenge des Ammoniaks

$Q_1 = c_{\text{Am}}(T_2 - T_1) = 198{,}7\ \text{kJ/kg}$

an die Umgebung abgegebene Wärmemenge

$Q_2 = c_{\text{Am}}(T_3 - T_4) = 332{,}6\ \text{kJ/kg}$

durch mechanische Arbeit aufzubringende Wärmemenge

$Q_2 - Q_1 = 133{,}9\ \text{kJ/kg}$

Leistungsverhältnis

$$\varepsilon = \frac{Q_1}{Q_2 - Q_1} = \underline{1{,}48}$$

5 Optik

Lösungen 5.1 Reflexion des Lichtes

1. (Bild L5.1.1) Mit $e = 3$ m ergibt sich die scheinbare Entfernung $\overline{AP'} = 2\sqrt{e^2 + h^2} = \underline{7{,}21 \text{ m}}$

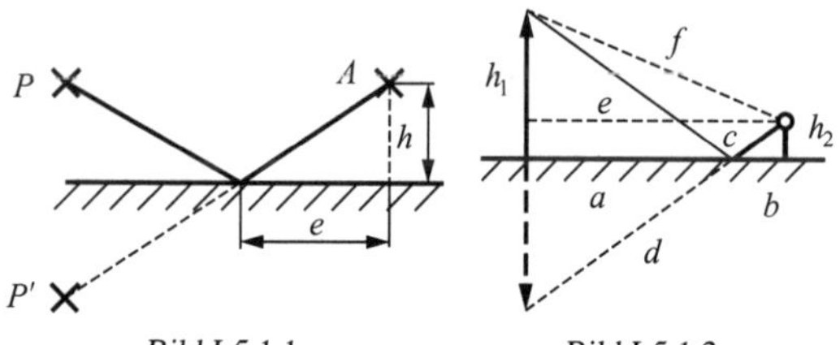

Bild L5.1.1 Bild L5.1.2

2. (Bild L5.1.2) Die Entfernung der beiden Fußpunkte ist $e = \sqrt{f^2 - (h_1 - h_2)^2} = 46{,}49$ m; für die Teilabstände des Reflexionspunktes gilt $\tan\alpha = \dfrac{h_2}{b} = \dfrac{h_1}{a}$, sodass wegen $a = e - b$ gilt: $h_2(e - b) = h_1 b$, woraus $b = 3{,}44$ m und $a = (46{,}49 - 3{,}44)$ m $= 43{,}05$ m; die beiden Lichtwege sind $c = \sqrt{h_2^2 + b^2} = 3{,}79$ m und $d = \sqrt{a^2 + h_1^2} = 47{,}47$ m, sodass $c + d = \underline{51{,}26 \text{ m}}$

3. Der Spiegel muss bei der aus Bild L5.1.3 ersichtlichen Aufhängung die halbe Länge des Betrachters haben.

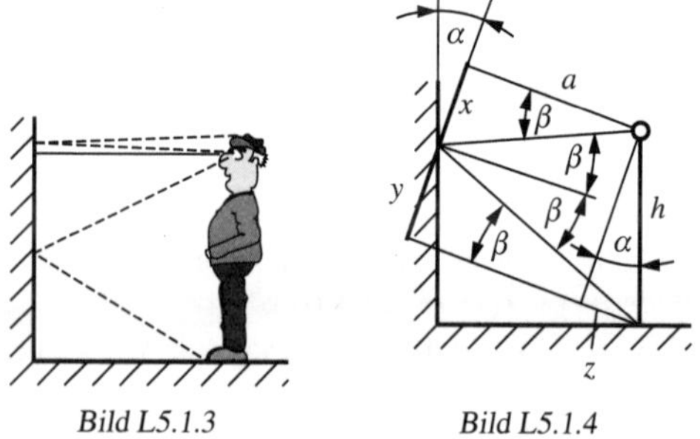

Bild L5.1.3 Bild L5.1.4

4. Aus den in Bild L5.1.4 auftretenden Dreiecken folgt $\dfrac{x}{y} = \dfrac{a}{a+z}$ sowie

$x + y = h\cos\alpha$, womit $x = h\cos\alpha - \dfrac{(a+z)x}{a}$. Mit $z = h\sin\alpha$ ergibt sich $x = \dfrac{ah\cos\alpha}{2a + h\sin\alpha} = \underline{0,61\text{ m}}$

5. $a = 2 \cdot 1,8\text{ mm} = \underline{3,6\text{ mm}}$

6. (Bild L5.1.5) Spiegel I kann man sich durch Drehung um $180° - \alpha$ in die Richtung des Spiegels II gebracht denken. Der auf Spiegel I fallende Strahl wird dann um das Doppelte, d. h. um $360° - 2\alpha$ gedreht.

7. (Bild L5.1.6) Da $\sin\alpha = \dfrac{r/2}{r} = 0,5$, also $\alpha = 30°$, ergibt sich für den gesuchten Winkel ebenfalls $30°$.

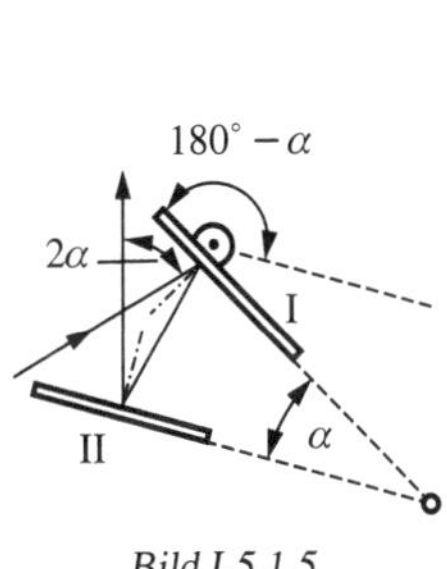

Bild L5.1.5

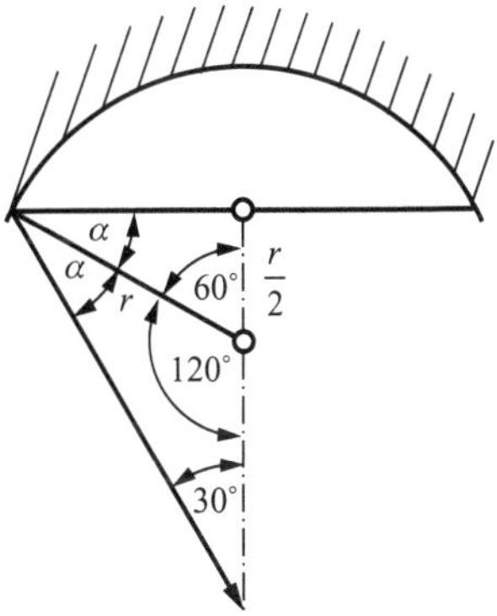

Bild L5.1.6

8. (Bild L5.1.7)

a) Die geometrischen Verhältnisse liefern die Proportion $\dfrac{r/2}{r} = \dfrac{h}{R_1}$ und $R_1 = \underline{12\text{ m}}$

b) $\dfrac{r/2}{r} = \dfrac{h-r}{R_2}$; $R_2 = \underline{10,8\text{ m}}$

9. (Bild L5.1.8) Es gelten die Proportionen $\dfrac{r/2}{p} = \dfrac{h}{R_2}$ und $\dfrac{x}{r-p} = \dfrac{b}{R_2}$, wonach $x = 0,033\text{ m} = \underline{33\text{ mm}}$

10. (Bild L5.1.9) Nach dem Reflexionsgesetz ergibt sich ein gleichschenkliges Dreieck, für das mit $r = 500$ mm und $\Delta f = 1$ mm gilt

$r^2 = 2\left(\dfrac{r}{2} + \Delta f\right)^2 - 2\left(\dfrac{r}{2} + \Delta f\right)^2 \cos\beta$, wonach $\cos\beta = -0,98409$;

$\gamma = 10,2°$; $\dfrac{d}{2} = \left(\dfrac{r}{2} + \Delta f\right)\sin\gamma$; $d = 89$ mm; $\dfrac{d}{f} = \dfrac{89}{250} = \underline{1:2,81}$

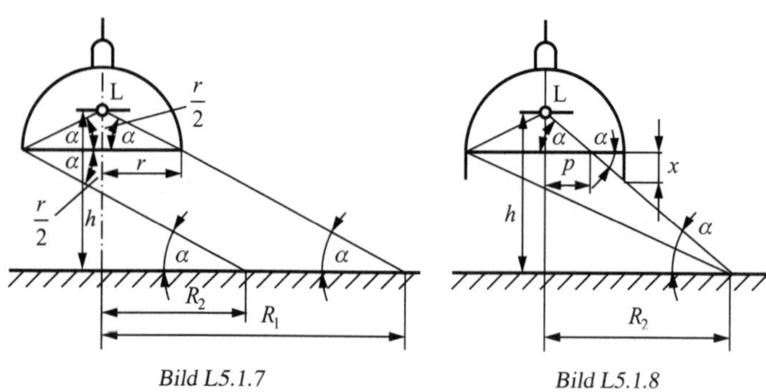

Bild L5.1.7

Bild L5.1.8

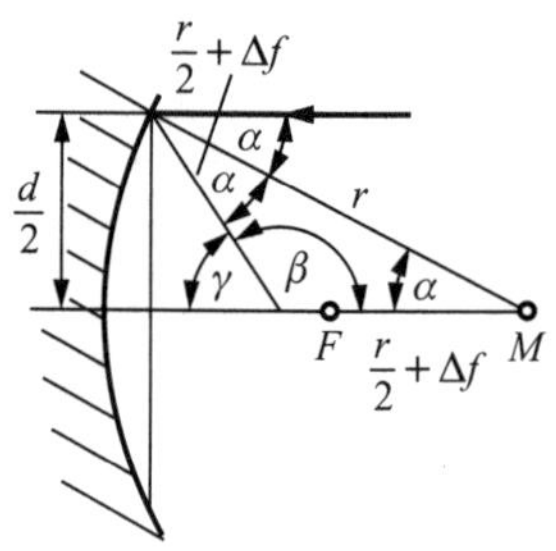

Bild L5.1.9

11. a) Mit $f = 25$ cm ist $b = \dfrac{af}{a-f} = \dfrac{(30 \cdot 25)\ \text{cm}^2}{(30-25)\ \text{cm}} = \underline{150\ \text{cm}}$

$B = \dfrac{bG}{a} = \dfrac{(150 \cdot 8)\ \text{cm}^2}{30\ \text{cm}} = \underline{40\ \text{cm}}$
(Bild erscheint umgekehrt, reell, vor dem Spiegel, vergrößert)

b) $f = 40$ cm; $b = \underline{-24\ \text{cm}}$; $B = \underline{-9{,}6\ \text{cm}}$
(Bild erscheint aufrecht, vergrößert, virtuell, hinter dem Spiegel)

c) $f = 20$ cm; $b = \underline{60\ \text{cm}}$; $B = \underline{24\ \text{cm}}$
(Bild erscheint umgekehrt, vergrößert, reell, vor dem Spiegel)

d) $f = 15$ cm; $b = \underline{\infty}$; $B = \underline{\infty}$
(kein Bild, paralleler Strahlenaustritt)

12. a) $\dfrac{B}{G} = \dfrac{b}{a} = 5$; $b = 5a$; $\dfrac{1}{f} = \dfrac{1}{a} + \dfrac{1}{5a}$; $a_1 = \underline{12\ \text{cm}}$; $b_1 = \underline{60\ \text{cm}}$

b) $b = -5a$; $a_2 = \underline{8\ \text{cm}}$; $b_2 = \underline{-40\ \text{cm}}$
(Bild erscheint hinter dem Spiegel)

13. (Bild L5.1.10) Es gelten die Beziehungen $\frac{G}{B} = \frac{x}{b_1}$; $\frac{G}{B} = \frac{f}{f - b_2}$; $b_1 = \frac{xf}{x-f}$; $b_2 = \frac{(a-x)f}{a-x+f}$; setzt man $f = \frac{r}{2}$, so folgt durch Gleichsetzen der ersten beiden Gleichungen und Einsetzen von b_1 und b_2

$$x = \underline{\frac{a+r}{2}}$$

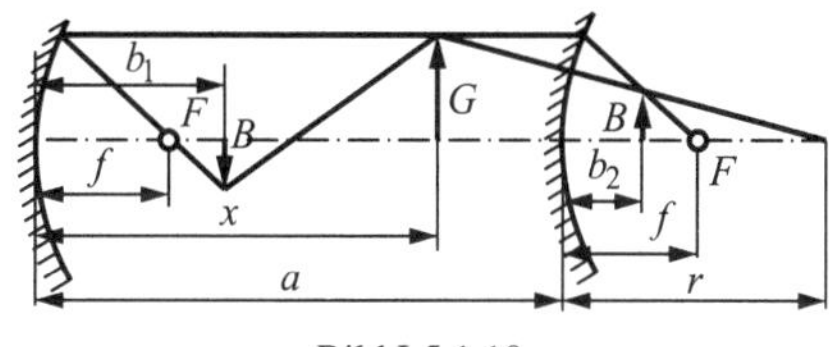

Bild L5.1.10

Lösungen 5.2 Lichtbrechung und Linsen

1. (Bild L5.2.1) Die Strahlen *1′* und *2′* im Glas sind parallel, die Ablenkungen beim Ein- und Austritt infolge der Brechung sind ebenfalls gleich groß.

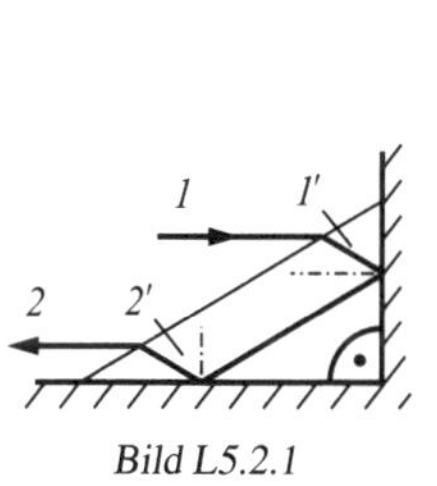

Bild L5.2.1

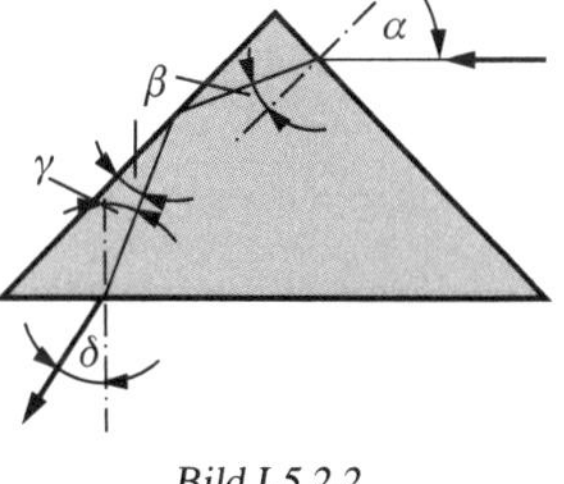

Bild L5.2.2

2. Der Grenzwinkel der Totalreflexion ist $\beta = 48,8°$. Dieser Winkel wird vom Einfallslot des Spiegels halbiert, sodass $\varepsilon = \underline{24,4°}$ ist.

3. Der Brechungswinkel beim Einfall ist $35,3°$, der Reflexionswinkel an der versilberten Fläche $5,3°$. Der Einfallswinkel vor dem Wiederaustritt ist $24,7°$ und der Austrittswinkel (wegen $\sin\varepsilon = 1,5 \cdot \sin 24,7°$)

$\varepsilon = \underline{38,8°}$

4. (Bild L5.2.2) $\sin\beta = \frac{\sin 45°}{1,65} = 0,428\,6$; $\beta = 25,4°$. An der Kathete tritt Totalreflexion ein. $\gamma = 19,6°$; $\sin\delta = 1,65 \cdot \sin 19,6° = 0,553\,5$; $\delta = \underline{33,6°}$

5. (Bild L5.2.3) $\sin\beta = \dfrac{\sin\alpha}{1{,}5}$; $\beta = 28{,}1°$;

$\varepsilon = 180° - (2\omega + \beta) = 31{,}9°$; $\sin\gamma = 1{,}5\sin\varepsilon$; $\gamma = 52{,}4°$;

$\delta = (45° - \beta) + (\gamma - \varepsilon) = \underline{37{,}4°}$

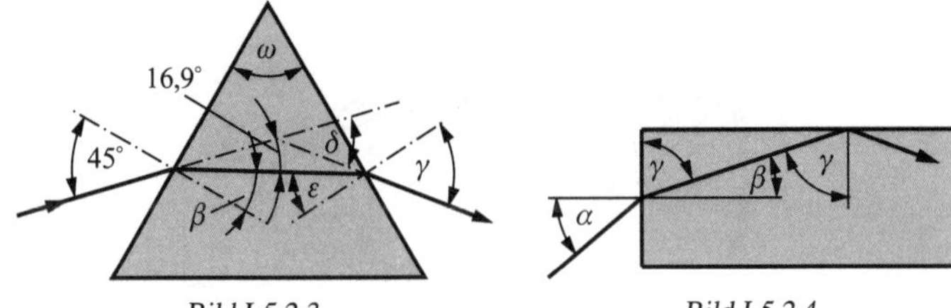

Bild L5.2.3 Bild L5.2.4

6. (Bild L5.2.4)

a) Für den Grenzwinkel der Totalreflexion gilt

$$\sin\gamma = \frac{1}{n};\ \cos\gamma = \sqrt{1-\sin^2\gamma} = \sqrt{1-\frac{1}{n^2}},$$

für den an der Basis eintretenden Strahl

$$\frac{\sin\alpha}{\sin\beta} = n;\ \sin\beta = \cos\gamma;\ \frac{\sin\alpha}{\cos\gamma} = n;$$

$$\sin\alpha = n\cos\gamma = n\sqrt{1-\frac{1}{n^2}} = \sqrt{n^2-1}$$

Wenn alle eintretenden Strahlen fortgeleitet werden sollen, muss die Gleichung auch für $\sin\alpha = 1$ erfüllt sein, $n = \underline{1{,}41}$

b) Aus $\sin\alpha = \sqrt{n^2-1}$ mit $n = 1{,}33$ folgt $\alpha = \underline{61{,}3°}$. Wenn $a > 61{,}3°$ ist, kann Licht aus den Längsseiten des Zylinders austreten.

7. (Bild L5.2.5)

a) Es ist $e = \dfrac{d}{\cos\beta} = \dfrac{d_1}{\sin(\alpha-\beta)}$, sodass $\underline{d_1 = d\dfrac{\sin(\alpha-\beta)}{\cos\beta}}$

b) $d_1 = \dfrac{6\text{ mm}\cdot\sin(40° - 25{,}4°)}{\cos 25{,}4°} = \underline{1{,}67\text{ mm}}$

8. (Bild L5.2.6)

a) $d_2 = \dfrac{d_1}{\sin\alpha}$; mit $d_1 = d\dfrac{\sin(\alpha-\beta)}{\cos\beta}$ wird (vgl. Aufgabe 7)

$$d_2 = d\frac{\sin(\alpha - \beta)}{\cos\beta \sin\alpha} = \underline{d\left(1 - \frac{\cos\alpha \sin\beta}{\sin\alpha \cos\beta}\right)}$$

b) Für kleine Winkel α ist $\dfrac{\cos\alpha}{\cos\beta} \approx 1$, sodass $d_2 = \underline{d\left(1 - \frac{1}{n}\right)}$

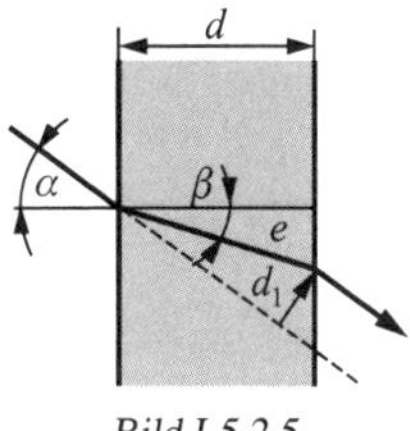

Bild L5.2.5

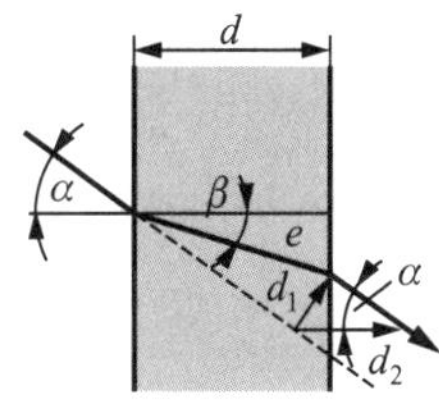

Bild L5.2.6

9. Nach dem Ergebnis von Aufgabe 8 folgt
$$d_2 = 2 \cdot 1,5\ \text{mm}\left(1 - \frac{1}{1,5}\right) + 30\ \text{mm}\left(1 - \frac{1}{1,33}\right) = \underline{8,4\ \text{mm}}$$

10. Für den Grenzwinkel gilt $\sin\beta = \dfrac{1}{1,5}$, wonach $\beta = 41,8$;
$r = 2d\tan\beta = \underline{2,68\ \text{mm}}$

11. (Bild L5.2.7) $\sin\beta = \dfrac{\sin\alpha}{n}$; $e = a\tan\beta$; aus $\dfrac{d}{2e} = \cos\alpha$ wird
$$d = 2e\cos\alpha = \frac{2a\sin\alpha\cos\alpha}{n\cos\beta} = \underline{6,54\ \text{mm}}$$

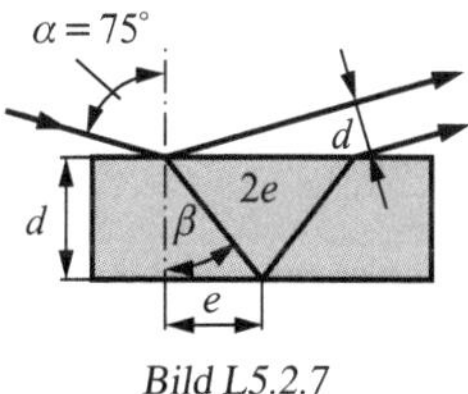

Bild L5.2.7

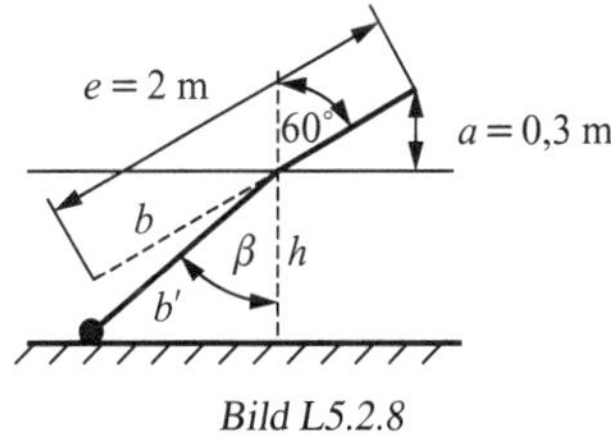

Bild L5.2.8

12. Wegen $\alpha + \beta = 90°$ lautet das Brechungsgesetz $\dfrac{\sin\alpha}{\cos\alpha} = \tan\alpha = 1,5$, wonach $\alpha = \underline{56,3°}$

13. Der Grenzwinkel der Totalreflexion für Wasser ($n = 1,33$) ergibt sich aus $\dfrac{1}{\sin\beta} = 1,33$ zu $\beta = 48,8°$; $r = 12\ \text{m} \cdot \tan\beta$; $d = \underline{27,4\ \text{m}}$

14. (Bild L5.2.8) $\sin 30^\circ = \dfrac{a}{e-b} = 0{,}5$; $b = 1{,}4$ m;
$\sin\beta = \dfrac{\sin 60^\circ}{1{,}33} = 0{,}651$; infolge der Strahlverkürzung unter Wasser ist $b' = bn = 1{,}4\ \text{m} \cdot 1{,}33 = 1{,}862$ m; $\cos\beta = 0{,}7590 = \dfrac{h}{b'}$;
$\underline{h = 1{,}413\ \text{m}}$

15. Die Ablenkung beträgt $\varphi = \alpha + \varepsilon - \omega$. Sie wird zum Minimum bei symmetrischem Strahlenverlauf, d. h., es gilt $\alpha = \varepsilon$ und $\beta = \gamma$. Aus dem Brechungsgesetz folgt

$$n = \frac{\sin\alpha}{\sin\beta} = \frac{\sin\dfrac{\varphi_{\min} + \omega}{2}}{\sin\dfrac{\omega}{2}} = \frac{\sin 10{,}5^\circ}{\sin 10^\circ} = \underline{1{,}05}$$

16. Mit $v = \dfrac{1}{n}c$ folgt

a) $v_1 = \underline{2{,}232 \cdot 10^8\ \text{m/s}}$, $v_2 = \underline{2{,}254 \cdot 10^8\ \text{m/s}}$ und

b) $v_1 = \underline{1{,}817 \cdot 10^8\ \text{m/s}}$, $v_2 = \underline{1{,}862 \cdot 10^8\ \text{m/s}}$

17. Aus $\dfrac{\sin\alpha}{\sin\beta} = \dfrac{c}{v}$ folgt mit den Geschwindigkeitswerten von Aufgabe 16:

a) $\Delta\beta = 22{,}08^\circ - 21{,}85^\circ = \underline{0{,}23^\circ}$

b) $\Delta\beta = 18{,}09^\circ - 17{,}64^\circ = \underline{0{,}45^\circ}$

18. a) $v_{\text{Luft}} = 2{,}997 \cdot 10^8\ \text{m/s}$, $v_{\text{Flint}} = 1{,}817 \cdot 10^8\ \text{m/s}$, $t_{\text{Luft}} = 5{,}839$ ps, $t_{\text{Flint}} = 9{,}631$ ps; d. h., aus der Zeitdifferenz von 37,92 ns und v_{Flint} folgen 1723 Wellenlängen Gangunterschied.

b) 984 Wellenlängen Gangunterschied

19. Der Ausfallwinkel ergibt sich aus
$\sin\varepsilon = \sin\omega\sqrt{n^2 - \sin^2\alpha} - \cos\omega\sin\alpha$.

a) $\varepsilon_{\text{rot}} = 1{,}13^\circ$

b) $\varepsilon_{\text{blau}} = 1{,}31^\circ$;
d. h., die Winkeldifferenz beider Spektrallinien beträgt $\underline{0{,}18^\circ}$.

20. Die Prismen lenken in entgegengesetzter Richtung ab. Für den Ablenkwinkel φ (vgl. Bild 5.2.9) bezogen auf die D-Linie gilt allgemein

$\varphi_D = (n_D - 1)_F \omega_F - (n_D - 1)_K \omega_K$. Der Ablenkwinkel φ wird null für das Verhältnis der Ablenkwinkel $\frac{\omega_K}{\omega_F} = \frac{(n_D - 1)_F}{(n_D - 1)_K} = \frac{0,61}{0,51} = \underline{1,2}$

21. $\frac{1}{f} = (n-1)\left(\frac{1}{r_1} - \frac{1}{r_2}\right) = \underline{+1,39 \text{ dpt}}$

22. $\frac{1}{f} = (n-1)\frac{1}{r}$; $n = \underline{1,6}$

23. (Bild L5.2.9) Mit $b = 15$ cm ist $a = \frac{bf}{b-f} = \underline{60 \text{ cm}}$; die Lampe steht im Brennpunkt der Linse. Der Schein ist in diesem Fall heller, weil mehr Licht auf die Linse fällt.

24. (Bild L5.2.10) Es gilt die Proportion $\frac{f - 4 \text{ cm}}{f} = \frac{2,5}{3,5}$; $f = \underline{14 \text{ cm}}$

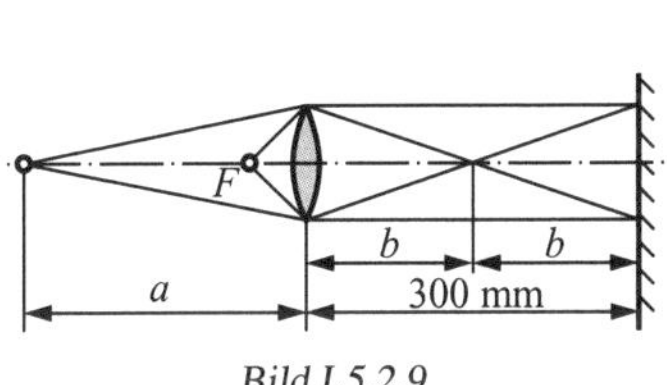

Bild L5.2.9

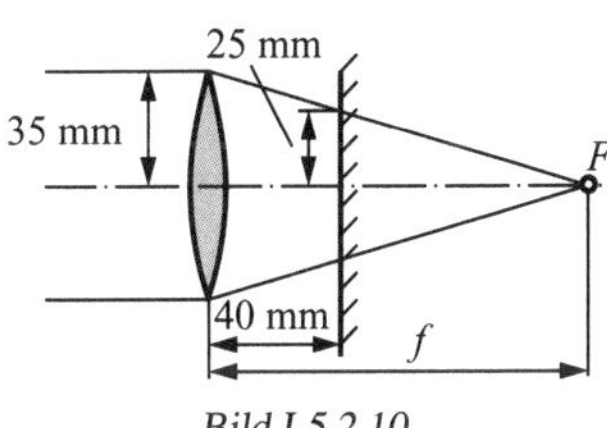

Bild L5.2.10

25. (Bild L5.2.11) $\frac{4 \text{ cm}}{b} = \frac{10 \text{ cm}}{200 \text{ cm} + b - a}$; $b = \frac{800 \text{ cm}^2 - 4 \text{ cm} \cdot a}{6 \text{ cm}}$;

ferner ist $a = \frac{-bf}{-b-f}$; hieraus folgt $a = \underline{20,7 \text{ cm}}$

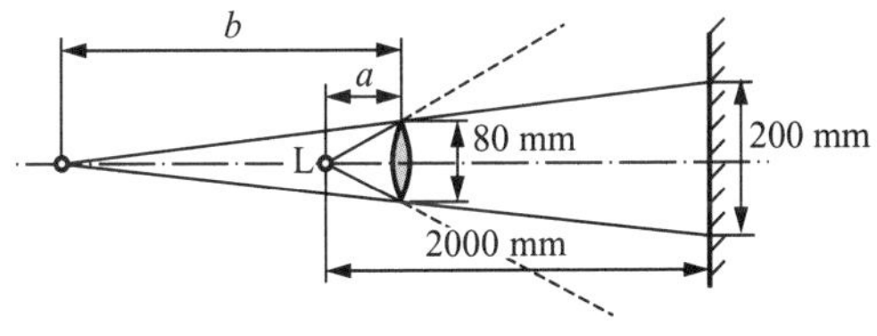

Bild L5.2.11

26. (Bild L5.2.12) Es ergeben sich folgende Winkel:
$\alpha = 20°$; $\beta = 15,3°$; $\omega' = 180° - \omega = 140°$; $\gamma = \omega - \beta = 24,7°$; $\delta = 32,9°$; $\varepsilon = 20° + 90° - \delta = 77,1°$; $\varphi = 90° - \varepsilon = \underline{12,9°}$; unter Vernachlässigung des kurzen Lichtweges im Prisma wird $\tan\varphi = \frac{h}{e}$; woraus $e = \underline{21,8 \text{ cm}}$ folgt.

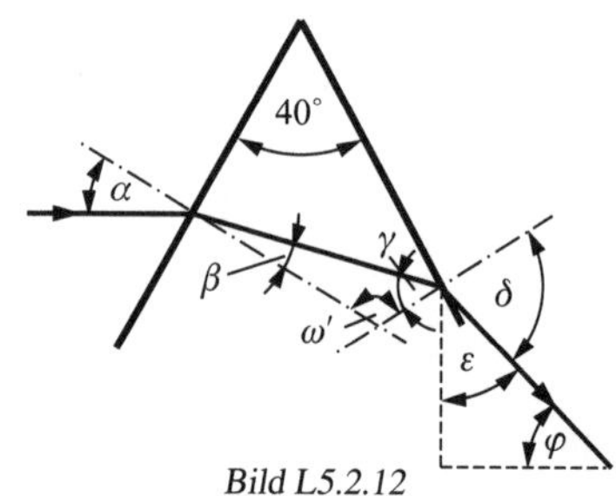

Bild L5.2.12

27. (Bild L5.2.13) Analog zu Aufgabe 26 ergibt sich für den Winkel zwischen Randstrahl und Achse $\varphi = 10{,}3°$; bei einer symmetrischen Sammellinse und $n = 1{,}5$ ist $f = r$; es gilt dann $\frac{h}{e} = \tan 10{,}3°$ und $\frac{h}{r} = \tan 10°$; $\frac{e}{r} = 0{,}97$; die Änderung beträgt $\underline{3\ \%}$.

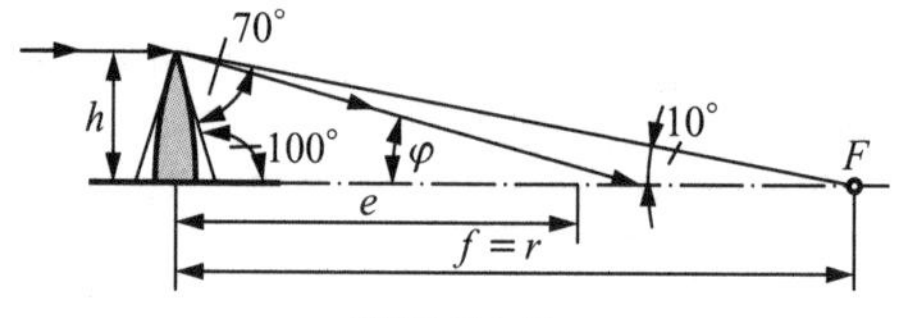

Bild L5.2.13

28. Es gelten die Proportionen $\frac{f}{a} = \frac{d - \overline{AF}}{d}$ und $\frac{f}{b} = \frac{f - \overline{BF}}{d}$; durch Addition ergibt sich $\frac{f}{a} + \frac{f}{b} = \frac{2d - d}{d} = 1$; nach Division durch f folgt $\frac{1}{a} + \frac{1}{b} = \underline{\frac{1}{f}}$

29. $b = \frac{af}{a - f} = 5{,}56$ cm; $B : G = b : a = \underline{1 : 9}$

30. $\frac{B}{G} = \frac{3{,}6}{175} = \frac{f}{a - f}$; $a = \underline{248\text{ cm}}$

31. Wegen $G = B$ folgt $a = b$, $f = \frac{a}{2} = \underline{30\text{ cm}}$

32. Aus den Gleichungen $\frac{3{,}6}{172} = \frac{a_2}{b_2}$ bzw. $\frac{3{,}6}{72} = \frac{a_1}{b_2 - 200\text{ cm}}$ und den beiden Abbildungsgleichungen $f = \frac{ab}{a + b}$ bzw. $\frac{B}{G} = \frac{b}{a}$ ergibt sich $f = \underline{7{,}2\text{ cm}}$ und $b_2 = \underline{351\text{ cm}}$

33. Es ist $\frac{G}{B} = \beta_1 = \frac{z}{f}$ sowie $\beta_2 = \frac{z+h}{f}$; subtrahiert man beide Gleichungen, so folgt $\underline{f = \frac{h}{\beta_2 - \beta_1}}$.

34. Mit der Gegenstandsweite $a = \frac{bG}{B}$ folgt für die Brennweite $f = \frac{ab}{a+b}$ die Gleichung $f = \frac{Gb}{G+B} = \underline{25,02\ \text{cm}}$

35. $b = \frac{af}{a-f} = \underline{-12\ \text{cm}}$; $B = \frac{bG}{a} = \underline{-3,6\ \text{cm}}$; die negativen Vorzeichen charakterisieren ein virtuelles Bild.

36. Die Entfernung von F über Sp nach W ist $d = 340$ cm; es gilt dann $\frac{1}{f} = \frac{1}{a} + \frac{1}{d-a}$, wonach $a = \frac{d}{2} \pm \sqrt{\frac{d^2}{4} - fd} = \underline{15,73\ \text{cm}}$

37. $G = \frac{Ba}{b} = \frac{0,18\ \text{m} \cdot 4\,000\ \text{m}}{0,5\ \text{m}} = 1,44\ \text{km}$; $A = 1,44^2\ \text{km}^2 = \underline{2,074\ \text{km}^2}$

38. Bildweiten ohne Zwischenring $b_1 = 5,56$ cm und $b_2 = 5,0$ cm; mit Zwischenring ist $b'_1 = 7,56$ cm und $b'_2 = 7,0$ cm;
$a' = \frac{b'_1 f}{b'_1 - f} = \underline{14,8\ \text{cm}}$; $a'_2 = \underline{17,5\ \text{cm}}$

39. $b = \frac{af}{a-f}$; $b_1 = 5,26$ cm; $b_\infty = 5$ cm; $b_1 - b_\infty = \underline{0,26\ \text{cm}}$

40. $-2,5\ \text{m}^{-1} = (1,5-1)\left(\frac{1}{r_2} - \frac{1}{0,15\ \text{m}}\right)$; $r_2 = 0,6\ \text{m} = \underline{60\ \text{cm}}$

41. (Bild L5.2.14) Die Konstruktion des Strahlenganges zeigt: Die Linse allein erzeugt ein aufrechtes virtuelles Bild B_1 von der Größe $2G$; Spiegel und Linse zusammen erzeugen ein umgekehrtes reelles Bild B_2 von der Größe G.

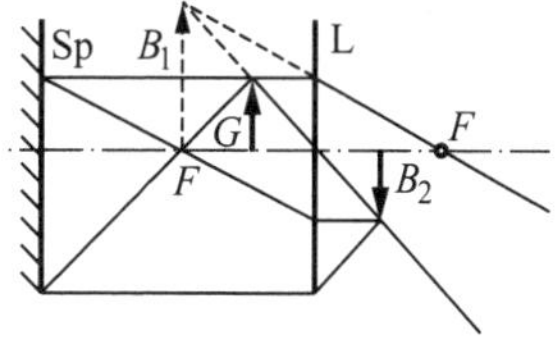

Bild L5.2.14

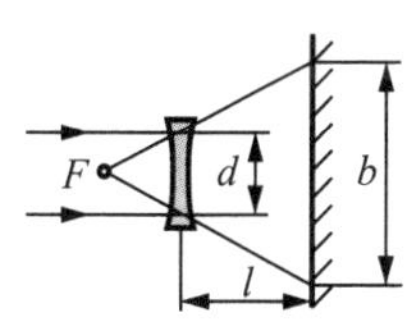

Bild L5.2.15

42. Aus der Abbildungsgleichung $\frac{1}{f} = \frac{1}{g} - \frac{1}{b}$ wird mit $g = 40\text{ cm} + b$ der Abstand $b = \underline{8{,}28\text{ cm}}$.

43. Aus Bild L5.2.15 liest man ab $\frac{d}{f} = \frac{b}{l+f}$, woraus sich die Gleichung der Aufgabenstellung ergibt.

44. (Bild L5.2.16) Es gilt die Abbildungsgleichung $\frac{1}{f} = \frac{1}{a} + \frac{1}{b}$; hier ist wegen der Vertauschbarkeit von Gegenstand und Bild $a = b' = \frac{l-e}{2}$ und $b = a' = \frac{l+e}{2}$; Einsetzen dieser Größen in die Abbildungsgleichung ergibt die genannte Formel.

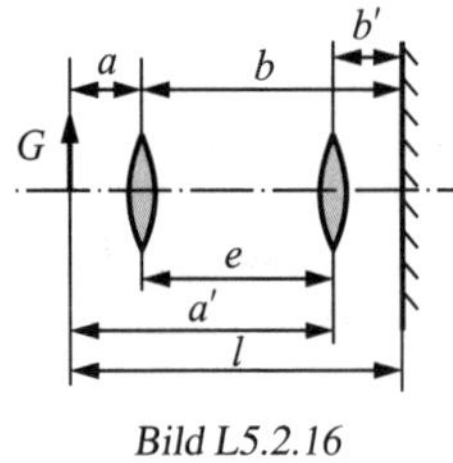

Bild L5.2.16

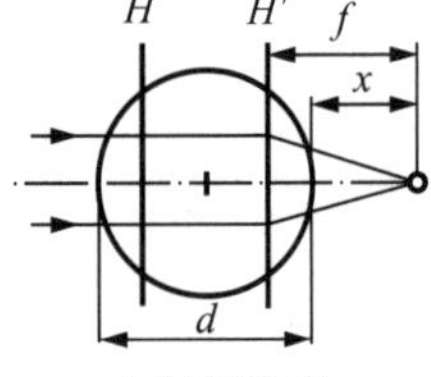

Bild L5.2.17

45. (Bild L5.2.17) Mit $n = \frac{4}{3}$ wird $\overline{HH'} = \frac{r}{2}$; aus $\frac{1}{f} = (n-1)\left(\frac{1}{r} + \frac{1}{r}\right)$ ergibt sich $f = \frac{3}{2}r$ und der gesuchte Abstand ist

$x = f - \frac{3r}{4} = \frac{3r}{4} = \underline{2{,}25\text{ cm}}.$

46. $\frac{1}{f} = \frac{1}{25\text{ cm}} + \frac{1}{6\text{ cm}} = \left(\frac{1{,}650}{1{,}333} - 1\right)\frac{2}{r}$; $r = \underline{2{,}3\text{ cm}}$

47. a) $b = \frac{af}{a-f}$, wobei $a = -8$ cm ist, sodass

$$b = \frac{(-8\text{ cm})(20\text{ cm})}{-8\text{ cm} - 20\text{ cm}} = \underline{5{,}71\text{ cm}}$$

b) $b = \frac{-8\cdot(-20)}{-8+20}\text{ cm} = \underline{13{,}33\text{ cm}}$

48. a) $f = \dfrac{f_1 f_2}{f_1 + f_2 - e} = \dfrac{8\text{ cm} \cdot (-8\text{ cm})}{(8 - 8 - 0{,}5)\text{ cm}} = \underline{\underline{128\text{ cm}}}$

b) $\underline{\underline{64\text{ cm}}}$ c) $\underline{\underline{32\text{ cm}}}$ d) $\underline{\underline{\infty}}$

49. Mit der Einstellung auf ∞ liegt die Bildweite $b = 5$ cm fest und damit auch die Gegenstandsweite mit $a = 5$ cm.

Gesamtbrennweite $f = \dfrac{a}{2} = 2{,}5$ cm; $f_2 = \dfrac{f_1 f}{f_1 - f} = \underline{\underline{5\text{ cm}}}$

50. a) Für die Gesamtbrennweite f gilt $\dfrac{1}{f} = \dfrac{1}{a} + \dfrac{1}{b}$; mit $a = 20$ cm und $b = 5$ cm ist $f = 4$ cm; $f_2 = \dfrac{f_1 f}{f_1 - f} = \underline{\underline{20\text{ cm}}}$

b) Die Einstellung auf 1 m ergibt mit $f = 5$ cm die Bildweite $b = 5{,}26$ cm; mit $f = 4$ cm ist $a = \dfrac{bf}{b - f} = \underline{\underline{16{,}70\text{ cm}}}$

51. Für die Bikonvexlinse folgt aus $\dfrac{1}{f} = (n-1)\left(\dfrac{1}{r_1} + \dfrac{1}{r_2}\right)$ mit $n = 1{,}5$ die Brennweite $f_1 = r$ und für die Plankonvexlinse $f_2 = 2r$. Die Gesamtbrennweite ergibt sich aus $\dfrac{1}{f} = \dfrac{1}{r} + \dfrac{1}{2r}$ zu $f = \underline{\underline{\dfrac{2}{3}r}}$

52. a) Da Bildweite b und Brennweite f_1 der Augenlinse anatomisch festliegen, gilt $\dfrac{1}{f_1} = \dfrac{1}{18\text{ cm}} + \dfrac{1}{b}$ bzw. $\dfrac{1}{f_1} + \dfrac{1}{f_1'} = \dfrac{1}{25\text{ cm}} + \dfrac{1}{b}$;

durch Subtraktion der Gleichungen erhält man $f_1' = \underline{\underline{64{,}3\text{ cm}}}$ oder $\underline{\underline{-1{,}56\text{ dpt}}}$

b) entsprechend ergibt sich $f_2' = \underline{\underline{42{,}9\text{ cm}}}$ oder $\underline{\underline{+2{,}33\text{ dpt}}}$

53. Die Vergrößerungen verhalten sich zu den Brennweiten wie

$\dfrac{V_1}{V_2} = \dfrac{f_2}{f_1} = \dfrac{1}{2}$; $f_2 = 4$ cm; $f_{1,2} = \dfrac{f_1 f_2}{f_1 + f_2} = \underline{\underline{2{,}67\text{ cm}}}$;

$V_1 = \dfrac{s}{f_1} = \dfrac{25}{8} = \underline{\underline{3{,}13}}$; $V_2 = \underline{\underline{6{,}25}}$; $V_3 = \underline{\underline{9{,}36}}$

54. $f = \dfrac{f_1^2}{2f_1 - e}$; $e = \underline{\underline{7{,}5\text{ cm}}}$

55. Damit $f = \infty$, muss der Nenner der Formel $f = \dfrac{f_1 f_2}{f_1 + f_2 - e}$ gleich 0 sein; hieraus folgt $f_2 = e - f_1 = (5 - 14)\text{ cm} = \underline{\underline{-9\text{ cm}}}$

56. Da das Licht in kurzem Abstand zweimal durch dieselbe Linse geht, gilt mit $a = b = 120$ cm die Abbildungsgleichung

$$\frac{1}{f} + \frac{1}{f} = \frac{1}{120\text{ cm}} + \frac{1}{120\text{ cm}},$$ woraus sich $f = \underline{120\text{ cm}}$ ergibt.

57. (Bild L5.2.18) $\overline{FL_1} = \dfrac{(-4-6)\text{ cm} \cdot 8\text{ cm}}{(8-4-6)\text{ cm}} = 40$ cm;

$$\overline{L_2F'} = \frac{(-4)\text{ cm}(8-6)\text{ cm}}{(-2)\text{ cm}} = 4\text{ cm};\ f = \frac{(-4)\text{ cm} \cdot 8\text{ cm}}{(-2)\text{ cm}} = \underline{16\text{ cm}};$$

$\overline{HL_1} = (40-16)\text{ cm} = \underline{24\text{ cm}}$; $\overline{H'L_1} = (16-4-6)\text{ cm} = \underline{6\text{ cm}}$

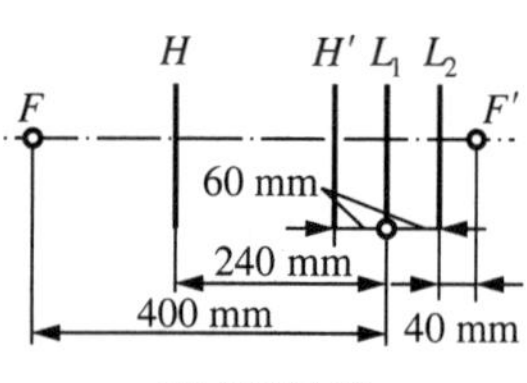

Bild L5.2.18

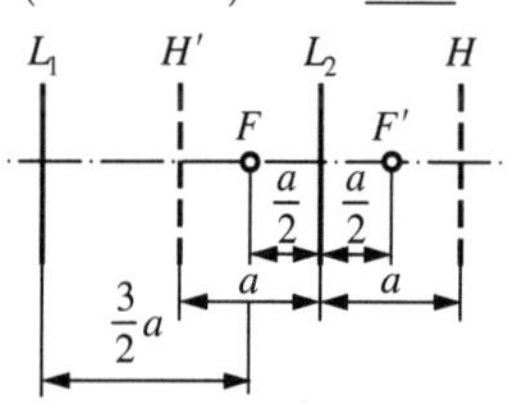

Bild L5.2.19

58. Aus den beiden Gleichungen $5\text{ cm} = \dfrac{f_1 f_2}{f_1 + f_2 - 2\text{ cm}}$ und

$8\text{ cm} = \dfrac{f_1 f_2}{f_1 + f_2 - 8\text{ cm}}$ folgt $f_1 = \underline{10\text{ cm}}$ und $f_2 = \underline{8\text{ cm}}$.

59. (Bild L5.2.19) Abstand des linken Brennpunktes F von Linse L_1:

$\overline{FL_1} = \dfrac{3a(a-2a)}{3a+a-2a} = -\dfrac{3a}{2}$ (d. h. rechts von L_1);

Abstand des rechten Brennpunktes F' von der rechten Linse:

$\overline{F'L_2} = \dfrac{a(3a-2a)}{3a+a-2a} = \dfrac{a}{2}$ (d. h. rechts von L_2);

$f = \dfrac{3a \cdot a}{3a+a-2a} = \underline{\dfrac{3a}{2}}$; die zu F' gehörige Hauptebene H' liegt in der Mitte zwischen L_1 und L_2, die zu F gehörige Hauptebene H liegt rechts von L_2 im Abstand a.

Lösungen 5.3 Wellenoptik

1. a) $\Delta s_1 = 5\lambda_1/2 = 2nd - \lambda_1/2$; $\lambda_1 = 2nd/3 = \underline{675{,}0\text{ nm}}$;
$\lambda_2 = \underline{506{,}3\text{ nm}}$; $\lambda_3 = \underline{405{,}0\text{ nm}}$

b) $\Delta s_1 = 3\lambda_1 = 2nd - \lambda_1/2$; $\lambda_1 = 4nd/7 = \underline{578{,}6\text{ nm}}$; $\lambda_2 = \underline{450\text{ nm}}$

2. Die Strahlen sind in D und B phasengleich. Der geometrische Umweg von Strahl *1* ist $s_0 = \overline{DF} + \overline{FB} = \overline{DF} + \overline{AF} = 2\overline{AF} - \overline{AD}$; $\overline{AD} = 2\overline{AE}$; $s_0 = 2(\overline{AF} - \overline{AE}) = 2\overline{EF} = 2d\cos\beta$; optischer Umweg $s_1 = 2nd\cos\beta$; mit dem Phasensprung von Strahl *2* bei B ist $\Delta s = 2nd\cos\beta - \lambda/2$.

3. a) Mit $\cos\beta \sqrt{1-\sin^2\beta}$ und $\sin\alpha = n\sin\beta$ wird

$$\underline{\Delta s = 2d\sqrt{n^2 - \sin^2\alpha} = \lambda/2}$$

b) Für $\alpha = 0°$ ist $\Delta s_1 = 1\,500\text{ nm} - \lambda/2$; für $\alpha = 90°$ ist

$\Delta s_2 = 1\,118\text{ nm} - \lambda/2$; $\Delta s_1 - \Delta s_2 = \underline{382\text{ nm}}$

4. a) $d = \dfrac{k\lambda}{4n}$; für $k = 1$ ist $d = \underline{101{,}85\text{ nm}}$

b) $\Delta s = 2nd$; $400 : 360° = 2nd : \varphi_{\text{v}}$; $\varphi_{\text{v}} = \underline{247{,}5°}$; $\varphi_{\text{r}} = \underline{141{,}4°}$

5. Mithilfe des Spiegelbildes S′ von S findet man den geometrischen Wegunterschied

$$s_2 - s_1 = \sqrt{a^2 + (y+d)^2} - \sqrt{a^2 + (y-d)^2}$$

$$\approx a\left\{1 + \frac{(y+d)^2}{2a^2} - \left[1 + \frac{(y-d)^2}{2a^2}\right]\right\} = \frac{2yd}{a};$$

unter Berücksichtigung des Phasensprungs bei der Reflexion gilt für das erste Minimum $\dfrac{2dy}{a} + \dfrac{\lambda}{2} = \dfrac{3\lambda}{2}$ und damit $y = \underline{\dfrac{\lambda a}{2d}}$

6. Optischer Weg von Strahl *3*: $2nd + \lambda/2 = 6d$; Auslöschung bei $2nd = \lambda/2$;

a) Einsetzen ergibt $n = \underline{1{,}5}$

b) $d = \underline{\lambda/6}$

c) Wegen des Gangunterschiedes 0 erfolgt Verstärkung.

7. a) Strahl *3* hat die optische Weglänge $4nd + 2d$;

$\Delta s = 4nd + 2d - \lambda/2 = \underline{2d(2n+1) - \lambda/2}$

b) $\lambda/2 = 4nd + 2a - \lambda/2$; $a = \underline{\lambda/2 - 2nd}$

8. a) $\Delta s = nd - d = d(n-1) = 2 \cdot 10^{-6}\text{ m} \cdot 0{,}45 = 900\text{ nm} = \underline{1{,}8\lambda}$

b) $d = \dfrac{\lambda}{4(n-1)} = \underline{278\text{ nm}}$

9. Für den k-ten dunklen Ring gilt als Beziehung $nd = k\lambda\,/2$ mit $d = \dfrac{a_k^2}{2r}$;

$$r_\mathrm{N} = \sqrt{\frac{kr\lambda}{n}} = \frac{a_\mathrm{vak}}{\sqrt{n}} = \underline{2{,}23\ \mathrm{cm}}$$

10. Der Luftspalt hat die Dicke $d_2 - d_1 = \dfrac{a^2}{2r_2} - \dfrac{a^2}{2r_1}$; für den ersten dunklen Ring gilt daher $\lambda = r_\mathrm{N}^2\left(\dfrac{1}{r_2} - \dfrac{1}{r_1}\right)$; wegen $r_1 \approx r_2$ ist dann

$$\lambda = \frac{r_\mathrm{N}^2 \Delta r}{r^2} \text{ und } \Delta r = \frac{r^2\lambda}{r_\mathrm{N}^2} = \underline{0{,}24\ \mathrm{mm}}$$

11. a) $\lambda = \dfrac{r_\mathrm{N}^2}{5r} = \underline{481\ \mathrm{nm}}$ b) $k = \dfrac{(2r_\mathrm{N})^2}{\lambda\, r} = \dfrac{4r_\mathrm{N}^2 \cdot 5r}{r_\mathrm{N}^2 r} = \underline{20}$

12. In der unmittelbaren Umgebung der Berührungsstelle der Linse kann die Dicke der Luftschicht vernachlässigt werden. Der Phasensprung an der ebenen Glasplatte bewirkt hier vollständige Auslöschung.

13. Aus der Bedingung $2l(n-1) = k\lambda$ folgt

$$n = 1 + \frac{k\lambda}{2l} = 1 + \frac{180 \cdot 590\ \mathrm{nm}}{2 \cdot 0{,}14\ \mathrm{m}} = \underline{1{,}0004}$$

14. Aus der Spiegelverlagerung d und der Streifenzahl ergibt sich die Wellenlänge des Lichtes mit $\lambda = \dfrac{2d}{k} = \dfrac{2 \cdot 0{,}161 \cdot 10^{-3}\ \mathrm{m}}{500} = \underline{644\ \mathrm{nm}}$

15. Gegenüber Aufgabe 13 läuft der Lichtstrahl nur einmal durch die Probenröhre. Daher gilt $l(n-1) = k\lambda$ und $n = 1 + \dfrac{k\lambda}{l} = \underline{1{,}0008}$

16. Der Lichtweg über S_1 ist

$$s_1 = \sqrt{a^2 + r^2} + \sqrt{b^2 + r^2} = a\sqrt{1 + \frac{r^2}{a^2}} + b\sqrt{1 + \frac{r^2}{b^2}};$$

da $r \ll a$ bzw. b ist, gilt näherungsweise

$$s_1 = a\left(1 + \frac{r^2}{2a^2}\right) + b\left(1 + \frac{r^2}{2b^2}\right) = a + b + \frac{r^2}{2}\left(\frac{1}{a} + \frac{1}{b}\right).$$

Mit dem direkten Lichtweg $s_0 = a + b$ und unter Berücksichtigung des Phasensprungs bei S_1 ist $\Delta s = \dfrac{r^2}{2}\left(\dfrac{1}{a} + \dfrac{1}{b}\right) + \dfrac{\lambda}{2}$; für die Maxima gilt $\Delta s = k\lambda$ $(k = 1, 2, \ldots)$ und daher $\dfrac{1}{a} + \dfrac{1}{b} = \underline{\dfrac{\lambda}{r^2}(2k-1)}$

17. Mit dem k-ten Maximum am Spalt $d \sin\alpha = k\lambda$ und der Abbildung durch eine Linse $\frac{a}{f} = \tan\alpha = \frac{\sin\alpha}{\cos\alpha} = \frac{\sin\alpha}{\sqrt{1-\sin^2\alpha}}$ ergibt sich mit $\sin\alpha = 3\lambda/d$ für die Brennweite $f = a\frac{\sqrt{1-(3\lambda/d)^2}}{3\lambda/d} = \underline{25 \text{ cm}}$

18. Rechnet man den Radius bis zum ersten Minimum, so gilt

$\sin\alpha = \frac{1,22\lambda}{d}$; mit $\sin\alpha \approx \alpha$ wird $r = \alpha f = \frac{1,22\lambda f}{d} = \underline{0,002 \text{ mm}}$

19. $\sin\alpha_1 = \frac{\lambda}{g} = 0,4602$; $\sin\alpha_2 = \frac{2\lambda}{g} = 2 \cdot 0,4602 = 0,9204$, d. h.

$\alpha_2 = \underline{67,0°}$

20. Gitterkonstante $g = \frac{10^{-3} \text{ m}}{800} = 1\,250 \text{ nm}$; $\sin\alpha_1 = \frac{\lambda_1}{g} = 0,56$;

$\alpha_1 = 34,1°$; $\sin\alpha_2 = \frac{\lambda_2}{g} = 0,32$; $\alpha_2 = 18,7°$; $\Delta\alpha = \underline{15,4°}$

21. $\sin\alpha = \underline{\frac{2 \cdot 700 \cdot 10^{-9}}{g} > \frac{3 \cdot 400 \cdot 10^{-9}}{g}}$

22. $\sin\alpha = \tan\alpha$; $\frac{\lambda_1}{g} = \frac{a_1}{f}$ (a_1 seitlicher Abstand des Maximums 1. Ordnung vom Maximum 0. Ordnung);

$a_1 = \frac{f\lambda_1}{g}$; $a_2 = \frac{f\lambda_2}{g}$; $g = \frac{f(\lambda_1 - \lambda_2)}{a_1 - a_2} = \underline{0,01 \text{ mm}}$

23. $x : 25 \text{ cm} = 3,48 : 384$; $x = 0,23 \text{ cm} = \underline{2,3 \text{ mm}}$

24. $\varphi h = 12 \text{ cm}$; $h = \frac{12 \text{ cm} \cdot 60 \cdot 360}{32 \cdot 2\pi} = 1\,289 \text{ cm} \approx \underline{13 \text{ m}}$

25. a) Die noch getrennt abgebildeten Punkte erscheinen im Abstand s unter dem Winkel $\varphi_0 = \frac{g}{2} = \frac{\lambda}{2sA}$ bzw. nach Umrechnung in Minuten $\varphi_0 = \frac{180 \cdot 60\lambda}{A \cdot 2 \cdot 250\pi} = \frac{6,88\lambda}{A}$; $V = \frac{\varphi}{\varphi_0} = \underline{\frac{\varphi A}{6,88\lambda}}$

b) $V = \frac{2 \cdot 1,4}{6,88 \cdot 550 \cdot 10^{-6}} = \underline{740}$

26. $V = \frac{\varphi_{\text{mit Instr.}}}{\varphi_{0 \text{ ohne Instr.}}} = \frac{\varphi s}{g}$; $g = \frac{\varphi s}{V} = \frac{2\pi \cdot 0,25 \text{ m}}{180 \cdot 60 \cdot 500} = \underline{291 \text{ nm}}$

27. Polarisationsgrad $P = \dfrac{I_{v\perp} - I_{v\|}}{I_{v\perp} + I_{v\|}}$

$I_{v\perp}$ Lichtstärke des polarisierten Lichtes senkrecht zur Einfallsebene des Lichtes; $I_{v\|}$ Lichtstärke des polarisierten Lichtes parallel zur Einfallsebene des Lichtes; I_0 Lichtstärke des einfallenden Lichtes. Nach den fresnelschen Gleichungen

$$I_{v\perp} = \frac{I_0}{2}\left(\frac{\sin(\alpha-\beta)}{\sin(\alpha+\beta)}\right)^2; \; I_{v\|} = \frac{I_0}{2}\left(\frac{\tan(\alpha-\beta)}{\tan(\alpha+\beta)}\right)^2$$

mit $\dfrac{\sin\alpha}{\sin\beta} = n$ folgen für den Brechungswinkel $\beta = 28{,}13°$,

$I_{v\perp} = 0{,}046 I_0$; $I_{v\|} = 0{,}004 I_0$ und $P = \underline{84\ \%}$

28. Nach der Gleichung von Brewster ist $\tan\delta = n$, d. h. $\underline{\delta = 56{,}66°}$

29. Wegen $\alpha + \beta = 90°$ wird nach Aufgabe 27 $I_{v\perp} = 0{,}083 I_0$ und $I_{v\|} = 0$, d. h., ist der Einfallswinkel gleich dem Winkel der vollständigen Polarisation, dann werden nur 8,3 % des einfallenden Lichtes reflektiert und 91,7 % ins Glas hinein gebrochen. Der Polarisationsgrad im Glas beträgt $P = \dfrac{0{,}083}{0{,}917} = \underline{9{,}1\ \%}$.

30. Mit $I_{v\|} = 0$ (vgl. Aufg. 27) folgt für den Reflexionsgrad $R_{v\perp}$ (Schwingungsebene senkrecht zur Einfallsebene) $R_{v\perp} = \left(\dfrac{n^2-1}{n^2+1}\right)^2 = 0{,}148$.

Aus $P = \dfrac{1-(1-R_{v\perp})^{2N}}{1+(1-R_{v\perp})^{2N}}$ (N Anzahl der Glasplatten) ergibt sich für $P = 92\ \%$ die Plattenanzahl mit $\underline{N = 10}$

31. Drehwinkel der Polarisationsebene: $\alpha = \alpha_0 \varrho l$, dann ist

$$\Delta\varrho = \frac{\Delta\alpha}{\alpha_0 l} = \frac{0{,}5°}{(66°/10^2\ \mathrm{kg \cdot m^{-3}}) \cdot 0{,}2\ \mathrm{m}} = \underline{3{,}8\ \mathrm{kg/m^3}}$$

Lösungen 5.4 Fotometrie

1. $\dfrac{I_1}{r_1^2} = \dfrac{I_2}{r_2^2}$; $I_2 = \underline{14{,}4\ \mathrm{cd}}$

2. $\dfrac{I_1}{r_1^2} = \dfrac{I_2}{(r-r_1)^2}$; der Abstand der Lampe L_1 vom Schirm beträgt

$r_1 = \underline{0{,}57\ \mathrm{m}}$

3. a) $I_v = E_v r^2 = \underline{250\ \mathrm{cd}}$ b) $\Phi_v = 4\pi I_v = \underline{3\,142\ \mathrm{lm}}$

4. $E_2 = \dfrac{E_1 r_1^2}{r_2^2} = \underline{21,3\ \text{lx}}$

5. Raumwinkel $\Omega = \dfrac{A}{r^2} = 0,0104$ sr; $\Phi = I\Omega = \underline{0,832\ \text{lm}}$

6. a) $I_\text{v} = E_\text{v} r^2 = \underline{14\,400\ \text{cd}}$ b) $\Phi_\text{v} = I_\text{v}\Omega = \dfrac{IA}{r^2} = \underline{28,3\ \text{lm}}$

7. $I_1 \cos(45° - \alpha) = I_2 \cos(45° + \alpha)$; nach Additionstheorem und Einsetzen der Zahlenwerte wird $\dfrac{\sin\alpha}{\cos\alpha} = \tan\alpha = 0,6$; $\alpha = \underline{31°}$ nach Richtung von I_1; mit $r = 0,9\ \text{m} \cdot \sqrt{2} = 1,273$ m folgt

$$E_\text{v} = \frac{2I_1 \cos 14°}{r^2} = \underline{24\ \text{lx}}$$

8. a) $I_\text{v} = \dfrac{5\,000\ \text{lm}}{4\pi} = 397,9$ cd; $E_\text{v} = \dfrac{I_\text{v}}{r^2} = \underline{6,22\ \text{lx}}$

b) (Bild L5.4.1) $r' = \sqrt{(64+36)\ \text{m}^2} = 10$ m;

$$E_\text{v} = \frac{I_\text{v}\cos\alpha}{r'^2} = \frac{I_\text{v} h}{r'^3} = \underline{3,18\ \text{lx}}$$

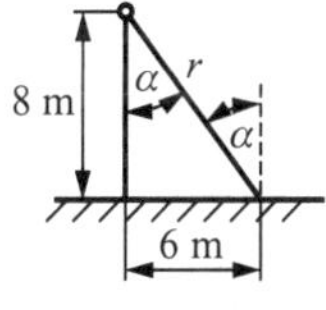

Bild L5.4.1

9. $r = \sqrt{(1,8^2 + 1^2)\ \text{m}^2} = 2,06$ m; $\cos\alpha = \dfrac{h}{r}$;

$$E_\text{v} = \frac{I_\text{v}\cos\alpha}{r^2} = \frac{I_\text{v} h}{r^3} = \underline{29,2\ \text{lx}}$$

10. $r = \sqrt{(2,5^2 + 1,2^2)\ \text{m}^2} = 2,77$ m; $\cos\alpha = \dfrac{h}{r}$;

$$I_\text{v} = \frac{E_\text{v} r^2}{\cos\alpha} = \frac{E_\text{v} r^3}{h} = \underline{680\ \text{cd}}$$

11. a) $E_\text{v} = \dfrac{I_\text{v}}{h^2} = \underline{37,5\ \text{lx}}$

b) $E_\text{v} = \dfrac{I_\text{v}}{r^2}\cos\alpha = \dfrac{I_\text{v} h}{\sqrt{(h^2+x^2)^3}}$;

mit $E_\text{v} = 20$ lx folgt daraus $x = \underline{1,44\ \text{m}}$

12. Die Beleuchtungsstärken beider Lampen müssen gleich groß sein, sodass $\dfrac{I_{v1}x}{(a^2+x^2)\sqrt{a^2+x^2}} = \dfrac{I_{v2}x}{(b^2+x^2)\sqrt{b^2+x^2}}$; $x = \underline{1,5\text{ m}}$

13. $\Phi_v = I_v\Omega$; $\Omega \approx \dfrac{r_2^2\pi}{r_1^2}$; $\Phi_v = \underline{10,3\text{ lm}}$

14. $I_2 = \dfrac{I_1e_2^2}{e_1^2} = \dfrac{65\text{ cd}\cdot 3,2^2\text{ m}^2}{1,8^2\text{ m}^2} = \underline{205,4\text{ cd}}$

15. Mit $I_v = L_v\pi r^2$ wird $E_v = \dfrac{I_v}{r^2} = L_v\pi = \underline{628,3\text{ lx}}$

16. (Bild L5.4.2) Der Kondensor erfasst den Lichtstrom $\Phi_v' = \dfrac{\Phi_v A}{4\pi r^2}$, wobei $r = \sqrt{(0,05^2+0,12^2)\text{ m}^2} = 0,13$ m und A die Oberfläche der Kugelkappe der Höhe $h = (0,13-0,12)$ m $= 0,01$ m ist. Wegen des Reflektors ist $\Phi_v'' = \dfrac{2\Phi_v 2\pi rh}{4\pi r^2} = 230,8$ lm; Gegenstandsweite ist nach Abbildungsgleichung $a = 0,258$ m; Radius der ausgeleuchteten Fläche $R = 1,55$ m; ausgeleuchtete Fläche an der Projektionswand $A' = \pi R^2 = 7,55\text{ m}^2$; Beleuchtungsstärke $E_v = \dfrac{\Phi_v''}{A'} = \underline{30,6\text{ lx}}$

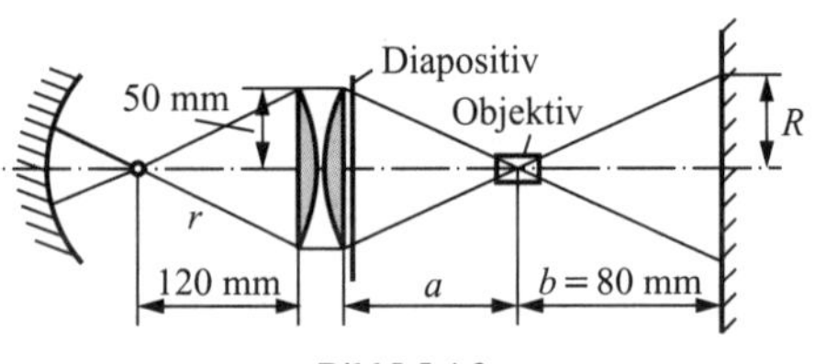

Bild L5.4.2

17. $I_v = 2\,000\text{ cd/m}^2\cdot 1,2\text{ m}\cdot 0,05\text{ m} = \underline{120\text{ cd}}$

18. a) $I_{v2} = \dfrac{I_{v1}e_2^2}{e_1^2} = \dfrac{45\text{ cd}\cdot 1,1^2\text{ m}^2}{0,75\text{ m}^2} = \underline{96,8\text{ cd}}$

b) $L_v = \dfrac{I_{v2}}{A} = \dfrac{96,8\text{ cd}}{6\text{ mm}^2} = \underline{16,13\cdot 10^6\text{ cd/m}^2}$

19. Mit der bestrahlten Fläche $A = 4\pi r^2$ wird
$L_v = \dfrac{\Phi_v}{\pi A} = \dfrac{\Phi_v}{4\pi^2 r^2} = \underline{9\,851\text{ cd/m}^2}$

20. $I_L = L_L\pi r^2$; $L_F = \dfrac{I_L}{\pi a^2} = \dfrac{L_L r^2}{a^2} = \underline{102\text{ cd/m}^2}$

21. Mit der Lichtstärke $I_\mathrm{v} = \dfrac{\Phi_\mathrm{v}}{\Omega}$ folgt für die Leuchtdichte

$L_\mathrm{v} = \dfrac{I_\mathrm{v}}{A} = \dfrac{\Phi_\mathrm{v}}{A\Omega} = \dfrac{\Phi_\mathrm{v}}{\pi r^2 \cdot 4\pi}$ und

$r = \sqrt{\dfrac{\Phi_\mathrm{v}}{4\pi^2 L_\mathrm{v}}} = 0,1243\ \mathrm{m}$ bzw. $d = \underline{0,2486\ \mathrm{m}}$

22. Unter der Annahme, dass die Fläche von einer in der Entfernung r befindlichen Lichtquelle bestrahlt wird, hat diese die Lichtstärke

$I'_\mathrm{v} = E_\mathrm{v} r^2$; dann ist $L_\mathrm{v} = \dfrac{I'_\mathrm{v}}{\pi r^2} = \dfrac{E_\mathrm{v}}{\pi} = \dfrac{2000\ \mathrm{cd}}{\mathrm{m}^2} = \underline{637\ \mathrm{cd/m^2}}$;

$I_\mathrm{F} = L_\mathrm{v} A = \underline{3,2\ \mathrm{cd}}$

23. Lichtstärke der Sonne $I_\mathrm{S} = E_\mathrm{S} r_\mathrm{S}^2$, Leuchtdichte des Mondes

$L_\mathrm{M} = \dfrac{\eta I_\mathrm{S}}{\pi r_\mathrm{S}^2}$; Lichtstärke des Mondes $I_\mathrm{M} = L_\mathrm{M} A_\mathrm{M}$; Beleuchtungsstärke

der Erde $E_\mathrm{eM} = \dfrac{I_\mathrm{M}}{r_\mathrm{M}^2} = \dfrac{\eta E_\mathrm{S} r_\mathrm{S}^2 A_\mathrm{M}}{r_\mathrm{M}^2 \pi r_\mathrm{S}^2} = \underline{0,15\ \mathrm{lx}}$

24. Nach Aufgabe 22 ist die Leuchtdichte des Hintergrundes $L_\mathrm{v} = \dfrac{E_\mathrm{v}}{\pi}$ und die Lichtstärke der Lampe $I_\mathrm{v} = L_\mathrm{v} \pi r^2 = E_\mathrm{v} r^2 = \underline{20\ \mathrm{cd}}$

25. a) $E_\mathrm{v} = (50 \cdot 7)\ \mathrm{lx} = \underline{350\ \mathrm{lx}}$

b) $\Phi_\mathrm{v} = E_\mathrm{v} A = \underline{14455\ \mathrm{lm}}$

c) $L_\mathrm{v} = \dfrac{0,75\,\Phi_\mathrm{v}}{A\pi} = \underline{83,6\ \mathrm{cd/m^2}}$

26. Die Lichtstärke des Mondes ist $I_\mathrm{v} = L_\mathrm{v} A$, wobei $A = \pi r^2$ (r Mondradius); sie ergibt die Beleuchtungsstärke $E_1 = \dfrac{I}{R^2}$ (R Mondabstand),

sodass $\dfrac{I_\mathrm{v} \pi r^2}{R^2} = \dfrac{I_\mathrm{v}}{x^2}$ gilt; damit wird $\dfrac{r}{R} = \sin 15,5' = 0,004509$;

$x = \underline{19,4\ \mathrm{m}}$

27. $E = 4\pi r^2 E_\mathrm{eS} = 4\pi \cdot (1,495 \cdot 10^{11}\ \mathrm{m})^2 \cdot 1,35\ \mathrm{kW/m^2} = \underline{3,79 \cdot 10^{17}\ \mathrm{GW}}$

28. Nach dem Stefan-Boltzmann'schen Gesetz gilt mit

$\sigma = \dfrac{2\pi^5 k^4}{15 c^2 h^3} = 5,6712 \cdot 10^{-8} \dfrac{\mathrm{W}}{\mathrm{m^2 \cdot K^4}}$ für den Strahlungsfluss

$$\begin{aligned} \Phi_\mathrm{e} &= \varepsilon \sigma A (T_1^4 - T_2^4) \\ &= 0,3 \cdot 5,6705 \cdot 10^{-8} \frac{\mathrm{W}}{\mathrm{m^2 \cdot K^4}} \cdot 2 \cdot 10^{-4}\ \mathrm{m^2} (2500^4 - 291^4)\ \mathrm{K^4} \\ &= \underline{132,9\ \mathrm{W}} \end{aligned}$$

29. Aus der Relation elektrisches Kraftwerk/Solarkraftwerk ergibt sich bei 8 nutzbaren Stunden/Tag für die Solaranlage:
$10^9\ \mathrm{W} \cdot 8\,600\ \mathrm{h/a} = 8\,600/3\ \mathrm{h/a} \cdot 640\ \mathrm{W/m^2} \cdot 0,3 \cdot A$ die erforderliche Fläche der Solarkonverter von $A = \underline{15,6\ \mathrm{km}^2}$

30. $E_\mathrm{e} = E_\mathrm{eS} \left(\dfrac{d}{r_\mathrm{S}}\right)^2 = 1,35\ \dfrac{\mathrm{kW}}{\mathrm{m}^2} \left(\dfrac{149,5 \cdot 10^6\ \mathrm{km}}{7 \cdot 10^5\ \mathrm{km}}\right)^2 = \underline{6,15 \cdot 10^4\ \dfrac{\mathrm{kW}}{\mathrm{m}^2}}$

31. Nach dem Stefan-Boltzmann'schen Gesetz gilt $\Phi_\mathrm{S} = \varepsilon\sigma A_\mathrm{S} T_\mathrm{S}^4$ (A_S Oberfläche der Sonne, A Fläche der Kugel mit dem Radius Abstand Erde – Sonne). $T_\mathrm{S} = \sqrt[4]{\dfrac{\Phi_\mathrm{S}}{\varepsilon\sigma A_\mathrm{S}}} = \sqrt[4]{\dfrac{E_\mathrm{eS} A}{\varepsilon\sigma A_\mathrm{S}}} = \underline{5\,740\ \mathrm{K}}$

6 Elektrik

Lösungen 6.1 Gleichstrom

1. $R = \frac{\varrho l}{A}$; $U = IR = \frac{6\,\text{A} \cdot 0{,}0178\,\Omega \cdot \text{mm}^2/\text{m} \cdot 0{,}5\,\text{m}}{\pi \cdot 0{,}25\,\text{mm}^2} = \underline{68\,\text{mV}}$

2. $I = \frac{UA}{\varrho l} = \frac{0{,}23\,\text{V} \cdot 70\,\text{mm}^2}{0{,}0178\,\text{V/A} \cdot \text{mm}^2/\text{m} \cdot 6\,\text{m}} = \underline{150{,}7\,\text{A}}$

3. $I = \frac{U}{R_\text{i}} = \frac{2\,\text{V}}{0{,}05\,\text{V/A}} = \underline{40\,\text{A}}$

4. $I = \frac{U}{R_\text{i}} = \frac{1\,\text{V}}{30\,000\,\text{V/A}} = \underline{33\,\mu\text{A}}$

5. $U = IR = 0{,}00045\,\text{A} \cdot 3\,000\,\text{V/A} = 1{,}35\,\text{V}$;

   $U_1 = \frac{U \Delta l}{l} = \frac{135\,\text{V} \cdot 5\,\text{cm}}{8\,\text{cm}} = \underline{0{,}84\,\text{V}}$

6. $R = \frac{\varrho N l}{A} = \frac{0{,}0178\,\Omega \cdot \text{mm}^2/\text{m} \cdot 40\,000 \cdot 0{,}082\,\text{m}}{\pi \cdot 0{,}0625\,\text{mm}^2} = 297{,}3\,\Omega$;

   $I = \frac{U}{R} = \underline{0{,}202\,\text{A}}$

7. Da sich die Stromstärken umgekehrt wie die Drahtlängen verhalten, ist

   $\frac{I_1}{I_2} = \frac{l - 10\,\text{m}}{l}$ und $l = \underline{770\,\text{m}}$

8. Bei zehnfacher Länge sinkt wegen $V = lA$ der Querschnitt auf ein Zehntel, sodass der Widerstand 100-mal so groß wird.

9. Drahtlänge $l = \pi d_1 N$; Drahtdicke $d_2 = l/N$; Drahtquerschnitt

   $A = \frac{\pi d_2^2}{4} = \frac{\pi}{4}\left(\frac{l}{N}\right)^2$;

   $R = \frac{\varrho l_1}{A} = \frac{\varrho \pi d_1 N \cdot 4N^2}{\pi l^2}$;

   $N = \sqrt[3]{\frac{400\,\Omega \cdot 0{,}32^2\,\text{m}^2 \cdot 10^6\,\text{mm}^2/\text{m}^2}{4 \cdot 0{,}5\,\Omega \cdot \text{mm}^2/\text{m} \cdot 0{,}04\,\text{m}}} = \underline{800\ \text{Windungen}}$;

   $d_2 = \frac{l}{N} = \underline{0{,}4\,\text{mm}}$

10. a) $A = 19,63\ \text{mm}^2$; $U = IR = \dfrac{2I\varrho l}{A} = \underline{29\ \text{V}}$

b) $\underline{69,5\ \text{V}}$

11. $R = 4,046\ \Omega$; Spannungsverlust der Leitung $U_1 = I_1 R = 20,23\ \text{V}$; $U_2 = I_2 R = 40,46\ \text{V}$; $U = (189,8 + 20,23 - 40,46)\ \text{V} = \underline{169,6\ \text{V}}$

12. (Bild L6.1.1) Gesamter Kupferquerschnitt
$A' = 0,65 \cdot 60,4\ \text{mm} \cdot 4\ \text{mm} = 157,04\ \text{mm}^2$;

Drahtquerschnitt $A = \dfrac{A'}{N}$; mittlere Länge einer Windung $l_m = \pi d_m$,

wobei $d_m = 14\ \text{mm}$; $R = \dfrac{\varrho l_m N^2}{A'}$;

$$N = \sqrt{\frac{A'R}{\varrho l_m}} = \sqrt{\frac{157,04\ \text{mm}^2 \cdot 1961\ \Omega}{0,0175\ \Omega \cdot \text{mm}^2/\text{m} \cdot \pi \cdot 0,014\ \text{m}}} = \underline{20\,000};$$

$A = 7,85 \cdot 10^{-3}\ \text{mm}^2$; $d = \underline{0,1\ \text{mm}}$

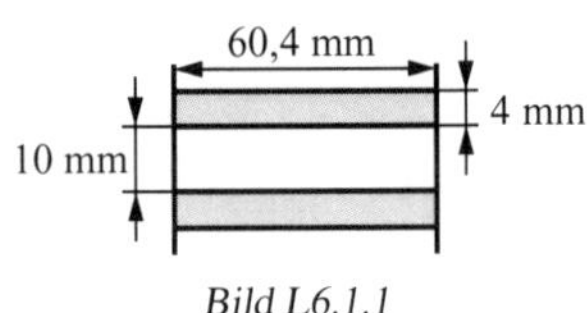

Bild L6.1.1

13. Mittlere Länge einer Windung $l_m = \pi d_m = \pi(d_1 + h)$;

$$R = \frac{\varrho l_m}{A} = \frac{\varrho\pi(d_1 + h)N}{A};\ h = \frac{RA}{\varrho\pi N} - d_1 = \underline{18\ \text{mm}};$$

aus $\dfrac{0,6hb}{N} = A$ wird $b = \underline{43,6\ \text{mm}}$.

14. Leitungswiderstand $R_L = 3,23\ \Omega$; $I = \dfrac{U}{R/3 + R_L} = 2,643\ \text{A}$;

$U_K = U - IR_L = \underline{211,46\ \text{V}}$; nach Abschalten einer Lampe ist

$$I_1 = \frac{U}{R/2 + R_L} = 1,785\ \text{A};\ U_K' = U - I_1 R_L = 214,23\ \text{V};$$

$\Delta U_1 = \underline{2,77\ \text{V}}$; nach Abschalten von zwei Lampen ist
$I_2 = 0,904\ \text{A}$; $U_K'' = 217,08\ \text{V}$; $\Delta U_2 = \underline{5,62\ \text{V}}$

15. $U_Q = U_K + IR_i$; $R_i = \dfrac{U_Q - U_K}{I}$; $R_i = \underline{0,02\ \Omega}$;

$U_K' = U_Q - I_2 R_i = \underline{5,8\ \text{V}}$

16. Aus den Gleichungen $U_{K1} = U_Q - I_1 R_i$ und $U_{K2} = U_Q - I_2 R_i$ ergeben sich $R_i = \underline{0{,}023\ \Omega}$ und $U_Q = \underline{24{,}88\ \text{V}}$.

17. Leitungswiderstand $R = \dfrac{2\varrho l}{A} = 0{,}473\ \Omega$; Spannungsabfall in der Leitung $U_V = IR = 5{,}68$ V; Klemmenspannung $U_K = U - U_V = \underline{218{,}32\ \text{V}}$

18. a) $U_K = U_Q - IR_i = \underline{11{,}85\ \text{V}}$ b) $U_K = \underline{10{,}7\ \text{V}}$

19. $I_1 = \dfrac{U_{K1}}{R_{a1}} = 0{,}259$ A; $I_2 = \dfrac{U_{K2}}{R_{a2}} = 0{,}478$ A;

$\dfrac{I_1}{I_2} = \dfrac{R_i + R_{a2}}{R_i + R_{a1}}$; $R_i = \underline{0{,}46\ \Omega}$; $U_Q = I_1(R_i + R_{a1}) = \underline{4{,}52\ \text{V}}$

20. Leitungswiderstand $R_L = 3{,}57\ \Omega$; Verbraucherwiderstand

$R_V = 11{,}67\ \Omega$; $I = \dfrac{U_Q}{R_L + R_V + R_i} = 7{,}85$ A; $I_{20} = \underline{4{,}58\ \text{A}}$

$I_{28} = \underline{3{,}27\ \text{A}}$; Klemmenspannung an den Verbrauchern $U_{KV} = IR_V = \underline{91{,}61\ \text{V}}$; am Generator $U_{KG} = U_Q - IR_i = \underline{119{,}69\ \text{V}}$

21. Die Maschenregel $\sum U = 0$ ergibt

$U_Q - U_Q - U_Q - U_Q + 5IR = 0$; $2U_Q = 5IR$; $I = \dfrac{2U_Q}{5R}$;

$U_{AB} = 2U_Q - \dfrac{2U_Q}{5R} \cdot 2R = \underline{\dfrac{6}{5} U_Q}$

22. $I_1 = \dfrac{U_{AB}}{R_1} = \underline{1{,}625\ \text{A}}$; $I_2 = \underline{1{,}182\ \text{A}}$; $I_3 = \underline{0{,}867\ \text{A}}$

23. $I_1 = \underline{1\ \text{A}}$; $I_2 = \underline{2{,}5\ \text{A}}$; $I_3 = I_4 = \underline{0{,}5\ \text{A}}$

24. Gesamtwiderstand $R_g = \dfrac{R}{4} + R_{v1}$; $I_1 = \dfrac{U_Q}{R/4 + R_{v1}}$;
nach Ausfall einer Lampe darf die Stromstärke nur noch
$I_2 = \dfrac{3I_1}{4} = \dfrac{3U_Q}{R + 4R_{v1}} = \dfrac{U_Q}{R/3 + R_{v2}}$ betragen, hieraus wird

$R_{v2} = \dfrac{4R_{v1}}{3} = \underline{12\ \Omega}$

25. a) $R = \dfrac{U}{I} - R_i = \underline{97\ \Omega}$ b) $\underline{330\ \Omega}$ c) $\underline{3\,330\ \Omega}$

26. $\dfrac{I_1}{I_2} = \dfrac{R_i + R_2}{R_i + R_1}$; $R_i = \dfrac{I_2 R_2 - I_1 R_1}{I_1 - I_2} = \underline{2{,}55\ \Omega}$;

$U = I_1(R_i + R_1) = \underline{4{,}5\ \text{V}}$

27. $R_2 = \dfrac{R_g R_1}{R_1 - R_g} = \underline{656,25\ \Omega}$

28. Ersatzwiderstand der linken Vierergruppe

$R_I = \dfrac{3RR}{3R+R} = 2,25\ \Omega$; $R_{AB} = \dfrac{(R_I + 2R)R}{R_I + 3R} = \underline{2,2\ \Omega}$

29. Von links nach rechts fortschreitend ergibt sich:

$R_I = \dfrac{R_1 R_1}{R_1 + R_1} + R_1 = 1,5\ \Omega$; $R_{II} = \dfrac{R_I R_2}{R_I + R_2} + R_1 = 1\,857\ \Omega$;

$R_{AB} = \dfrac{R_{II} R_3}{R_{II} + R_3} = \underline{1,15\ \Omega}$

30. $\dfrac{\left(\dfrac{R_2 R_x}{R_2 + R_x} + R_3\right) R_1}{R_1 + R_3 + \dfrac{R_2 R_x}{R_2 + R_x}} = R_{AB}$; $R_x = \underline{5\ \Omega}$

31. Für $R_x = 0$ wird $R'_{AB} = \dfrac{R_1 R_3}{R_1 + R_3} = \underline{6,67\ \Omega}$; für $R_x \to \infty$ folgt

$R''_{AB} = \dfrac{R_1(R_2 + R_3)}{R_1 + R_2 + R_3} = \underline{7,5\ \Omega}$

32. $\dfrac{R_1 R_2}{R_1 + R_2} = \dfrac{R_1}{5}$; $\dfrac{R_1}{R_2} = \underline{4}$

33. $R_1 + R_2 = \dfrac{6R_1 R_2}{R_1 + R_2}$; mit $\dfrac{R_1}{R_2} = x$ ergibt sich $x = 2 \pm \sqrt{3}$;

$R_1/R_2 = \underline{3,73}$ bzw. $\underline{0,27}$

34. $l = 2(l - 2x + x/2)$; $x = \underline{l/3}$

35. $R' = \dfrac{R/4 \cdot 3R/4}{R} = \underline{3R/16}$

36. Werden die Rechteckseiten mit a und b bezeichnet, so gilt für die Widerstände $\dfrac{(2a+b)b}{2a+2b} = \dfrac{2a+2b}{8}$, daraus folgt $\underline{a : b = 1 : 2,41}$

37. $R_g = \dfrac{R_1 R_2}{R_1 + R_2} = \underline{142,86\ \Omega}$; mit dem Kleinst- bzw. Größtwert ergibt sich $R_{gu} = 128,57\ \Omega$ bzw. $R_{go} = 157,14\ \Omega$ und die Toleranz von $\underline{\pm 14,3\ \Omega}$

38. $\dfrac{\dfrac{R_1}{2}\dfrac{R_2}{2}}{\dfrac{R_1}{2} + \dfrac{R_2}{2}} = \dfrac{\dfrac{14R_1}{20}\dfrac{xR_2}{20}}{\dfrac{14R_1}{20} + \dfrac{xR_2}{20}}$;

$$x = \frac{280R_1}{8R_2 + 28R_1} = 58 \text{ mm};$$

der Abgriff muss um $\underline{42 \text{ mm}}$ nach links verschoben werden.

39. $I_1 = \dfrac{U_1}{Rx}; I = I_2 + \dfrac{U_1}{Rx}; U - U_1 = \left(I_2 + \dfrac{U_1}{Rx}\right) R(1-x);$

$x = \underline{0,528}; I_1 = \underline{0,076 \text{ A}}; I = \underline{0,226 \text{ A}}$

40. $I_1 : (I - I_1) = R : R_\text{i}; \quad R = \dfrac{I_1 R_\text{i}}{I - I_1};$

a) $\underline{0,333\ \Omega}$ b) $\underline{0,062\ \Omega}$ c) $\underline{0,006\ \Omega}$

41. $(I - I_1) : I_1 = R_\text{i} : R$; die Messbereichserweiterung entspricht dem Verhältnis $\dfrac{I}{I_1} = \dfrac{R_\text{i}}{R} + 1$; a) $\underline{6}$ b) $\underline{80}$ c) $\underline{250}$

42. $R = \dfrac{I_1 R_\text{i}}{I - I_1} = \underline{126\ \Omega}$

43. Aus $R = \dfrac{I_1 R_\text{i}}{I - I_1}$ wird $R_\text{i} = \dfrac{R(I - I_1)}{I_1} = \underline{2\ \Omega}$

44. $I = \dfrac{P}{U} = 0,32 \text{ A}; x = \dfrac{6 \text{ A}}{0,32 \text{ A}} = 18,75;$ $\underline{19 \text{ Lampen}}$

45. $R = \dfrac{U_1^2}{P} = 484\ \Omega; P' = \dfrac{U_2^2}{R} = \underline{74,6 \text{ W}}$

46. $I = \dfrac{P}{U_1} = 6,8 \text{ A}$; Leistung des Vorschaltwiderstandes
$P_\text{v} = I(U - U_1) = \underline{646 \text{ W}}$

47. $P = \dfrac{117 \text{ min}^{-1} \cdot 60 \text{ min/h}}{1\,800 \text{ kWh}^{-1}} = \underline{3,9 \text{ kW}}$

48. Mit den Einzelleistungen $P_1' = \dfrac{U^2}{R_1}$ und $P_2' = \dfrac{U^2}{R_2}$ ist in Parallelschaltung $P_2 = P_1' + P_2'$ und in Reihenschaltung $P_1 = \dfrac{U^2}{R_1 + R_2} = \dfrac{P_1' P_2'}{P_2}$; das ergibt die quadratische Gleichung ${P_1'}^2 - P_1' P_2 = -P_1 P_2$ mit den Lösungen $P_1' = \underline{199 \text{ W}}$ bzw. $\underline{401 \text{ W}}$ sowie $P_2' = \underline{401 \text{ W}}$ bzw. $\underline{199 \text{ W}}$

49. Der Ansatz $\dfrac{U^2(R_1 + R_2)}{R_1 R_2} = \dfrac{6U^2}{R_1 + R_2}$ liefert eine quadratische Gleichung mit $R_1 = \underline{3,73 R_2}$ bzw. $\underline{0,27 R_2}$

50. $\dfrac{U^2}{R_1} : \dfrac{U^2}{R_2} = \dfrac{1}{1} : \dfrac{1}{5,83} = \underline{1 : 0,172} = \underline{5,83 : 1}$

51. $R_1 = \dfrac{U_1^2}{P_1} = 390,63\ \Omega$; $R_2 = 156,25\ \Omega$; $I = \dfrac{U_2}{R_1 + R_2} = 0,402\,3$ A;

$P_1' = I^2 R_1 = \underline{63,22\ \text{W}}$; $P_2' = \underline{25,29\ \text{W}}$

52. $I = \dfrac{P_1}{U_1} = 1,5$ A; $R_\text{H} = \dfrac{U - U_1}{I} = 144\ \Omega$; $R_\text{L} = \dfrac{U_1}{I} = 2,667\ \Omega$;

$P_{220} = \dfrac{U^2}{R_\text{H}} = \underline{336\ \text{W}}$; $P_{216} = \dfrac{(U - U_1)^2}{R_\text{H}} = \underline{324\ \text{W}}$

53. $Q_1 = \dfrac{P_1 t_1}{U} = \dfrac{2 \cdot 32\ \text{W} \cdot 2,5\ \text{h}}{6,3\ \text{V}} = 25,4$ Ah; $Q_2 = \dfrac{P_2 t_2}{U} = 18,6$ Ah

$Q = (75 - 44)\ \text{Ah} = \underline{31\ \text{Ah}}$

54. $R = \dfrac{2\varrho l}{A} = 0,708\,2\ \Omega$; $I = \dfrac{25\,000\ \text{W}}{450\ \text{V}} = 55,56$ A;

$P_\text{V} = I^2 R = 2\,186$ W; $\dfrac{P}{P_\text{V}} = \dfrac{2,186\ \text{kW} \cdot 100}{25\ \text{kW}} = \underline{8,7\ \%}$

55. Zulässiger Verlust $P_\text{V} = 25\ \text{kW} \cdot 0,05 = 1,25$ kW;

$R = \dfrac{P_\text{V}}{I^2} = 0,405\ \Omega$; $A = \dfrac{2\varrho l}{R} = 21,975\ \text{mm}^2$; $d = \underline{5,3\ \text{mm}}$

56. Aus $P(1 - 0,18) = \dfrac{U^2(1-x)^2}{R}$ bzw. $0,82 = (1-x)^2$ ergibt sich ein Spannungsabfall von $x = 0,0945 = \underline{9,45\ \%}$; um diesen Wert geht auch der Strom zurück.

57. Die Leitung hat den Widerstand $R = 0,237\,3\ \Omega$; Strom

$I = \dfrac{\Delta U}{R} = 10,54$ A; $P = (U - \Delta U)I = \underline{2,29\ \text{kW}}$

58. $\dfrac{(U + \Delta U)^2}{R} - \dfrac{U^2}{R} = \Delta P$;

$U = \dfrac{\Delta P R - \Delta U^2}{2\Delta U} = \dfrac{88,5\ \text{W} \cdot 15\ \Omega - 9\ \text{V}^2}{6\ \text{V}} = \underline{220\ \text{V}}$;

$P = \dfrac{U^2}{R} = \underline{3,23\ \text{kW}}$

59. $R_2 = 0,9 R_1$; $P_2 = \dfrac{U^2}{0,9 R_1} = \dfrac{P_1}{0,9} = 444$ W; $I_1 = 1,82$ A; $I_2 = 2,02$ A;

$\Delta I = +\underline{0,2\ \text{A}}$; $\Delta P = +\underline{44,4\ \text{W}}$

60. $W = I^2 t(R_1 - R_2) = I^2 t \varrho l \left(\frac{1}{A_1} - \frac{1}{A_2}\right) = \underline{35,1\ \text{kWh}}$

61. Mit $g = 9,81\ \text{m/s}^2$ wird $P_{\text{ab}} = \frac{mgh}{t} = 5\,232\ \text{N} \cdot \text{m/s (W)}$;

$P_{\text{zu}} = \frac{P_{\text{ab}}}{\eta_1 \eta_2} = \underline{7,34\ \text{kW}}$

62. $I = \frac{P_1}{U_1} = 2,5$ A; erforderliche Größe des Widerstandes

$R = \frac{U - U_1}{I} = 26\ \Omega$; $l = \frac{RA}{\varrho} = \underline{6,53\ \text{m}}$; $P_2 = I^2 R = \underline{162,5\ \text{W}}$

63. $Q = I^2 Rt$; $Q = cm\Delta T$; $R = \frac{\varrho l}{A}$; $m = \varrho' Al$; $\Delta T = \frac{I^2 \varrho t}{A^2 c \varrho'} = \underline{582\ \text{K}}$

64. a) Im Silberdraht umgesetzte Leistung $P_1 = \frac{I^2 \varrho_1 l}{A_1}$; Masse des Drahtes $m_1 = A_1 l \varrho_1'$; bis zum Schmelzpunkt aufgenommene Wärmemenge $Q_1 = m_1 c_1 \Delta T = A_1 l \varrho_1' c_1 \Delta T$;

$t = \frac{Q_1}{P_1} = \frac{A_1^2 \varrho_1' c_1 \Delta T}{I^2 \varrho_1} = \underline{0,22\ \text{s}}$

b) Für den Kupferdraht ergibt sich nach Aufgabe 63

$\Delta T = \frac{I^2 \varrho_2 t}{A_2^2 \varrho_2' c_2} = 1,12\ \text{K}$; $\vartheta = \underline{21,12\ °\text{C}}$

65. Widerstand der drei Lampen $R_1 = \frac{U^2}{3P_1} = 161,33\ \Omega$; Leitungswiderstand $R_2 = \frac{2\varrho l}{A} = 9,07\ \Omega$; $I_1 = \frac{U}{R_1 + R_2} = 1,291$ A;

$U_1 = I_1 R_1 = \underline{208,3\ \text{V}}$; Widerstand des Heizgerätes $R_3 = \frac{U^2}{P_2} = 60,5\ \Omega$;

Widerstand von Heizgerät und Lampen $R_4 = \frac{R_1 R_3}{R_1 + R_3} = 44\ \Omega$;

$I_2 = \frac{U}{R_2 + R_4} = 4,15$ A; $U_2 = I_2 R_4 = 182,6$ V; $U_1 - U_2 = \underline{25,8\ \text{V}}$

66. Wegen $U_{\text{B}} = 2U_{\text{A}}$ gilt $P_{\text{B}} = 4U_{\text{A}}^2/R = 4P = \underline{800\,\text{W}}$. Die Spannung zwischen den Punkten 1 und 2 errechnet sich nach $U_{12} = I_1(R_1 - R_2) = U_{\text{B}} \frac{R_1 - R_2}{R_1 + R_2} = U_{\text{B}} \frac{P_1 - P_2}{P_1 + P_2} = 220\,\text{V} \frac{40\,\text{W} - 60\,\text{W}}{40\,\text{W} + 60\,\text{W}} = \underline{-44\,\text{V}}$. Das Vorzeichen ist so zu verstehen, dass Punkt 2 negativ bezogen auf Punkt 1 ist.

67. Da beide Lampenpaare den gleichen Gesamtwiderstand haben, liegen an jedem Paar 110 V; die Lampen brennen normal mit 40 bzw. 60 W.

Lösungen 6.2 Elektrisches Feld

1. $I = \frac{\Delta UC}{\Delta t} = \frac{(60-42)\ \mathrm{V} \cdot 25 \cdot 10^{-12}\ \mathrm{F}}{24\ \mathrm{s}} = \underline{1{,}875 \cdot 10^{-11}\ \mathrm{A}}$

2. $C = \frac{C_1 C_2}{C_1 + C_2} = \underline{0{,}6667\ \mu\mathrm{F}}$

3. $C = \frac{C_1 C_2}{C_1 + C_2} + C_3 = \underline{0{,}6667\ \mu\mathrm{F}}$

4. Die beiden oberen bzw. unteren parallel liegenden Kondensatoren ergeben zusammen je 2 µF, womit die auf Bild L6.2.1 angegebene Ersatzschaltung entsteht. Die Kapazität C' der unteren drei Kondensatoren ergibt sich aus

$\frac{1}{C'} = \left(\frac{1}{1} + \frac{1}{1} + \frac{1}{2}\right) \frac{1}{\mu\mathrm{F}}$ zu $C' = \frac{2}{5}\ \mu\mathrm{F}$;

somit wird $C = (2 + 0{,}4)\ \mu\mathrm{F} = \underline{2{,}4\ \mu\mathrm{F}}$

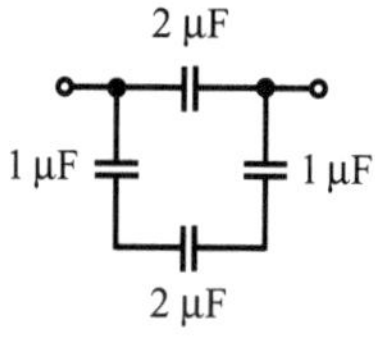

Bild L6.2.1

5. $C_1 + C_3 = C'$; $C_2 + C_3 = C''$; $\frac{C_1 C_2}{C_1 + C_2} + C_3 = C$; daraus folgt eine quadratische Gleichung mit den Lösungen $C_1 = \underline{2\ \mu\mathrm{F}}$; $C_2 = \underline{3\ \mu\mathrm{F}}$; $C_3 = \underline{4\ \mu\mathrm{F}}$

6. $Q = UC = 220\ \mathrm{V} \cdot 1{,}5 \cdot 10^{-6}\ \mathrm{F} = \underline{3{,}3 \cdot 10^{-4}\ \mathrm{A \cdot s}}$

7. $C = \frac{Q}{U} = \frac{75 \cdot 10^{-6}\ \mathrm{A \cdot s}}{22{,}7\ \mathrm{V}} = 3{,}3\ \mu\mathrm{F}$;

$C_2 = (3{,}3 - 2{,}8)\ \mu\mathrm{F} = \underline{0{,}5\ \mu\mathrm{F}}$

8. $C = \frac{C_1 C_2}{C_1 + C_2} = 1{,}05\ \mu\mathrm{F}$;

$Q = Q_1 = Q_2 = UC = \underline{115{,}5\ \mu\mathrm{A \cdot s}}$;

$U_1 = \dfrac{Q_1}{C_1} = \underline{77\ \text{V}}; U_2 = \underline{33\ \text{V}}$

9. $Q = UC = 0{,}8\ \text{V} \cdot 2 \cdot 10^{-12}\ \text{F} = 1{,}6\ \text{pA} \cdot \text{s};$

$x = Q/e = \dfrac{1{,}6 \cdot 10^{-12}\ \text{A} \cdot \text{s}}{1{,}6 \cdot 10^{-19}\ \text{A} \cdot \text{s}} = \underline{10^7\ \text{Elektronen}}$

10. $E = \dfrac{U}{d} = \dfrac{220\ \text{V}}{1{,}2\ \text{cm}} = \underline{183{,}3\ \text{V/cm}};$

$Q = \varepsilon_0 E A = 8{,}854 \cdot 10^{-14}\ \text{A} \cdot \text{s}/(\text{V} \cdot \text{cm}) \cdot 183{,}3\ \text{V/cm} \cdot 314{,}16\ \text{cm}^2$
$= \underline{5{,}1\ \text{nA} \cdot \text{s}}$

11. $E = \underline{183{,}3\ \text{V/cm}}$ (unverändert)

$Q' = \varepsilon_0 \varepsilon_r E A = \varepsilon_r Q = 2{,}5 \cdot 5{,}1 \cdot 10^{-9}\ \text{A} \cdot \text{s} = \underline{12{,}8\ \text{nA} \cdot \text{s}}$

12. Die Ladung bleibt unverändert, die Spannung ist
$U = \dfrac{80\ \text{V}}{2{,}1} = \underline{38{,}1\ \text{V}}$, weil die Kapazität auf den 2,1fachen Wert ansteigt.

13. $C_1 + C_2 + C_3 = C'; \dfrac{1}{C''} = \dfrac{1}{C_1} + \dfrac{1}{C_2} + \dfrac{1}{C_3};$

$C_2 = \underline{6\ \mu\text{F}}; C_3 = \underline{4\ \mu\text{F}}$

14. $Q = U_1 C_1 + U_2 C_2; U = \dfrac{Q}{C_1 + C_2} = \underline{171{,}4\ \text{V}}$

15. a) Gesamtspannung $U = (100 + 200)\ \text{V} = \underline{300\ \text{V}}$

b) Es gleicht sich die Ladungsmenge von $\pm 1\,000 \cdot 10^{-6}\ \text{A} \cdot \text{s}$ gegen $\pm 200 \cdot 10^{-6}\ \text{A} \cdot \text{s}$ teilweise aus, sodass die Gesamtladung von $Q = \pm 800 \cdot 10^{-6}\ \text{A} \cdot \text{s}$ verbleibt. Da die Spannung an den nunmehr parallel liegenden Kondensatoren gleich groß sein muss, gilt

$U = \dfrac{Q_1}{C_1} = \dfrac{Q_2}{C_2} = \dfrac{Q - Q_1}{C_2};$

hieraus folgt $Q_1 = \dfrac{QC_1}{C_1 + C_2} = \underline{228{,}6 \cdot 10^{-6}\ \text{A} \cdot \text{s}}$

bzw. $Q_2 = \underline{571{,}4\ \mu\text{A} \cdot \text{s}}$ und $U_1 = U_2 = \underline{114{,}3\ \text{V}}$

16. a) $C = \dfrac{C_1 C_2}{C_1 + C_2} = 0{,}8\ \mu\text{F}; Q = UC = 160\ \mu\text{A} \cdot \text{s}; U_1 = \dfrac{Q}{C_1} = 160\ \text{V};$
$U_2 = 40\ \text{V}$; nach dem Parallelschalten bleibt die Gesamtladung $2Q$ erhalten; die Kapazität ist $C' = (1 + 4)\ \mu\text{F} = 5\ \mu\text{F}$ und

$$U' = \frac{2Q}{C'} = \underline{64\ \text{V}}$$

b) Die Ladungen gleichen sich aus, $U' = \underline{0}$.

17. a) $\frac{\text{W}\cdot\text{s}}{\text{m}} = \frac{\text{N}\cdot\text{m}}{\text{m}} = \underline{\text{N}}$

b) mit $1\ \text{kg}\cdot\text{m/s}^2 = 1\ \text{N}$ gilt $\sqrt{\frac{\text{W}\cdot\text{s}\cdot\text{m}}{\text{N}}} = \sqrt{\frac{\text{N}\cdot\text{m}^2}{\text{N}}} = \underline{\text{m}}$

c) $\sqrt{\frac{\text{N}\cdot\text{V}^2\cdot\text{m}}{\text{m}^2\cdot\text{W}\cdot\text{s}}} = \underline{\frac{\text{V}}{\text{m}}}$ d) $\frac{\text{N}\cdot\text{m}^3}{\text{W}\cdot\text{s}} = \underline{\text{m}^2}$ e) $\frac{\text{W}\cdot\text{s}}{\text{N}\cdot\text{m}} = \underline{1}$

f) $\frac{\text{W}\cdot\text{s}}{\text{W}} = \underline{\text{s}}$ g) $\sqrt{\frac{\text{W}\cdot\text{s}\cdot\text{m}^2}{\text{N}\cdot\text{m}}} = \underline{\text{m}}$ h) $\frac{\text{W}\cdot\text{s}}{\text{A}\cdot\text{s}} = \underline{\text{V}}$ i) $\underline{\text{m}}$

18. $W = \frac{U^2C}{2}$; $U = \sqrt{\frac{2W}{C}} = \underline{4\,472\ \text{V}}$

19. Zur Trennung von Ladungen ist Energie aufzuwenden. Da beim Umschalten sich ein Teil der Ladung ausgleicht, wird Energie frei.

20. $C_\text{R} = \frac{2W_1}{U^2} = 1{,}607\ \mu\text{F}$; $Q_\text{R} = UC_\text{R} = 192{,}84\cdot 10^{-6}\ \text{A}\cdot\text{s}$;

$Q_\text{P} = 2Q_\text{R} = 385{,}68\cdot 10^{-6}\ \text{A}\cdot\text{s}$; $U_\text{P} = \frac{2W_2}{Q_\text{P}} = 55{,}1\ \text{V}$;

$C_1 + C_2 = \frac{2W_2}{U_\text{P}^2} = 7\ \mu\text{F}$; $\frac{C_1C_2}{C_1+C_2} = 1{,}607\ \mu\text{F}$;

$C_1 = \underline{2{,}5\ \mu\text{F}}$; $C_2 = \underline{4{,}5\ \mu\text{F}}$

21. Masse des Öltröpfchens $m = \frac{4}{3}\pi R^3\varrho = 3{,}351\cdot 10^{-12}\ \text{kg}$; aus

$E = \frac{U}{d}$ und $F = ma = eE$ ergibt sich

$$U = \frac{mad}{ne} = \frac{3{,}351\cdot 10^{-12}\ \text{kg}\cdot 9{,}81\ \text{m/s}^2\cdot 10^{-2}\ \text{m}}{10\cdot 1{,}6022\cdot 10^{-19}\ \text{A}\cdot\text{s}} = \underline{205{,}2\ \text{kV}}$$

22. Ladung einer Kugel $Q = UC = U\cdot 4\pi\varepsilon_0 r$;

$$F = \frac{U^2\cdot 16\pi^2\varepsilon_0^2 r^2}{4\pi\varepsilon_0 R^2} = \frac{U^2\cdot 4\pi\varepsilon_0 r^2}{R^2} = \underline{6\cdot 10^{-9}\ \text{N}}$$

23. Plattenabstand $d = \frac{U}{E} = 1\ \text{mm}$; Plattenoberfläche

$$A = \frac{2Fd^2}{\varepsilon_0 U^2} = \underline{2{,}26\ \text{m}^2}; C = \frac{\varepsilon_0 A}{d} = \underline{20\ \text{nF}}$$

24. $W = \frac{CU^2}{2} = \underline{0,121 \text{ W} \cdot \text{s}}$

25. Aus $W = eU = (1/2)m_e v^2$ (kinetische Energie des Elektrons) folgt unter Berücksichtigung des Plattenabstandes und der genutzten Feldlinienlänge

$$v = \sqrt{\frac{2eUl}{m_e d}} = \sqrt{\frac{2 \cdot 1,6022 \cdot 10^{-19} \text{ C} \cdot 220 \text{ V} \cdot 5 \text{ mm}}{9,1094 \cdot 10^{-31} \text{ kg} \cdot 20 \text{ mm}}} = \underline{4,4 \cdot 10^6 \text{ m/s}}.$$

26. a) Mit $v = at$ und $s = \frac{1}{2}vt$ folgt $a = \frac{v^2}{2s} = \underline{1,6 \cdot 10^{16} \text{ m/s}^2}$

b) $F = m_e a = \underline{1,46 \cdot 10^{-14} \text{ N}}$

c) $F_L = QvB = evB = \underline{1,92 \cdot 10^{-12} \text{ N}}$

27. Aus $F = QE = Q\frac{\Delta U}{d} = ma$ ergibt sich mit der Spannungsdifferenz

$$\Delta U = 10 \text{ kV} \quad a = Q\frac{\Delta U}{md} = \underline{0,4 \text{ m/s}^2}$$

28. Die Kraft zwischen zwei Punktladungen Q_1 und Q_2 folgt nach dem Coulomb'schen Gesetz mit

$$F = \frac{1}{4\pi\varepsilon_0\varepsilon_r}\frac{Q_1Q_2}{r^2} = \frac{1}{4\pi \cdot 8,854 \cdot 10^{-12} \text{ F/m}}\left(\frac{1,6022 \cdot 10^{-19} \text{ C}}{0,55 \cdot 10^{-10} \text{ m}}\right)^2$$
$$= \underline{7,63 \cdot 10^{-8} \text{ N}}.$$

29. Nach Aufgabe 28 ist $F = \underline{2,307 \cdot 10^{-10} \text{ N}}$

30. Mit $F = \frac{U^2}{2}\frac{\mathrm{d}C}{\mathrm{d}s}$ und $C = \varepsilon\frac{A}{s}$, d. h. $\frac{\mathrm{d}C}{\mathrm{d}s} = -\frac{\varepsilon A}{s^2}$ wird bei $\varepsilon = \varepsilon_0\varepsilon_{rL} \approx \varepsilon_0$

$$|F| = \frac{U^2}{2}\frac{\varepsilon_0 A}{s^2} = \frac{(500 \text{ V})^2}{2}\frac{8,854 \cdot 10^{-12} \text{ F/m} \cdot 10^{-6} \text{ m}^2}{(5 \cdot 10^{-5} \text{ m})^2}$$
$$= \underline{4,43 \cdot 10^{-4} \text{ N}}$$

31. $C = \frac{\varepsilon_0}{s}\left(\varepsilon_{rG} a\sqrt{A} + \varepsilon_{rL}\sqrt{A}\left[\sqrt{A} - a\right]\right)$; mit

$$\frac{\mathrm{d}C}{\mathrm{d}a} = -\frac{\varepsilon_0\sqrt{A}}{s}(\varepsilon_{rG} - \varepsilon_{rL}) = -9,739 \cdot 10^{-10} \text{ F/m wird}$$

$$|F| = \frac{U^2}{2}\frac{\mathrm{d}C}{\mathrm{d}a} = \frac{(500 \text{ V})^2}{2} 9,739 \cdot 10^{-10} \text{ F/m} = \underline{1,22 \cdot 10^{-4} \text{ N}}$$

32. Aus dem Coulomb'schen Gesetz folgt $E = \frac{1}{4\pi\varepsilon}\frac{e}{s^2}$.

Wegen $v = Eu = \frac{eu}{4\pi\varepsilon s^2} = \frac{\mathrm{d}s}{\mathrm{d}t}$ folgt $s^2\,\mathrm{d}s = \frac{eu}{4\pi\varepsilon}\,\mathrm{d}t$ und

$\int\limits_0^{0{,}001} s^2\,\mathrm{d}s = \int\limits_0^{T} \frac{eu}{4\pi\varepsilon_0\varepsilon_\mathrm{r}}\,\mathrm{d}t$. Damit ergibt sich mit $\varepsilon \approx \varepsilon_0$

$$T = \frac{4\pi\varepsilon_0}{eu}\int\limits_0^{0{,}001} s^2\,\mathrm{d}s = \frac{4\pi\cdot 8{,}854\cdot 10^{-12}\ \mathrm{F/m}\cdot(10^{-3}\ \mathrm{m})^3}{3\cdot 1{,}6022\cdot 10^{-19}\ \mathrm{C}\cdot 1{,}87\cdot 10^{-4}\ \mathrm{m^2/(V\cdot s)}}$$
$$= \underline{1\,238\ \mathrm{s}}$$

33. Für gerade Leiter gilt in Luft mit guter Näherung:

$$C = \frac{\pi\varepsilon_0 l}{\ln(a/r)} = \frac{\pi\cdot 8{,}854\cdot 10^{-12}\ \mathrm{F/m}\cdot 1\cdot 10^3\ \mathrm{m}}{\ln(1{,}75\ \mathrm{m}/0{,}005\ \mathrm{m})} = 4{,}75\ \mathrm{nF}$$

Die Anziehungskraft beider Leiter ist

$$F = \frac{CU^2}{2a} = \frac{4{,}75\cdot 10^{-9}\ \mathrm{F}\cdot(50\cdot 10^3\ \mathrm{V})^2}{2\cdot 1{,}75\ \mathrm{m}} = \underline{3{,}39\ \mathrm{N}}$$

34. Ionenbeweglichkeit:

$$u = \frac{u'}{F} = \frac{53{,}2\ \mathrm{m^2}}{\Omega\cdot\mathrm{kmol}}\,\frac{\mathrm{kmol}}{9{,}6485\cdot 10^7\ \mathrm{C}} = 5{,}51\cdot 10^{-7}\ \frac{\mathrm{m^2}}{\mathrm{V\cdot s}}$$

Driftgeschwindigkeit:

$$v = uE = 5{,}51\cdot 10^{-7}\ \frac{\mathrm{m^2}}{\mathrm{V\cdot s}}\cdot 10^3\ \frac{\mathrm{V}}{\mathrm{m}} = \underline{5{,}51\cdot 10^{-4}\ \mathrm{m/s}}$$

35. $$F = \frac{\varepsilon_0\varepsilon_\mathrm{r}U^2A}{2s^2} = 8{,}854\cdot 10^{-12}\ \frac{\mathrm{A\cdot s}}{\mathrm{V\cdot m}}\,\frac{(200\ \mathrm{V})^2\cdot 6\cdot 10^{-2}\ \mathrm{m^2}}{2\cdot(10^{-5}\ \mathrm{m})^2}$$
$$= \underline{128{,}6\ \mathrm{N}}$$

36. Die kinetische Energie des α-Teilchens wird in eine Zunahme seiner potentiellen Energie für den kleinsten Abstand zum Bleikern umgesetzt. Es gilt daher mit $\varepsilon_\mathrm{r} = 1$

$E_\mathrm{p} = \frac{2Ze^2}{4\pi\varepsilon_0 r_\mathrm{min}} = \frac{m_\alpha v^2}{2}$; daraus folgt $r_\mathrm{min} = 5{,}06\cdot 10^{-14}\ \mathrm{m}$.

Die maximale Abstoßkraft ergibt sich aus dem Coulomb'schen Gesetz:

$$F_\mathrm{max} = \frac{1}{4\pi\varepsilon}\,\frac{Q_1Q_2}{r_\mathrm{min}^2} = \frac{Ze\cdot 2e}{4\pi\varepsilon_0 r_\mathrm{min}^2} = \underline{14{,}8\ \mathrm{N}}$$

37. Die erforderliche Arbeit entspricht der potentiellen Energie der Punktladung $W = F_p = \frac{Q_1 Q_2}{4\pi\varepsilon_r\varepsilon_0 r} = \frac{Q_1 \cdot 4\pi r_K^2 \sigma}{4\pi\varepsilon_r\varepsilon_0 r}$; mit $\varepsilon_r = 1$ ergibt sich

$$W = \frac{5\cdot 10^{-8}\,\mathrm{C}\cdot 25\cdot 10^{-4}\,\mathrm{m}^2\cdot 2\cdot 10^{-5}\,\mathrm{C/m}^2}{8,854\cdot 10^{-12}\,\mathrm{C/(V\cdot m)}10\cdot 10^{-2}\,\mathrm{m}} = \underline{2,8\,\mathrm{mJ}}$$

38. Nach dem erweiterten Ohm'schen Gesetz gilt für die Elektronendriftgeschwindigkeit $v = \frac{U}{\varrho l n e}$ mit der Elektronendichte von Kupfer

$$n = \varrho' \frac{N_A}{M} = \frac{8,9\cdot 10^3\,\mathrm{kg/m^3}\cdot 6,022\cdot 10^{23}\,\mathrm{mol^{-1}}}{63,5\,\mathrm{kg/mol}} = 8,44\cdot 10^{25}\,\mathrm{m^{-3}}$$

folgt

$$v = \frac{2\,\mathrm{V}}{0,017\,\Omega\cdot\mathrm{mm^2/m}\cdot 2,5\,\mathrm{m}\cdot 8,44\cdot 10^{25}\,\mathrm{m^{-3}}\cdot 1,6022\cdot 10^{-19}\,\mathrm{C}}$$
$$= \underline{3,5\,\mathrm{m/s}}$$

39. Die Quarzplatte wird zusammengedrückt um

$\Delta x = \frac{Fx}{E'A} = \frac{100\,\mathrm{N}\cdot 0,005\,\mathrm{m}}{78,5\,\mathrm{GPa}\cdot 10^{-4}\,\mathrm{m^2}} = 63,7\,\mathrm{nm}$. Daraus folgt die Spannung $U = \frac{\Delta x}{d_m} = \frac{6,37\cdot 10^{-8}\,\mathrm{m}}{2,25\cdot 10^{-12}\,\mathrm{V/m}} = \underline{28,3\,\mathrm{kV}}$ und die entstehende Ladung $Q = \frac{F\Delta x}{U} = \underline{2,25\cdot 10^{-10}\,\mathrm{C}}$

40. Aus $\frac{Q_1 Q_2}{4\pi\varepsilon_0\cdot 1\cdot 0,1^2\,\mathrm{m^2}} = \frac{Q_1 Q_2}{4\pi\varepsilon_0\cdot 5\cdot x^2}$ folgt für die gesuchte Entfernung

$x = \underline{45\,\mathrm{cm}}$

41. Das Verhältnis der Wechselwirkungskräfte folgt aus

$$\frac{F_{el}}{F_{gr}} = \frac{e^2}{4\pi\varepsilon_0}\frac{1}{f m_e^2} \approx \underline{4\cdot 10^{42}}$$

42. Die Gesamtladung ist $Q_g = nQ$. Daraus folgt mit dem Radius des großen Tropfens r_g und der Wasserdichte ϱ' die Beziehung

$$n\cdot\frac{4}{3}\pi r^3\varrho' = \frac{4}{3}\pi r_g^3\varrho', \text{ d. h. } r_g = r\sqrt[3]{n}.$$

Mit $\varepsilon_r = 1$ folgt für das Potential

$$U = \frac{Q_g}{4\pi\varepsilon_0 r_g} = \underline{41,7\,\mathrm{kV}}$$

43. Der sich nach der Abstoßung einstellende Kugelabstand ist

$$r = 2l \sin\frac{\alpha}{2} = 0,3\ \text{m}.$$

Die abstoßende Coulomb-Kraft ergibt sich mit $\varepsilon_\text{r} = 1$ aus

$$F = \frac{Q^2}{4\pi\varepsilon_0 r^2} = \frac{(5\cdot 10^{-7}\ \text{C})^2}{4\pi\cdot 8,85\cdot 10^{-12}\ \text{F/m}\cdot 0,3^2\ \text{m}^2} = 2,5\cdot 10^{-2}\ \text{N}.$$

Daraus folgt die Gewichtskraft $F_\text{G} = \dfrac{F}{\tan\alpha/2} = \underline{4,3\cdot 10^{-2}\ \text{N}}$

44. In Richtung der Flugbahn wirkt die gleichförmige Bewegung $x = vt$ und in Richtung der Ablenkung die gleichmäßig beschleunigte Bewegung $y = \dfrac{QU}{2ma}t^2$. Nach Eliminieren von t folgt die Bahnkurve des Elektrons $y = \dfrac{QU}{2mav^2}x^2$. Für $Q = e$ und $x = l$ ergibt sich eine Bahnablenkung von $s = \underline{0,9\ \text{mm}}$.

Lösungen 6.3 Magnetisches Feld

1. Wird das Ende von Stab *1* gegen die Mitte von Stab *2* gehalten und erfolgt Anziehung, so ist Stab *1* der Magnet. Gegenprobe: Stab *2* gegen die Mitte von Stab *1* gehalten bewirkt keine Anziehung.

2. $I_2 = \dfrac{I_1 N_1}{N_2} = \underline{13,8\ \text{A}}$

3. $\dfrac{I_1\cdot 240}{25\ \text{cm}} = \dfrac{I_2\cdot 150}{12,5\ \text{cm}};\ I_1 : I_2 = \underline{1 : 0,8}$

4. Der Durchflutungssatz lautet vollständig: $\sum Hl = IN$; bei Anwendung der genannten Gleichung würde man die Summe der magnetischen Spannungen für den im Luftraum verlaufenden Teil der Feldlinien außer Acht lassen. Zweiter Grund: Entmagnetisierung bei einem Kern mit freien Enden.

5. $B = \dfrac{\Phi}{A} = \dfrac{200\cdot 10^{-8}\ \text{V}\cdot\text{s}}{\pi\cdot 10^{-4}\ \text{m}^2} = 6,37\ \text{mT};$

$$H = \frac{B}{\mu_0} = \frac{63,7\cdot 10^{-4}\ \text{V}\cdot\text{s/m}^2}{1,257\cdot 10^{-6}\ \text{V}\cdot\text{s/(A}\cdot\text{m)}} = 5\,068\ \text{A/m};$$

$$I = \frac{Hl}{N} = \frac{5\,068\ \text{A/m}\cdot 0,1\cdot\pi\ \text{m}}{450} = \underline{3,54\ \text{A}}$$

6. $R = \frac{\varrho l_m N}{A} = 12{,}63\ \Omega$; $I = \frac{U}{R} = 1{,}58$ A;

$H = \frac{IN}{l} = 8\,953$ A/m; $B = \mu_0 H = \underline{11{,}24 \text{ mT}}$

7. Mittlere Länge der Feldlinien im Eisen $l_{Fe} = (2 \cdot 9 + 2 \cdot 3)$ cm $= 0{,}24$ m;

$H = \frac{IN}{l} = 2\,500$ A/m; $\mu_r = \frac{B}{\mu_0 H} = \underline{478}$

8. Da der magnetische Widerstand des Eisens konstant bleibt, sind für das Eisen $IN = 1{,}2\ \text{A} \cdot 500 = 600$ A erforderlich.

$H_L = \frac{B}{\mu_0} = 1{,}194\,3 \cdot 10^6$ A/m; $l_L = 1$ mm; für den Luftspalt sind $H_L l_L = 1\,194$ A notwendig, zusammen 1 794 A; $I = \frac{\sum Hl}{N} = \underline{3{,}59 \text{ A}}$

9. $H = \frac{IN}{l} = 1\,667$ A/m; $B = \mu_0 \mu_r H = \underline{1{,}4 \text{ T}}$

10. $H_{Fe} = \frac{B}{\mu_0 \mu_r} = 650$ A/m; $l_{Fe} = (2 \cdot 12 + 2 \cdot 7)$ cm $= 0{,}38$ m;

$H_L = \frac{B}{\mu_0} = 9{,}554 \cdot 10^5$ A/m; $l_L = 2 \cdot 0{,}05$ cm $= 1$ mm;

$\sum HL = (247 + 955)\ \text{A} = \underline{1\,202 \text{ A}}$

11. $H_{Fe} = 200$ A/m; $H_L = 6{,}366 \cdot 10^5$ A/m;

$\sum HL = (76 + 637)\ \text{A} = \underline{713 \text{ A}}$

12. Im Sättigungsbereich beträgt die Zunahme der magnetischen Flussdichte

$$\Delta B = \mu_0 \Delta H = 1{,}257 \cdot 10^{-6}\ \text{V} \cdot \text{s}/(\text{A} \cdot \text{m})(15 - 5) \cdot 10^4\ \text{A/m}$$

$$= 0{,}125\,7\ \text{V} \cdot \text{s/m}^2;$$

$B_2 = B_1 + \Delta B = \underline{2{,}226 \text{ T}}$

13. $N = \sqrt{\frac{Ll}{\mu_0 \mu_r A}} = \sqrt{\frac{50 \cdot 10^{-3}\ \text{V} \cdot \text{s} \cdot 6 \cdot 10^{-2}\ \text{m} \cdot \text{A} \cdot \text{m} \cdot 4}{\text{A} \cdot 1{,}257 \cdot 10^{-6}\ \text{V} \cdot \text{s} \cdot 36 \cdot \pi \cdot 10^{-6}\ \text{m}^2}} = \underline{9\,191}$

14. $IN = \sqrt{\frac{2lW}{\mu_0 \mu_r A}} = \underline{2{,}24 \cdot 10^4 \text{ A}}$

15. Nach Aufgabe 13 ist $\frac{N_1^2 \mu_0 \mu_r \pi d^2}{4l} = \frac{N_2^2 \mu_0 \mu_r \pi d^2 \cdot 2}{4 \cdot 4l}$;

$$\frac{N_2}{N_1} = \sqrt{2}; N_2 = \underline{71}$$

16. Aus $L = \dfrac{N\Phi}{I} = \dfrac{N\mu_0\mu_r HA}{I}$ folgt

$$N = \frac{LI}{\mu_0\mu_r HA} = \underline{754 \text{ Windungen}}; l = \frac{IN}{H} = \underline{0{,}45 \text{ m}}$$

17. Aus $W = \dfrac{H^2\mu_0\mu_r lA}{2}$, $H = \dfrac{IN}{l}$ und $H\mu_0\mu_r = B$ folgt

$$W = \frac{BINA}{2} = \underline{250 \text{ W} \cdot \text{s}}; \text{ aus } W = \frac{LI^2}{2} \text{ ergibt sich } L = \frac{2W}{I^2} = \underline{50 \text{ mH}}$$

18. $L = \dfrac{N^2\mu_0\mu_r A}{l}$; $N = \sqrt{\dfrac{Ll}{\mu_0\mu_r A}} = \underline{206 \text{ Windungen}}$

19. Aus der Gleichung für die Zugkraft $F = \dfrac{B^2 A}{2\mu_0}$ folgt mit

$A = 2 \cdot 10^{-3}$ m^2 die magnetische Flussdichte $B = 0{,}35$ T;

$$I = \frac{Hl}{N} = \frac{Bl}{\mu_0\mu_r N} = \underline{0{,}41 \text{ A}};$$

mit $A = 10^{-3}$ m^2 ist $L = \dfrac{NBA}{I} = \underline{85 \text{ mH}}$

20. Die Kraft zwischen den Leitern beträgt:

$$F = \frac{\mu_0\mu_r l I_1 I_2}{2\pi a} = 4\pi \cdot 10^{-7} \, \frac{\text{m} \cdot \text{kg}}{\text{A}^2 \cdot \text{s}^2} \cdot \frac{1 \text{ m} \cdot 1 \text{ A}^2}{2\pi \cdot 1 \text{ m}} = \underline{2 \cdot 10^{-7} \text{ N}}$$

(gesetzliche Definition von 1 A)

21. Elektromagnetisches Moment der Spule mit $\mu = \mu_0$:

$$m = \mu_0 NIA = 4\pi \cdot 10^{-7} \text{ H/m} \cdot 1\,500 \cdot 3 \text{ A} \cdot 20 \cdot 10^{-4} \text{ m}^2$$
$$= 1{,}13 \cdot 10^{-5} \text{ V} \cdot \text{s} \cdot \text{m}$$

Drehmoment der Spule:

$$M = mH \sin 45° = 1{,}1309 \cdot 10^{-5} \text{ V} \cdot \text{s} \cdot \text{m} \cdot 1\,200 \, \frac{\text{A}}{\text{m}} \sin 45°$$
$$= \underline{9{,}6 \cdot 10^{-3} \text{ N} \cdot \text{m}}$$

22. Magnetischer Fluss in der Spule mit $\mu = \mu_0$:

$$\Phi = \mu_0 NHA = 4\pi \cdot 10^{-7} \, \frac{\text{m} \cdot \text{kg}}{\text{A}^2 \cdot \text{s}^2} 500 \cdot 6 \cdot 10^5 \, \frac{\text{A}}{\text{m}} \cdot 0{,}15 \cdot 10^{-4} \text{ m}^2$$
$$= 5{,}65 \cdot 10^{-3} \text{ Wb}$$

Drehwinkel der Spule:

$$\varphi = I\frac{\Phi}{D^*} = 10^{-3}\,\text{A}\frac{5{,}65\cdot 10^{-3}\,\text{kg}\cdot\text{m}^2/(\text{A}\cdot\text{s}^2)}{6{,}5\cdot 10^{-5}\,\text{kg}\cdot\text{m}^2/(\text{s}^2\cdot\text{rad})} = 0{,}087\,\text{rad} = \underline{4{,}98^\circ}$$

23. Berechnung der Lorentz-Kraft nach

$$F = IlB\sin\alpha = Il\mu_0 H\sin\alpha$$

$$= 50\,\text{A}\cdot 0{,}2\,\text{m}\cdot 4\cdot\pi\cdot 10^{-7}\,\text{H/m}\cdot 10^6\,\text{A/m}\cdot 0{,}5 = \underline{6{,}3\,\text{N}}$$

24. $F = NIlB\sin 90^\circ = 150\cdot 8\,\text{A}\cdot 0{,}18\,\text{m}\cdot 0{,}75\,\frac{\text{V}\cdot\text{s}}{\text{m}^2}\cdot 1 = 162\,\text{N}$;

$M = 162\,\text{N}\cdot 0{,}1\,\text{m} = \underline{16{,}2\,\text{N}\cdot\text{m}}$

25. Das magnetische Moment der Ladung beträgt

$$M = \frac{1}{2}QvR = \frac{1}{2}10^{-15}\,\text{A}\cdot\text{s}\cdot 2{,}9979\cdot 10^6\,\text{m/s}\cdot 2\,\text{m} = 3\cdot 10^{-9}\,\text{A}\cdot\text{m}^2.$$

Dann ist der Strom $I = \frac{M}{A} = \frac{3\cdot 10^{-9}\,\text{A}\cdot\text{m}^2}{\pi\cdot(2\,\text{m})^2} = \underline{2{,}4\cdot 10^{-10}\,\text{A}}$

26. $F = IlB = \underline{3{,}5\,\text{N}}$

27. Mit $\mu = \mu_0$ ist die magnetische Flussdichte des Linienleiters

$$B = \frac{\mu_0 I}{2\pi r} = \frac{4\pi\cdot 10^{-7}\,\text{H/m}\cdot 5\,\text{A}}{2\pi\cdot 0{,}004\,\text{m}} = 2{,}5\cdot 10^{-4}\,\text{T}.$$

Das Elektron wird durch die Potentialdifferenz auf

$$v = \sqrt{\frac{2W}{m_\text{e}}} = \sqrt{\frac{2eU}{m_\text{e}}} = \sqrt{\frac{2\cdot 1{,}6022\cdot 10^{-19}\,\text{C}\cdot 10^3\,\text{V}}{9{,}1094\cdot 10^{-31}\,\text{kg}}}$$

$= 1{,}88\cdot 10^7\,\text{m/s}$ beschleunigt.

$F = evB\sin\alpha$, mit $\alpha = 90^\circ$ ergibt sich

$$F = 1{,}6022\cdot 10^{-19}\,\text{C}\cdot 1{,}88\cdot 10^7\,\text{m/s}\cdot 2{,}5\cdot 10^{-4}\,\text{T} = \underline{7{,}5\cdot 10^{-16}\,\text{N}}$$

28. Geschwindigkeit eines He-Kernes:

$$v = \sqrt{\frac{2W}{m_\alpha}} = \sqrt{\frac{2eU}{m_\alpha}} = \sqrt{\frac{2\cdot 1{,}6022\cdot 10^{-19}\,\text{C}\cdot 10^6\,\text{V}}{6{,}6447\cdot 10^{-27}\,\text{kg}}}$$

$= 6{,}94\cdot 10^6\,\text{m/s}$

Für die einwirkende Kraft gilt mit $\alpha = 90^\circ$:

$$F = evB$$

$$= 1{,}6022\cdot 10^{-19}\,\text{C}\cdot 6{,}94\cdot 10^6\,\text{m/s}\cdot 1{,}2\cdot 10^6\,\text{A/m}\cdot 4\pi\cdot 10^{-7}\,\text{H/m}$$

$$= \underline{1{,}7\cdot 10^{-12}\,\text{N}}$$

29. Die Lorentz-Kraft führt zu einer kreisförmigen Ablenkung bei senkrechtem Einfall des Elektrons gegenüber dem Magnetfeld. Wegen

$F = \frac{m_e v^2}{r} = evB$ ist $v = \frac{reB}{m_e} = 1{,}76 \cdot 10^8$ m/s.

Es muss daher relativistisch gerechnet werden und es folgt für die Energie:

$$W = m_e c^2 \left[\frac{1}{\sqrt{1-(v/c)^2}} - 1 \right]$$

$$= 9{,}1094 \cdot 10^{-31}\ \text{kg} \cdot (3 \cdot 10^8\ \text{m/s})^2 \left[\frac{1}{\sqrt{1-(1{,}76/3)^2}} - 1 \right]$$

$$= \underline{1{,}93 \cdot 10^{-14}\ \text{J}}$$

30. $F = \frac{1}{2\mu_0} B^2 A = \frac{1}{8\pi \cdot 10^{-7}\ \text{H/m}} (1{,}42\ \text{T})^2 \cdot 2 \cdot 2 \cdot 10^{-4}\ \text{m}^2 = \underline{320{,}9\ \text{N}}$

31. Aus der entstehenden Lorentz-Kraft im Feldlinienbereich ergibt sich eine kreisförmige Ablenkung der Elektronenflugbahn.

Mit $v_\perp = v \cos 60° = 0{,}5 \cdot 10^6$ m/s folgt für den Radius

$$r = \frac{m_e}{e} \frac{v_\perp}{B} = \frac{9{,}1094 \cdot 10^{-31}\ \text{kg}}{1{,}6022 \cdot 10^{-19}\ \text{C}} \frac{0{,}5 \cdot 10^6\ \text{m/s}}{4{,}8 \cdot 10^{-5}\ \text{T}} = \underline{5{,}9\ \text{cm}}$$

Lösungen 6.4 Induktionsvorgänge

1. Spulenfläche $A = 7{,}069 \cdot 10^{-4}\ \text{m}^2$; Induktivität:

$$L = \mu_0 \mu_r N^2 \frac{A}{l} = 4\pi \cdot 10^{-7}\ \text{H} \cdot \text{m} \cdot 1\,500^2 \frac{7{,}069 \cdot 10^{-4}\ \text{m}^2}{0{,}25\ \text{m}} = \underline{7{,}99\ \text{mH}}$$

2. Bei Spannungsgleichheit zwischen A und B gilt für die komplexen Wechselstromwiderstände in der Brücke allgemein $\frac{\underline{Z}}{\underline{Z}_1} = \frac{\underline{Z}_2}{\underline{Z}_x}$.

Daraus folgt für die Schaltung der Maxwell-Wien-Brücke

$$\frac{\frac{1}{1/R + \mathrm{j}\omega C}}{R_1} = \frac{R_2}{R_x + \mathrm{j}\omega L_x}.$$

Durch Umstellung und die Trennung der Real- und Imaginärteile ergeben sich: $R_x = \frac{R_1 R_2}{R} = \frac{10^6\ \Omega^2}{200 \cdot 10^3\ \Omega} = 5\ \Omega$;

$L_x = C R_1 R_2 = 15 \cdot 10^{-9}\ \text{A}^2 \cdot \text{s}^4/(\text{m}^2 \cdot \text{kg}) \cdot 10^6\ \Omega^2 = \underline{15\ \text{mH}}$

3. $I = \frac{P}{U} = 113{,}64\ \text{A};\ IR = 6{,}82\ \text{V};$

$U_\text{Q} = (220 + 6{,}82)\ \text{V} = \underline{226{,}82\ \text{V}}$

4. $P_\text{zu} = \frac{P_\text{ab}}{\eta} = 2\,508\ \text{W};\ I = \frac{P_\text{zu}}{U_\text{K}} = 11{,}5\ \text{A};$

$IR = 2{,}3\ \text{V};\ U_\text{Q} = U_\text{K} - IR = 215{,}7\ \text{V}$; aus $U_\text{Q} = Blv$ wird

$$B = \frac{U_\text{Q}}{lv} = \frac{215{,}7\ \text{V}}{(90 \cdot 0{,}35)\ \text{m} \cdot 0{,}18\ \text{m} \cdot \pi \cdot (600/60)\ \text{s}^{-1}} = \underline{1{,}21\ \text{T}}$$

5. $U_\text{Q} = Blv = 142{,}5\ \text{V};\ IR = U_\text{K} - U_\text{Q} = 7{,}5\ \text{V};$

$I = \frac{IR}{R} = 37{,}5\ \text{A};\ P_\text{zu} = U_\text{K} I = 5{,}63\ \text{kW};$

$P_\text{ab} = \eta P_\text{zu} = \underline{4{,}95\ \text{kW}}$

6. Aus $Q = I\Delta t = \frac{U\Delta t}{R} = \frac{N\Delta\Phi}{R}$ wird $\Delta\Phi = \frac{QR}{N} = \underline{2 \cdot 10^{-5}\ \text{V} \cdot \text{s}}$

7. $U_\text{Q} = \frac{N\Delta\Phi}{\Delta t} = \underline{1{,}25\ \text{mV}}$

8. a) Die Maschine arbeitet als Motor, da ihre Quellenspannung kleiner als die Netzspannung ist.

b) $I = \frac{U - U_\text{Q}}{R} = 50\ \text{A};\ P = UI = \underline{6{,}25\ \text{kW}}$

9. $U_\text{Q} = Blv = 0{,}6\ \text{V} \cdot \text{s/m}^2 \cdot 0{,}40\ \text{m} \cdot 0{,}30\ \text{m} \cdot \pi \cdot (800/60)\ \text{s}^{-1}$
$= \underline{3{,}016\ \text{V}}$

10. Das Drehmoment ist einerseits $M = D\alpha$ und andererseits $M = Fa$, wobei $D = 3 \cdot 10^{-6}\ \text{N} \cdot \text{m}/1°$; durch Gleichsetzen entsteht mit $F = NBdI$:

$$I = \frac{D\alpha}{aNBd} = \frac{3 \cdot 10^{-6}\ \text{N} \cdot \text{m} \cdot 90}{0{,}01\ \text{m} \cdot 300 \cdot 2 \cdot 10^{-1}\ \text{V} \cdot \text{s/m}^2 \cdot 0{,}015\ \text{m}} = \underline{0{,}03\ \text{A}}$$

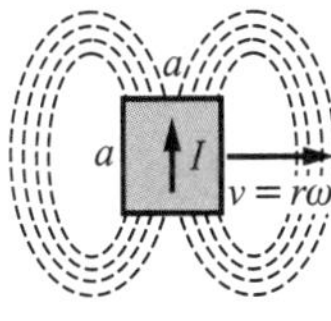

Bild L6.4.1

11. (Bild L6.4.1) Widerstand der im Feld liegenden Aluminiumscheibe ($\varrho = 0{,}028\,6\ \Omega \cdot \text{mm}^2/\text{m}$)

$R' = \frac{\varrho a}{ad} = 1,43 \cdot 10^{-5}\ \Omega$; Gesamtwiderstand $R = 2R'$;

induzierte Quellenspannung $U_\text{Q} = Bar\omega = 6,4 \cdot 10^{-3}$ V;

$I = \frac{U_\text{Q}}{R} = 224$ A; $P = U_\text{Q} I = \underline{1,43 \text{ W}}$; $M = \frac{P}{\omega} = \underline{0,143 \text{ N} \cdot \text{m}}$

12. Aus $F = BlI = \mu_0 H l I = \frac{\mu_0 I^2 l}{2\pi r}$ folgt

$$r = \frac{\mu_0 I^2 l}{2\pi F} = \frac{1,256 \cdot 10^{-6} \text{ V} \cdot \text{s} \cdot 50^2 \text{ A}^2 \cdot 2 \text{ m}}{\text{A} \cdot \text{m} \cdot 2\pi \cdot 0,15 \text{ N}} = \underline{6,7 \text{ mm}}$$

Lösungen 6.5 Wechselstrom

1. $I = \frac{U}{2\pi f L} = \frac{220 \text{ V}}{2\pi \cdot 50 \text{ Hz} \cdot 1,4 \text{ H}} = \underline{0,5 \text{ A}}$

2. $X_C = \frac{1}{2\pi f C} = 60\ \Omega$; $C = \underline{26,5\ \mu\text{F}}$

3. Aus $\frac{1}{2\pi f C} = 2\pi f L$ wird $C = \frac{1}{\omega^2 L} = \underline{4,78\ \mu\text{F}}$

4. $f = \frac{X_L}{2\pi L} = \underline{50,3 \text{ Hz}}$

5. Wirkwiderstand $R = \frac{U_1}{I_1} = \underline{20\ \Omega}$;

Scheinwiderstand $Z = \frac{U_2}{I_2} = \underline{166,7\ \Omega}$;

Blindwiderstand $\omega L = \sqrt{Z^2 - R^2} = \underline{165,5\ \Omega}$;

Induktivität $L = \frac{\omega L}{\omega} = \underline{0,53 \text{ H}}$; $\tan\varphi = \frac{\omega L}{R}$; $\varphi = \underline{83,1^\circ}$

6. $R = \frac{U_1^2}{P} = 120\ \Omega$; $Z = \frac{U_2}{I} = 240\ \Omega$; aus

$X_C = \frac{1}{\omega C} = \sqrt{Z^2 - R^2} = 207,27\ \Omega$ wird

$C = \frac{1}{2\pi f X_C} = \underline{15,3\ \mu\text{F}}$

7. $(U_\text{K} + U_R)^2 + U_L^2 = U^2$; $U_R = IR = 7,5$ V; $U_L = I\omega L = 9$ V;

$U_\text{K} = \sqrt{U^2 - U_L^2} - U_R = \underline{41,7 \text{ V}}$

8. Spannungsabfall an der Drossel

$U_\mathrm{D} = \sqrt{U^2 - U_1^2} = 213\ \mathrm{V}$; $L = \dfrac{U_\mathrm{D}}{2\pi f I} = \underline{4{,}52\ \mathrm{H}}$

9. Aus $(R_x + R)^2 + (2\pi f L)^2 = Z^2$ folgt $R_x = \underline{7{,}91\ \Omega}$

10. Aus der Gleichung $(1{,}5\omega L)^2 + (xR)^2 = (\omega L)^2 + R^2$ folgt mit $R = 2\omega L$ der Bruchteil $x = \underline{0{,}83}$

11. a) Aus dem komplexen Widerstand $\underline{Z} = R + \mathrm{j}\omega L + \dfrac{1}{\mathrm{j}\omega C}$ ergibt sich der Betrag $Z = \sqrt{R^2 + \left(\omega L - \dfrac{1}{\omega C}\right)^2}$.

Dann folgt $I = \dfrac{U}{Z} = \underline{0{,}53\ \mathrm{A}}$.

Aus $\tan\varphi = \dfrac{\text{Imaginärteil}}{\text{Realteil}} = \dfrac{\omega L - 1/(\omega C)}{R} = -1{,}612$ folgt $\varphi = \underline{-58{,}2^\circ}$ (Nacheilen der Spannung.

b) $Z = 192{,}8\ \Omega$; $I = \underline{1{,}04\ \mathrm{A}}$; $\varphi = \underline{58{,}7^\circ}$ (Voreilen der Spannung)

c) $Z = 380{,}5\ \Omega$; $I = \underline{0{,}53\ \mathrm{A}}$; $\varphi = \underline{-64^\circ}$ (Nacheilen der Spannung)

d) $Z = 319{,}1\ \Omega$; $I = \underline{0{,}63\ \mathrm{A}}$; $\varphi = \underline{-19{,}9^\circ}$ (Nacheilen der Spannung)

e) $I_R = \dfrac{U}{R} = 0{,}5\ \mathrm{A}$; $I_L = \dfrac{U}{\omega L} = 0{,}32\ \mathrm{A}$; $I = \sqrt{I_R^2 + I_L^2} = \underline{0{,}594\ \mathrm{A}}$;
$\tan\varphi = \dfrac{I_L}{I_R} = 0{,}64$; $\varphi = \underline{32{,}6^\circ}$ (Nacheilen des Stromes)

f) $I = \underline{0{,}84\ \mathrm{A}}$; $\varphi = \underline{-17{,}4^\circ}$ (Voreilen des Stromes)

g) $I_L = 0{,}182\ \mathrm{A}$; $I_C = 0{,}094\ \mathrm{A}$; $I = (0{,}182 - 0{,}094)\ \mathrm{A} = \underline{0{,}088\ \mathrm{A}}$; $\varphi = \underline{90^\circ}$ (Nacheilen des Stromes)

12. $\dfrac{1}{2} = \dfrac{U_1}{U_2} = \dfrac{\sqrt{R^2 + (\omega L)^2}}{\sqrt{R^2 + \left(\dfrac{1}{\omega C}\right)^2}}$; $C = \dfrac{1}{\omega\sqrt{3R^2 + 4\omega^2 L^2}} = \underline{29{,}8\ \mu\mathrm{F}}$;

$$I = \frac{U}{\sqrt{R^2 + \left(\omega L - \dfrac{1}{\omega C}\right)^2}} = \underline{3{,}3\ \mathrm{A}}$$

13. $I_\text{w} = \dfrac{P}{U} = 34{,}68\ \text{A};\ I = \dfrac{I_\text{w}}{\cos\varphi} = \dfrac{I_\text{w}}{0{,}75} = \underline{46{,}24\ \text{A}}$

14. $Z = \sqrt{R^2 + (\omega L)^2} = 62{,}98\ \Omega;\ \cos\varphi = \dfrac{R}{Z} = \underline{0{,}068}$

15. $I_\text{w} = I\cos\varphi = 25\ \text{A}\cdot 0{,}8 = \underline{20\ \text{A}};$

$I_\text{b} = I\sqrt{1-\cos^2\varphi} = 15\ \text{A};\ P = UI_\text{w} = \underline{4\,400\ \text{W}};\ Q = UI_\text{b} = \underline{3\,300\ \text{var}};$

$S = UI = \underline{5\,500\ \text{VA}}$

16. $P = \dfrac{W}{t} = 5\ \text{kW};\ I_\text{w} = \dfrac{P}{U} = 23{,}81\ \text{A};$

$\cos\varphi = \dfrac{I_\text{w}}{I} = \underline{0{,}85};\ I_\text{b} = \sqrt{I^2 - I_\text{w}^2} = \underline{14{,}73\ \text{A}}$

17. $\dfrac{Q_1}{Q_2} = \dfrac{1}{0{,}8} = \dfrac{\sqrt{1-\cos^2\varphi_1}}{\sqrt{1-(1{,}065\cos\varphi_1)^2}};\ \cos\varphi_1 = \underline{0{,}85}$ (vorher);

$\cos\varphi_2 = 0{,}86\cdot 1{,}065 = \underline{0{,}91}$ (nachher)

18. $P = I_1^2 R\cos^2\varphi_1 = I_2^2 R\cos^2\varphi_2;$

$\left(\dfrac{I_2}{I_1}\right)^2 = \left(\dfrac{\cos\varphi_1}{\cos\varphi_2}\right)^2 = 0{,}665,$

d. h., die Verluste vermindern sich um $\underline{1/3}$.

19. $S_1 = \dfrac{P_1}{0{,}6} = 6\ \text{kVA};\ S_2 = \dfrac{P_2}{0{,}8} = 7{,}5\ \text{kVA};$

$Q_1 = S_1\sqrt{1-0{,}6^2} = 4{,}8\ \text{kvar};\ Q_2 = 4{,}5\ \text{kvar};$

$S = \sqrt{(P_1+P_2)^2 + (Q_1+Q_2)^2} = 13{,}37\ \text{kVA};$

$\cos\varphi = \dfrac{P_1+P_2}{S} = \underline{0{,}72}$

20. Gesamte Scheinleistung $S = UI = 33$ VA; Gesamtverbrauch $P = S\cos\varphi = 13\ \text{W};\ P_\text{L} = U_\text{L}I = \underline{10\ \text{W}};\ P_\text{D} = P - P_\text{L} = 3\ \text{W};$

Blindleistung der Drossel $Q_\text{D} = S\sqrt{1-\cos^2\varphi} = 30{,}39\ \text{var};$

Scheinleistung der Drossel $S_\text{D} = \sqrt{P_\text{D}^2 + Q_\text{D}^2} = 30{,}54\ \text{VA};$

$\cos\varphi_\text{D} = \dfrac{P_\text{D}}{S_\text{D}} = \underline{0{,}10}$

21. $I^2R = I_w^2R + I_b^2R = I^2 \cdot 0,85^2R + I^2(1-0,85^2)R$;
$(1-0,85^2) = 0,2775$; auf den Blindstrom entfallen $\underline{27,75\ \%}$ der Gesamtverluste.

22. $I = \dfrac{P}{U_1} = 8,89$ A; ohmscher Spannungsabfall der Drossel

$$U_{RD} = IR = 13,33\ \text{V};$$

$$I\omega L = \sqrt{U^2 - (U_1 + U_{RD})^2} = 110,6\ \text{V};$$

$$L = \frac{I\omega L}{2\pi f I} = \underline{0,04\ \text{H}}$$

23. $Z = \sqrt{R^2 + (\omega L)^2} = 67,6\ \Omega$; $I = 3,25$ A; $P = I^2R = 264,71$ W;

$$Q = Pt = \underline{15,9\ \text{kJ}}$$

24. $Q = U^2\omega C = \underline{3,04\ \text{kvar}}$

25. $Q = U^2\omega C$; $C = \dfrac{Q}{2\pi f U^2} = \underline{264,5\ \mu\text{F}}$

26. $Q_1 = S\sin\varphi_1 = P\tan\varphi_1 = 17,537$ kvar; $Q_2 = P\tan\varphi_2 = 9\,296$ kvar; es werden kompensiert $\Delta Q = (17,537 - 9,3)$ kvar $= 8,237$ kvar;

$$C = \frac{\Delta Q}{2\pi f U^2} = \underline{167\,8\ \mu\text{F}}$$

27. $P = U_1 I \cos\varphi_1 = 220\ \text{V} \cdot 0,02\ \text{A} \cdot 0,5 = 2,2$ W; bei vollständiger Kompensation der Blindleistung ist

$$U_{min} = \frac{P}{I} = \underline{110\ \text{V}};$$

aus dem Zeigerdiagramm (Bild L6.5.1) geht hervor:

$$\frac{I}{\omega C} = U_1 \sin\varphi_1 - \sqrt{U_2^2 - U_{min}^2}, \text{ daraus folgt } C = \underline{0,447\ \mu\text{F}}$$

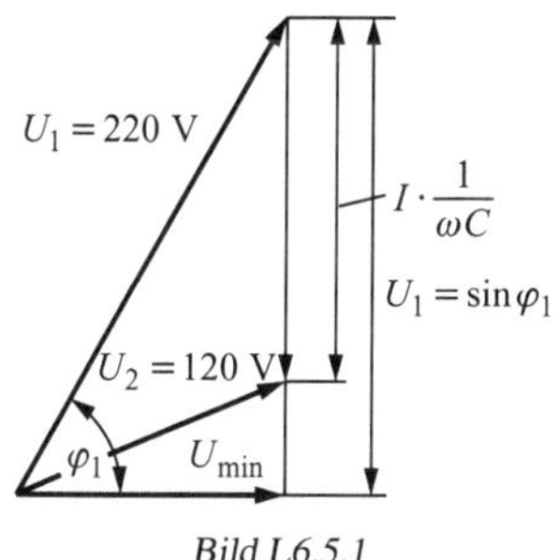

Bild L6.5.1

Lösungen 6.6 Elektromagnetische Schwingungen und Wellen

1. Resonanzfrequenz $f_r = 1/(2\pi\sqrt{LC})$; mit $\Phi = BA_L$ und der magnetischen Flussdichte für eine sehr lange Zylinderspule $B = \dfrac{\mu_0 nI}{l}$ wird

$$L = \frac{n\Phi}{I} = \frac{\mu_0 n^2 A_L}{l} = \frac{4\pi \cdot 10^{-7}\ \mathrm{H/m} \cdot 400 \cdot 3 \cdot 10^{-4}\ \mathrm{m}^2}{4 \cdot 10^{-2}\ \mathrm{m}} = 3{,}77\ \mu\mathrm{H}$$

Die Kapazität des Plattenkondensators beträgt

$$C = \frac{\varepsilon_0 \varepsilon_r A_C}{d} = \frac{8{,}8542 \cdot 10^{-12}\mathrm{F/m} \cdot 1 \cdot 2 \cdot 10^{-4}\ \mathrm{m}^{-2}}{3 \cdot 10^{-3}\ \mathrm{m}} = \underline{0{,}59\ \mathrm{pF}}$$

Für die Resonanzfrequenz folgt

$$f_r = \frac{1}{2\pi\sqrt{3{,}77 \cdot 10^{-6}\ \dfrac{\mathrm{m}^2 \cdot \mathrm{kg}}{\mathrm{A}^2 \cdot \mathrm{s}^2} \cdot 5{,}9 \cdot 10^{-13}\ \dfrac{\mathrm{A}^2 \cdot \mathrm{s}^4}{\mathrm{m}^2 \cdot \mathrm{kg}}}}$$

$$= \underline{106{,}7\ \mathrm{MHz}}$$

2. Bei Reihenresonanz gilt $f_{rC} = \dfrac{1}{2\pi}\sqrt{\dfrac{1}{LC} - \dfrac{R^2}{4L^2}}$.

Wegen $\left(\dfrac{R}{L}\right)^2 = \left(\dfrac{500 \cdot 10^{-3}\ \Omega}{0{,}3 \cdot 10^{-3}\ \mathrm{H}}\right)^2 = 2{,}78 \cdot 10^6\ \mathrm{s}^{-2}$ und

$$\frac{1}{LC} = \frac{1}{0{,}3 \cdot 10^{-3}\ \dfrac{\mathrm{m}^2 \cdot \mathrm{kg}}{\mathrm{A}^2 \cdot \mathrm{s}^2} \cdot 15 \cdot 10^{-12}\ \dfrac{\mathrm{A}^2 \cdot \mathrm{s}^4}{\mathrm{m}^2 \cdot \mathrm{kg}}} = 2{,}222 \cdot 10^{14}\ \mathrm{s}^{-2}$$

ist der Term $\left(\dfrac{R}{L}\right)^2$ zu vernachlässigen: $f_{rC} = \dfrac{1}{2\pi\sqrt{LC}} = \underline{2{,}37\ \mathrm{MHz}}$

Abklingzeit $t = \dfrac{2L}{R} = \dfrac{2 \cdot 0{,}3\ \mathrm{mH}}{500\ \mathrm{m}\Omega} = \underline{1{,}2\ \mathrm{ms}}$

3. Mit der Resonanzfrequenz f_r ergibt sich die Bandbreite B (Frequenzbreite, mit Absinken des Scheitelwertes der Resonanzkurve auf $1/\sqrt{2}$) zu $B = \dfrac{f_r}{Q}$

(1) Bestimmung des Gesamtgütefaktors Q_g des Schwingkreises (Parallelresonanz) über den Gesamtleitwert G_g:

$$Q_g = \frac{1}{d_g} = \frac{\omega_r C}{G_g} = \frac{\omega_r C}{1/R + d_C \omega_r C + d_L/(\omega_r L)}$$

Setzt man $\omega_r L \approx \frac{1}{\omega_r C}$ und $\omega_r = \frac{1}{\sqrt{LC}}$, so ist

$$Q_g = \frac{1}{\frac{\sqrt{L/C}}{R} + d_C + d_L}$$

$$= \frac{1}{\frac{1}{600 \cdot 10^3\ \Omega}\sqrt{\frac{20\ \text{mH}}{300\ \text{pF}}} + 1 \cdot 10^{-3} + \frac{1}{125}} = 44,2$$

(2) Bestimmung der Bandbreite B:

$$B = \frac{1}{2\pi\sqrt{LC}}\frac{1}{Q_g} = \frac{1}{2\pi\sqrt{20 \cdot 10^{-3}\,\frac{\text{m}^2 \cdot \text{kg}}{\text{A}^2 \cdot \text{s}^2} \cdot 300 \cdot 10^{-12}\,\frac{\text{A}^2 \cdot \text{s}^4}{\text{m}^2 \cdot \text{kg}}}}\,\frac{1}{44,2}$$

$$= \underline{1,47\ \text{kHz}}$$

4. Die Resonanzfrequenz beträgt $f_r = \frac{1}{2\pi\sqrt{LC}}$, d. h.

$$L = \frac{1}{4\pi^2 C f_r^2} = \frac{\text{s}^2 \cdot \text{m}^2 \cdot \text{kg}}{4\pi^2 \cdot 10^{-6}\ \text{A}^2 \cdot \text{s}^4 \cdot 10^6} = \underline{25,33\ \text{mH}}$$

5. $f = \frac{c}{\lambda} = \frac{2,997\,92 \cdot 10^8\ \text{m}}{500\ \text{m} \cdot \text{s}} = 5,996 \cdot 10^5\ \text{Hz};$

aus der Resonanzgleichung folgt

$$C = \frac{1}{4\pi^2 f_r^2 L} = \frac{\text{s}^2 \cdot \text{A} \cdot \text{s}^2}{4\pi^2 \cdot 35,95 \cdot 10^{10} \cdot 2 \cdot 10^{-5}\ \text{m}^2 \cdot \text{kg}} = 3,52\ \text{nF}$$

Für den Plattenkondensator gilt

$$C = \frac{\varepsilon_0 \varepsilon_r A}{d} = \frac{8,854\,2 \cdot 10^{-12}\ \text{F}}{\text{m}}\,\frac{0,01\ \text{m}^2}{10^{-3}\ \text{m}}\,\varepsilon_r$$

Die gesuchte Permittivitätszahl beträgt

$$\varepsilon_r = \frac{3,52 \cdot 10^{-9}}{8,854\,2 \cdot 10^{-12}}\,\frac{10^{-3}}{10^{-2}} = \underline{39,8}$$

6. Spannung am Kondensator $U_0 = \frac{Q}{C} = \frac{2 \cdot 10^{-6}\ \text{A} \cdot \text{s}}{0,02 \cdot 10^{-6}\ \mu\text{F}} = 100\ \text{V};$

Periodendauer der Schwingung

$$T = 2\pi\sqrt{LC} = 2\pi\sqrt{\frac{1\ \text{m}^2 \cdot \text{kg}}{\text{A}^2 \cdot \text{s}^2}\,\frac{0,02 \cdot 10^{-6}\ \text{A}^2 \cdot \text{s}^4}{\text{m}^2 \cdot \text{kg}}} = 0,89\ \text{ms};$$

Spannungsverlauf $U = U_0 \mathrm{e}^{-\delta t} \cos(\omega t)$, wegen $R = 0$ wird der Abklingkoeffizient $\delta = \frac{R}{2L} = 0$ und

$$U = U_0 \cos(\omega t) = 100\ \mathrm{V} \cdot \cos\left(\frac{2\pi}{8}\frac{180^\circ}{\pi}\right) = \underline{70{,}7\ \mathrm{V}}$$

7. Der Spannungsverlauf am Kondensator beträgt $U = U_0 \mathrm{e}^{-\delta t}$, d. h.

$\delta t = \ln 10$ mit

$$T = 2\pi\sqrt{LC} = 2\pi\sqrt{\frac{5\cdot 10^{-3}\ \mathrm{m}^2\cdot\mathrm{kg}}{\mathrm{A}^2\cdot\mathrm{s}^2}\frac{2\cdot 10^{-9}\ \mathrm{A}^2\cdot\mathrm{s}^4}{\mathrm{m}^2\cdot\mathrm{kg}}} = \underline{19{,}87\cdot 10^{-6}\ \mathrm{s}}$$

8. Aus Spulenlänge und Drahtdurchmesser ergeben sich $N = 500$ Windungen. Der ohmsche Widerstand ist

$$R = \frac{\varrho l_\mathrm{d}}{A_\mathrm{d}} = 1{,}78\cdot 10^{-8}\ \Omega\cdot\mathrm{m}\frac{500\cdot 2\pi\cdot 5\cdot 10^{-3}\ \mathrm{m}}{0{,}25^2\cdot\pi\cdot 10^{-6}\ \mathrm{m}^2} = 1{,}42\ \Omega$$

Für die Induktivität der Zylinderspule gilt

$$L = \mu_0\mu_\mathrm{r}\frac{AN^2}{l} = \frac{4\pi\cdot 10^{-7}\ \mathrm{H/m}\cdot 1\cdot\pi\cdot 25\cdot 10^{-6}\ \mathrm{m}^2\cdot 500^2}{0{,}25\ \mathrm{m}}$$

$$= 9{,}87\cdot 10^{-5}\ \mathrm{H}$$

Da $\frac{R}{2L} \ll \frac{1}{LC}$, gilt

$$T = 2\pi\sqrt{LC} = 2\pi\sqrt{9{,}87\cdot 10^{-5}\ \mathrm{H}\cdot 2\cdot 10^{-9}\ \mathrm{F}} = 2{,}79\cdot 10^{-6}\ \mathrm{s}$$

Das logarithmische Dekrement berechnet sich aus der Periode T und dem Abklingkoeffizienten δ mit

$$\Lambda = \delta T = \frac{R}{2L}T = \frac{1{,}42\ \Omega}{2\cdot 9{,}87\cdot 10^{-5}\ \mathrm{H}}2{,}79\cdot 10^{-6}\ \mathrm{s} = \underline{0{,}02}$$

9. Die Resonanzfrequenz des Schwingkreises beträgt für kleine ohmsche Widerstände

$$\omega = \frac{1}{\sqrt{LC}} = \frac{1}{\sqrt{0{,}3\cdot 10^{-6}\ \mathrm{F}\cdot 4\cdot 10^{-3}\ \mathrm{H}}} = 0{,}29\cdot 10^5\ \mathrm{s}^{-1}$$

Aus $\frac{U}{U_0} = \frac{1}{\mathrm{e}^{\delta t}} = 0{,}25$ folgt $\delta = \frac{-1}{t}\ln 0{,}25$, dann wird

$$\Lambda = \delta T = \frac{2\pi/\omega}{t}\ln\frac{1}{0{,}25} = \frac{21{,}67\cdot 10^{-5}\ \mathrm{s}}{10^{-3}\ \mathrm{s}}\ln 4 = 0{,}3$$

Der ohmsche Widerstand des Kreises errechnet sich aus dem Abklingkoeffizienten

$$\delta = \frac{R}{2L} = \frac{\Lambda}{T}, \text{ d. h.}$$

$$R = 2L\frac{\Lambda}{T} = 2\cdot 4\cdot 10^{-3}\,\frac{\mathrm{m^2\cdot kg}}{\mathrm{A^2\cdot s^2}}\,\frac{0,3}{21,67\cdot 10^{-5}\,\mathrm{s}} = \underline{11,08\,\Omega}$$

10. Der Potentialabfall ergibt sich aus $U = U_0\,\mathrm{e}^{-\delta t}$. Die Schwingungsperiode des Kreises unter Berücksichtigung des ohmschen Widerstandes folgt aus

$$T = \frac{2\pi}{\sqrt{\frac{1}{LC} - \left(\frac{R}{2L}\right)^2}}$$

$$= \frac{2\pi}{\sqrt{\frac{1}{1\cdot 10^{-2}\,\mathrm{H}\cdot 0,405\cdot 10^{-6}\,\mathrm{F}} - \left(\frac{2\,\Omega}{2\cdot 10^{-2}\,\mathrm{H}}\right)^2}} = 0,4\ \mathrm{ms}$$

Abklingkoeffizient des Kreises: $\delta = \frac{R}{2L} = \frac{2\,\Omega}{2\cdot 10^{-2}\,\mathrm{H}} = 100\,\mathrm{s^{-1}}$;

$\frac{U}{U_0} = \mathrm{e}^{-\delta t} = \mathrm{e}^{-0,04} = 0,96$; Potentialabfall $\underline{4\,\%}$

11. Aus $\omega = \frac{1}{\sqrt{LC}}$ folgt

$$L = \frac{1}{\omega^2 C} = \frac{1\,\mathrm{m^2\cdot kg}}{10^8\pi^2\,\mathrm{s^{-2}}\cdot 10^{-7}\,\mathrm{A^2\cdot s^4}} = \frac{1}{10\pi^2}\,\mathrm{H} = \underline{10,1\ \mathrm{mH}}$$

Die Resonanzwellenlänge im Kreis ergibt sich aus

$$\lambda = \frac{c}{f} = \frac{2,997\,92\cdot 10^8\,\mathrm{m/s}}{0,5\cdot 10^4\,\mathrm{s^{-1}}} = \underline{6\cdot 10^4\ \mathrm{m}}$$

12. Der Einschaltstrom wird durch $I = I_0\left(1 - \mathrm{e}^{-\frac{R}{L}t}\right)$ dargestellt. Daraus ergibt sich $\mathrm{e}^{\frac{R}{L}t} = 10$, d. h.

$$t = \frac{L}{R}\ln 10 = \frac{90\cdot 10^{-3}\,\mathrm{m^2\cdot kg}}{\mathrm{A^2\cdot s^2}}\,\frac{\mathrm{A^2\cdot s^3}}{20\cdot 10^{-3}\,\mathrm{m^2\cdot kg}}\cdot 2,3 = \underline{10,36\ \mathrm{s}}$$

13. Momentanwert des Öffnungsstromes $i_L = I\,\mathrm{e}^{-\frac{t}{\tau_L}}$; daraus folgt

$$\frac{t}{\tau_L} = \ln\frac{i_L}{I}.$$

Für die Zeitkonstante ergibt sich $\tau_L = \frac{L}{R} = \frac{1\ \text{mH}}{1\ \text{k}\Omega} = 10^{-6}$ s, d. h., die Zeit beträgt $t = \tau_L \ln 2 = 10^{-6}\ \text{s} \cdot 0{,}6973 = \underline{0{,}7 \cdot 10^{-3}\ \text{ms}}$

14. Mit der Zeitkonstanten der Reihenschaltung des Kondensators und des Widerstandes $\tau_C = RC$ ergibt sich die Aufladespannung des Kondensators als Funktion der Zeit t mit $U = U_0(1 - \mathrm{e}^{-t/\tau_C})$. Nach Einsetzen der Zündspannung U_Z der Glimmlampe folgt $\mathrm{e}^{-t/\tau_C} = 1 - \frac{U_\mathrm{Z}}{U_0}$ und

$$-\frac{t}{\tau_C} = \ln\frac{U_0 - U_\mathrm{Z}}{U_0},\ \text{d. h.}$$

$$t = -RC \ln\frac{U_0 - U_\mathrm{Z}}{U_0}$$

$$= -5 \cdot 10^6 \frac{\text{m}^2 \cdot \text{kg}}{\text{A}^2 \cdot \text{s}^3} \cdot 1 \cdot 10^{-6} \frac{\text{A}^2 \cdot \text{s}^4}{\text{m}^2 \cdot \text{kg}} \ln\frac{220\ \text{V} - 170\ \text{V}}{220\ \text{V}} = \underline{7{,}4\ \text{s}}$$

15. Für die Zeitkonstante des Kondensators gilt

$$\tau_C = RC = -\frac{t}{\ln\frac{U_0 - U_\mathrm{Z}}{U_0}};$$

damit ergibt sich für den gesuchten ohmschen Widerstand

$$R = -\frac{t}{C}\frac{1}{\ln\frac{U_0 - U_\mathrm{Z}}{U_0}} = -5\ \text{s}\frac{\text{m}^2 \cdot \text{kg}}{1 \cdot 10^{-6}\ \text{A}^2 \cdot \text{s}^4}\frac{1}{\ln\frac{50\ \text{V}}{220\ \text{V}}} = \underline{3{,}37\ \text{M}\Omega}$$

16. Zeit zum Erreichen der Zündspannung: $t_\mathrm{Z} = \tau_C \ln\frac{U_0}{U_0 - U_\mathrm{Z}}$

Zeit zum Erreichen der Löschspannung: $t_\mathrm{L} = \tau_C \ln\frac{U_0}{U_0 - U_\mathrm{L}}$

Zeit bis zum Verlöschen der Lampe:

$$t = t_\mathrm{Z} - t_\mathrm{L} = \tau_C\left(\ln\frac{U_0}{U_0 - U_\mathrm{Z}} - \ln\frac{U_0}{U_0 - U_\mathrm{L}}\right),\ \text{d. h.}$$

$$t = RC \ln\frac{U_0 - U_\mathrm{L}}{U_0 - U_\mathrm{Z}} = 5\ \text{s} \cdot \ln\frac{220\ \text{V} - 140\ \text{V}}{220\ \text{V} - 170\ \text{V}} = \underline{2{,}35\ \text{s}}$$

Periode der Kippschwingung beträgt $T = 2t = \underline{4{,}70\ \text{s}}$

17. Die Resonanzfrequenz folgt aus $f = \frac{\omega}{2\pi}$. Mit der ausführlichen Gleichung für die Kreisfrequenz wird

$$\omega = \sqrt{\frac{1}{LC} - \left(\frac{R}{2L}\right)^2}$$

$$= \sqrt{\frac{1}{25 \cdot 10^{-3}\ \mathrm{H} \cdot 1 \cdot 10^{-12}\ \mathrm{F}} - \left(\frac{35 \cdot 10^3\ \Omega}{2 \cdot 25 \cdot 10^{-3}\ \mathrm{H}}\right)^2} = \underline{6{,}285\ \mathrm{MHz}}$$

Nach der Thomson'schen Schwingungsformel ergibt sich für die Kreisfrequenz $\omega_{\mathrm{Th}} = 1/\sqrt{LC} = \underline{6{,}324\ \mathrm{MHz}}$. Damit folgt ein Frequenzunterschied von $\Delta f = \dfrac{\omega_{\mathrm{Th}} - \omega}{2\pi} = \underline{6{,}2\ \mathrm{kHz}}$

18. Lösung über die Bestimmung der Abklingkonstanten $\delta = \dfrac{\Lambda}{T}$.

Schwingkreis 1: $\omega_1 = \dfrac{2\pi}{T_1}$ und $\delta_1 = \dfrac{1,1 \cdot 1}{T_1}$

Schwingkreis 2: $\omega_2 = 2\dfrac{2\pi}{T_1}$ und $\delta_2 = \dfrac{1,1 \cdot 2}{T_1}$, d. h., hier klingen die Schwingungen schneller ab.

19. Da keine periodische Schwingung zugelassen wird, gilt $T = \infty$; d. h., es folgt $\omega = \dfrac{2\pi}{T'} = \sqrt{\dfrac{1}{LC} - \left(\dfrac{R}{2L}\right)^2} = 0$. Dann ergibt sich

$$R = 2\sqrt{\frac{L}{C}} = 2\sqrt{\frac{0,1 \cdot 10^{-3}\ \dfrac{\mathrm{m}^2 \cdot \mathrm{kg}}{\mathrm{A}^2 \cdot \mathrm{s}^2}}{10^{-8}\ \dfrac{\mathrm{m}^2 \cdot \mathrm{kg}}{\mathrm{A}^2 \cdot \mathrm{s}^4}}} = 200\ \frac{\mathrm{m}^2 \cdot \mathrm{kg}}{\mathrm{A}^2 \cdot \mathrm{s}^3} = \underline{200\ \Omega}$$

20. Die Zeitkonstante im Kreis berechnet sich nach
$\tau_C = RC = 1 \cdot 10^6\ \Omega \cdot 1 \cdot 10^{-6}\ \mathrm{F} = 1\ \mathrm{s}$

Daraus ergeben sich die Leuchtdauer der Entladungröhre mit

$$t = \tau_C \ln \frac{U_0 - U_{\mathrm{L}}}{U_0 - U_{\mathrm{Z}}} = 1\ \mathrm{s} \cdot \ln \frac{450\ \mathrm{V}}{400\ \mathrm{V}} = 0{,}118\ \mathrm{s}$$

und die Frequenz der Kippschwingung mit $f = \dfrac{1}{t} = \underline{8{,}49\ \mathrm{H}}$

21. Die kürzeste Abstimmlänge eines Dipols entspricht dem Abstand zweier benachbarter Knoten der Schwingung, d. h., es gilt $l = \dfrac{\lambda}{2}$. Dann folgt für die Wellengeschwindigkeit
$v = \lambda f = 2lf = 2{,}7254\ \mathrm{m} \cdot 1{,}1 \cdot 10^8\ \mathrm{s}^{-1} = \underline{2{,}9979 \cdot 10^8\ \mathrm{m/s}}$,
d. h. Lichtgeschwindigkeit!

22. Die Frequenz beträgt $f = \frac{c}{2l} = \frac{2,9979 \cdot 10^8 \text{ m/s}}{1,16 \text{ m}} = \underline{2,58 \cdot 10^8 \text{ Hz}}$

23. Die Abstimmlänge beträgt im Lecher-System

$$l = \frac{\lambda}{2} + \frac{\lambda}{4} = \frac{3}{4}\frac{c}{f} = 0,75 \cdot \frac{2,9979 \cdot 10^8 \text{ m/s}}{2,5 \cdot 10^8 \text{ s}^{-1}} = \underline{89,9 \text{ cm}}$$

24. Die Frequenz berechnet sich mit

$$f = \frac{c}{\lambda} = \frac{c}{2a} = \frac{2,9979 \text{ m/s}}{2,48 \text{ m}} = \underline{1,21 \cdot 10^8 \text{ Hz}}$$

25. Mit $\mu \approx 1$ ist $v = \frac{c}{\sqrt{\varepsilon_r}}$, d. h. $\varepsilon_r = \frac{c^2}{v^2}$. Bei Frequenzgleichheit der Schwingungen in Luft und Paraffin gilt $f = \frac{c}{\lambda_{\text{Luft}}}$ und $f = \frac{c}{\lambda_{\text{Paraffin}}\sqrt{\varepsilon_r}}$.
Die gesuchte Permitivitätszahl berechnet sich aus

$$\varepsilon_{\text{r Paraffin}} = \frac{\lambda^2_{\text{Luft}}}{\lambda^2_{\text{Paraffin}}} = \frac{1,44 \text{ m}^2}{0,576 \text{ m}^2} = \underline{2,5}$$

26. Für die beiden Wechselströme gilt: $I_1 = I_0 \sin(\omega_1 t)$ und $I_2 = I_0 \sin(\omega_2 t)$.
Die entstehende Schwebungsschwingung ergibt sich aus
$I = I_1 + I_2 = I_0 (\sin(\omega_1 t) + \sin(\omega_2 t))$; nach Additionstheorem ist

$I = 2I_0 \sin\left(\frac{\omega_1 + \omega_2}{2} t\right) \cos\left(\frac{\omega_1 - \omega_2}{2} t\right)$, mit $\omega_m = \frac{\omega_1 + \omega_2}{2}$

(arithmetisches Mittel) und $\Delta\omega = \omega_1 - \omega_2$ (Differenz) folgt

$I = 2I_0 \cos\left(\frac{\Delta\omega}{2} t\right) \sin(\omega_m t)$. Daraus folgen:

Schwebungskreisfrequenz: $\Delta\omega = 55 \text{ s}^{-1} - 50 \text{ s}^{-1} = \underline{5 \text{ s}^{-1}}$

Kreisfrequenz der Gesamtschwingung:

$$\omega_m = \frac{55 \text{ s}^{-1} + 50 \text{ s}^{-1}}{2} = \underline{52,5 \text{ s}^{-1}}$$

27. Aus $\omega_m = \frac{\omega_1 + \omega_2}{2}$ und $\Delta\omega = \omega_1 - \omega_2$ ergeben sich zwei Gleichungen mit den beiden Unbekannten ω_1 und ω_2:

$\omega_1 + \omega_2 = 2\omega_m$

$\omega_1 - \omega_2 = \Delta\omega$

Daraus folgen $\omega_1 = \underline{81 \text{ s}^{-1}}$ und $\omega_2 = \underline{79 \text{ s}^{-1}}$

28. Nach der Thomson'schen Schwingungsformel gilt mit der Antennenkapazität C_A

$\lambda = \frac{c}{f} = 2\pi c\sqrt{LC_A} = 2\pi c \frac{\sqrt{L}}{\sqrt{1/C_A}}.$

Die Gesamtkapazität der Antenne mit Zwischenschaltung einer Hilfskapazität C_H ist: $\frac{1}{C} = \frac{1}{C_A} + \frac{1}{C_H}$. Dann folgt für die gewünschte verkürzte Antennenlänge $l' = \frac{\lambda'}{4} = \frac{2\pi c}{4} \frac{\sqrt{L}}{\sqrt{1/C_A + 1/C_H}}$.

Für das Verhältnis der beiden Antennlängen gilt damit

$$\frac{l'}{l} = \frac{l'}{\lambda/4} = \sqrt{\frac{1/C_A}{1/C_A + 1/C_H}}.$$

Daraus folgt für die Kapazität des Verkürzungskondensators

$$C_H = \frac{(l'/l)^2 C_A}{1-(l'/l)^2} = \frac{(2/125)^2 \cdot 10^{-9}\ \text{F}}{1-(2/125)^2} = \underline{2{,}56 \cdot 10^{-13}\ \text{F}}.$$

29. Mit $l = \frac{\lambda}{4}$ wird $l = \frac{\pi c}{2}\sqrt{C_A L_A}$ und $l' = \frac{\pi c}{2}\sqrt{C_A}\sqrt{L_A + L_Z}$. Dann folgt mit $A = \left(\frac{l}{l'}\right)^2 = \frac{L_A}{L_A + L_Z}$ die gesuchte Induktivität

$$L_Z = \frac{L_A(1-A)}{A} = \frac{1\ \text{mH}(1-0{,}16)}{0{,}16} = \underline{5{,}25\ \text{mH}}$$

30. Die Amplitude der modulierten Trägerschwingung beträgt $A = (A_T + A_S\cos(\omega_S t))\cos(\omega_T t)$. Daraus folgt:

$$A = A_T\cos(\omega_T t) + A_S\cos(\omega_S t)\cos(\omega_T t)$$
$$= A_T\cos(\omega_T t) + \frac{A_S}{2}\left(\cos(\omega_T - \omega_S) + \cos(\omega_T + \omega_S)\right);$$

d. h., beidseitig der Trägerfrequenz ω_T befinden sich im Abstand von $-\omega_S$ und $+\omega_S$ zwei sog. Seitenfrequenzen. Ihr beidseitiger Abstand $(\omega_T + \omega_S) - (\omega_T - \omega_S) = 2\omega_S = \underline{0{,}8\ \text{Hz}}$ enthält die gesuchte Bandbreite der amplitudenmodulierten Schwingung.

31. Die Amplitude der modulierten Schwingung berechnet sich aus

$$A = (A_T + A_S\cos(\omega_S t))\cos(\omega_T t)$$
$$= (100\ \text{mV} + 80\ \text{mV}\cdot\cos(0{,}4\cdot 10^3))\cos 10^3$$

zum Zeitpunkt $t = 1$ s mit $A = \underline{32{,}6\ \text{mV}}$

32. Frequenzverlauf der Schwingung: $\omega = \omega_T\cos(\omega_T t) + \Delta\omega$. Die Extrema im Frequenzverlauf werden bestimmt aus $\frac{d\omega}{dt} = -\omega_T^2\sin(\omega_T t) = 0$,

d. h., an den Stellen $\omega_T t = 0, \pi, 2\pi, \ldots$ tritt extremaler Frequenzhub im Schwingungsbild auf. Mit $\omega_T = 10$ kHz ergibt sich die Periode der Trägerschwingung mit $T_T = 2\pi \cdot 10^{-4}$ s, d. h., die Extrema liegen bei $t = 0, \pi \cdot 10^{-4}$ s, $2\pi \cdot 10^{-4}$ s. Nach Einsetzen der Extrema in $\frac{d^2\omega}{dt^2}$ folgt für $t = \underline{0, 2\pi \cdot 10^{-4}\ \text{s}, \ldots}$ die Maximalfrequenz mit $\omega = \omega_T + \Delta\omega$ und mit $t = \underline{\pi \cdot 10^{-4}\ \text{s}}$ das Frequenzminimum mit $\omega = \omega_T - \Delta\omega$.

33. Für den Phasenhub gilt

$$\tan \Delta\varphi_0 = \frac{1/\omega C - \omega L}{R}$$

$$= \frac{\dfrac{1}{3 \cdot 10^6\ \text{Hz} \cdot 1\,010 \cdot 10^{-12}\ \text{F}} - 3 \cdot 10^6\ \text{Hz} \cdot 0,1 \cdot 10^{-3}\ \text{H}}{10\ \Omega}$$

$$= 3,0,$$

d. h. $\Delta\varphi_0 = 1,249$ rad. Für die Phasenschwankung gilt

$\Delta\varphi = \Delta\varphi_0 \sin(\omega_S t)$. Sie erreicht ihre Maxima für $\omega_S t = \pi/2; 5\pi/2, \ldots$ Die Phasenschwankung wird zu null für $\Delta\varphi_0 = 0$, dann gilt

$$\frac{1}{\omega C} - \omega = 0 \text{ bzw. } \omega = \underline{\frac{1}{\sqrt{LC}}}.$$

34. Aus der Trägerleistung $P_T = \frac{\hat{U}_T^2}{2R_A}$ ergibt sich

$U_T = \sqrt{2R_A P_T} = 6,93$ kV.

Seitenbandleistung mit Modulation:

$$P_S = P_T \frac{m^2}{4} = 400\ \text{kW} \cdot 0,16 = \underline{64\ \text{kW}}$$

Gesamtleistung mit Modulation: $P_G = P_T + 2P_S = \underline{528\ \text{kW}}$

Maximalspannung an der Antenne: $U_{max} = U_T(1 + m) = \underline{12,47\ \text{kV}}$

Minimalspannung an der Antenne: $U_{min} = U_T(1 - m) = \underline{1,39\ \text{kV}}$

35. Die Bandbreite ergibt sich aus $B = 2(\Delta f + f_S) = 144$ kHz. Die Gesamtleistung beträgt $P_{Ges} = P_T + 2P_{SB}$;

ohne Modulation gilt: $P_{SB} = 0$ und $P_T = P_{Ges} = 12$ kW;

mit Modulation gilt: $P_T = \frac{\hat{U}_T^2}{2R} B_0^2(\Delta\varphi)$.

Mit dem Phasenhub $\Delta\varphi = \frac{\Delta f}{f_S} = \frac{60\ \text{kHz}}{12\ \text{kHz}} = 5$ ergibt sich für die Bessel-Funktion 0-ter Ordnung nach Tabelle $B_0(5) = -0,177\,6$. Aus dem Quadrat der Scheitelspannung $\hat{U}_{\mathrm{T}}^2 = 2RP_{\mathrm{Ges}} = 1{,}92 \cdot 10^6\ \mathrm{V}^2$ folgt dann $P_{\mathrm{T}} = 378$ W und

$$P_{\mathrm{SB}} = \frac{P_{\mathrm{Ges}} - P_{\mathrm{T}}}{2} = \frac{12\ \mathrm{kW} - 0{,}378\ \mathrm{kW}}{2} = \underline{5{,}81\ \mathrm{kW}}$$

36. Zwischen dem Phasenhub $\Delta\varphi$ und der Kreisfrequenz der Trägerschwingung Ω besteht der Zusammenhang

$\Delta\varphi = \arctan\Omega = \Omega - \frac{\Omega^3}{3} + \frac{\Omega^5}{5} - \ldots$ Für $\Delta\varphi \ll 1$ wird $\Delta\varphi \approx 1$ und

$\Delta\varphi(t) = \Omega(t) - \frac{\Omega(t)^3}{3} + \frac{\Omega(t)^5}{5} - \ldots$ Mit $\Omega(t) = \hat{\Omega}\cos(\omega_{\mathrm{T}}t)$ gilt

$$\Delta\varphi(t) = \left(\hat{\Omega} - \frac{\hat{\Omega}^3}{4}\right)\cos(\omega_{\mathrm{S}}t) - \frac{1}{12}\hat{\Omega}^3\cos(3\omega_{\mathrm{S}}t) + \ldots$$

$$= \Delta\varphi_1(t) - \Delta\varphi_3(t) + \ldots$$

Die größtmögliche Kreisfrequenz der Trägerfrequenz für den Klirrfaktor bis zur dritten Oberwelle errechnet sich für $\omega_{\mathrm{S}}t = 0$ zu

$$k = \sqrt{\frac{\Delta\varphi_3^2}{\Delta\varphi_1^2 - \Delta\varphi_3^2}} = \frac{\frac{1}{12}\hat{\Omega}^3}{\sqrt{\left(\hat{\Omega} - \frac{1}{4}\hat{\Omega}^3\right)^2 + \left(-\frac{1}{12}\hat{\Omega}^3\right)^2}}$$

Mit $k = 0{,}001$ ergibt sich in guter Näherung $\hat{\Omega} = \underline{0{,}11} \approx \Delta\varphi$ für den maximal zulässigem Phasenhub.

37. Der Scheinwiderstand des Schwingkreises gegenüber dem anregenden Wechselstrom beträgt $Z = \sqrt{\frac{R^2 + (\omega L)^2}{(\omega C)^2[R^2 + (\omega L - 1/\omega C)]^2}}$. Daraus ergibt sich die Phasenverschiebung

$$\varphi = \arctan\frac{\omega L - \omega C(R^2 + \omega^2 L^2)}{R}$$

$$= \arctan\frac{100\pi\ \mathrm{s}^{-1}}{10^3\ \Omega}[0{,}2\ \mathrm{H} - 10^{-9}\ \mathrm{F}(10^6\ \Omega^2 + \pi^2 \cdot 10^4\ \mathrm{s}^{-2} \cdot 0{,}04\ \mathrm{H}^2)]$$

$$= \underline{3{,}6^\circ}$$

38. Die entstehende Schwebung setzt sich aus zwei Einzelschwingungen zusammen: $f_1 = \frac{f}{\sqrt{1-k_1}}$ und $f_2 = \frac{f}{\sqrt{1+k_1}}$. Dabei ist f die Eigenfrequenz der beiden ungekoppelten Kreise und $k_1 = \sqrt{k^2 - \frac{\Lambda_1 - \Lambda_2}{2\pi}}$.

Wegen $\Lambda_1 = \Lambda_2$ wird $k_1 = k_2 = k$ und es gilt $f_1 = \dfrac{f}{\sqrt{1-k}}$ und $f_2 = \dfrac{f}{\sqrt{1+k}}$. Daraus folgen $k = 1 - \left(\dfrac{0,1\ \text{MHz}}{0,103\ \text{MHz}}\right)^2 = 0,0574$ und $k = \left(\dfrac{0,1\ \text{MHz}}{0,097\ \text{MHz}}\right)^2 - 1 = 0,0628$, d. h., im Mittel wird $k = \underline{0,06}$

39. Aus $f = \dfrac{1}{2\pi}\sqrt{\dfrac{1}{CL} - \left(\dfrac{R}{2L}\right)^2}$ folgt

$$C = \frac{1}{L}\,\frac{1}{(2\pi f)^2 + \left(\dfrac{R}{2L}\right)^2}$$

$$= \frac{1}{0,6\ \text{H}}\,\frac{1}{(2\pi \cdot 10^3\ \text{Hz})^2 + \left(\dfrac{4\cdot 10^3\ \Omega}{2\cdot 0,6\ \text{H}}\right)^2} = \underline{32,94\ \text{nF}}$$

40. Durch Integration des Poynting-Vektors folgt

$$E_{\text{Str}} = \frac{I^2 l \varrho}{\pi r^2} = \frac{100\ \text{A}^2 \cdot 1\ \text{m} \cdot 17 \cdot 10^{-9}\ \Omega\cdot\text{m}}{\pi \cdot 25 \cdot 10^{-6}\ \text{m}^2} = \underline{21,64\ \text{mW}}$$

41. Die Energiestromdiche beträgt $S = \dfrac{5\ \text{W}}{0,1\ \text{m}^2} = 50\ \text{W/m}^2$.
Aus $S = \varepsilon_0 \varepsilon_\text{r} c E^2$ folgt

$$E = \sqrt{\frac{50\ \text{W/m}^2}{8,8542 \cdot 10^{-12}\ \text{F/m} \cdot 3 \cdot 10^8\ \text{m/s}}} = \underline{137\ \text{V/m}}$$

42. Im Punkt P gilt $E = \dfrac{Qa}{4\pi\varepsilon_0 c^2 r}\sin\vartheta$ und $S = \varepsilon_0\varepsilon_\text{r} c E^2$ (Bild L6.6.1). Auf der Kugeloberfläche folgt mit $\varepsilon_\text{r} = 1$

$$S_\text{K} = \left(\frac{Qa}{4\pi}\right)^2 \frac{1}{\varepsilon_0 c^3} \int_0^\pi \frac{\sin^2\delta}{r^2} 2\pi r^2 \sin\delta\, \mathrm{d}\delta = 2\pi\frac{4}{3}\left(\frac{Qa}{4\pi}\right)^2 \frac{1}{\varepsilon_0 c^3}$$

$$= \frac{2 \cdot 1\ \text{C}^2 \cdot 10^6\ \text{m}^2/\text{s}^4}{3 \cdot 4\pi \cdot 8,8542 \cdot 10^{-12}\ \text{F/m} \cdot (3 \cdot 10^8\ \text{m/s})^3} = \underline{0,2\ \text{nW}}$$

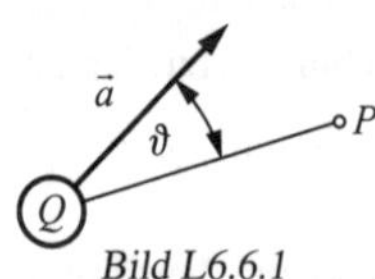

Bild L6.6.1

7 Spezielle Relativitätstheorie

Lösungen 7 Spezielle Relativitätstheorie

1. a) $\frac{m}{m_0} = \frac{1}{\sqrt{1-0,9^2}} = \underline{2,29}$ b) $\underline{7,09}$ c) $\underline{70,7}$

2. $E_{\text{kin}} = m_0 c^2 \left(\frac{1}{\sqrt{1-0,6^2}} - 1 \right) = 2,25 \cdot 10^{13}\,\text{J} = \underline{6,25 \cdot 10^6\,\text{kWh}}$

3. Aus $E_{\text{kin}} = m_0 c^2 \left(\frac{1}{\sqrt{1-\left(\frac{v}{c}\right)^2}} - 1 \right)$ folgt durch Umstellen

$$v = c\sqrt{1 - \frac{1}{\left(1+\frac{E_{\text{kin}}}{m_0 c^2}\right)^2}} = \underline{0,745c}$$

4. $E_{\text{kin}} = mc^2 - m_0 c^2 = 0,01 m_0 c^2$; $1-\left(\frac{v}{c}\right)^2 = \frac{1}{1,0201}$; $v = \underline{0,14c}$

5. $\frac{2m_0}{\sqrt{1-\left(\frac{v}{c}\right)^2}} = \frac{m_0}{\sqrt{1-\left(\frac{xv}{c}\right)^2}}$; $4 - \frac{4x^2v^2}{c^2} = 1 - \frac{v^2}{c^2}$; $x = \underline{\frac{\sqrt{3c^2+v^2}}{2v}}$

6. a) Aus $E_{\text{kin}} = eU = 3m_e c^2 - m_e c^2 = 2m_e c^2$ wird

$$U = \frac{2m_e c^2}{e} = \underline{1,02\,\text{MV}}$$

b) Nach Aufgabe 3 ist $v = \underline{0,943c}$

7. $eU = mc^2 = m_e c^2 \left(\frac{1}{\sqrt{1-0,8^2}} - 1 \right)$; $U = \underline{341\,\text{kV}}$

8. a) Nach Aufgabe 3 ist

$$v = c\sqrt{1 - \frac{1}{\left(1+\frac{1,6022 \cdot 10^{-19}\,\text{A}\cdot\text{s}\cdot 0,5\cdot 10^6\,\text{V}}{9,1094\cdot 10^{-31}\,\text{kg}\cdot(2,9979\cdot 10^8\,\text{m/s})^2}\right)^2}}$$

$$= 0,863c$$

$$t = \frac{s}{v} = \underline{3,86 \cdot 10^{-8}\ \text{s}}$$

b) $s' = s\sqrt{1 - 0,863^2} = \underline{5,05\ \text{m}}$

9. a) Da das Proton praktisch Lichtgeschwindigkeit hat, beträgt die Laufzeit 10^5 Jahre.

b) Unter Vernachlässigung der Ruheenergie des Protons wird

$E = \dfrac{m_p c^2}{\sqrt{1 - \left(\frac{v}{c}\right)^2}}$ und $\sqrt{1 - \left(\frac{v}{c}\right)^2} = 9,382 \cdot 10^{-11}$; dann folgt

$$\Delta t = \Delta t_0 \sqrt{1 - \left(\frac{v}{c}\right)^2} = 10^5 \cdot 365 \cdot 24 \cdot 3600\ \text{s} \cdot 9,382 \cdot 10^{-11}$$
$$= \underline{295,9\ \text{s}}$$

10. a) Hat das Raumschiff die Geschwindigkeit v, so benötigt es nach irdischem Zeitmaß $\dfrac{4,3c}{v}$ Jahre; $\dfrac{4,3c}{v}\sqrt{1 - \left(\frac{v}{c}\right)^2} = 1$; $v = \underline{0,974c}$

b) $t = \dfrac{s}{v} = \dfrac{4,3c}{0,974c}$ Jahre $= \underline{4,41\ \text{Jahre}}$

11. $\dfrac{m}{m_e} = \dfrac{eU + m_e c^2}{m_e c^2} = \dfrac{eU}{m_e c^2} + 1 = \underline{11\,743}$

12. $E = m_p c^2 \left(\dfrac{1}{\sqrt{1 - \left(\frac{v}{c}\right)^2}} - 1 \right) = 3,758\,1 \cdot 10^{-11}\ \text{J} = \underline{234,6\ \text{MeV}}$

13. $E = m_0 c^2 \left(\dfrac{1}{\sqrt{1 - \left(\frac{v}{c}\right)^2}} - 1 \right) = \underline{11,6 \cdot 10^{21}\ \text{J}}$;

das Kraftwerk produziert im Jahr $37,8 \cdot 10^{15}$ J und müsste etwa $3,26 \cdot 10^5$ Jahre für das Raumschiff arbeiten.

14. $\dfrac{5m_0}{\sqrt{1 - \left(\frac{v}{c}\right)^2}} = \dfrac{m_0}{\sqrt{1 - \left(\frac{5v}{c}\right)^2}}$; $v = \underline{0,196c}$

15. Aus der Gesamtenergie $E = mc^2$ (m schwere Masse) und dem Energieverlust im Schwerefeld $\Delta E = m'gh$ (m' träge Masse) folgt der relative Energieverlust wegen $m = m'$ mit $\dfrac{\Delta E}{E} = \dfrac{gh}{c^2}$. Aus $E = hf$ und

$\Delta E = h\Delta f$ ergibt sich für die relative Frequenzänderung des Lichtes
$\frac{\Delta f}{f} = \frac{hg}{c^2} = \frac{50\text{ m}\cdot 9{,}81\text{ m/s}^2}{(2{,}9979\cdot 10^8\text{ m/s})^2} = \underline{5{,}46\cdot 10^{-15}}$

16. Für die Zeitdilatation im bewegten System gilt
$t = t_{\text{ruh}}\sqrt{1-(0{,}8c/c)^2} = \underline{0{,}6t_{\text{ruh}}}$; d. h., 10 s im ruhenden entsprechen nur 6 s im bewegten System: hier gehen die Uhren langsamer!

17. Nach der Lorentz-Kontraktion nimmt der still stehende Beobachter eine Längenverkürzung wahr. Diese beträgt

$$\Delta l = l\left(1-\sqrt{1-\left(\frac{v}{c}\right)^2}\right) = 0{,}83\text{ m};\ l' = \underline{9{,}17\text{ m}}$$

18. $n = 1/\sqrt{1-(0{,}95)^2} = \underline{3{,}2026}$; d. h. $\tau = \underline{82\text{ ns}}$

19. Die Verschiebung der roten Spektrallinie entspricht ihrem Frequenzverhältnis bei ruhender und bewegter Quelle, d. h., es gilt

$$\frac{f_{\text{r}}}{f_{\text{b}}} = 2{,}5 = \sqrt{\frac{1+(v/c)^2}{1-(v/c)^2}}.$$

Daraus ergibt sich $v = 0{,}85c = \underline{2{,}548\cdot 10^8\text{ m/s}}$

20. Aus der Lorentz-Transformation folgt

$$\Delta t = t_{\text{B}} - t_{\text{H}} = -\frac{\frac{v}{c^2}l}{\sqrt{1-(v/c)^2}} \approx \frac{v}{c^2}l = -\frac{1600\cdot 10^3\text{ m/s}\cdot 25\text{ m}}{3600\cdot(2{,}9979\cdot 10^8\text{ m/s})^2}$$
$$= \underline{-1{,}23\cdot 10^{-13}\text{ s}}$$

(Minus: Blitz wird am Bug eher wahrgenommen)

8 Atom- und Kernphysik

Lösungen 8.1 Quanten- und Atomphysik

1. $f = \frac{E}{h} = \frac{1{,}8 \cdot 10^6 \cdot 1{,}6 \cdot 10^{-19}\ \text{J}}{6{,}626 \cdot 10^{-34}\ \text{J} \cdot \text{s}} = 0{,}435 \cdot 10^{21}\ \text{s}^{-1};$

$\lambda = \frac{c}{f} = \frac{3 \cdot 10^8\ \text{m/s}}{0{,}435 \cdot 10^{21}\ \text{s}^{-1}} = \underline{6{,}90 \cdot 10^{-13}\ \text{m}}$

2. $E = \frac{hc}{\lambda} = \frac{6{,}626 \cdot 10^{-34}\ \text{J} \cdot \text{s} \cdot 3 \cdot 10^8\ \text{m/s}}{2{,}5 \cdot 10^{-13}\ \text{m}} = 7{,}95 \cdot 10^{-13}\ \text{J}$

$= \underline{4{,}96\ \text{MeV}}$

3. $n = \frac{P\lambda}{hc} = \frac{3\ \text{W} \cdot 589{,}3 \cdot 10^{-9}\ \text{m}}{6{,}626 \cdot 10^{-34}\ \text{J} \cdot \text{s} \cdot 3 \cdot 10^8\ \text{m/s}} = \underline{8{,}89 \cdot 10^{18}\ \text{s}^{-1}}$

4. Masse eines Lichtquants $m = \frac{hf}{c^2}$; Anzahl der in der Zeit t auf die Fläche $A = 1\ \text{m}^2$ auftreffenden Quanten $n = \frac{Pt}{hf} = \frac{Pt}{mc^2}$, wegen Druck $p =$ *zeitliche Impulsänderung/Fläche* und vollständiger Reflexion ist $p = \frac{2nmc}{At} = \frac{2P}{Ac} = \underline{4 \cdot 10^{-8}\ \text{N/cm}^2}$

5. $\frac{P}{A} = \frac{pc}{2}$ (s. Aufg. 4) $= \frac{10^{-5}\ \text{N/m}^2 \cdot 3 \cdot 10^8\ \text{m/s}}{2} = \underline{1{,}5 \cdot 10^3\ \text{J}/(\text{m}^2 \cdot \text{s})}$

6. $E = mc^2\eta = 3{,}595 \cdot 10^{12}\ \text{J} = 0{,}999 \cdot 10^6\ \text{kWh} \mathrel{\widehat{=}} \underline{69{,}93 \cdot 10^3\ €}$

7. Aus $hf_1 = E_\text{A} + eU_1$ und $hf_2 = E_\text{A} + eU_2$ folgt $h = \frac{e(U_2 - U_1)}{f_2 - f_1}$; mit $f_1 = 0{,}8571 \cdot 10^{15}\ \text{s}^{-1}$ bzw. $f_2 = 1{,}200 \cdot 10^{15}\ \text{s}^{-1}$ ergibt sich

$h = \underline{6{,}63 \cdot 10^{-34}\ \text{J} \cdot \text{s}}$

8. $E_\text{A} = \frac{hc}{\lambda} - eU = (9{,}04 - 2{,}96) \cdot 10^{-19}\ \text{J} = \underline{3{,}79\ \text{eV}}$

9. $\frac{hc}{\lambda} = E_\text{A};\ \lambda = \frac{hc}{E_\text{A}} = \underline{678\ \text{nm}}$

10. $\lambda = \dfrac{hc}{E_A + \dfrac{mv^2}{2}} = \dfrac{6{,}626 \cdot 10^{-34}\ \text{J} \cdot \text{s} \cdot 3 \cdot 10^8\ \text{m/s}}{(4{,}481 + 6{,}552) \cdot 10^{-19}\ \text{J}} = 1{,}802 \cdot 10^{-7}\ \text{m}$
$= \underline{180{,}2\ \text{nm}}$

11. $\cos\vartheta = 1 - \dfrac{\Delta\lambda\, m_e c}{h} = 1 - 1{,}442;\ \vartheta = \underline{116{,}2°}$

12. a) $\Delta\lambda = \dfrac{h}{m_e c}(1 - \cos\vartheta) = \dfrac{6{,}626 \cdot 10^{-34}\ \text{N} \cdot \text{m} \cdot \text{s} \cdot 1{,}866}{9{,}1094 \cdot 10^{-31}\ \text{kg} \cdot 2{,}9979 \cdot 10^8\ \text{m/s}}$
$= 4{,}527 \cdot 10^{-12}\ \text{m};$
$\lambda' = (1 + 4{,}527) \cdot 10^{-12}\ \text{m}$
$= \underline{5{,}527 \cdot 10^{-12}\ \text{m}}$

b) $f' = \dfrac{c}{\lambda'} = 5{,}424 \cdot 10^{19}\ \text{s}^{-1};$
$E = h\Delta f = 1{,}627 \cdot 10^{-13}\ \text{J} = \underline{1{,}02\ \text{MeV}}$

13. $\Delta\lambda = \dfrac{2h}{m_e c} = 0{,}485 \cdot 10^{-11}\ \text{m};\ \lambda = \lambda' - \Delta\lambda = \underline{1{,}015 \cdot 10^{-11}\ \text{m}}$

14. Die Wellenlänge des gestreuten Quants folgt aus
$\dfrac{hc}{\lambda} - eU = \dfrac{hc}{\lambda'} = (4{,}2702 - 1{,}2816) \cdot 10^{-14}\ \text{J} = 2{,}9886 \cdot 10^{-14}\ \text{J};$
hiernach ist $\lambda' = \underline{6{,}6513 \cdot 10^{-12}\ \text{m}}$ und $\Delta\lambda = 1{,}9963 \cdot 10^{-12}\ \text{m};$

$\cos\vartheta = 1 - \dfrac{\Delta\lambda\, m_e c}{h} = 1 - 0{,}8225 = 0{,}1775;\ \vartheta = \underline{79{,}8°}$

15. Mit $\dfrac{hc}{\lambda} - \dfrac{hc}{\lambda + \Delta\lambda} = E$ sowie $\Delta\lambda = \dfrac{h}{m_e c}$ folgt die quadratische Gleichung $\dfrac{h^2}{m_e} = E(\lambda^2 + \lambda\,\Delta\lambda)$ und hiernach $\lambda = \underline{6{,}518 \cdot 10^{-13}\ \text{m}}$

16. Die Wellenlängenänderungen betragen: $\Delta\lambda_1 = \dfrac{h}{m_e c} = 2{,}426 \cdot 10^{-12}\ \text{m}$
und $\Delta\lambda_2 = \dfrac{2h}{m_e c} = 4{,}852 \cdot 10^{-12}\ \text{m}$. Wellenlänge der Streustrahlung:
$\lambda_1 = \lambda + \Delta\lambda_1$, d. h. $\lambda_1 = 3{,}426 \cdot 10^{-12}\ \text{m}$ und $\lambda_2 = 5{,}852 \cdot 10^{-12}\ \text{m}$.
Mit $E = hc(1/\lambda - 1/\lambda_1)$ ergeben sich
$E_1 = 14{,}07 \cdot 10^{-14}\ \text{J} = \underline{0{,}88\ \text{MeV}}$ und
$E_2 = 16{,}47 \cdot 10^{-14}\ \text{J} = \underline{1{,}03\ \text{MeV}}$

17. $\Delta\lambda = \dfrac{2h}{m_p c} = \dfrac{2 \cdot 6{,}626 \cdot 10^{-34}\ \text{J} \cdot \text{s}}{1{,}6726 \cdot 10^{-27}\ \text{kg} \cdot 2{,}9979 \cdot 10^8\ \text{m/s}} = \underline{2{,}64 \cdot 10^{-15}\ \text{m}}$

18. $\lambda = \dfrac{h\sqrt{1-(v/c)^2}}{m_e v} = \dfrac{h\sqrt{1-0{,}5^2}}{0{,}5 m_e c} = \underline{4{,}2 \cdot 10^{-12}\ \text{m}}$

19. Aus $\dfrac{2h\sqrt{1-(v/c)^2}}{m_e v} = \dfrac{h}{m_e v}$ ergibt sich $v = \dfrac{c}{2}\sqrt{3} = \underline{2{,}6 \cdot 10^8\ \text{m/s}}$

20. Nichtrelativistische Rechnung: $v = \dfrac{h}{m_e \lambda} = 1{,}456 \cdot 10^7$ m/s und $E = eU = \dfrac{m_e v^2}{2}$, wonach $U = \dfrac{m_e v^2}{2e} = \underline{603\ \text{V}}$ ist; bei dieser geringen Spannung kann die relativistische Massenzunahme vernachlässigt werden.

21. Aus $\dfrac{hc}{\lambda_{gr}} = \dfrac{m_e v^2}{2}$ folgt $\lambda_{gr} = \dfrac{2hc}{m_e v^2} = \underline{5{,}4 \cdot 10^{-11}\ \text{m}}$

22. Mit $Z = 26$ wird $f = (Z-1)^2 R\left(\dfrac{1}{1} - \dfrac{1}{9}\right) = 1{,}8277 \cdot 10^{18}\ \text{s}^{-1}$;

$\lambda = \dfrac{c}{f} = \underline{1{,}641 \cdot 10^{-10}\ \text{m}}$

23. Mit $hf = 1{,}28 \cdot 10^{-15}$ J wird

$Z - 1 = \sqrt{\dfrac{eU}{hR(1/1 - 1/4)}} = 28$, d. h. $Z = \underline{29\ \text{(Kupfer)}}$

24. Der Elektronenbahnradius berechnet sich aus $r = \dfrac{\varepsilon_0 (nh)^2}{\pi m_e e^2}$.
Mit $n = 1$ folgt

$$r_1 = \frac{8{,}854 \cdot 10^{-12}\ \dfrac{\text{A}^2 \cdot \text{s}^4}{\text{kg} \cdot \text{m}^3} \cdot (1 \cdot 6{,}626 \cdot 10^{-34}\ \text{J} \cdot \text{s})^2}{\pi \cdot 9{,}1094 \cdot 10^{-31}\ \text{kg} \cdot (1{,}6022 \cdot 10^{-19})^2\ \text{A}^2 \cdot \text{s}^2} = \underline{5{,}29 \cdot 10^{-11}\ \text{m}}$$

Für $n = 2, 3$ und 4 ergeben sich die Elektronenradien aus dem mit 4, 9 und 16 multiplizierten Wert von r_1.

25. Aus der bohrschen Quantenbedingung $nh = 2\pi m_e r^2 \omega$ folgt

$\omega = \dfrac{nh}{2\pi m_e r^2}$ bzw.

$$v = r\omega = \frac{nh}{2\pi m_e r} = \frac{1 \cdot 6{,}626 \cdot 10^{-34}\ \text{J} \cdot \text{s}}{2\pi \cdot 9{,}1094 \cdot 10^{-31}\ \text{kg} \cdot 5{,}2914 \cdot 10^{-11}\ \text{m}}$$
$$= 0{,}0219 \cdot 10^8\ \text{m/s}$$
$$= \underline{(1/137)c}$$

26. Die maximale Wellenlänge beträgt

$$\lambda_{\max} = \frac{ch}{E} = \frac{2{,}9979 \cdot 10^8 \text{ m/s} \cdot 6{,}626 \cdot 10^{-34} \text{ J} \cdot \text{s}}{0{,}68 \text{ eV}} = \underline{1{,}82\ \mu\text{m}}$$

Beachten Sie: $1 \text{ eV} = 1{,}6 \cdot 10^{-19}$ J

27. Aus dem Winkel δ zwischen der Elektronenflugrichtung und der Tscherenkov-Strahlung ergibt sich die Elektronengeschwindigkeit nach $v = \dfrac{c}{n \cos \delta}$. Daraus folgt für $\delta = 0$ die Mindestgeschwindigkeit

$$v_{\min} = \frac{c}{n} = \frac{2{,}9979 \cdot 10^8 \text{ m/s}}{1{,}34} = \underline{2{,}2372 \cdot 10^8 \text{ m/s}}.$$

Die nötige relativistische Rechnung führt zu: Elektronenmasse

$$m = \frac{m_e}{\sqrt{1-(v_{\min}/c)^2}} = \frac{9{,}1094 \cdot 10^{-31} \text{ kg}}{\sqrt{1-0{,}7463^2}} = 1{,}37 \cdot 10^{-30} \text{ kg}$$

Mindestenergie der Elektronen

$$E_{\min} = (m - m_e)c^2 = 4{,}6 \cdot 10^{-31} \text{ kg} \cdot (2{,}9979 \cdot 10^8 \text{ m/s})^2$$
$$= 4{,}13 \cdot 10^{-14} \text{ J} = \underline{258 \text{ keV}}$$

28. Der Ablenkwinkel δ der Flugbahn errechnet sich aus der Rutherford'schen Streuformel $\cot \dfrac{\delta}{2} = \dfrac{m_\alpha v_\alpha^2 x}{Z_1 Z_2 e^2/\varepsilon_0}$. Für die Masse des α-Teilchens gilt mit der relativen Atommasse und der atomaren Masseneinheit u

$$m_\alpha = 4{,}003 \cdot 1{,}6605 \cdot 10^{-27} \text{ kg} = \underline{6{,}647 \cdot 10^{-27} \text{ kg}}$$

Mit den Kernladungszahlen für Helium $Z_1 = 2$ und für Kupfer $Z_2 = 29$ folgt unter Verwendung der elektrischen Feldkonstanten ε_0

$$\cot \frac{\delta}{2} = \frac{6{,}647 \cdot 10^{-27} \text{ kg} \cdot (1{,}61 \cdot 10^7 \text{ m/s})^2 \cdot 1{,}4 \cdot 10^{-13} \text{ m}}{2 \cdot 29 \cdot (1{,}6022 \cdot 10^{-19} \text{ C})^2/(8{,}854 \cdot 10^{-12} \text{ F/m})} = 1{,}434;$$

d. h. $\delta = \underline{69{,}8°}$

29. Das umlaufende Elektron besitzt die kinetische Energie $E_{\text{kin}} = \dfrac{e^2}{8\pi\varepsilon_0 r}$. Seine potentielle Energie ergibt sich aus der Coulomb-Kraft der elektrostatischen Anziehung zum Kern mit $E_{\text{pot}} = -\dfrac{e^2}{4\pi\varepsilon_0 r}$. Daraus folgt die Gesamtenergie $E = -\dfrac{e^2}{8\pi\varepsilon_0 r}$. Mit dem Bahnradius $r = \dfrac{n^2 h^2 \varepsilon_0}{\pi m_e e^2}$

wird

$$E = -\frac{e^4 m_e}{2(nh\varepsilon_0)^2} = \frac{(1{,}6022 \cdot 10^{-19}\ \text{C})^4 \cdot 9{,}1094 \cdot 10^{-31}\ \text{kg}}{2(1 \cdot 6{,}626 \cdot 10^{-34}\ \text{J} \cdot \text{s} \cdot 8{,}854 \cdot 10^{-12}\ \text{F/m})^2}$$

$$= 2{,}18 \cdot 10^{-18}\ \text{J} = \underline{13{,}6\ \text{eV}}$$

30. Die Abtrennenergie des Na-Elektrons auf der äußeren Schale beträgt $E = (5{,}11 - 3{,}77)\ \text{eV} = \underline{1{,}34\ \text{eV}}$. Dann folgt aus dem Betrag der potentiellen Energie des Elektrons $|E_{pot}| = \dfrac{e^2}{4\pi\varepsilon_0 x}$ der gesuchte Abstand

$$x = \frac{e^2}{4\pi\varepsilon_0 |E_{pot}|} = \frac{(1{,}602 \cdot 10^{-19}\ \text{C})^2}{4\pi \cdot 8{,}854 \cdot 10^{-12}\ \text{F/m} \cdot 1{,}34\ \text{eV}} = \underline{1{,}1\ \text{nm}}$$

31. Für die Dichte des Kernes gilt mit der atomaren Masseneinheit u

$$\varrho_K = \frac{m_K}{V_K} = \frac{A_r \text{u}}{V_K} = \frac{1{,}6605 \cdot 10^{-27}\ \text{kg}}{(4/3)\pi(1{,}4 \cdot 10^{-15})^3} = \underline{1{,}44 \cdot 10^{17}\ \text{kg/m}^3};$$

d. h., die Kerndichte ist unabhängig von der relativen Atommasse A_r!

32. Der energetische Bremsstrahlverlust lässt sich darstellen durch $E = E_0\,\text{e}^{-\mu d}$. Daraus ergibt sich die gesuchte Schichtdicke

$$d = \frac{1}{\mu} \ln\left(\frac{E_0}{E}\right) = \frac{\text{m}}{14{,}9} \cdot \ln 2 = \underline{46{,}5\ \text{mm}}$$

33. Für den Grundzustand $n = 1$ des Elektrons folgt nach Aufgabe 25 seine Bahngeschwindigkeit mit $v = 0{,}0219 \cdot 10^8\ \text{m/s}$. Nach der Heisenberg'schen Unschärfebeziehung ergibt sich die Ungenauigkeit der Bahngeschwindigkeit aus

$$\Delta v = \frac{h}{m_e \Delta x} = \frac{6{,}626 \cdot 10^{-34}\ \text{J} \cdot \text{s}}{9{,}1094 \cdot 10^{-31}\ \text{kg} \cdot 10^{-10}\ \text{m}} = \underline{7{,}27 \cdot 10^6\ \text{m/s}};$$

d. h., die Ungenauigkeit der Bahngeschwindigkeit beträgt etwa das Dreifache des Grundbetrags! Die Annahme einer kreisförmigen Elektronenbahn ist daher nur eine grobe Modellvorstellung.

34. Die Energie berechnet sich aus $E = \dfrac{p^2}{2m_e}$. Für den auf das Elektron wirkenden Impuls gilt $p = \dfrac{2Ze^2}{\varepsilon_0 x v}$; d. h.

$$E = \frac{2Z^2e^4}{\varepsilon_0^2 x^2 v^2 m_e}$$

$$= \frac{2 \cdot 4 \cdot (1{,}6022 \cdot 10^{-19}\ \mathrm{C})^4}{(8{,}854 \cdot 10^{-12}\ \mathrm{F/m})^2 \cdot 10^{-26}\ \mathrm{m}^2 \cdot (10^7\ \mathrm{m/s})^2 \cdot 9{,}1094 \cdot 10^{-31}\ \mathrm{kg}}$$

$$= 7{,}38 \cdot 10^{-11}\ \mathrm{J} = \underline{461\ \mathrm{MeV}}$$

35. Aus der De-Broglie-Gleichung $\lambda = \dfrac{h}{mv}$ ergibt sich mit $v = \sqrt{\dfrac{2E_n}{m_n}}$

$$\lambda = \frac{h}{\sqrt{2E_n m_n}} = \frac{6{,}626 \cdot 10^{-34}\ \mathrm{J \cdot s}}{\sqrt{0{,}1 \cdot 1{,}6 \cdot 10^{-19}\ \mathrm{J} \cdot 1{,}6749 \cdot 10^{-27}\ \mathrm{kg}}} = \underline{0{,}13\ \mathrm{nm}}$$

36. $p = \dfrac{h}{\lambda} = \dfrac{6{,}626 \cdot 10^{-34}\ \mathrm{J \cdot s}}{589{,}59 \cdot 10^{-9}\ \mathrm{m}} = 0{,}01124 \cdot 10^{-25}\ \dfrac{\mathrm{N \cdot m \cdot s}}{\mathrm{m}}$

$$= \underline{1{,}124 \cdot 10^{-27}\ \frac{\mathrm{kg \cdot m}}{\mathrm{s}}}$$

$$m = \frac{p}{c} = \frac{1{,}124 \cdot 10^{-27}\ \mathrm{kg \cdot m/s}}{2{,}9979 \cdot 10^8\ \mathrm{m/s}} = \underline{3{,}75 \cdot 10^{-36}\ \mathrm{kg}}$$

37. Mit der Rydberg-Konstanten R_∞ ergibt sich beim Bahnwechsel die Frequenz des abgestrahlten Lichtes mit $f = R_\infty \cdot c(1/m^2 - 1/n^2)$. Die erforderliche Energie beträgt daher

$$E = hf = 6{,}626 \cdot 10^{-34}\ \mathrm{J \cdot s} \cdot 3{,}29 \cdot 10^{15}\ \mathrm{s}^{-1}(1/3^2 - 1/5^2)$$

$$= 1{,}55 \cdot 10^{-19}\ \mathrm{J} = \underline{0{,}97\ \mathrm{eV}}$$

Lösungen 8.2 Ionisierende Strahlung

1. Die Aktivität berechnet sich nach $A = \lambda N$. Mit $N = \dfrac{mN_A}{M}$ und

$$\lambda = \frac{\ln 2}{T_{1/2}} \text{ folgt } A = \frac{\ln 2}{5{,}3\ \mathrm{a}} \frac{1\ \mathrm{g} \cdot 6{,}022 \cdot 10^{23} \cdot \mathrm{mol}^{-1}}{60\ \mathrm{g/mol}} = \underline{4{,}16 \cdot 10^{13}\ \mathrm{Bq}}$$

2. Mit der Masse des Einzelatoms $m_0 = \dfrac{M}{N_A}$ ist

$$m = m_0 N = \frac{AM}{N_A \lambda} = \frac{10^8 \cdot 8 \cdot 86400\ \mathrm{s} \cdot 131\ \mathrm{g}}{\ln 2 \cdot 6 \cdot 10^{23}\ \mathrm{s}} = \underline{0{,}022\ \mathrm{\mu g}}$$

3. Aus $\dfrac{A_1}{A_2} = \mathrm{e}^{-\lambda t}$ folgt mit $t = 2$ d: $-2\ \mathrm{d}\lambda = \ln 0{,}6$ und damit $\lambda = 0{,}255\ \mathrm{d}^{-1}$. Nach 8 d ergibt sich $-8\ \mathrm{d}\,\lambda = \ln \dfrac{A}{2{,}4 \cdot 10^7\ \mathrm{Bq}}$ und damit $A = \underline{3,1 \cdot 10^6 \text{ Bq}}$

4. Aus $\dfrac{3,1}{3,5} = \mathrm{e}^{-3\lambda}$ folgt $\lambda = 0,0405 \text{ h}^{-1}$; $T_{1/2} = \dfrac{\ln 2 \text{ h}}{0,0405} = \underline{17,1 \text{ h}}$

5. Zerfallskonstante $\lambda = 5,61 \cdot 10^{-7} \text{ s}^{-1}$;

$m = m_0 \, \mathrm{e}^{-\lambda t} = 1 \text{ g} \cdot \mathrm{e}^{-5,61 \cdot 10^{-7} \cdot 35 \cdot 86400} = \mathrm{e}^{-1,7} \text{ g} = \underline{183 \text{ mg}}$

6. Zerfallskonstante $\lambda = \dfrac{\ln 2}{14,8 \text{ h}} = 0,0468 \text{ h}^{-1}$; aus $0,1 = \mathrm{e}^{-\lambda t}$ wird $0,0468 \text{ h}^{-1} \cdot t = 2,303$ und $t = \underline{49,2 \text{ h}}$

7. Nach Aufgabe 2 folgt $A = \dfrac{\lambda m N_{\mathrm{A}}}{M} = \dfrac{\ln 2 \cdot m N_{\mathrm{A}}}{T_{1/2} M} = \underline{3,32 \cdot 10^8 \text{ Bq}}$

8. Aus den Gleichungen $0,9 = \mathrm{e}^{-\lambda t}$ und $0,7 = \mathrm{e}^{-\lambda (t + \Delta t)}$ erhält man $\ln 0,9 = -\lambda t$ bzw. $\ln 0,7 = -\lambda (t + \Delta t)$ und hieraus durch Eliminieren von t: $\lambda = 0,0503 \text{ h}^{-1}$; $T_{1/2} = \underline{13,8 \text{ h}}$

9. Nach 12 Tagen besteht die Gleichung $A_1 \, \mathrm{e}^{-\lambda_1 t} = A_2 \, \mathrm{e}^{-\lambda_2 t}$ bzw. $\dfrac{A_1}{A_2} = \mathrm{e}^{(\lambda_1 - \lambda_2) t}$; hieraus folgt $\lambda_2 = \lambda_1 - \dfrac{1}{t} \ln \dfrac{A_1}{A_2} = 0,0995 \text{ d}^{-1}$;
$T_{1/2} = \dfrac{\ln 2}{\lambda_2} = \underline{7,0 \text{ d}}$

10. Aus $2 \mathrm{e}^{-\lambda_1 t} = \mathrm{e}^{-\lambda_2 t}$ folgt $\lambda_2 = \lambda_1 - \dfrac{\ln 2}{t}$; mit $t = 6$ d und $\lambda_1 = 0,17329 \text{ d}^{-1}$ wird $\lambda_2 = 0,057766 \text{ d}^{-1}$; $T_{1/2} = \underline{12,0 \text{ d}}$

11. Da die Impulsrate der Anzahl der vorhandenen Kerne proportional ist, gilt das Zerfallsgesetz $N = N_0 \, \mathrm{e}^{-t \ln 2 / T_{1/2}}$;

$\ln N = \ln N_0 - \dfrac{t \ln 2}{T_{1/2}} = 8,3095$; $N = \underline{4062 \text{ Impulse/min}}$

12. $\dfrac{2^x}{1} = \dfrac{100}{1}$; $x = \dfrac{\lg 100}{\lg 2} = \underline{6,64 \text{ Halbwertszeiten}}$

13. Die Anzahl der Kerne in x kg Pu ist $N = \dfrac{x N_{\mathrm{A}}}{M}$; sie liefern die Leistung

$P = \dfrac{x N_{\mathrm{A}} \lambda E_\alpha}{M}$; $x = \dfrac{P T_{1/2} M}{N_{\mathrm{A}} \ln 2 \cdot E_\alpha} = \underline{1,77 \text{ kg}}$

14. In der Zeiteinheit zerfallen $\Delta N = \dfrac{\lambda m N_{\mathrm{A}}}{M}$ Kerne und liefern die Energie

$$E = \frac{\lambda\, m N_\mathrm{A} E_\alpha}{M} = \frac{\ln 2 \cdot 10^{-3}\ \mathrm{kg} \cdot 6{,}022 \cdot 10^{26} \cdot 4{,}78 \cdot 1{,}6 \cdot 10^{-13}\ \mathrm{J}}{1\,600\ \mathrm{a} \cdot 226\ \mathrm{kg}}$$
$$= \underline{883\ \mathrm{kJ/a}}$$

15. $$P = \frac{\lambda\, m N_\mathrm{A} E_\alpha}{M} = \frac{0{,}1\ \mathrm{kg} \cdot 6{,}022 \cdot 10^{26} \cdot \ln 2 \cdot 5{,}48 \cdot 10^{6} \cdot 1{,}6 \cdot 10^{-19}\ \mathrm{J}}{238\ \mathrm{kg} \cdot 86{,}4 \cdot 365 \cdot 86\,400\ \mathrm{s}}$$
$$= \underline{56{,}4\ \mathrm{W}}$$

16. $$E = \int_0^t P\,\mathrm{d}t = P_0 \int_0^t \mathrm{e}^{-\lambda t}\,\mathrm{d}t = \frac{P_0}{\lambda}(1 - \mathrm{e}^{-\lambda t});$$

mit $\frac{P_0}{\lambda} = \frac{50\ \mathrm{W} \cdot 28 \cdot 365 \cdot 24\ \mathrm{h}}{\ln 2} = 17{,}7 \cdot 10^6\ \mathrm{W \cdot h}$ ergibt sich

$$E = 17{,}7 \cdot 10^6 (1 - 0{,}780\,7) = 3{,}882 \cdot 10^6\ \mathrm{W \cdot h} = \underline{3\,882\ \mathrm{kWh}}$$

17. Wegen $A = \frac{\Delta N}{\Delta t}$ und $\Delta N = \lambda\, N \Delta t$ sind anfangs $N = \frac{A}{\lambda}$ Kerne vorhanden. Mit der Energie E_1 je Zerfallsakt ist

$$E = \frac{A E_1 T_{1/2}}{\ln 2} = 4{,}0 \cdot 10^6\ \mathrm{J} = \underline{1{,}11\ \mathrm{kWh}}$$

18. Für Gammastrahlung in Luft gilt $\frac{\dot{D}_1}{\dot{D}_2} = \left(\frac{r_2}{r_1}\right)^2$, d. h.

$$\frac{1\ \mathrm{W/kg}}{0{,}2\ \mathrm{W/kg}} = \left(\frac{r}{0{,}6\ \mathrm{m}}\right)^2 \quad \text{und } r = \underline{1{,}34\ \mathrm{m}}$$

19. Die Energiedosis D ist die über die Zeit integrierte Dosisleistung $\dot{D}$, d. h.

$$D = \int_0^t \Gamma \frac{A}{r^2}\,\mathrm{d}t = \Gamma \frac{A}{r^2} t$$
$$= \frac{7 \cdot 10^{-17}\ \mathrm{J \cdot m^2/kg} \cdot 18{,}5 \cdot 10^{-7}\ \mathrm{Bq} \cdot 1\,800\ \mathrm{s}}{1\ \mathrm{m}^2} = \underline{23{,}3\ \mu\mathrm{Gy}}$$

20. $$A = \frac{D r^2}{\Gamma t} = \frac{10^{-3}\ \mathrm{J \cdot kg} \cdot 0{,}25\ \mathrm{m}^2}{\mathrm{kg} \cdot 40 \cdot 3\,600\ \mathrm{s} \cdot 10^{-16}\ \mathrm{J \cdot m^2}} = \underline{17{,}4\ \mathrm{MBq}}$$

21. $$r = \sqrt{\frac{\Gamma A t}{\dot{D}}} = \sqrt{\frac{3{,}5 \cdot 10^{-17}\ \mathrm{J \cdot m^2/kg} \cdot 2{,}2 \cdot 10^{10}\ \mathrm{s}^{-1}}{10^{-3}\ \mathrm{J/kg}}} = \underline{2{,}88\ \mathrm{m}}$$

22. Anzahl der auf die Kugeloberfläche auftreffenden γ-Quanten

$$z = \frac{NA}{t \cdot 4\pi \cdot r^2} = \frac{2 \cdot 8 \cdot 10^7 \text{ Bq}}{1 \text{ s} \cdot 4\pi \cdot (80 \text{ cm})^2} = \underline{1\,990 \text{ s}^{-1} \cdot \text{cm}^{-2}}$$

Wirksame Energieflussdichte

$$\psi = zE_\gamma = 1\,990 \text{ s}^{-1} \cdot \text{cm}^{-2} \cdot 1{,}25 \cdot 10^6 \cdot 1{,}6 \cdot 10^{-19} \text{ J}$$
$$= \underline{398 \cdot 10^{-12} \text{ W/cm}^2}$$

23. Aus der Forderung der Strahlungsschwächung auf 1/16 folgt die Anzahl der benötigten Halbwertsschichten mit $n = 4$. Die Dicke des Bleimantels ergibt sich mit $d = 4 \cdot 8{,}8 \text{ mm} = \underline{35{,}2 \text{ mm}}$

24. Für die materialabhängige Reichweite der β-Strahlung gilt $d_{\text{max}} = \dfrac{R_{\text{max}}}{\varrho}$. Zur Bestimmung der Massenreichweite (Flächendichte) R_{max} gelten näherungsweise die Formeln von Feather. Mit E in MeV, ϱ in 10^3 kg/m³ und R_{max} in kg/m² folgt für:

$\underline{E_{\text{max}} < 0{,}8 \text{ MeV}}$: $R_{\text{max}} = 4{,}07 E_{\text{max}}^{1,38}$ und
$\underline{E_{\text{max}} > 0{,}8 \text{ MeV}}$: $R_{\text{max}} = 5{,}42 E_{\text{max}} - 1{,}33$;

mit den Dichtewerten für Luft und Aluminium ergeben sich $d_{\text{max,Luft}} = 5\,270 \text{ mm} = \underline{5{,}27 \text{ m}}$ und $d_{\text{max,Al}} = \underline{2{,}5 \text{ mm}}$

25. Die Zerfallsrate ist der Zahl der vorhandenen Atome N und der Zerfallskonstanten λ proportional. Mit $\lambda = \dfrac{\ln 2}{T_{1/2}} = \underline{0{,}121 \cdot 10^{-3} \text{ a}^{-1}}$ und bei Annahme eines Gleichgewichts von Zerfall und Neubildung beträgt die Gesamtmasse des irdischen C 14 etwa

$$\frac{7 \text{ kg/a}}{0{,}121 \cdot 10^{-3} \text{ a}^{-1}} = \underline{57{,}9 \cdot 10^3 \text{ kg}}.$$

26. Die Halbwertszeiten beider Nuklide sind ihren relativen Atommassen umgekehrt proportional und es gilt

$1 \text{ kg C 14} \mathrel{\widehat{=}} \dfrac{226}{14} \dfrac{1\,620 \text{ a}}{5\,730 \text{ a}} \mathrel{\widehat{=}} \underline{4{,}56 \text{ kg Ra 226}}$. Der Anteil von C 14 beträgt $\dfrac{227 \text{ Bq/kg} \cdot 1 \text{ kg}}{3{,}63 \cdot 10^{13} \text{ Bq/kg} \cdot 4{,}56 \text{ kg}} = \underline{1{,}37 \cdot 10^{-12} \dfrac{\text{kg C 14}}{\text{kg C}}}$

Lösungen 8.3 Kernenergie

1. a) $\rightarrow {}^{7}_{3}\text{Li}$ b) $\rightarrow {}^{43}_{20}\text{Ca}$ c) $\rightarrow {}^{26}_{12}\text{Mg}$

2. a) Es ist zu ergänzen ${}^{235}_{92}\text{U}$ und ${}^{87}_{35}\text{Br}$

b) ${}^{1}_{0}\text{n} + {}^{235}_{92}\text{U} \rightarrow {}^{99}_{40}\text{Zr} + {}^{135}_{52}\text{Te} + 2\,{}^{1}_{0}\text{n}$

c) $^{1}_{0}\text{n} + ^{232}_{90}\text{Th} \rightarrow ^{90}_{36}\text{Kr} + ^{140}_{54}\text{Xe} + 3^{1}_{0}\text{n}$

d) $^{1}_{0}\text{n} + ^{239}_{94}\text{Pu} \rightarrow ^{80}_{34}\text{Sc} + ^{157}_{60}\text{Nd} + 3^{1}_{0}\text{n}$

3. $E = mc^2 = 3 \cdot 10^{-6}\ \text{kg} \cdot (3 \cdot 10^8)^2\ \text{m}^2/\text{s}^2 = 27 \cdot 10^{10}\ \text{J} = \underline{75\,000\ \text{kWh}}$

4. $E = mc^2 = 1{,}660\,54 \cdot 10^{-27}\ \text{kg} \cdot (2{,}997\,9 \cdot 10^8)^2\ \text{m}^2/\text{s}^2$

$= 14{,}923\,9 \cdot 10^{-11}\ \text{J} = \underline{931{,}5\ \text{MeV}}$

5. $\Delta m = \dfrac{E}{c^2} = \dfrac{10^4 \cdot 3{,}6 \cdot 10^6\ \text{J}}{9 \cdot 10^{16}\ \text{m}^2/\text{s}^2} = \underline{0{,}4\ \text{mg}}$

6. a) $13 \cdot 1{,}007\,28 + 14 \cdot 1{,}008\,66 + 13 \cdot 0{,}000\,55 = 27{,}223\,0;$
$(27{,}223\,0 - 26{,}981\,5)\ \text{u} = 0{,}241\,5\ \text{u} \mathrel{\widehat{=}} 225\ \text{MeV};$
$\dfrac{225}{27}\ \text{MeV} = \underline{8{,}3\ \text{MeV}}$ je Nukleon

b) $\underline{7{,}9\ \text{MeV}}$ je Nukleon

7. Anfangsmasse: $(235{,}044\,0 + 1{,}008\,66)\ \text{u} = 236{,}052\,66\ \text{u}$
Endmasse: $(95{,}907\,6 + 137{,}905\,2 + 2{,}017\,32)\ \text{u} = \underline{235{,}830\,12\ \text{u}}$
Massendefekt $= 0{,}222\,54\ \text{u}$
Spaltungsenergie nach Aufgabe 4
$E = 0{,}222\,54 \cdot 931{,}5\ \text{MeV} = \underline{207{,}3\ \text{MeV}}$

8. Für den relativ kleinen Zeitraum gilt

$$E = E_1 \frac{\lambda\, m N_A \Delta t}{M} = 200\ \text{MeV} \frac{\ln 2 \cdot 1\ \text{kg} \cdot 6{,}022 \cdot 10^{26}\ \text{kmol}^{-1} \cdot 100\ \text{a}}{2{,}1 \cdot 10^{17}\ \text{a} \cdot 235\ \text{kg/kmol}}$$

$$= 1{,}69 \cdot 10^{11}\ \text{MeV} = \underline{0{,}027\ \text{J}}$$

9. $$E = E_1 \frac{m N_A}{M} = 200\ \text{MeV} \frac{10^{-3}\ \text{kg} \cdot 6{,}022 \cdot 10^{26}\ \text{kmol}^{-1}}{235\ \text{kg/kmol}}$$

$$= 5{,}13 \cdot 10^{23}\ \text{MeV} = \underline{22{,}8\ \text{MWh}}$$

10. Nach dem Impulssatz ist $m_1 v_1 = m_2 v_2$ und nach dem Energiesatz $E_1 = \dfrac{m_1 v_1^2}{2}$ bzw. $E_2 = \dfrac{m_2 v_2^2}{2}$; mit der Gesamtmasse $m = m_1 + m_2$ und der Gesamtenergie $E = E_1 + E_2$ wird dann $E_1 = \dfrac{E m_2}{m} = \underline{103{,}5\ \text{MeV}}$ und $E_2 = \dfrac{E m_1}{m} = \underline{61{,}5\ \text{MeV}}$

$$v_1 = \sqrt{\frac{2E_1}{m_1}} = \sqrt{\frac{2 \cdot 103{,}5 \cdot 1{,}6 \cdot 10^{-13}\ \text{J}}{88 \cdot 1{,}660\,6 \cdot 10^{-27}\ \text{kg}}} = \underline{1{,}51 \cdot 10^7\ \text{m/s}};$$

$$v_2 = \sqrt{\frac{2E_2}{m_2}} = \underline{8{,}95 \cdot 10^6\ \text{m/s}}$$

11. a) Nach dem Impulssatz ist $\frac{v_1}{v_2} = \frac{m_2}{m_1}$; dies in das Verhältnis der kinetischen Energien eingesetzt ergibt $\frac{E_1}{E_2} = \underline{\frac{2m_1v_1^2}{2m_2v_2^2}} = \frac{m_2}{m_1} = \underline{\frac{110{,}4}{53{,}8}}$

b) Nach der vorigen Aufgabe ist

$$E_1 = \frac{Em_2}{m} \text{ oder } m_2 = \frac{E_1m}{E} = \frac{110{,}4 \cdot 235\ \text{u}}{164{,}2} = \underline{158\ \text{u}};\ m_1 = \underline{77\ \text{u}}$$

12. Nach Aufgabe 9 wird für 1 kg U 235 die Energie frei

$$E_1 = \frac{6{,}022 \cdot 10^{26}\ \text{kmol}^{-1} \cdot 200 \cdot 1{,}6 \cdot 10^{-13}\ \text{J}}{235\ \text{kg} \cdot \text{kmol}^{-1}} \cdot 1\ \text{kg} = 8{,}2 \cdot 10^{13}\ \text{J};$$

$$P = \frac{E_1m}{t};\ m = \frac{Pt}{E_1} = \underline{0{,}316\ \text{kg}}$$

13. Nach Aufgabe 9 liefert 1 kg $^{235}_{92}$U die Energie $8{,}2 \cdot 10^{13}$ J/kg = 949 MWd/kg; also enthält 1 t des Materials $\frac{17\,400\ \text{MWd} \cdot \text{kg}}{949\ \text{MWd}} = \underline{18{,}3\ \text{kg}}$; dies sind 1,83 % des eingesetzten Materials, sodass nicht die volle Menge (2,2 %) der Anreicherung ausgenutzt wird.

14. Anfangs vorhandene Masse $2 \cdot 2{,}014\,10$ u $= 4{,}028\,20$ u; $\frac{3{,}25\ \text{MeV}}{931{,}5\ \text{MeV/u}} = 0{,}003\,489$ u; Ruhemasse des Neutrons 1,008 66; Masse von $^3_2$He ist $4{,}028\,20\ \text{u} - (1{,}008\,66 + 0{,}003\,49)\ \text{u} = \underline{3{,}016\,05\ \text{u}}$

15. Mit den relativen Atommassen errechnet sich ein Massendefekt von $(4 \cdot 1{,}008 - 1 \cdot 4{,}003)\ \text{u} = 0{,}029$ u je 4,032 u H_2; auf 1 g entfällt $\Delta m = \frac{0{,}029}{4{,}032}\ \text{g} = 0{,}007\,19$ g; $E = \Delta mc^2 = \underline{180\ \text{MWh}}$

16. $\Delta m = (7{,}016\,00 + 1{,}007\,28 - 8{,}005\,20)\ \text{u} = 0{,}018$ u;

$E = 0{,}018\ \text{u} \cdot 931{,}5\ \text{MeV/u} = \underline{16{,}8\ \text{MeV}}$

17. Nach dem Impulserhaltungssatz $m_{\text{Ir}}v_{\text{Ir}} = m_\gamma c$ gilt $p_\gamma = m_{\text{Ir}}v_{\text{Ir}} = \frac{Ec}{c^2}$. Dann beträgt die Energieänderung des γ-Quants bei klassischer Rechnung ($v_{\text{Ir}} \ll c$)

$$\Delta E = \frac{m_{\text{Ir}}v_{\text{Ir}}^2}{2} = \frac{p_{\text{Ir}}^2}{2m_{\text{Ir}}} = \frac{p_\gamma^2c^2}{2m_{\text{Ir}}c^2} = \frac{E_\gamma^2}{2m_{\text{Ir}}c^2} = \frac{(129 \cdot 10^3\ \text{eV})^2}{2 \cdot 191 \cdot 931{,}5 \cdot 10^6\ \text{eV}}$$

$$= \underline{4{,}7 \cdot 10^{-2}\ \text{eV}}$$

18. $E_p = \left[(m_N + m_\alpha) + \dfrac{E}{931{,}5\ \text{MeV/u}} - (m_O + m_p)\right] \cdot 931{,}5\ \text{MeV/u}$

$= \underline{5{,}1\ \text{MeV}}$

19. $(m_B + m_n) - (m_{Li} + m_\alpha) = 0{,}004\,10\ \text{u}$;

Gesamtenergie $E = 0{,}004\,10\ \text{u} \cdot 931{,}5\ \text{MeV/u} = 3{,}82\ \text{MeV}$

Diese Energie verteilt sich wie folgt: $E_{Li} = \dfrac{m_\alpha E}{m_{Li} + m_\alpha} = \underline{1{,}39\ \text{MeV}}$;

$E_\alpha = \dfrac{m_{Li} E}{m_{Li} + m_\alpha} = \underline{2{,}43\ \text{MeV}}$; die Energie des auslösenden Neutrons kann vernachlässigt werden.

20. $m_{Li} = 7{,}016\,00\ \text{u}$; $m_{Be} = 7{,}016\,93\ \text{u}$; $m_p = 1{,}007\,28\ \text{u}$;
$m_n = 1{,}008\,66\ \text{u}$; $(m_{Be} + m_n) - (m_{Li} + m_p) = 0{,}002\,31\ \text{u}$;
$E_p = 0{,}002\,31\ \text{u} \cdot 931{,}5\ \text{MeV/u} = \underline{2{,}15\ \text{MeV}}$